U0871775

Probability Theory and Mathematical Statistics

概率论与数理统计

主　编◎贺　勇　明杰秀

同济大学出版社
TONGJI UNIVERSITY PRESS
·上海·

内容提要

本书是根据高等院校经济管理本科专业的课程大纲和考研要求编写而成的.全书共8章,第1—5章是概率论部分,主要介绍随机事件与概率、随机变量及其分布、多维随机变量及其分布、随机变量的数字特征以及大数定律与中心极限定理;第6—8章是数理统计部分,主要介绍数理统计的基本概念、参数估计以及假设检验.书中的例题和习题采用的是一些自然科学、工程技术、经济管理和日常生活中经常遇到的实际问题;每章后介绍一位数学家或统计学家的故事,借此对学生进行课程思政教育;每章后有本章小结、总习题,部分习题来自2019—2024年研究生入学考试的试题.

本书可作为应用型普通高等教育经济管理类本、专科的教学用书(参考学时为48~54学时),也可作为工科类本科专业少学时、专科的公共基础课教材使用.

图书在版编目(CIP)数据

概率论与数理统计 / 贺勇，明杰秀主编. -- 上海：
同济大学出版社，2025. 7. -- ISBN 978-7-5765-1734-7
Ⅰ. O21
中国国家版本馆 CIP 数据核字第 2025DZ9605 号

概率论与数理统计

主编 贺 勇 明杰秀

责任编辑 陈佳蔚 **责任校对** 徐逢乔 **封面设计** 渲彩轩

出版发行 同济大学出版社 www.tongjipress.com.cn
(地址:上海市四平路1239号 邮编:200092 电话:021-65985622)
经　　销 全国各地新华书店
印　　刷 常熟市大宏印刷有限公司
开　　本 787 mm×1092 mm 1/16
印　　张 18.25
字　　数 444 000
版　　次 2025年7月第1版
印　　次 2025年7月第1次印刷
书　　号 ISBN 978-7-5765-1734-7

定　　价 52.80元

前　言

概率论与数理统计是高等院校工科、理科及经管类专业的一门十分重要的基础课程.这不仅是因为它在各个领域中的应用具有广泛性,而且从人才素质的全面培养来说,这门课程也是必不可少的.为此,编者在吸收国内外同类教材优点的基础上,结合自己多年丰富的教学经验,并根据教育部"概率论与数理统计教学基本要求",同时也考虑到应用型普通高等教育本科学生的数学基础,编写了这本突出应用性特点的教材.

本书具有以下三个特色.

第一,突出概率论与数理统计的基本思想和基本方法.目的在于让学生在学习过程中较好地了解各部分内容的内在联系,从总体上把握概率论与数理统计的基本方法,帮助学生掌握基本概念,理解概念之间的联系,提高教学效果.本书在教学理念上不过分强调理论的严密论证和研究过程,而更多的是让学生体会概率论与数理统计的本质及其价值.

第二,加强基本能力培养.本书的例题、习题较多,除每节有紧扣该节内容的习题外,每章还配有总习题,习题的配置兼顾知识点的覆盖面及习题的多样性,能照顾到各种数学基础和能力的学生,而且总习题中还收录了近年来的考研真题.本书在解题方法上有较深入的论述,其用意是让学生在掌握基本概念的基础上,熟练运用过程,精通解题技巧,最后达到加快运算速度、提高解题能力的目的.

第三,贴近工程实际应用.本书基本概念的叙述,力求从身边的实际问题出发,自然地引出.例题和习题多采用一些在客观世界,即自然科学、工程技术领域、经济管理领域和日常生活中经常遇到的实际问题,希望以此来提高学生学习概率论与数理统计的兴趣和利用概率论与数理统计知识解决实际问题的能力.

本书由贺勇和明杰秀共同编写,具体分工如下:第1、2、3、4章由武汉东湖学院的贺勇编写,第5、6、7、8章由武汉东湖学院的明杰秀编写,全书由贺勇负责统稿、校对.在本书的编写过程中,武汉东湖学院基础课部数学教研室的朱兴萍、刘伟、黄德枝、马丽杰副教授仔细审阅了书稿,提出了很多宝贵的意见和建议,在此感谢他们为本书所付出的劳动.同时武汉东湖学院教务处的领导对本书的编辑和出版给予了大力支持和热情帮助,在此对他们表示衷心的感谢.

本书可作为应用型普通高等教育经济管理类本、专科专业的教学用书(参考学时为48～54学时),也可作为工科类本科专业少学时、专科的公共基础课教材使用.

由于编者水平有限,书中如有缺点和错误,敬请同行、读者批评指正.

贺　勇　明杰秀

2025年6月

目 录

第 1 章 随机事件与概率

概率论与数理统计是经管类各专业的基础课，概率论研究随机现象的统计规律性，它是本课程的理论基础，数理统计则从应用角度研究如何处理随机数据，建立有效的统计方法，进行统计推断，是本课程的应用部分. 本章重点介绍概率论的两个基本概念：随机事件及其概率. 主要内容包括：随机事件和随机事件的概率定义、古典概型与几何概型、条件概率与乘法公式、事件的独立性、全概率公式与贝叶斯公式.

1.1 随机事件及其运算

1.1.1 随机现象

在一定条件下，必然发生的自然现象和社会现象称为**确定性现象**. 例如，早晨太阳必然从东方升起；一枚硬币向上抛后必然下落；同性电荷相互排斥，异性电荷相互吸引；等等. 在一定条件下，可能出现也可能不出现的自然现象和社会现象称为**随机现象**. 例如，抛掷一枚硬币可能出现正面，也可能出现反面；下周股市可能会上涨，也可能会下跌；某人射击一次，可能会命中 0 环，1 环，……，10 环；等等.

1.1.2 随机试验

为了对随机现象的统计规律性进行研究，就需要对随机现象进行重复观察，把这种对随机现象的观察称为**随机试验**，简称**试验**，用字母 E 表示. 下面是一些试验的例子.

E_1：抛掷一枚硬币，观察正面 H、反面 T 出现的情况；

E_2：抛掷一枚均匀的骰子，观察出现的点数；

E_3：在一批灯泡中任取一只，测试其寿命；

E_4：观察某大型超市一天内进入的顾客人数.

上述试验具有以下共同特征：

(1) **可重复性**：试验可以在相同条件下重复进行.

(2) **可观察性**：每次试验的可能结果不止一个，并且能事先明确试验的所有可能结果.

(3) **不确定性**：每次试验出现的结果事先不能准确预知，但可以肯定会出现所有可能结果中的一个.

1.1.3 样本点和样本空间

随机试验的每一个可能出现的结果，称为试验的**样本点**，用 ω 来表示. 样本点的全体，称为试验的**样本空间**，用 Ω 表示. 样本空间就是样本点的集合，样本空间中的元素就是随机试验的每个结果. 例如，试验 E_1，E_2，E_3，E_4 所对应的样本空间 Ω_1，Ω_2，Ω_3，Ω_4 分别是

$$\Omega_1=\{H,\ T\},\quad \Omega_2=\{1,\ 2,\ 3,\ 4,\ 5,\ 6\},\quad \Omega_3=\{t\,|\,t\geqslant 0\},\quad \Omega_4=\{0,\ 1,\ 2,\ \cdots\}.$$

1.1.4 随机事件

进行随机试验时，人们往往关心的是满足某种条件的样本点所组成的集合. 例如，若规定某种灯泡的寿命超过 1 000 h 时为合格品，则在试验 E 中人们关心灯泡寿命是否大于 1 000 h，满足这一条件的样本点组成 Ω 的一个子集 $A=\{t\,|\,t>1\,000\}$，称 A 为试验 E 的一个随机事件.

一般地，称试验 E 的样本空间 Ω 的子集为 E 的**随机事件**，简称**事件**，通常用大写字母 A，B，C，$\cdots$ 来表示. 设 A 是一个事件，当且仅当试验中出现的样本点 $\omega\in A$ 时，称**事件 A 在该次试验中发生**.

特别地，由一个样本点组成的单点集称为**基本事件**. 例如，试验 E_1 有 2 个基本事件 $\{H\}$ 和 $\{T\}$；试验 E_2 有 6 个基本事件 $\{1\}$，$\{2\}$，$\cdots$，$\{6\}$. 由两个及以上样本点组成的集合称为**复杂事件**. 例如试验 E_2 中，$A=$“出现偶数点”$=\{2,\ 4,\ 6\}$ 就是复杂事件；又如试验 E_3 中，$B=$“灯泡寿命大于 1 000 h”$=\{t\,|\,t>1\,000\}$ 也是复杂事件. 样本空间 Ω 有两个特殊的子集，一个子集是 Ω 本身，由于它包含了试验的所有样本点，所以在每次试验中它总是发生，Ω 称为**必然事件**. 例如，掷一枚均匀的骰子，出现点数不超过 6 点的事件是必然事件. 另一个子集是空集 $\varnothing$，它不包含任何样本点，因此在每次试验中都不发生，$\varnothing$ 称为**不可能事件**. 例如，掷一枚均匀的骰子，出现点数超过 6 点的事件是不可能事件.

注 必然事件与不可能事件原不是随机事件，但为讨论问题需要，人们将其看成是随机事件的两种极端形式，且在概率论中起着重要的作用.

1.1.5 随机事件的关系与运算

由于随机事件是样本空间的子集，所以事件间的关系与运算就是集合间的关系与运算，下面先讨论两个事件 A 与 B 之间的关系.

1. 事件间的关系

(1) **包含** 若事件 A 发生必然导致事件 B 发生，则事件 A 包含于事件 B，记作 $A\subset B$，如图 1.1 所示. 例如，掷一枚均匀的骰子，A 表示掷出的点数不超过 2 点，B 表示掷出的点数不超过 3 点，即 $A=\{1,\ 2\}$，$B=\{1,\ 2,\ 3\}$. 所以 A 发生则必然导致 B 发生，记作 $A\subset B$. 显然有 $\varnothing\subset A\subset B\subset\Omega$.

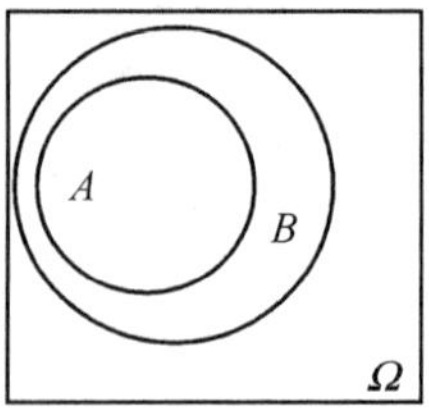

图 1.1 $A\subset B$

(2) **相等** 若事件 A 发生必然导致事件 B 发生，且若事件 B 发生必然导致事件 A 发生，即 $A\subset B$ 且 $B\subset A$，记作 $A=B$，即 A 与 B 相等，事件 A 等于事件 B，表示 A 与 B 实际上

是同一事件. 例如,掷一枚均匀的骰子, A 表示掷出奇数点, B 表示掷出 1 点或 3 点或5 点,则 $A=B$.

(3) **互不相容(互斥)**　若事件 A 与事件 B 不能同时发生,就说事件 A 与事件 B 互不相容(或互斥),即 A 与 B 没有相同的样本点. 例如,掷一枚均匀的骰子, $A=\{1, 3\}$, $B=\{2, 4\}$,则 A 与 B 互不相容(互斥).

(4) **互补(对立)**　若事件 A 与事件 B 不能同时发生,且事件 A 与事件 B 不能都不发生,则事件 A 与事件 B 互补(对立),记作 $\bar{A}=B$, $\bar{B}=A$. 例如,掷一枚均匀的骰子, $A=\{1, 3, 5\}$, $B=\{2, 4, 6\}$,则 A 与 B 互补(对立).

注　若事件 A 与 B 互补,则事件 A 与 B 互斥,但事件 A 与 B 互斥,则事件 A 与 B 不一定互补.

2. 事件间的运算

(1) **并(和)事件**　"事件 A 与事件 B 至少有一个发生"称为事件 A 与事件 B 的并(和)事件,它是由 A, B 中所有的样本点(相同的只记一次)组成的事件,记为 $A\cup B$ 或$A+B$,即 $A\cup B=\{\omega \mid \omega\in A$ 或 $\omega\in B\}$,如图 1.2 中阴影部分所示. 例如,掷一枚均匀的骰子, $A=\{1, 3, 5\}$, $B=\{1, 2, 3\}$,则并事件 $A\cup B=\{1, 2, 3, 5\}$.

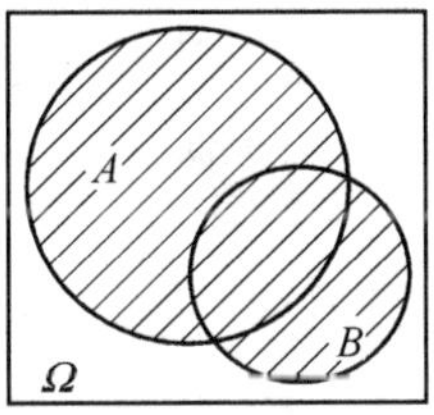

图 1.2　$A\cup B$

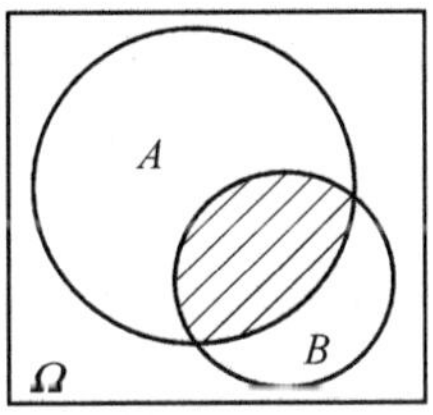

图 1.3　$A\cap B$

类似地, $\bigcup_{k=1}^{n} A_k$ 表示"n 个事件 A_1, A_2, …, A_n 至少有一个发生", $\bigcup_{k=1}^{\infty} A_k$ 表示"可列个事件 A_1, A_2, …, A_n, … 至少有一个发生".

(2) **交(积)事件**　"事件 A 与事件 B 同时发生"称为事件 A 与事件 B 的交(积)事件,它是由 A, B 中公共的样本点组成的事件,记为 $A\cap B$ 或 AB,即 $A\cap B=\{\omega \mid \in A$ 且 $\omega\in B\}$,如图 1.3 中阴影部分所示. 例如,掷一枚均匀的骰子, $A=\{1, 3, 5\}$, $B=\{1, 2, 3\}$,则 $A\cap B=\{1, 3\}$.

类似地, $\bigcap_{k=1}^{n} A_k$ 表示"n 个事件 A_1, A_2, …, A_n 同时发生", $\bigcap_{k=1}^{\infty} A_k$ 表示"可列个事件 A_1, A_2, …, A_n, … 同时发生".

(3) **差事件**　"事件 A 发生而事件 B 不发生"称为事件 A 与事件 B 的差事件,它是由事件 A 中而不在 B 中的样本点组成的事件,记为 $A-B$,即 $A-B=\{\omega \mid \omega\in A$ 且 $\omega\notin B\}$,如图 1.4 中阴影部分所示. 例如,掷一枚均匀的骰子, $A=\{1, 3, 5\}$, $B=\{1, 2, 3\}$,则 $A-B=\{5\}$.

注　$A-B=A-AB=A\bar{B}$.

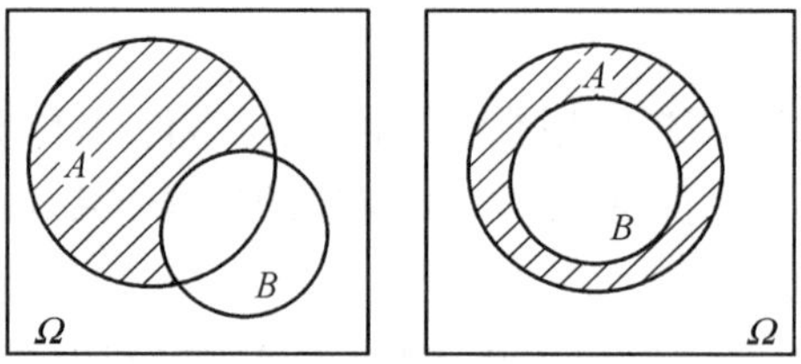

图 1.4　**A－B**

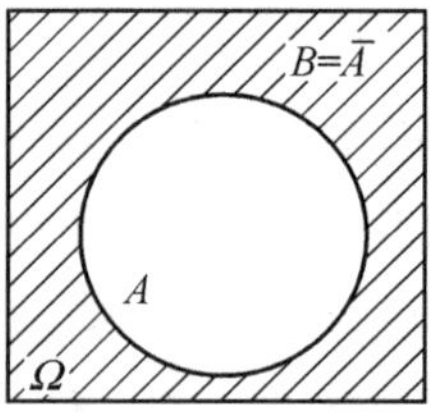

图 1.5　$\bar{A}$

特别地，必然事件 Ω 对任一事件 A 的差 $\Omega-A$ 称为事件 A 的**互补事件**，记为 $\bar{A}$，即事件 A 不发生. 事件 A 与事件 B 互为互补事件的充分必要条件是 $AB=\varnothing$ 且 $A\cup B=\Omega$（图 1.5 中阴影部分表示 $B=\bar{A}$），这也是判断两事件成为互补事件的准则. 事件 A 与事件 B 互为互不相容事件的充分必要条件是 $AB=\varnothing$，如图 1.6 所示. 可见，互补事件一定是互不相容事件，但互不相容事件未必是互补事件.

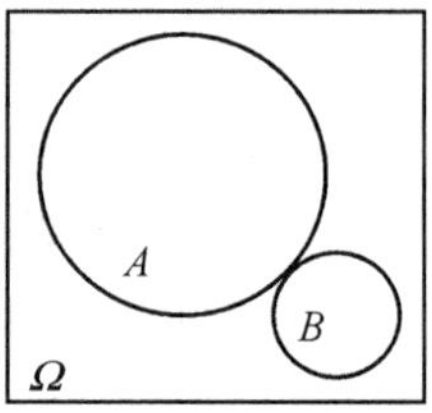

图 1.6　**A 与 B 互不相容**

3. 事件的运算性质

（1）**交换律**　$A\cup B=B\cup A$，$AB=BA$.

（2）**结合律**　$(A\cup B)\cup C=A\cup(B\cup C)$，$(AB)C=A(BC)$.

（3）**分配律**　$(A\cup B)\cap C=AC\cup BC$，$(A\cap B)\cup C=(A\cup C)\cap(B\cup C)$.

（4）**对偶律**　$\overline{A\cup B}=\bar{A}\cap\bar{B}$，$\overline{A\cap B}=\bar{A}\cup\bar{B}$. 一般地

$$\overline{\bigcup_{i=1}^{n}A_i}=\bigcap_{i=1}^{n}\bar{A}_i,\quad \overline{\bigcap_{i=1}^{n}A_i}=\bigcup_{i=1}^{n}\bar{A}_i.$$

例 1.1　设事件 A, B, C 是同一样本空间中的三个事件，则

（1）事件 A, B, C 同时发生，可以表示为 $ABC(A\cap B\cap C)$.

（2）事件 A, B, C 中至少有一个发生，可以表示为 $A\cup B\cup C$.

（3）事件 A 发生而 B, C 都不发生，可以表示为

$$A\bar{B}\bar{C}\quad 或\quad A-B-C\quad 或\quad A-(B\cup C).$$

（4）事件 A, B, C 中恰好发生一个，可以表示为 $A\bar{B}\bar{C}\cup\bar{A}B\bar{C}\cup\bar{A}\bar{B}C$.

（5）事件 A, B, C 中恰好发生两个，可以表示为 $\bar{A}BC\cup A\bar{B}C\cup AB\bar{C}$.

（6）事件 A, B, C 中没有一个发生，可以表示为 $\overline{A\cup B\cup C}$ 或 $\bar{A}\bar{B}\bar{C}$.

例 1.2　一名射手连续向某个目标射击三次，事件 $A_i(i=1,2,3)$ 表示"该射手第 i 次射击时击中目标"，试用文字叙述下列事件：

$$A_1\cup A_2\cup A_3,\quad A_1A_2A_3,\quad A_2-A_1,\quad \overline{A_2A_3},\quad A_1A_2\cup A_1A_3\cup A_2A_3.$$

解　$A_1\cup A_2\cup A_3$ 表示"三次射击中至少有一次击中目标"；

$A_1A_2A_3$ 表示"三次射击都击中了目标"；

A_2-A_1 表示"第二次击中了目标而第一次没有击中目标"；

$\overline{A_2A_3}=\bar{A}_2\cup\bar{A}_3$ 表示"后两次中至少有一次未击中目标"；

$A_1A_2 \cup A_1A_3 \cup A_2A_3$ 表示“三次射击中至少有两次击中目标”.

习题 1.1

1. 写出下列随机试验的样本空间及随机事件.

(1) 一个家庭有两个小孩,事件 $A=\{$该家庭至少有一个女孩$\}$;

(2) 观察某交通路口某时段机动车的流量,事件 $A=\{$机动车的数量不超过 4 辆$\}$;

(3) 从一批灯泡中随机抽取一只,观察其使用寿命(单位: h),事件 $A=\{$寿命在 1 000～2 000 h 之间$\}$.

2. A, B, C 表示三事件,用 A, B, C 的运算表示下列事件.

(1) A, B 都发生且 C 不发生;

(2) A 与 B 至少有一个发生而且 C 不发生;

(3) A, B, C 都发生或 A, B, C 都不发生;

(4) A, B, C 中最多有一个发生;

(5) A, B, C 中恰有两个发生;

(6) A, B, C 中至少有两个发生;

(7) A, B, C 中最多有两个发生.

3. A, B, C 为三事件,说明 $AB \cup BC \cup AC$ 与 $AB\bar{C} \cup A\bar{B}C \cup \bar{A}BC \cup ABC$ 是否相同.

4. 设事件 A, B, C 满足 $ABC \neq \varnothing$,将下列事件用互不相容事件的和表示.

(1) $A \cup B \cup C$; (2) $B-AC$; (3) $AB \cup C$.

1.2 事件的概率

1.2.1 频率与概率

对于一个事件来说,它在一次试验中可能发生,也可能不发生,我们常常希望知道某些事件在一次试验中发生的可能性大小,并希望寻求一个合适的数来衡量这种可能性的大小,对于事件 A,这个数通常记为 $P(A)$,称为事件 A 在一次试验中发生的**概率**. 当然这是概率的通俗含义,还不能作为概率的正式定义. 在给出概率的正式定义之前,首先介绍频率的概念.

定义 1.1 在相同的条件下,进行了 n 次试验,在这 n 次试验中,事件 A 发生的次数 m,称为事件 A 发生的**频数**,$\frac{m}{n}$ 称为事件 A 发生的**频率**,记为 $f_n(A)$.

由定义 1.1,不难验证频率具有如下性质:

性质 1 对于任意事件 A, $0 \leqslant f_n(A) \leqslant 1$;

性质 2 对于必然事件 Ω, $f_n(\Omega)=1$, $f_n(\varnothing)=0$;

性质 3 若 $A_1, A_2, \cdots, A_k$ 是两两互不相容的事件,则

$$f_n(A_1 \cup A_2 \cup \cdots \cup A_k)=f_n(A_1)+f_n(A_2)+\cdots+f_n(A_k).$$

由于事件 A 在 n 次试验中发生的频率表示 A 发生的频繁程度,频率越大,事件 A 发生得越频繁,这就意味着事件 A 在一次试验中发生的可能性越大. 因此,直观的想法是用频率来表示事件 A 在一次试验中发生的可能性大小. 但这是否合理呢? 请看下面的例子.

例 1.3 考虑“抛硬币”试验. 历史上有不少统计学家做过成千上万次试验. 若规定“正

面朝上”为事件 A，其试验记录见表 1.1.

表 1.1　　　　抛硬币试验

试验者	抛掷次数 n	出现正面次数 n_A	频率 $f_n(A)$
德·摩根	2 048	1 061	0.518 1
蒲丰	4 040	2 048	0.506 9
皮尔逊	12 000	6 019	0.501 6
皮尔逊	24 000	12 012	0.500 5
维尼	30 000	14 994	0.499 8

从表 1.1 可见，当试验次数 n 大量增加时，事件 A 发生的频率 $f_n(A)$ 会稳定于某一常数，我们称这一常数为频率的稳定值，把这个常数作为度量事件 A 发生可能性大小，并称为事件 A 的概率，记为 $P(A)$. 例如，从表 1.1 可见，正面出现的事件 A 的频率 $f_n(A)$ 的稳定值大约是 0.5，所以 $P(A)=0.5$.

在实际中，当概率不易求出时，人们常取试验次数很大时事件的频率作为概率的估计值，称此概率为统计概率. 这种确定概率的方法称为频率方法. 它的理论依据将在后面介绍.

实际上，用上述定义去求事件 A 发生的概率是很困难的，因为求 A 发生的频率 $f_n(A)$ 的稳定值要做大量试验，它的优点是经过多次的试验后，给人们提供猜想事件 A 发生的概率的近似值. 统计概率虽有它的简便之处，但若试验有破坏性，则不可能进行大量的重复试验，这就限制了它的应用. 而对于某些特殊类型的随机试验，要确定事件的概率，并不需要重复试验，而是根据人类长期积累的经验直接计算出来，从而给出概率的相应定义，这类试验称为等可能概型试验. 根据样本空间 Ω 是有限集还是无限集，可分为古典概型与几何概型.

1.2.2　古典概型

定义 1.2　若一个随机试验具有如下特点：

(1) 试验的样本空间 Ω 包含有限个样本点；

(2) 试验中每个样本点出现的可能性是相等的，

则称此试验为**古典概型试验**. 例如，掷一次骰子，它的可能结果只有 6 个，假设骰子是均匀的，则每一种结果出现的可能性都是 $\frac{1}{6}$，所以相等，这种试验是古典概型试验. 下面介绍古典概率公式.

在古典概型试验中，若样本空间 Ω 中样本点的个数为 n，事件 A 包含的样本点的个数为 k，则事件 A 的概率为 $P(A)=\frac{k}{n}$.

例 1.4　将一枚均匀的骰子连掷两次，求(1) 两次点数之和为 8 的概率；(2) 两次点数中较大的一个不超过 3 的概率.

解　该试验的样本空间为 $\Omega=\{(1,1),(1,2),(1,3),(1,4),\cdots,(6,4),(6,5),(6,6)\}$，共 36 个样本点，由于骰子是均匀的，故每个样本点发生的可能性是相等的，属于古典概型.

(1) 设事件 A ="两次点数之和为 8",则

$$A=\{(i,j)\mid i+j=8\}=\{(2,6),(3,5),(4,4),(5,3),(6,2)\},$$

A 中共包含 5 个样本点,故 $P(A)=\dfrac{5}{36}$.

(2) 事件 B ="两次点数中较大的一个不超过 3",则

$$\begin{aligned}B&=\{(i,j)\mid \max\{i,j\}\leqslant 3\}\\&=\{(1,1),(1,2),(1,3),(2,1),(2,2),(2,3),(3,1),(3,2),(3,3)\},\end{aligned}$$

B 中共包含 9 个样本点,故 $P(B)=\dfrac{9}{36}=\dfrac{1}{4}$.

注 由于在古典概型中,事件 A 的概率 $P(A)$ 的计算公式只需知道样本空间中的样本点的总数 n 和事件 A 包含的样本点的个数 k 就足够,而不必一一列举样本空间的样本点,因此,当样本空间的样本点总数比较多或难于一一列举的时候,也可以用分析的方法求出 n 与 k 的数值.

例 1.5 袋中有 10 只球,其中 6 只红球、4 只白球,现从中任取 3 只,试求

(1) 取出的 3 只球都是红球的概率;(2) 取出的 3 只球中恰有 1 只白球的概率.

解 从 10 只球任取 3 只球,共有 C_{10}^3 种不同取法,每种取法对应一个样本点,所以样本点总数 $n=C_{10}^3$.

(1)设 A ={取出的 3 只球都是红球},则事件 A 共包含 C_6^3 个样本点,故

$$P(A)=\frac{C_6^3}{C_{10}^3}=\frac{1}{6}.$$

(2) 设 B ={取出的 3 只球中恰有 1 只白球},则事件 B 共包含 $C_6^2C_4^1$ 个样本点,故

$$P(B)=\frac{C_6^2C_4^1}{C_{10}^3}=\frac{1}{2}.$$

注 在抽样问题中,如果没有特别申明为有放回时,一般都理解为不放回抽样.

例 1.6(抽奖券问题) 设某超市举办有奖销售,投放 $a+b$ 张奖券中有 a 张有奖,每名顾客依次抽取一张,求第 $k(k=1,2,\cdots,a+b)$ 名顾客中奖(记为事件 B)的概率.

解 根据问题的实际情况,抽奖券是无放回抽样,到第 k 名顾客中奖为止,样本点总数为 A_{a+b}^k,当事件 B 发生时,第 k 名顾客从 a 张有奖奖券中抽一张,剩下 $k-1$ 名顾客从剩下 $a+b-1$ 张中抽取,于是 B 中包含了 $A_a^1A_{a+b-1}^{k-1}$ 个样本点,故 $P(B)=\dfrac{A_a^1A_{a+b-1}^{k-1}}{A_{a+b}^k}=\dfrac{a}{a+b}$.

值得注意的是,$P(B)$ 与 k 无关,尽管抽奖先后次序不同,但每个人中奖概率是一样的,大家机会是相同的,也就是说抽奖活动对每名参与者来说都是公平的.

1.2.3 几何概型

定义 1.3 若一个随机试验具有如下特点:

(1) 试验的样本空间 Ω 包含无限多个样本点;

(2) 试验中每个样本点发生的可能性是均等的,

则称此试验为几何概型试验.

现在来考虑样本空间为一线段、平面区域或空间立体等的等可能概型.

定义 1.4 在几何概型试验中,若样本空间 Ω 中样本点可用一个有界区域来描述,而其中一部分区域可以表示事件 A 包含的样本点,则事件 A 的概率为

$$P(A)=\frac{L(A)}{L(\Omega)}.$$

此处 $L(\cdot)$ 表示度量(长度、面积或体积等).

例 1.7 向(0, 1)内随机投点,求(1) 落在中点的概率;(2) 落在 $\left(\frac{1}{2},\ \frac{3}{4}\right)$ 内的概率.

解 设 $\Omega=(0,\ 1)$, $A=\{\frac{1}{2}\}$, $B=\left(\frac{1}{2},\ \frac{3}{4}\right)$,则 $L(\Omega)=1$, $L(A)=0$, $L(B)=\frac{1}{4}$,因此

$$P(A)=\frac{L(A)}{L(\Omega)}=\frac{0}{1}=0,\quad P(B)=\frac{L(B)}{L(\Omega)}=\frac{1}{4}.$$

例 1.8 从(0, 1)内任取两个数,求(1)"两数之和小于 $\frac{6}{5}$"的概率;(2)"两数之积小于 $\frac{1}{5}$"的概率.

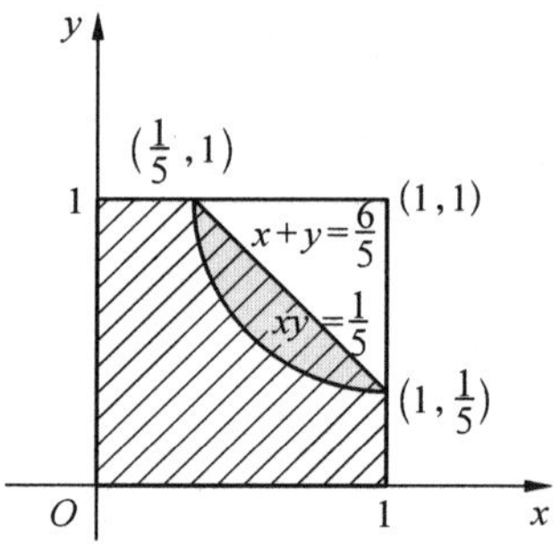

图 1.7

解 从(0, 1)内任取两个数分别设为 x, y,且 $0<x<1$, $0<y<1$,则样本空间 $\Omega=\{(x,\ y)\mid 0<x<1,\ 0<y<1\}$ 为一正方形区域,如图 1.7 所示,$L(\Omega)=1$.

设 $A=\left\{\text{两数之和小于}\frac{6}{5}\right\}=\left\{(x,\ y)\,\middle|\, 0<x<1,\ 0<y<1,\ x+y<\frac{6}{5}\right\}$, $B=\left\{\text{两数之积小于}\frac{1}{5}\right\}=\left\{(x,\ y)\,\middle|\, 0<x<1,\ 0<y<1,\ xy<\frac{1}{5}\right\}$. 其区域如图 1.7 所示,且 $L(A)=\frac{17}{25}$, $L(B)=\frac{1+\ln 5}{5}$,故 $P(A)=\frac{17}{25}$, $P(B)=\frac{1+\ln 5}{5}$.

例 1.9(相遇问题) 甲、乙两艘轮船驶向一个不可能同时停泊两艘轮船的码头,假设它们在一昼夜的时间段中随机到达. 若甲、乙两艘轮船停泊的时间都是 6 h, 求它们相遇的概率是多少?

解 设甲、乙两艘轮船到达的时间分别为 x, y(单位: h),且 $0\leqslant x\leqslant 24$, $0\leqslant y\leqslant 24$,故样本空间 $\Omega=\{(x,\ y)\mid 0\leqslant x\leqslant 24,\ 0\leqslant y\leqslant 24\}$ 是一正方形区域,如图 1.8 所示,$L(\Omega)=24^2$. 设 $A=\{$它们相遇$\}$,则 A 发生当且仅当甲、乙到达时间之差不超过 6 h,即 $|x-y|\leqslant 6$,因而

$A=\{(x, y) \mid |x-y| \leqslant 6, 0 \leqslant x \leqslant 24, 0 \leqslant y \leqslant 24\}$，如图 1.8 中所示阴影部分，$L(A)=24^2-18^2$，因此有

$$P(A)=\frac{L(A)}{L(\Omega)}=\frac{24^2-18^2}{24^2}=1-\left(\frac{3}{4}\right)^2=\frac{7}{16}.$$

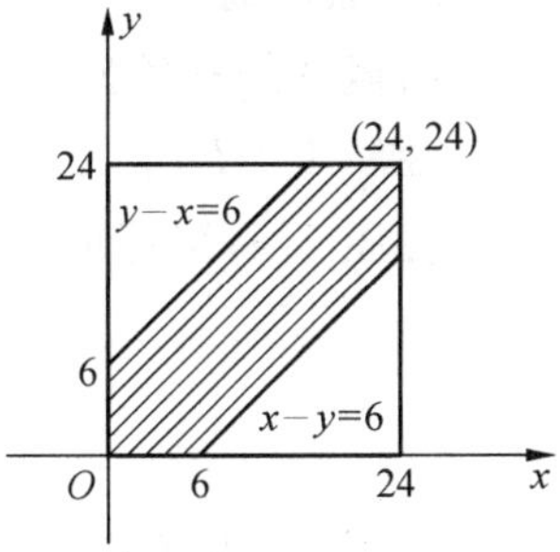

图 1.8 相遇问题

注 在一般的相遇问题中，若二人相约在 $[0, T]$ 时间区间内到达，先到者等候时间 $t(t \leqslant T)$ 后离去，则二人能够相遇的概率为

$$P(A)=\frac{T^2-(T-t)^2}{T^2}=1-\left(1-\frac{t}{T}\right)^2.$$

由此可见，当 t 很小时，则 $P(A)$ 很小，不易相遇；当 t 很大时，则 $P(A)$ 很大，相遇的可能性也很大. 在实际问题中，可根据需要，适当约定等候时间 t，以较大的把握达到相遇的目的.

1.2.4 概率公理化定义与性质

概率的统计定义具有应用价值，但在理论上有严重缺陷. 古典概型和几何概型的计算公式虽然解决了这两种概型的事件的概率计算问题，但不普遍适用. 直到 1933 年苏联数学家柯尔莫哥洛夫(Kolmogorov)在总结前人大量研究成果的基础上，抓住概率是事件的函数的本质，提出了概率的公理化结构，明确了概率的数学定义和概率论的基本概念，使概率论成为严谨的数学分支，对概率论的进一步发展起到了积极地推动作用. 下面介绍概率的公理化定义与性质.

1. 概率的公理化定义

定义 1.5 设 E 是一个随机试验，Ω 为其样本空间，以 E 中所有随机事件(Ω 中所有的子集)组成的集合为定义域. 若对每一个随机事件 A，有且只有唯一的实数 $P(A)$ 与之对应，且 $P(A)$ 满足以下三条公理：

(1) **非负性公理** 对于任意一个事件 A，有 $0 \leqslant P(A) \leqslant 1$；

(2) **规范性公理** 对于必然事件 Ω，有 $P(\Omega)=1$；

(3) **可列可加性** 对任意一列两两互不相容的事件组 $A_1, A_2, \cdots$，有

$$P(A_1 \cup A_2 \cup \cdots)=\sum_{i=1}^{\infty} P(A_i),$$

则称实值函数 $P(A)$ 为事件 A 的概率.

注 此处的函数 $P(\cdot)$ 与微积分中的函数不同，这里的函数 $P(\cdot)$ 的自变量是一个集合. 例如，在掷一枚均匀的硬币中，设"正面朝上"为 1，"反面朝上"为 0，则样本空间 $\Omega=\{0, 1\}$，其所有子集分别为 $\varnothing$，$\{0\}$，$\{1\}$，Ω，在两个集合间建立一种对应法则如图 1.9 所示.

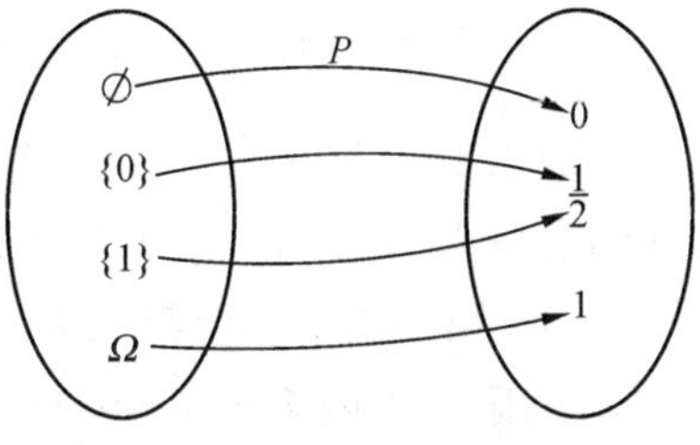

图 1.9

2. 概率的性质

由概率的三条公理可直接推出以下性质.

性质 1 $P(\varnothing)=0$.

性质 2(有限可加性) 设 n 个事件 $A_1, A_2, \cdots, A_n$ 两两互不相容,则有

$$P(A_1 \cup A_2 \cup \cdots \cup A_n)=\sum_{i=1}^{n} P(A_i).$$

性质 3 对于任意一个事件 A,有 $P(A)+P(\bar{A})=1$.

性质 4(减法公式) 设 A,B 是两个事件,有

$$P(A-B)=P(A)-P(AB), \quad P(B-A)=P(B)-P(AB).$$

特别地,当 $A \subset B$,则 $P(B-A)=P(B)-P(A)$,且 $P(A) \leqslant P(B)$.

证明 因为 $A=(A-B) \cup AB$,且 $(A-B) \cap AB=\varnothing$,故由性质 2 得

$$P(A)=P((A-B) \cup AB)=P(A-B)+P(AB).$$

故 $P(A-B)=P(A)-P(AB)$,同理可得 $P(B-A)=P(B)-P(AB)$.

注 $P(A\bar{B})=P(A-B)=P(A)-P(AB)$, $P(\bar{A}B)=P(B-A)=P(B)-P(AB)$.

性质 5(加法公式) 对于任意两个事件 A, B,有

$$P(A \cup B)=P(A)+P(B)-P(AB).$$

证明 因为 $A \cup B=A \cup (B-A)$,且 $A \cap (B-A)=\varnothing$,故由性质 2 与性质 4,得

$$P(A \cup B)=P(A)+P(B-A)=P(A)+P(B)-P(AB).$$

注 $P(\bar{A}\bar{B})=P(\overline{A \cup B})=1-P(A \cup B)=1-P(A)-P(B)+P(AB)$.

当然加法公式可以推广到三个事件 A, B, C 的情形,即

$$P(A \cup B \cup C)=P(A)+P(B)+P(C)-P(AB)-P(AC)-P(BC)+P(ABC).$$

例 1.10 设 A, B 为两个事件,已知 $P(A)=0.6$, $P(B)=0.7$, $P(A \cup B)=0.8$,求 $P(AB)$, $P(A\bar{B})$, $P(\bar{A}B)$.

解 由于 $P(A \cup B)=P(A)+P(B)-P(AB)$,因此

$$P(AB)=P(A)+P(B)-P(A \cup B)=0.6+0.7-0.8=0.5,$$
$$P(A\bar{B})=P(A-B)=P(A)-P(AB)=0.6-0.5=0.1,$$
$$P(\bar{A}B)=P(B-A)=P(B)-P(AB)=0.7-0.5=0.2.$$

例 1.11 据天气预报知,第一天下雨的概率为 0.6,第二天下雨的概率为 0.3,两天都下雨的概率为 0.1,试求下列事件的概率.

(1) 第一天下雨但第二天不下雨;(2) 第一天不下雨但第二天下雨;(3) 两天中至少有一天下雨;(4) 两天中至少有一天不下雨;(5) 两天都不下雨.

解 设 A_1 表示"第一天下雨", A_2 表示"第二天下雨",则

$$P(A_1)=0.6,\quad P(A_2)=0.3,\quad P(A_1A_2)=0.1.$$

(1) $P(A_1\bar{A}_2)=P(A_1-A_2)=P(A_1)-P(A_1A_2)=0.6-0.1=0.5$;

(2) $P(\bar{A}_1A_2)=P(A_2-A_1)=P(A_2)-P(A_1A_2)=0.3-0.1=0.2$;

(3) $P(A_1\cup A_2)=P(A_1)+P(A_2)-P(A_1A_2)=0.6+0.3-0.1=0.8$;

(4) $P(\bar{A}_1\cup\bar{A}_2)=P(\overline{A_1A_2})=1-P(A_1A_2)=0.9$;

(5) $P(\bar{A}_1\bar{A}_2)=P(\overline{A_1\cup A_2})=1-P(A_1\cup A_2)=0.2$.

习题 1.2

1. 从 1, 2, 3, 4, 5, 6, 7 这七个数码中任取 3 个,排成三位数,求

(1) 所排成的三位数是偶数的事件 A 的概率;(2) 所排成的三位数是奇数的事件 B 的概率.

2. 袋中有 9 只球,分别标有号码 1, 2, 3, 4, 5, 6, 7, 8, 9,从中任取 3 只,求

(1) 所取 3 只球的最小号码为 4 的事件 A 的概率;(2) 所取 3 只球的最大号码为 4 的事件 B 的概率.

3. 袋中有 5 只白球、3 只红球,从中任取 2 只,求

(1) 所取 2 只球的颜色不同的事件 A 的概率;(2) 所取 2 只球都是白球的事件 B 的概率;

(3) 所取 2 只球都是红球的事件 C 的概率;(4) 所取 2 只球是颜色相同的事件的概率.

4. 袋中有 10 只球,其中有 6 只白球、4 只红球,从中任取 3 只,求

(1) 所取 3 只球都是白球的事件 A 的概率;(2) 所取 3 只球中恰有 2 只白球、1 只红球的事件 B 的概率;

(3) 所取 3 只球中最多有 1 只白球的事件 C 的概率;(4) 所取 3 只球颜色相同的事件 D 的概率.

5. 袋中有 10 件产品,其中有 6 件正品、4 件次品,从中任取 3 件,求所取 3 件中有次品的事件 A 的概率.

6. 在有 $n(n\leqslant 365)$ 个人的班级中,至少有两个人生日是在同一天的概率有多大?

7. 52 张扑克牌,任取 5 张牌,求出现一对、两对、同花顺的概率.

8. 袋中有 a 只白球、b 只红球,每人依次在袋中任取 1 只,求

(1) 第 k 人恰好取到白球(记为事件 A) 的概率($k\leqslant a+b$);

(2) 第 k 人才取到白球(记为事件 B) 的概率($k\leqslant a+b$).

9. (候车问题)某地铁每隔 5 min 有一列车通过,在乘客对列车通过该站时间完全不知道的情况下,求每个乘客到站等车时间不多于 2 min 的概率.

10. (会面问题)两个朋友约定晚上 8:00 到 9:00 在某地会面,先到者等候另一人 20 min 之后即先行离开,求这对朋友能会面的概率.

11. 已知 $P(A)=0.8$, $P(B)=0.6$, $P(AB)=0.5$, 求 $P(\bar{A})$, $P(\bar{B})$, $P(A\cup B)$, $P(A\bar{B})$, $P(\bar{A}B)$, $P(\bar{A}\bar{B})$, $P(\overline{A\bar{B}})$, $P(\overline{AB})$.

12. 已知 $P(A)=0.3$, $P(AB)=P(\bar{A}\bar{B})$, 求 $P(B)$.

13. 已知 $P(\bar{A})=0.5$, $P(A-B)=0.2$, 求 $P(\bar{A}\cup\bar{B})$.

1.3 条件概率

1.3.1 条件概率与乘法公式

在实际问题中,常常需要考虑在一个固定条件下,某个事件发生的概率. 例如,在人寿

保险中，人们往往关心的是人群中已知活到某个年龄的条件下在未来一年内死亡的概率.抽象地讲，就是在事件 B 发生的条件下，事件 A 发生的概率，我们把这种概率称为条件概率，记为 $P(A|B)$，而 $P(A)$ 称为无条件概率. 那么条件概率 $P(A|B)$ 如何来计算呢？是不是与 $P(A)$ 相等呢？是不是与 $P(AB)$ 相等呢？为了说明这个问题，请看下面的例题.

例 1.12 某厂有 200 名职工，男、女各占一半，男职工中有 10 人是优秀职工，女职工中有 20 人是优秀职工，从中任选一名职工. 用 A 表示"所选职工优秀"，B 表示"所选职工是男职工". 求(1) $P(A)$；(2) $P(B)$；(3) $P(AB)$；(4) $P(A|B)$.

解 (1) $P(A)=\dfrac{10+20}{200}=\dfrac{3}{20}$.

(2) $P(B)=\dfrac{100}{200}=\dfrac{1}{2}$.

(3) AB 表示"所选职工既是优秀职工又是男职工"，则 $P(AB)=\dfrac{10}{200}=\dfrac{1}{20}$.

(4) $A|B$ 表示在"已知所选职工是男职工"的条件下，该职工是优秀职工，这时基本事件总数 $n=100$，$k=10$，$P(A|B)=\dfrac{10}{100}=\dfrac{1}{10}$.

由本例可以看出，事件 A 与事件 $A|B$ 不是同一事件，所以它们的概率不同，即 $P(A|B)\neq P(A)$；由本例还可以看出，事件 AB 与事件 $A|B$ 也不是同一事件，事件 AB 表示"所选职工既是男职工又是优秀职工"，这时基本事件总数 $n=200$，$k=10$，而事件 $A|B$ 则表示"已知所选职工是男职工，该职工是优秀职工"，所以基本事件总数 $n=100$，$k=10$，所以 $P(A|B)\neq P(AB)$. 虽然 $P(AB)$ 与 $P(A|B)$ 不相同，但它们有关系，$P(A|B)=\dfrac{10}{100}=\dfrac{\frac{10}{200}}{\frac{100}{200}}=\dfrac{P(AB)}{P(B)}$. 由此，可以建立条件概率的一般定义.

定义 1.6 设事件 A，B 是两个随机事件，且 $P(B)>0$，称

$$P(A|B)=\frac{P(AB)}{P(B)}$$

为在事件 B 发生的条件下事件 A 发生的**条件概率**. 类似地，当 $P(A)>0$，称

$$P(B|A)=\frac{P(AB)}{P(A)}$$

为在事件 A 发生的条件下事件 B 发生的条件概率.

注 条件概率的计算公式是一种间接计算方法，也可用古典概率公式直接计算.

不难验证条件概率具有如下性质：

性质 1 $P(A|B)\geqslant 0$；

性质 2 $P(\Omega|B)=1$，$P(\varnothing|B)=0$；

性质 3 $P(A|B)+P(\bar{A}|B)=1$；

性质 4 若 A_1，A_2，… 是两两互不相容的事件，且 $P(B)>0$，则

$$P\left(\bigcup_{n=1}^{\infty} A_n \mid B\right)=\sum_{n=1}^{\infty} P(A_n \mid B).$$

例 1.13　某人寿命为 70 岁的概率为 0.8，寿命为 80 岁的概率为 0.7，若该人现已 70 岁时，问他能活到 80 岁的概率是多少？

解　设 A 表示"某人寿命为 70 岁"，B 表示"某人寿命为 80 岁"，则 $P(A)=0.8$，$P(B)=0.7$，由于 $A \supset B$，$AB=B$，所以 $P(AB)=P(B)=0.7$，因而所求概率为

$$P(B \mid A)=\frac{P(AB)}{P(A)}=\frac{0.7}{0.8}=\frac{7}{8}=0.875.$$

例 1.14　某地区气象资料表明，邻近的甲、乙两城市中，甲市全年雨天概率为 0.12，乙市全年雨天概率为 0.09，两市中至少有一市为雨天的比例为 16.8%. 试求下列事件的概率.

(1) 在甲市为雨天的条件下，乙市为雨天；

(2) 在乙市无雨的条件下，甲市也无雨.

解　设 A 表示"甲市为雨天"，B 表示"乙市为雨天"，由题意有

$$P(A)=0.12,\quad P(B)=0.09,\quad P(A \cup B)=0.168.$$

由加法公式得

$$P(AB)=P(A)+P(B)-P(A \cup B)=0.12+0.09-0.168=0.042.$$

故　(1) $P(B \mid A)=\dfrac{P(AB)}{P(A)}=\dfrac{0.042}{0.12}=0.35$；

(2) $P(\bar{A} \mid \bar{B})=\dfrac{P(\bar{A}\bar{B})}{P(\bar{B})}=\dfrac{1-P(A \cup B)}{1-P(B)}=\dfrac{1-0.168}{1-0.09} \approx 0.9143$.

由条件概率公式，可以得到下面的定理.

定理 1.1(乘法公式)　设 A，B 为两个随机事件，当 $P(A)>0$，则

$$P(AB)=P(A)P(B \mid A);$$

当 $P(B)>0$，则

$$P(AB)=P(B)P(A \mid B).$$

乘法公式还可以推广到 n 个事件的场合：

(1) 当 $P(AB)>0$，则

$$P(ABC)=P(A)P(B \mid A)P(C \mid AB);$$

(2) 当 $P(A_1A_2\cdots A_{n-1})>0$，则

$$P(A_1A_2\cdots A_n)=P(A_1)P(A_2 \mid A_1)\cdots P(A_n \mid A_1A_2\cdots A_{n-1}).$$

注　当 $P(A_1A_2\cdots A_{n-1})>0$ 时，保证公式中所有条件概率都有意义(为什么？请读者自行证明).

例 1.15　设 $P(A)=0.5$，$P(B)=0.6$，$P(B \mid A)=0.8$，求 $P(AB)$，$P(\bar{A}\bar{B})$.

解　$P(AB)=P(A)P(B|A)=0.5\times 0.8=0.4$.

$P(A\cup B)=P(A)+P(B)-P(AB)=0.5+0.6-0.4=0.7$.

$P(\bar{A}\bar{B})=P(\overline{A\cup B})=1-P(A\cup B)=1-0.7=0.3$.

例 1.16　$P(A)=0.5$, $P(B)=0.6$, $P(A|\bar{B})=0.4$,求 $P(AB)$.

解　$P(A\bar{B})=P(\bar{B})P(A|\bar{B})=[1-P(B)]P(A|\bar{B})=(1-0.6)\times 0.4=0.16$.

由 $P(A\bar{B})=P(A-B)=P(A)-P(AB)$,得

$$P(AB)=P(A)-P(A\bar{B})=0.5-0.16=0.34.$$

例 1.17　在 7 件产品中有 2 件次品,不放回地从中抽取 3 件产品,求第三次才取到次品的概率.

解　设 A_i $(i=1, 2, 3)$ 表示"第 i 次取到次品",则 $\bar{A}_i$ $(i=1, 2, 3)$ 表示"第 i 次取到正品",于是所求概率为

$$P(\bar{A}_1\bar{A}_2A_3)=P(\bar{A}_1)P(\bar{A}_2|\bar{A}_1)P(A_3|\bar{A}_1\bar{A}_2)=\frac{5}{7}\times\frac{4}{6}\times\frac{2}{5}=\frac{4}{21}.$$

请读者自己思考第三次取到次品的概率.

例 1.18　某单位进行抽样调查,某炒股者首次炒股被套住的概率为$\frac{1}{2}$,首次未被套住而第二次被套住的概率为$\frac{3}{4}$,前两次未被套住而第三次被套住的概率为$\frac{7}{8}$,求该炒股者连续三次炒股而未被套住的概率.

解　设 A_i $(i=1, 2, 3)$ 表示"某炒股者第 i 次被套住", B 表示"连续三次炒股而未被套住",则

$$\begin{aligned}P(B)&=P(\bar{A}_1\bar{A}_2\bar{A}_3)=P(\bar{A}_1)P(\bar{A}_2|\bar{A}_1)P(\bar{A}_3|\bar{A}_1\bar{A}_2)\\&=\left(1-\frac{1}{2}\right)\times\left(1-\frac{3}{4}\right)\times\left(1-\frac{7}{8}\right)=\frac{1}{64},\end{aligned}$$

故连续三次炒股而未被套住的概率为$\frac{1}{64}$.

1.3.2　全概率公式与贝叶斯公式

为了计算某个复杂事件的概率,往往需要把这个事件写成某些简单事件的交与并,然后利用概率的乘法公式与加法公式计算.下面介绍全概率公式与贝叶斯公式.

定义 1.7　设事件 A_1, A_2, $\cdots$, A_n 满足如下两个条件:

(1) A_1, A_2, $\cdots$, A_n 两两互不相容(即任意两个不可能同时发生),且 $P(A_i)>0$, $i=1, 2, \cdots, n$;

(2) $A_1\cup A_2\cup\cdots\cup A_n=\Omega$ (即 A_1, A_2, $\cdots$, A_n 至少有一个发生),

则称 A_1, A_2, $\cdots$, A_n 为样本空间 Ω 的一个划分(或完备事件组).

注　当样本空间的划分只有两个事件 A_1, A_2 时, A_1, A_2 也是对立事件,即样本空间

的划分是对立事件这个概念的推广.

定理 1.2(全概率公式)　$A_1, A_2, \cdots, A_n$ 为样本空间 Ω 的一个划分,则对任一事件 B(图 1.10),有

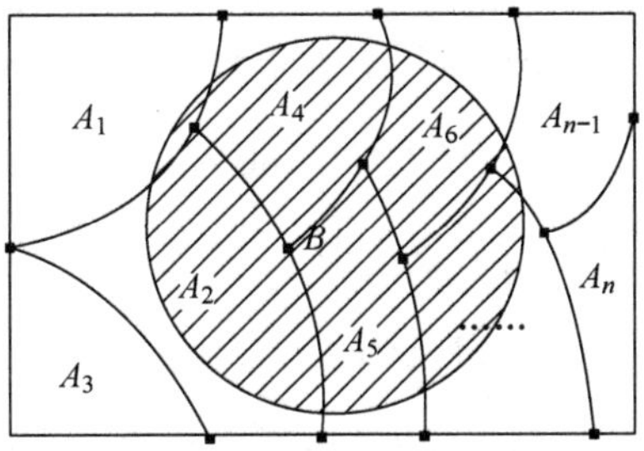

图 1.10

$$P(B)=\sum_{i=1}^{n}P(A_i)P(B|A_i).$$

证明　
$$\begin{aligned}P(B)&=P(B\Omega)\\&=P(B(A_1\cup A_2\cup\cdots\cup A_n))\\&=P(BA_1\cup BA_2\cup\cdots\cup BA_n)\\&=P(A_1B)+P(A_2B)+\cdots+P(A_nB)\\&=P(A_1)P(B|A_1)+P(A_2)P(B|A_2)+\cdots+P(A_n)P(B|A_n)\\&=\sum_{i=1}^{n}P(A_i)P(B|A_i).\end{aligned}$$

注　运用全概率公式的关键是在于寻找到一串合适的 $A_1, A_2, \cdots, A_n$,使 $P(A_i)$ 及条件概率 $P(B|A_i)$ 容易求得.当样本空间的划分只有两个事件 $A, \bar{A}$ 时,对任一事件 B,有

$$P(B)=P(A)P(B|A)+P(\bar{A})P(B|\bar{A}).$$

顺便指出,在全概率公式中,通常把 $P(A_i)$, $i=1, 2, \cdots, n$ 称为先验概率.如果进行一次试验事件 B 发生了,则应重新估计事件 A_i 的概率,通常把条件概率 $P(A_i|B)$ 称为后验概率,贝叶斯公式就是用来计算后验概率的.

定理 1.3(贝叶斯公式)　$A_1, A_2, \cdots, A_n$ 为样本空间 Ω 的一个划分,则对任一事件 B,有

$$P(A_i|B)=\frac{P(A_i)P(B|A_i)}{\sum_{i=1}^{n}P(A_i)P(B|A_i)},\quad i=1, 2, \cdots, n.$$

证明　由条件概率的定义知 $P(A_i|B)=\dfrac{P(A_iB)}{P(B)}$,利用全概率公式求得

$$P(B)=\sum_{i=1}^{n}P(A_i)P(B|A_i).$$

而再由乘法公式有 $P(A_iB)=P(A_i)P(B|A_i)$,可得

$$P(A_i|B)=\frac{P(A_i)P(B|A_i)}{\sum_{i=1}^{n}P(A_i)P(B|A_i)},\quad i=1, 2, \cdots, n.$$

注　在使用贝叶斯公式时往往需要先利用全概率公式求出 $P(B)$.

例 1.19　为了解一支股票未来一定时期内价格的变化,往往会去分析影响股票价格的基本因素,如利率的变化.现在假设人们经分析估计利率下调的概率为 60%,利率不变的概率为 40%.根据经验,人们估计在利率下调的情况下,该支股票上涨的概率为 80%;而在利

率不变的情况下，其价格上涨的概率为 40%. 求该支股票上涨的概率.

解 设 A 表示"利率下调"，B 表示"利率不变"，则

$$P(A)=60\%,\quad P(\bar{A})=40\%,\quad P(B|A)=80\%,\quad P(B|\bar{A})=40\%.$$

由全概率公式得

$$P(B)=P(A)P(B|A)+P(\bar{A})P(B|\bar{A})=60\%\times 80\%+40\%\times 40\%=0.64.$$

例 1.20 某工厂有 4 个车间生产同一种产品，产品分别占总产量的 15%，20%，30% 和 35%，各车间的次品率依次为 0.05，0.04，0.03 和 0.02，现从出厂产品中任取一件，求

(1) 取到次品的概率是多少？(2) 已知取到的是次品，则该产品来自于哪个车间的可能性最大？

解 (1)设 $B=\{$恰好取到次品$\}$，$A_i=\{$恰好取到第 i 个车间的产品$\}$，$i=1, 2, 3, 4$，则

$$P(A_1)=0.15,\quad P(A_2)=0.2,\quad P(A_3)=0.3,\quad P(A_4)=0.35,$$
$$P(B|A_1)=0.05,\quad P(B|A_2)=0.04,\quad P(B|A_3)=0.03,\quad P(B|A_4)=0.02.$$

由全概率公式，有 $P(B)=\sum_{i=1}^{4}P(A_i)P(B|A_i)=0.0315$.

(2) 事件 B 已成为"结果"，需考虑哪一个"原因"所致的可能性较大，即求条件概率 $P(A_i|B)$，则

$$P(A_1|B)=\frac{P(A_1)P(B|A_1)}{P(B)}=\frac{0.15\times 0.05}{0.0315}=\frac{15}{63},$$

同理 $$P(A_2|B)=\frac{16}{63},\quad P(A_3|B)=\frac{18}{63},\quad P(A_4|B)=\frac{14}{63}.$$

经比较，可认为这件次品来自第三个车间的可能性较大.

例 1.21 针对某种疾病进行一种化验，患该疾病的人中有 90%呈阳性反应，而未患该疾病的人中有 5%呈阳性反应. 设人群中有 1%的人患这种疾病. 若某人做这种化验呈阳性反应，则他患这种疾病的概率是多少？

解 设 A 表示"某人患这种疾病"，B 表示"化验呈阳性反应"，则

$$P(A)=0.01,\quad P(\bar{A})=0.99,\quad P(B|A)=0.9,\quad P(B|\bar{A})=0.05.$$

由全概率公式得

$$\begin{aligned}P(B)&=P(A)P(B|A)+P(\bar{A})P(B|\bar{A})\\&=0.01\times 0.9+0.99\times 0.05\\&=0.0585.\end{aligned}$$

再由贝叶斯公式得

$$P(A|B)=\frac{P(A)P(B|A)}{P(B)}=\frac{0.01\times 0.9}{0.0585}=0.15=15\%.$$

本题结果表明，化验结果称阳性反应的人中，只有15%的人可能患有该疾病.这表明，医学化验只是一种手段，并不完全准确，就算化验结果呈阳性反应，也不要太担心，自己患这种疾病的可能性不大，可以换家医院再做检查进一步确诊.

习题 1.3

1. 设 $P(A)=0.5$，$P(A\bar{B})=0.3$，求 $P(B|A)$.

2. 设 $P(A)=\frac{1}{4}$，$P(B|A)=\frac{1}{3}$，$P(A|B)=\frac{1}{2}$，求 $P(A\cup B)$.

3. 设 $P(\bar{A})=0.3$，$P(B)=0.4$，$P(A\bar{B})=0.5$，求 $P(B|A\cup\bar{B})$.

4. 设 $P(A)=0.5$，$P(B)=0.6$，$P(B|\bar{A})=0.4$，求 $P(A\cup B)$，$P(A|\bar{B})$.

5. 某人有一笔资金，他投入基金的概率为0.58，购买股票的概率为0.28，两项都投资的概率为0.19，已知他投入基金，求再买股票的概率是多少？

6. 为防止意外，某工厂有两套报警系统 A 与 B，单独使用时，A 有效的概率为0.92，B 有效的概率为0.93，在 A 失灵的情形下，B 有效的概率为0.85，求

(1) 发生意外时，至少有一个系统有效的概率；(2) 在 B 失灵的情形下，A 有效的概率.

7. 袋中有3只红球、2只白球，每次从袋中任取一只，观察其颜色后放回，并再放入一只与所取球颜色相同的球，若从袋中连续取球4次，试求第1、2次取得白球，第3、4次取得红球的概率.

8. 有甲、乙两个袋子，甲袋中有2只白球、1只红球，乙袋中2只红球、1只白球，这6只球手感上不可区别.今从甲袋中任取一球放入乙袋，搅匀后再从乙袋中任取一球，问此球是红球的概率是多少？

9. 已知男性中有5%是色盲患者，女性中有0.25%是色盲患者.现从男女人数相等的人群中随机挑选一人，恰好是色盲，问此人是男性的概率是多少？

10. 某水果店论箱出售水果，每箱20个，其中每箱含0，1个坏果的概率分别为0.8，0.2.一名顾客欲购买一箱水果，在购买时，店员随机地取出一箱，而顾客从中任选4个检查，若无坏果，便买下这一箱水果，否则退回.试求(1) 该顾客买下该箱水果的概率；(2) 在该顾客买下的一箱中确实没有坏果的概率.

1.4 事件的独立性

1.4.1 事件的独立性

1. 两个事件的独立性

在1.3.1节中引入条件概率的定义时，我们分析了一般情况下 $P(A|B)\neq P(A)$，这表明事件 B 的发生对事件 A 是有影响的，但例外的情形也不在少数，下面就是一个例子.

例 1.22 从100件产品(其中有5件次品)中有放回地抽取2件，设 B 表示“第一次取到正品”，A 表示“第二次取到次品”，求 $P(A|B)$，$P(A)$.

解 按古典概率公式计算得

$$P(A|B)=\frac{5}{100},\quad P(A)=\frac{100\times 5}{100\times 100}=\frac{5}{100},$$

可见 $P(A|B)=P(A)$，这表明事件 B 的发生对事件 A 发生的概率是没有影响的.但本题

条件改为无放回，则

$$P(A|B)=\frac{5}{99}, \quad P(A)=\frac{99\times 5}{100\times 99}=\frac{5}{100},$$

可见 $P(A|B)\neq P(A)$，这表明事件 B 的发生对事件 A 发生的概率是有影响的.

当第一次抽取结果对第二次抽取结果的概率没有影响时，称它们之间相互独立，即在有放回时，事件 A 与 B 是相互独立的，此时，乘法公式 $P(AB)=P(B)P(A|B)=P(A)P(B)$. 这就引出两事件独立的一般定义.

定义 1.8 对任意两个事件 A 与 B，若有

$$P(AB)=P(A)P(B),$$

则称事件 A 与 B **相互独立**，简称**独立**；否则，称事件 A 与 B 不独立或相依.

注 (1) 两事件独立是相互的，即"事件 A 与 B 相互独立"也意味着"事件 B 与 A 相互独立".

(2) "必然事件 Ω 与任何事件 A 独立""不可能事件 $\varnothing$ 与任何事件 A 独立".

(3) 当 $P(A)>0, P(B)>0$ 时，事件 A 与 B 相互独立，则事件 A 与 B 必不互不相容；事件 A 与 B 互不相容，则事件 A 与 B 必不相互独立，即此时"互不相容"与"相互独立"这两个概念并无必然联系. 实际中两个独立事件往往是相容的，如"甲、乙两门高炮打飞机"，"甲炮击中"与"乙炮击中"是独立事件，但又是相容事件，因为它们可以同时发生.

(4) 事件 A 与 B 相互独立 $\Leftrightarrow P(AB)=P(A)P(B)\Leftrightarrow P(A|B)=P(A)$

$$\Leftrightarrow P(B|A)=P(B)\Leftrightarrow P(A|B)=P(A|\bar{B})$$

(5) 判断两事件的独立性可从定义 1.8 出发，但更多的是根据经验事实去判定. 例如"甲、乙两门高炮打飞机"，"甲炮击中"与"乙炮击中"是独立事件；又如"一台机床发生故障"与"另一台机床发生故障"，"一粒种子发芽"与"另一粒种子发芽"都可以根据经验事实判断它们是相互独立的.

定理 1.4 若事件 A 与 B 独立，则 $\bar{A}$ 与 B，A 与 $\bar{B}$，$\bar{A}$ 与 $\bar{B}$ 都相互独立.

证明 下面只证明 $\bar{A}$ 与 $\bar{B}$ 相互独立，其余留给读者自己证明.

$$\begin{aligned}P(\bar{A}\bar{B})&=P(\overline{A\cup B})=1-P(A\cup B)=1-[P(A)+P(B)-P(AB)]\\&=[1-P(A)][1-P(B)]=P(\bar{A})P(\bar{B}).\end{aligned}$$

由事件的独立性定义知 $\bar{A}$ 与 $\bar{B}$ 相互独立.

注 事件 A 与 B，$\bar{A}$ 与 B，A 与 $\bar{B}$，$\bar{A}$ 与 $\bar{B}$ 四对中只要有一对相互独立，则其余三对都是相互独立的，即这四对事件独立是等价的.

例 1.23 甲、乙二人独立地同时射击同一目标各一次，他们的命中率分别为 0.6 和 0.5，求目标被击中的概率.

解 设事件 A 表示"甲击中目标"，B 表示"乙击中目标"，C 表示"目标被击中"，则 $C=A\cup B$，且 $P(A)=0.6$，$P(B)=0.5$，事件 A 与 B 相互独立，因此

$$\begin{aligned}P(C)&=P(A\cup B)=P(A)+P(B)-P(AB)=P(A)+P(B)-P(A)P(B)\\&=0.6+0.5-0.6\times 0.5=0.8\end{aligned}$$

或
$$P(C)=P(A\cup B)=1-P(\overline{A}\overline{B})=1-P(\overline{A})P(\overline{B})$$
$$=1-(1-0.6)\times(1-0.5)=0.8.$$

2. 多个事件的独立性

对于三个或更多个事件,给出下面的定义.

定义 1.9 设有 n 个事件 $A_1, A_2, \cdots, A_n(n\geqslant 2)$,若对其中任意 $k(2\leqslant k\leqslant n)$ 个事件 $A_{i_1}, A_{i_2}, \cdots, A_{i_k}(1\leqslant i_1<i_2<\cdots<i_k\leqslant n)$,有

$$P(A_{i_1}A_{i_2}\cdots A_{i_k})=P(A_{i_1})P(A_{i_2})\cdots P(A_{i_k}),$$

则称 $A_1, A_2, \cdots, A_n$ 相互独立,简称 $A_1, A_2, \cdots, A_n$ 独立.

注 (1)当 $n=3$ 时,则

$$A_1, A_2, A_3\text{ 相互独立}\Leftrightarrow\begin{cases}P(A_1A_2)=P(A_1)P(A_2),\\P(A_2A_3)=P(A_2)P(A_3),\\P(A_1A_3)=P(A_1)P(A_3),\\P(A_1A_2A_3)=P(A_1)P(A_2)P(A_3).\end{cases}$$

(2) n 个事件相互独立,则其中任意的 $k(1<k\leqslant n)$ 个事件亦相互独立,但任意的 $k(1<k<n)$ 个事件相互独立,不能推出 n 个事件也相互独立.

(3) n 个事件相互独立,则其中任意的 $k(1\leqslant k\leqslant n)$ 个事件换为对立事件,组成的新的 n 个事件仍相互独立.例如,当 $n=3$ 时,A_1, A_2, A_3 相互独立,则 $\overline{A}_1, A_2, A_3$;$A_1, \overline{A}_2, A_3$;$A_1, A_2, \overline{A}_3$;$\overline{A}_1, \overline{A}_2, A_3$;$\overline{A}_1, A_2, \overline{A}_3$;$A_1, \overline{A}_2, \overline{A}_3$;$\overline{A}_1, \overline{A}_2, \overline{A}_3$ 都相互独立.

(4) 当 $A_1, A_2, \cdots, A_n$ 相互独立时,常用公式有以下两个:

① $P(A_1A_2\cdots A_n)=P(A_1)P(A_2)\cdots P(A_n)$.

② $P(A_1\cup A_2\cup\cdots\cup A_n)=1-P(\overline{A_1\cup A_2\cup\cdots\cup A_n})=1-P(\overline{A}_1\overline{A}_2\cdots\overline{A_n})$
$$=1-P(\overline{A}_1)P(\overline{A}_2)\cdots P(\overline{A_n})$$
$$=1-[1-P(A_1)][1-P(A_2)]\cdots[1-P(A_n)].$$

独立性的概念在概率论中起到非常重要的作用,可以简化计算.很多成功案例也是在独立性假设下取得的.

例 1.24 甲、乙、丙三人独立地去破译密码,他们能够译出的概率分别为 $\frac{1}{5}$,$\frac{1}{4}$,$\frac{1}{3}$,问能将密码破译出的概率是多少?

解 设事件 A, B, C 分别表示"甲、乙、丙三人译出密码",事件"能够被译密码"可以表示 $A\cup B\cup C$,且 A, B, C 独立,$P(A)=\frac{1}{5}$,$P(B)=\frac{1}{4}$,$P(C)=\frac{1}{3}$.

$$P(A\cup B\cup C)=1-P(\overline{A\cup B\cup C})=1-P(\overline{A}\overline{B}\overline{C})$$
$$=1-P(\overline{A})P(\overline{B})P(\overline{C})=1-\frac{4}{5}\times\frac{3}{4}\times\frac{2}{3}=0.6.$$

例 1.25(保险赔付问题) 设有 n 个人向保险公司购买了人身意外保险(保险期一年). 假设投保人在一年内发生意外的机会为 0.01,求

(1) 该保险公司赔付的概率;(2) 至少多少人投保才能使得保险公司赔付的概率在一半以上.

解 设 A_i 表示"第 i 个人在一年内发生意外", $i=1, 2, \cdots, n$,则 $A_1, A_2, \cdots, A_n$ 相互独立,且 $P(A_i)=0.01, i=1, 2, \cdots, n$.

(1) 设 A 表示"保险公司赔付",则 $A=A_1 \cup A_2 \cup \cdots \cup A_n$,于是

$$\begin{aligned}P(A)&=P(A_1 \cup A_2 \cup \cdots \cup A_n)=1-P(\overline{A_1 \cup A_2 \cup \cdots \cup A_n})\\&=1-P(\bar{A}_1\bar{A}_2\cdots\overline{A_n})=1-P(\bar{A}_1)P(\bar{A}_2)\cdots P(\overline{A_n})\\&=1-[1-P(A_1)][1-P(A_2)]\cdots[1-P(A_n)]\\&=1-(1-0.01)^n=1-0.99^n.\end{aligned}$$

(2) $P(A)>\frac{1}{2}\Rightarrow 1-0.99^n>\frac{1}{2}\Rightarrow 0.99^n<0.5\Rightarrow n>\frac{\lg 2}{2-\lg 99}\approx 68.967\,56.$

也就是说,至少 69 人投保能使保险公司赔付的概率在一半以上.

1.4.2 n 重伯努利试验

有时我们研究的问题,常常需要观察一组试验.例如对某一目标进行连续射击,在一批灯泡中抽取若干个观察它们的寿命,等等.我们感兴趣的是这样的试验序列,它是由某个随机试验重复多次组成,且各次试验是相互独立的,这样的试验序列称为 **n 重独立重复试验**. 特别地,在 n 重独立重复试验中,每次试验只有两种可能结果 $A, \bar{A}$,且 A 在每次的试验中出现的概率 p 保持不变,这样的试验序列为 **n 重伯努利(Bernoulli)试验**. 例如,将一个硬币抛连续 3 次,从一批产品中有放回抽取 10 个产品,从某城市的人群中随机抽 1 000 个人,观察某医院在 9:00—10:00 出生的 100 个婴儿的性别,等等,都可归为 n 重伯努利试验.

对于 n 重伯努利试验,我们关心的是在 n 次试验中,事件 A 恰好发生 k 次的概率.

定理 1.5 n 重伯努利试验中,设每次试验中事件 A 发生的概率 $P(A)=p(0<p<1)$,则事件 A 恰好发生 k 次的概率为

$$P_n(k)=C_n^k p^k(1-p)^{n-k}, \quad k=0, 1, 2, \cdots, n.$$

证明 设事件 A_i 表示"事件 A 在第 i 次试验中发生",则有

$$P(A_i)=p, \quad P(\bar{A}_i)=1-p, \quad i=1, 2, \cdots, n.$$

因为各次试验是相互独立的,所以事件 $A_1, A_2, \cdots, A_n$ 相互独立.由此可知,n 次试验中事件 A 在指定的 k 次(不妨在前 k 次)试验中发生而在其余 $n-k$ 次试验中不发生的概率为

$$\begin{aligned}P(A_1, A_2, \cdots, A_k, \overline{A_{k+1}}, \cdots, \overline{A_n})&=P(A_1)P(A_2)\cdots P(A_k)P(\overline{A_{k+1}})\cdots P(\overline{A_n})\\&=p\cdot p\cdot \cdots \cdot p\cdot(1-p)\cdot\cdots\cdot(1-p)\\&=p^k(1-p)^{n-k}.\end{aligned}$$

由于事件 A 在 n 次试验中恰好发生 k 次共有 C_n^k 种不同方式，每一种方式对应一个事件，易知这些事件是互不相容的，所以利用概率的可加性可得

$$P_n(k)=C_n^k p^k(1-p)^{n-k},\quad k=0,1,2,\cdots,n.$$

注 若记 $q=1-p$，则 $P_n(k)=C_n^k p^k q^{n-k}$，$p+q=1$，而 $C_n^k p^k q^{n-k}$ 恰好是 $(p+q)^n$ 的展开式中的第 $k+1$ 项，所以此公式也称二项概率公式.

例 1.26 已知某工厂生产的 1 000 件产品中有 10 件次品，现从中有放回地取 3 次，每次任取 1 件，求所取的 3 件产品中恰有 2 件次品的概率.

解 将每次任取一件产品看作一次试验，每次试验只有两种结果：次品和正品. 有放回地取 3 件产品可以看作 3 重伯努利试验，每次试验中结果 $A=$“取到次品”的概率 $P(A)=\dfrac{10}{1\,000}=0.01$，由二项概率公式可得

$$P_3(2)=C_3^2\times 0.01^2\times 0.99=0.000\,297.$$

例 1.27 设某种药对某种疾病的治愈率为 80%，现有 10 名患有这种疾病的患者同时服用这种药，求至少有 6 人被治愈的概率.

解 每一名患者服用这种药可以看作是一次试验，每次试验只有两种结果：治愈和未治愈，每次试验中结果 $A=$“被治愈”的概率 $P(A)=0.8$，每名患者是否被治愈是相互独立的，所以 10 名患者服用这种药可以看作 10 重伯努利试验. 于是用二项概率公式可得

$$\sum_{k=6}^{10}P_{10}(k)=\sum_{k=6}^{10}C_{10}^k\times 0.8^k\times 0.2^{10-k}\approx 0.967.$$

这个结果表明，服用此药的 10 名患者中至少有 6 人被治愈的可能性是很大的.

例 1.28 甲、乙二人进行比赛，在每局比赛中甲获胜的概率为 0.6，问甲在三局两胜和五局三胜两种赛制中采用哪一种对自己有利?

解 设 $A=\{$每局比赛中甲获胜$\}$，则 $P(A)=0.6$，三局两胜制是 3 重伯努利试验，五局三胜制是 5 重伯努利试验. 在三局两胜赛制中甲获胜的概率为

$$P_3(2)+P_3(3)=C_3^2\times 0.6^2\times 0.4+C_3^3\times 0.6^3\times 0.4^0=0.648.$$

在五局三胜赛制中甲获胜的概率为

$$\begin{aligned}P_5(3)+P_5(4)+P_5(5)&=C_5^3\times 0.6^3\times 0.4^2+C_5^4\times 0.6^4\times 0.4^1+C_5^5\times 0.6^5\times 0.4^0\\&=0.682\,6.\end{aligned}$$

所以甲应该选择五局三胜的赛制对自己有利.

习题 1.4

1. 设 $P(A)>0$，$P(B)>0$，证明

(1) 若 A 与 B 相互独立，则 A 与 B 不互斥；(2) 若 A 与 B 互斥，则 A 与 B 不独立.

2. 设两个随机事件 A，B 相互独立，$P(A\bar{B})=P(\bar{A}B)=\dfrac{1}{4}$，求 $P(A)$，$P(B)$.

3. 若两事件 A 和 B 相互独立，且满足 $P(AB) = P(\bar{A}\bar{B})$，$P(A) = 0.4$，求 $P(B)$.

4. 设两两相互独立的三事件 A，B 和 C 满足：$P(A) = P(B) = P(C) < \frac{1}{2}$，$ABC = \varnothing$，且已知 $P(A \cup B \cup C) = \frac{9}{16}$，求 $P(A)$.

5. 有甲、乙两枚导弹独立地向飞机射击，甲击中的概率为 0.8，乙击中的概率为 0.7，试求

(1) 甲、乙都击中的概率；(2) 甲击中乙击不中的概率；(3) 甲、乙至少有一个击中的概率.

6. 设一个工人看管三台机床，第一、二、三台机床在 1 h 内需要工人看管的概率分别为 0.9，0.8，0.7，并假设每台机床需要工人看管与否是相互独立的. 试求在 1 h 内：

(1) 没有一台机床需要看管的概率；(2) 至少有一台不需要看管的概率.

7. 一射手对目标独立射击 4 次，每次射击的命中率 $P = 0.8$，求

(1) 恰好命中两次的概率；(2) 至少命中一次的概率.

8. 设事件 A 在每一次试验中发生的概率为 0.3，当 A 发生不少于 3 次时，指示灯发出信号. 进行了 5 次重复独立试验，求指示灯发出信号的概率.

9. 甲、乙各下注 100，以猜硬币方式赌博，五局三胜，胜者获得全部赌资. 若甲赢得第一局后，赌博被迫中止，问该如何分配赌资？

10. 设 $0 < P(B) < 1$，证明：事件 A，B 独立的充要条件是 $P(A \mid B) = P(A \mid \bar{B})$.

本章小结

本章是概率论的基础部分，所有内容围绕随机事件和概率这两个概念展开. 本章的重点内容包括：随机事件的关系和运算；概率的性质；条件概率和乘法公式；事件的独立性. 基本要求如下：

1. 了解事件的四种关系

(1) 包含：$A \subset B$ 表示事件 A 发生，则事件 B 必发生.

(2) 相等：$A = B \Leftrightarrow A \subset B$，且 $B \subset A$.

(3) 互不相容：$AB = \varnothing \Leftrightarrow$ 事件 A 与 B 互不相容.

(4) 互补：事件 A 与 B 互补 $\Leftrightarrow AB = \varnothing$，$A \cup B = \Omega$.

2. 了解事件的四种运算

(1) 事件的和(并) $A \cup B$ 表示事件 A 与 B 中至少有一个发生.

性质：① 若 $A \supset B$，则 $A \cup B = A$；

② $A \subset A \cup B$，$B \subset A \cup B$.

(2) 事件积(交) AB 表示事件 A 与 B 都发生.

性质：① 若 $A \supset B$，则 $AB = B$；

② $A \subset AB$，$B \cap AB$；

③ $\Omega B = B$，即 $(A \cup \bar{A})B = B$.

(3) 事件的差 $A - B$ 表示事件 A 发生且事件 B 不发生.

性质：$A - B = A\bar{B}$，且 $A - B = A - AB$.

(4) $\bar{A}$ 表示事件 A 不发生.

性质：$A \cup \bar{A} = \Omega$，$A\bar{A} = \varnothing$.

3. 了解运算关系的规律

(1) 交换律：$A\cup B=B\cup A$，$AB=BA$.

(2) 结合律：$(A\cup B)\cup C=A\cup(B\cup C)$，$(AB)C=A(BC)$.

(3) 分配律：$(A\cup B)\cap C=AC\cup BC$，$(A\cap B)\cup C=(A\cup C)\cap(B\cup C)$.

(4) 对偶律：$\overline{A\cup B}=\bar{A}\cap\bar{B}$，$\overline{A\cap B}=\bar{A}\cup\bar{B}$. 一般地

$$\overline{\bigcup_{i=1}^{n}A_i}=\bigcap_{i=1}^{n}\bar{A}_i,\quad \overline{\bigcap_{i=1}^{n}A_i}=\bigcup_{i=1}^{n}\bar{A}_i.$$

4. 理解随机事件的概率的概念，掌握古典概型和几何概型的计算公式

$$P(A)=\frac{k(A\text{ 包含的样本点数})}{n(\text{样本点总数})},\quad P(A)=\frac{L(A)}{L(\Omega)}.$$

会利用它们计算相关的概率.

5. 掌握概率的计算公式，会利用它们计算相关的概率

(1) $P(A\cup B)=P(A)+P(B)-P(AB)$，特别情形：

① A 与 B 互不相容时：$P(A\cup B)=P(A)+P(B)$.

② A 与 B 独立时：$P(A\cup B)=P(A)+P(B)-P(A)P(B)$.

③ $P(A)=1-P(\bar{A})$.

推广：$P(A\cup B\cup C)=P(A)+P(B)+P(C)-P(AB)-P(AC)-P(BC)+P(ABC)$.

(2) $P(A-B)=P(A)-P(AB)$，特别情形：$B\subset A$，$P(A-B)=P(A)-P(B)$.

(3) $P(AB)=P(A)P(B|A)=P(B)P(A|B)$.

推广：$P(ABC)=P(A)P(B|A)P(C|AB)$；

$P(A_1A_2\cdots A_n)=P(A_1)P(A_2|A_1)\cdots P(A_n|A_1A_2\cdots A_{n-1})$.

当事件独立时：

$P(AB)=P(A)P(B)$；

$P(ABC)=P(A)P(B)P(C)$；

$P(A_1A_2\cdots A_n)=P(A_1)P(A_2)\cdots P(A_n)$.

性质：若 A 与 B 独立 $\Rightarrow\bar{A}$ 与 B，A 与 $\bar{B}$，$\bar{A}$ 与 $\bar{B}$ 均独立.

6. 掌握全概率公式和贝叶斯公式

$$P(B)=\sum_{i=1}^{n}P(A_i)P(B|A_i),\quad P(A_i|B)=\frac{P(A_i)P(B|A_i)}{\sum_{i=1}^{n}P(A_i)P(B|A_i)},\quad i=1,2,\cdots,n.$$

会利用它们计算相关的概率.

7. 理解 n 重伯努利试验的定义，掌握 n 重伯努利概型的计算公式

$$P_n(k)=\mathrm{C}_n^k p^k(1-p)^{n-k},\quad k=0,1,2,\cdots,n.$$

会利用它们计算相关的概率.

数学家贝叶斯简介

贝叶斯

贝叶斯(Thomas Bayes),英国数学家,1702 年出生于伦敦,做过神甫,1742 年成为英国皇家学会会员,1763 年 4 月 7 日逝世. 贝叶斯在数学方面主要研究概率论. 他首先将归纳推理法用于概率论基础理论,并创立了贝叶斯统计理论,对于统计决策函数、统计推断、统计的估算等作出了贡献. 1763 年贝叶斯发表了这方面的论著,对于现代概率论和数理统计都有很重要的作用. 贝叶斯的另一著作《机会的学说概论》发表于 1758 年. 贝叶斯所采用的许多术语被沿用至今.

贝叶斯决策理论是主观贝叶斯派归纳理论的重要组成部分. 贝叶斯决策就是在不完全情报下,对部分未知的状态用主观概率估计,然后用贝叶斯公式对发生概率进行修正,最后再利用期望值和修正概率做出最优决策. 贝叶斯决策理论方法是统计模型决策中的一个基本方法,其基本思想是:

(1) 已知类条件密度函数参数表达式和先验概率;

(2) 利用贝叶斯公式转换成后验概率;

(3) 根据后验概率大小进行决策分类.

他对统计推理的主要贡献是使用了"逆概率"这个概念,并把它作为一种普遍的推理方法提出来. 贝叶斯定理原本是概率论中的一个定理,这一定理可用一个数学公式来表达,这个公式就是著名的贝叶斯公式. 贝叶斯公式是他在 1763 年提出来的:

假定 $B_1, B_2, \cdots$ 是某个过程的若干可能的前提,则 $P(B_i)(i=1, 2, \cdots)$ 是人们事先对各前提条件出现可能性大小的估计,称为先验概率. 如果这个过程得到了一个结果 A,那么贝叶斯公式提供了根据 A 的出现而对前提条件做出新评价的方法. $P(B_i \mid A)$ 既是对以 A 为前提下 B_i 的出现概率的重新认识,称 $P(B_i \mid A)$ 为后验概率. 经过多年的发展与完善,贝叶斯公式以及由此发展起来的一整套理论与方法,已经成为概率统计中的一个冠以"贝叶斯"名字的学派,在自然科学及国民经济的许多领域中有着广泛应用.

总习题 1

一、填空题

1. 一口袋装有 3 只红球、2 只黑球,今从中任意取出 2 只球,则这两只恰为一红一黑的概率是________.

2. 袋中有 50 只球,其中 20 只黄球、30 只白球,今有二人依次随机地从袋中各取一球,取后不放回,则第二个人取得黄球的概率为________.

3. 设 $P(A)=0.4$, $P(A \cup B)=0.7$, 那么

(1) 若事件 A 与 B 互不相容,则 $P(B)=$________;

(2) 若事件 A 与 B 相互独立,则 $P(B)=$________.

4. 设 A,B 为随机事件,$P(A)=0.7$, $P(A-B)=0.3$,则 $P(\overline{AB})=$________.

5. 设 A,B 为相互独立的两随机事件,$P(A)=\frac{1}{2}$, $P(B)=\frac{1}{3}$,则 $P(\bar{A}B)=$________.

6. 设 A,B 为随机事件,且 $P(A)=0.8$, $P(B)=0.4$, $P(B|A)=0.25$,则 $P(A|B)=$________.

7. 设 A,B 为两随机事件,$P(A|B)=0.3$, $P(B|A)=0.4$, $P(\bar{A}|\bar{B})=0.7$,则 $P(A\cup B)=$________.

8. 甲、乙二人独立地对同一目标射击一次,其命中率分别为 0.6 和 0.5,现已知目标被命中,则它是甲射中的概率为________.

9. 设工厂 A 和工厂 B 的产品的次品率分别为 1% 和 2%,现从由 A 厂和 B 厂的产品分别占 60% 和 40% 的一批产品中随机抽取一件,发现是次品,则该次品是 A 厂生产的概率是________.

10. 设在一次试验中 A 发生的概率为 p,现进行 n 次独立试验,则 A 至少发生一次的概率为__________;而事件 A 至多发生一次的概率为________.

11. 在三次独立试验中,事件 B 至少出现一次的概率为 $\frac{19}{27}$,若每次试验中 B 出现的概率均为 p,则 $p=$________.

12. (2022,数一、三)设 A,B,C 为随机事件,且 A,B 互不相容,A,C 互不相容,B,C 相互独立,$P(A)=P(B)=P(C)=\frac{1}{3}$,则 $P((B\cup C)|(A\cup B\cup C))=$________.

二、选择题

1. 设 A 为随机事件,则下列选项中**错误**的是(　　).

A. A 与 $\bar{A}$ 互为对立事件　　B. A 与 $\bar{A}$ 互不相容

C. $\overline{A\cup\bar{A}}=\Omega$　　D. $\bar{\bar{A}}=A$

2. 设 $B\subset A$,则下列选项中正确的是(　　).

A. $P(\overline{AB})=1-P(A)$　　B. $P(\bar{B}-\bar{A})=P(\bar{B})-P(\bar{A})$

C. $P(B|A)=P(B)$　　D. $P(A|\bar{B})=P(A)$

3. 设两事件 A 与 B 满足 $P(B|A)=1$,则(　　).

A. A 是必然事件　　B. $P(B|\bar{A})=0$

C. $A\supset B$　　D. $A\subset B$

4. 设随机事件 A,B 为互不相容的,且 $P(A)>0$, $P(B)>0$,则有(　　).

A. $P(\overline{AB})=1$　　B. $P(A)=1-P(B)$

C. $P(AB)=P(A)P(B)$　　D. $P(A\cup B)=1$

5. 设事件 A,B 相互独立,且 $P(A)>0$, $P(B)>0$,则下列等式成立的是(　　).

A. $P(AB)=0$　　B. $P(A-B)=P(A)P(\bar{B})$

C. $P(A)+P(B)=1$　　D. $P(AB)=0$

6. 设 A,B 为随机事件,且 $P(B)>0$, $P(A|B)=1$,则必有(　　).

A. $P(A\cup B)>P(A)$　　B. $P(A\cup B)>P(B)$

C. $P(A\cup B)=P(A)$　　D. $P(A\cup B)=P(B)$

7. (2019,数一)设 A,B 为两随机事件,则 $P(A)=P(B)$ 的充分必要条件是(　　).

A. $P(A\cup B)=P(A)+P(B)$　　B. $P(AB)=P(A)P(B)$

C. $P(A\bar{B})=P(B\bar{A})$　　D. $P(AB)=P(\bar{A}\,\bar{B})$

8. 已知 $P(A)=P(B)=P(C)=\frac{1}{4}$, $P(AB)=0$, $P(AC)=P(BC)=\frac{1}{16}$,则事件 A, B, C 全不发生的概率为(　　).

A. $\frac{1}{8}$　　B. $\frac{3}{8}$　　C. $\frac{5}{8}$　　D. $\frac{7}{8}$

9. (2020,数一)已知 $P(A)=P(B)=P(C)=\frac{1}{4}$, $P(AB)=0$, $P(AC)=P(BC)=\frac{1}{12}$,则事件 A, B, C 恰好有一个发生的概率为(　　).

A. $\frac{3}{4}$　　B. $\frac{2}{3}$　　C. $\frac{1}{2}$　　D. $\frac{5}{12}$

10. 设 A, B 为两个随机事件,且 $0<P(A)<1$, $P(B)>0$, $P(B\mid A)=P(B\mid \bar{A})$,则必有(　　).

A. $P(A\mid B)=P(\bar{A}\mid B)$　　B. $P(A\mid B)\neq P(\bar{A}\mid B)$

C. $P(AB)=P(A)P(B)$　　D. $P(AB)\neq P(A)P(B)$

11. 设 $0<P(A)<1$, $0<P(B)<1$, $P(A\mid B)+P(\bar{A}\mid \bar{B})=1$,则事件 A 和 B(　　).

A. 互不相容　　B. 互相对立　　C. 不独立　　D. 独立

12. 设 A, B 是两个随机事件,且 $0<P(A)<1$, $0<P(B)<1$, $P(A\bar{B})=P(\bar{A}B)$,则下列等式未必成立的是(　　).

A. $P(A\mid B)=P(B\mid A)$　　B. $P(A\mid \bar{B})=P(B\mid \bar{A})$

C. $P(A\mid \bar{B})=P(\bar{A}\mid B)$　　D. $P(A-B)=P(B-A)$

13. (2021,数三)设 A, B 为两随机事件,且 $0<P(B)<1$,则下列命题不成立的是(　　).

A. 若 $P(A\mid B)=P(A)$,则 $P(A\mid \bar{B})=P(A)$

B. 若 $P(A\mid B)>P(A)$,则 $P(\bar{A}\mid \bar{B})>P(\bar{A})$

C. 若 $P(A\mid B)>P(A\mid \bar{B})$,则 $P(A\mid B)>P(A)$

D. 若 $P(A\mid A\cup B)>P(\bar{A}\mid A\cup B)$,则 $P(A)>P(B)$

14. 两只一模一样的铁罐里都装有大量的红球和黑球,其中一罐(取名“甲罐”)内的红球数与黑球数之比为 2∶1,另一罐(取名“乙罐”)内的黑球数与红球数之比为 2∶1. 今任取一罐并从中取出 50 只球,查得其中有 30 只红球和 20 只黑球,则该罐为“甲罐”的概率是该罐为“乙罐”的概率的(　　).

A. 154 倍　　B. 254 倍　　C. 798 倍　　D. 1 024 倍

三、计算题

1. 袋中有 10 件产品,其中有 6 件正品、4 件次品,从中任取 3 件,求所取 3 件中有次品的事件 A 的概率.

2. 有三个箱子,第一箱中有 4 只黑球、1 只白球,第二箱中有 3 只黑球、3 只白球,第三个箱中有 3 只黑球、5 只白球,现随机取一个箱子,再从这个箱中取出一只球,求取到白球的概率.

3. 设 $A\subset B$, $P(A)=0.2$, $P(B)=0.3$,求

(1) $P(\bar{A})$, $P(\bar{B})$; (2) $P(AB)$; (3) $P(A\cup B)$; (4) $P(\bar{A}B)$; (5) $P(A-B)$.

4. 设事件 A, B 的概率分别为 $P(A)=\frac{1}{5}$, $P(B)=\frac{1}{2}$,求在下列情况下 $P(\bar{A}B)$, $P(A\bar{B})$.

(1) A 与 B 不相容; (2) $A\subset B$; (3) $P(AB)=\frac{1}{10}$.

5. 设 A 与 B 是两个随机事件,且 $P(A)=0.7$, $P(B)=0.6$,问

(1) 在何条件下 $P(AB)$ 取到最大值,最大值是多少?

(2) 在何条件下 $P(AB)$ 取到最小值,最小值是多少?

6. 设 A, B, C 是三个随机事件,且 $P(A)=P(B)=P(C)=\frac{1}{4}$, $P(AB)=P(BC)=0$, $P(AC)=\frac{1}{8}$,求

(1) A, B, C 中至少有一个发生的概率;(2) A, B, C 都不发生的概率.

7. 某厂有甲、乙、丙三个车间生产同一种产品,各车间的产量分别占全厂总产量的 20%, 30%, 50%,根据以往产品质量检验记录知道甲、乙、丙三个车间的次品率分别为 4%, 3%, 2%,求

(1) 从该厂产品中任取一件,其为次品的概率为多大?

(2) 若从该厂产品中任取一件发现其为次品,问该产品为甲车间生产的概率是多大?

8. 设肺癌发病率为 0.1%,患肺癌的人中吸烟者占 90%,不患肺癌的人中吸烟者占 20%,试求吸烟者与不吸烟者中患肺癌的概率各是多少?

9. 发报台以概率 0.6 和 0.4 发出信号"·"和"—",由于通信系统存在随机干扰,当发出信号为"·"和"—"时,收报台分别以概率 0.2 和 0.1 收到信号"—"和"·".求收报台收到信号"·"时,发报台确实发出信号"·"的概率.

10. 按球赛规定, 5 局比赛中先胜 3 局者为胜.设甲、乙两球队在每局比赛中取胜的概率分别是 0.6 和 0.4.已知两局赛完以后,甲队以 2 : 0 领先.求甲队最终获胜的概率.

11. 由射手对飞机进行 4 次独立射击,每次射击命中的概率为 0.3,一次命中时飞机被击落的概率为 0.6,至少两次命中时飞机必然被击落,求飞机被击落的概率.

12. 有三类箱子,箱中装有黑、白两种颜色的小球,各类箱子中黑球、白球数目之比为 4 : 1, 1 : 2, 3 : 2,已知这三类箱子数目之比为 2 : 3 : 1,现随机取一个箱子,再从中随机取出一只球,则

(1) 求取到白球的概率;(2) 若已知取到的是一只白球,求此球是来自第二类箱子的概率.

13. 假设一厂家生产的每台仪器,以概率 0.7 可以直接出厂,以概率 0.3 需进一步调试,经调试后以概率 0.8 可以出厂, 以概率 0.2 定为不合格品不能出厂.现该厂新生产了 $n(n\geqslant 2)$ 台仪器(假设各台仪器的生产过程相互独立).求

(1) 全部能出厂的概率 α; (2) 其中恰好有两件不能出厂的概率 β; (3) 其中至少有两件不能出厂的概率 θ.

第 2 章

随机变量及其分布

为了深入研究和全面掌握随机现象的统计规律，往往需要把随机试验的结果数量化，即把样本空间中的样本点 ω 与实数联系起来，建立某种对应关系，这种对应关系称为随机变量. 由于这种变量的取值依赖于试验结果，而试验结果是不确定的，所以随机变量的取值也是不确定的. 虽然无法准确预知其确切取值，但可以研究其取值的统计规律. 对随机变量的统计规律的完整描述被称为随机变量的分布，本章主要介绍两类随机变量——离散型和连续型随机变量及其分布.

2.1 随机变量及其分布函数

2.1.1 随机变量的概念

在现实中，很多随机试验的结果(即样本点)本身就是用数量表示的，结果的数量化显而易见；但还有很多随机试验的试验结果本身不是数量的，这时可根据研究需要，建立试验结果与数量的对应关系. 请看下面的例子.

例 2.1 掷一枚均匀的骰子，试验结果分别为 ω_i =“出现的点数为 i 点”，$i=1, 2, 3, 4, 5, 6$，这些结果本身是数量性质的. 我们将试验的结果用一个实数 X 来表示，当出现的点数为 1 时，$X=1$，即 $X(\omega_1)=1$，依此类推，当出现的点数为 i 时，$X=i$，即 $X(\omega_i)=i$，如图 2.1 所示.

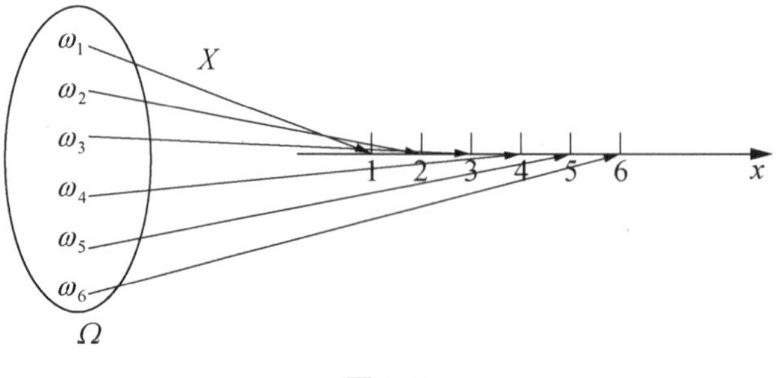

图 2.1

可见，X 是样本空间 $\Omega=\{\omega_1, \omega_2, \omega_3, \omega_4, \omega_5, \omega_6\}$ 与实数子集 $\{1, 2, 3, 4, 5, 6\}$ 之间的一种对应关系.

例 2.2 抛一枚硬币，试验结果为 $\omega_1=$“正面朝上”，$\omega_2=$“反面朝上”，这些结果本身是非数量性质的. 我们将试验的结果用一个实数 Y 来表示，当出现“正面朝上”时，$Y=1$；当出现“反面朝上”时，$Y=0$，即

$$Y(\omega)=\begin{cases}1, & \omega=\omega_1,\\ 0, & \omega=\omega_2.\end{cases}$$

可见，Y 是样本空间 $\Omega=\{\omega_1, \omega_2\}$ 与实数子集 $\{0, 1\}$ 之间的一种对应关系.

例 2.3 考察“110 报警台在一天内接到的报警次数”，试验结果为 $\omega_i=$“一天内接到的报警次数为 i 次”，$i=0, 1, 2, \cdots$，这些结果本身是数量性质的. 我们将试验的结果用一个实数 Z 来表示，当“一天内接到的报警次数为 i 次”时，$Z=i$，$i=0, 1, 2, \cdots$，即

$$Z(\omega_i)=i, \quad i=0, 1, 2, \cdots.$$

可见，Z 是样本空间 $\Omega=\{\omega_1, \omega_2, \cdots\}$ 与自然数集 $\{0, 1, 2, \cdots\}$ 之间的一种对应关系.

例 2.4 考察“一套仪器设备的使用寿命”，试验结果为 $\omega=$“使用寿命为 x (h)”，$x \geqslant 0$，$x \in \mathbf{R}$，这些结果本身是数量性质的. 我们将试验的结果用一个实数 Z_1 来表示，当“使用寿命为 x (h)”时，$Z_1=x$，即

$$Z_1(\omega)=x, \quad x \geqslant 0.$$

可见，Z_1 是样本空间 $\Omega=\{\omega \mid \omega=$“使用寿命为 x(h)”，$x \geqslant 0\}$ 与非负实数集之间的一种对应关系.

上面这些例子，无论样本点是数量性质的还是非数量性质的，都可建立一个数值与随机试验的结果(即样本点)的对应关系，本质上这与微积分中函数的定义是一回事，只不过在函数的定义中，函数 $f(x)$ 的自变量是实数 x，而随机变量 $X(\omega)$ 的自变量是样本空间中的样本点 ω，从而得到下面的定义.

定义 2.1 设随机试验的样本空间为 Ω，对于样本空间 Ω 中每一个样本点 ω，有且只有唯一的实数 $X(\omega)$ 与之对应，则称定义在样本空间 Ω 上的实值函数 $X(\omega)$ 为**随机变量**，简记为 X.

注 (1) 随机变量通常用大写英文字母 X, Y, Z 表示，用小写英文字母表示随机变量的取值，如 $X(\omega)=x$.

(2) 随机变量的定义域为样本空间 Ω，值域为实数子集，对应法则为 X.

(3) 由于随机变量的自变量为随机试验的试验结果(即样本点)，而随机试验的试验结果具有随机性，所以导致随机变量的取值也具有随机性(即随机变量的取值具有统计规律). 在一次试验之前，我们不能预先知道随机变量取什么值，但由于试验的所有可能结果是预先知道的，所以对每一个随机变量，我们可以知道它的取值范围，且可以知道它取各个值的可能性大小，这一性质显示了随机变量与普通函数有本质的区别.

(4) 引入随机变量之后，随机事件就可以用随机变量的取值来表示. 例如，在例 2.1 中，A 表示“出现 6 点”，则 $A=\{X=6\}$，$P\{X=6\}=\dfrac{1}{6}$，B 表示“出现 4 点或 5 点或 6 点”，则

$B=\{X\geqslant 4\}=\{X=4\}\cup\{X=5\}\cup\{X=6\}$，$P\{X\geqslant 4\}=\dfrac{1}{2}$；在例 2.2 中，$B$ 表示“正面朝上”，则 $B=\{Y=1\}$，$P\{Y=1\}=\dfrac{1}{2}$；在例 2.4 中，A_1 表示“使用寿命不超过 1 000 h”，则 $A_1=\{Z_1\leqslant 1\,000\}$，$A_2$ 表示“使用寿命在 1 000～1 500 h 之间”，则 $A_2=\{1\,000\leqslant Z_1\leqslant 1\,500\}$. 可见随机变量取值表示的是随机事件，至此对随机事件的研究转化成了对随机变量的研究.

2.1.2 随机变量的分布函数

对于随机变量 X，我们关心诸如事件 $\{X\leqslant x\}$，$\{X>x\}$，$\{x_1<X\leqslant x_2\}$ 的概率. 但由于 $\{x_1<X\leqslant x_2\}=\{X\leqslant x_2\}-\{X\leqslant x_1\}$，$x_1<x_2$，且 $\{X\leqslant x_1\}\subset\{X\leqslant x_2\}$，所以

$$P\{x_1<X\leqslant x_2\}=P\{X\leqslant x_2\}-P\{X\leqslant x_1\}.$$

又因为 $\{X>x\}$ 的对立事件是 $\{X\leqslant x\}$，所以

$$P\{X>x\}=1-P\{X\leqslant x\}.$$

通过诸如此类的讨论，可知事件 $\{X\leqslant x\}$ 的概率 $P\{X\leqslant x\}$ 成了关键角色，在计算概率时起到重要作用，记 $F(x)=P\{X\leqslant x\}$. 对于任意的 $x\in\mathbf{R}$，对应的 $F(x)$ 是一个概率 $P\{X\leqslant x\}\in[0,1]$，说明 $F(x)$ 是定义在区间 $(-\infty,+\infty)$ 上的普通实值函数，从而引出随机变量分布函数的定义.

定义 2.2 设 X 是一个随机变量，对于任意的 $x\in\mathbf{R}$，称函数

$$F(x)=P\{X\leqslant x\}$$

为随机变量 X 的分布函数.

注 (1) 随机变量的分布函数定义域为 $(-\infty,+\infty)$，值域为 $[0,1]$.

(2) 随机变量的分布函数 $F(x)$ 表示的是事件 $\{X\leqslant x\}$ 的概率，即随机变量 X 落在区间 $(-\infty,x]$ 上的概率. 例如，$F(0)$ 表示 X 落在数轴上原点左边的概率.

(3) 按分布函数的定义可知：

$$\begin{gathered}P\{X\leqslant a\}=F(a),\\ P\{a<X\leqslant b\}=F(b)-F(a),\\ P\{X<a\}=\lim_{x\to a^-}F(x)=F(a^-),\\ P\{X=a\}=P\{X\leqslant a\}-P\{X<a\}=F(a)-F(a^-),\\ P\{a\leqslant X\leqslant b\}=P\{X\leqslant b\}-P\{X<a\}=F(b)-F(a^-).\end{gathered}$$

随机变量分布函数的定义适应于任意的随机变量，它是一个与随机变量有关的概念，可用于全面描述随机变量的统计规律. 为了直观的理解随机变量分布函数的性质，请看下面的例题.

例 2.5 设一口袋中装有标有 $-1, 2, 2, 2, 3, 3$ 的 6 只球，从中任取一只，球上标有的数字记为 X，求随机变量 X 的分布函数.

解　随机变量 X 的可能取值为 $-1, 2, 3$，由古典概率计算公式可得 X 这些取值的概率为

$$P\{X=-1\}=\frac{1}{6},\quad P\{X=2\}=\frac{1}{2},\quad P\{X=3\}=\frac{1}{3}.$$

当 $x<-1$ 时，$F(x)=P\{X\leqslant x\}=P(\varnothing)=0$；

当 $-1\leqslant x<2$ 时，$F(x)=P\{X\leqslant x\}=P\{X=-1\}=\frac{1}{6}$；

当 $2\leqslant x<3$ 时，$F(x)=P\{X\leqslant x\}=P\{X=-1\}+P\{X=2\}=\frac{1}{6}+\frac{1}{2}=\frac{2}{3}$；

当 $x\geqslant 3$ 时，$F(x)=P\{X\leqslant x\}=P(\Omega)=1$.

于是 X 的分布函数为

$$F(x)=\begin{cases}0, & x<-1,\\ \frac{1}{6}, & -1\leqslant x<2,\\ \frac{2}{3}, & 2\leqslant x<3,\\ 1, & x\geqslant 3.\end{cases}$$

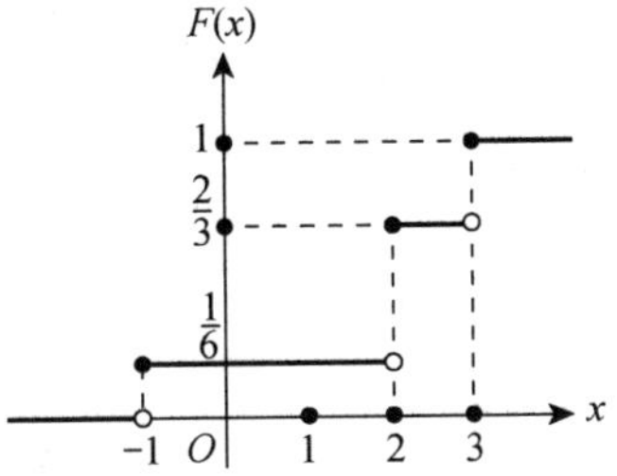

图 2.2

$F(x)$ 的图形如图 2.2 所示.

从例 2.5 的分布函数及其图形不难发现，分布函数具有右连续、单调不减等性质. 一般地，分布函数都具有以下性质：

性质 1　$0\leqslant F(x)\leqslant 1$.

性质 2　$F(-\infty)=\lim\limits_{x\to-\infty}F(x)=0$，$F(+\infty)=\lim\limits_{x\to+\infty}F(x)=1$.

性质 3　$F(x)$ 单调不减，即当 $x_1<x_2$ 时，$F(x_1)\leqslant F(x_2)$.

性质 4　$F(x)$ 右连续，即对于任意的 $x\in\mathbf{R}$，有 $F(x^+)=F(x)$.

注　任给一个满足上述性质 1、2、3、4 的实值函数 $F(x)$，它必是某个随机变量的分布函数，所以，上述四条性质是 $F(x)$ 成为某个随机变量分布函数的充分必要条件.

例 2.6　设随机变量 X 的分布函数为

$$F(x)=\begin{cases}0, & x<0,\\ \frac{x}{3}, & 0\leqslant x<1,\\ \frac{x}{2}, & 1\leqslant x<2,\\ 1, & x\geqslant 2.\end{cases}$$

求 $P\left\{\frac{1}{2}<X\leqslant\frac{3}{2}\right\}$，$P\left\{X>\frac{1}{2}\right\}$，$P\{X\geqslant 1\}$.

解　$P\left\{\frac{1}{2}<X\leqslant\frac{3}{2}\right\}=F\left(\frac{3}{2}\right)-F\left(\frac{1}{2}\right)=\frac{3}{4}-\frac{1}{6}=\frac{7}{12}$.

$$P\left\{X>\frac{1}{2}\right\}=1-P\left\{X\leqslant\frac{1}{2}\right\}=1-F\left(\frac{1}{2}\right)=1-\frac{1}{6}=\frac{5}{6}.$$

$$P\{X\geqslant 1\}=1-P\{X<1\}=1-F(1^-)=1-\frac{1}{3}=\frac{2}{3}.$$

例 2.7 设随机变量 X 的分布函数为

$$F(x)=\begin{cases}a+b\mathrm{e}^{-\lambda x}, & x>0,\\ 0, & x\leqslant 0,\end{cases}$$

其中 $\lambda>0$ 为常数,求常数 a, b 的值及 $P\{-2<X\leqslant 2\}$.

解 由分布函数的性质有

$$F(+\infty)=\lim_{x\to+\infty}F(x)=1\Rightarrow\lim_{x\to+\infty}(a+b\mathrm{e}^{-\lambda x})=1\Rightarrow a=1,$$

$$\lim_{x\to 0^+}F(x)=F(0)\Rightarrow\lim_{x\to 0^+}(a+b\mathrm{e}^{-\lambda x})=0\Rightarrow a+b=0\Rightarrow b=-1,$$

所以

$$F(x)=\begin{cases}1-\mathrm{e}^{-\lambda x}, & x>0,\\ 0, & x\leqslant 0.\end{cases}$$

故 $$P\{-2<X\leqslant 2\}=F(2)-F(-2)=1-\mathrm{e}^{-2\lambda}-0=1-\mathrm{e}^{-2\lambda}.$$

习题 2.1

1. 如下四个函数中哪个能成为随机变量 X 的分布函数?(　　)

A. $F(x)=\begin{cases}0, & x<-2,\\ \dfrac{1}{2}, & -2\leqslant x<0,\\ 2, & x\geqslant 0\end{cases}$　　B. $F(x)=\begin{cases}0, & x<0,\\ \sin x, & 0\leqslant x<\pi,\\ 1, & x\geqslant 0\end{cases}$

C. $F(x)=\begin{cases}0, & x<0,\\ \sin x, & 0\leqslant x<\dfrac{\pi}{2},\\ 1, & x\geqslant\dfrac{\pi}{2}\end{cases}$　　D. $F(x)=\begin{cases}0, & x\leqslant 0,\\ x+\dfrac{1}{3}, & 0<x<\dfrac{1}{2},\\ 1, & x\geqslant\dfrac{1}{2}\end{cases}$

2. 设随机变量 X 的分布函数为

$$F(x)=\begin{cases}0, & x<0,\\ \dfrac{x}{2}, & 0\leqslant x<1,\\ x-\dfrac{1}{2}, & 1\leqslant x<1.5,\\ 1, & x\geqslant 1.5,\end{cases}$$

求 $P\{0.4<X\leqslant 1.3\}$, $P\{X>0.5\}$, $P\{1\leqslant X\leqslant 2\}$.

3. 设随机变量 X 的分布函数为

$$F(x)=a+b\arctan x,\quad x\in(-\infty,+\infty),$$

求常数 a, b 的值及 $P\{-1<X\leqslant 1\}$.

4. 设随机变量 X 具分布律为

X	0	1	2
P	0.1	0.6	0.3

试求出 X 的分布函数 $F(x)$.

2.2 离散型随机变量

2.2.1 离散型随机变量及其分布律

定义 2.3　若随机变量 X 只取有限多个值或可列无限多个值,就说 X 是**离散型随机变量**. 例如,本节中的例 2.1、例 2.2、例 2.3 中的随机变量就是离散型随机变量.

注　要掌握离散型随机变量的统计规律,必须知道它的所有可能取值及取这些值的概率.

定义 2.4　若随机变量 X 可能取值为 $x_1, x_2, \cdots$, 且有

$$P\{X=x_k\}=p_k,\quad k=1,2,\cdots,$$

称上式为离散型随机变量 X 的**分布律**.

用列表表示为

X	x_1	x_2	$\cdots$	x_n	$\cdots$
P	p_1	p_2	$\cdots$	p_n	$\cdots$

称上表为离散型随机变量 X 的**分布列**,记作 $X\sim\{p_k\}$. 分布律(分布列)清楚而完整地表示了 X 的取值及概率的分布情况.

$\{p_k\}$ 具有如下性质:

(1) $p_k\geqslant 0,\ k=1,2,\cdots$;

(2) $\sum\limits_{k=1}^{\infty}p_k=1$.

由于事件 $\{X=x_1\},\{X=x_2\},\cdots$ 互不相容,且 $x_1,x_2,\cdots$ 是 X 全部可能取值,所以 $P\{X=x_1\}+P\{X=x_2\}+\cdots=P(\Omega)=1$, 即

$$\sum_{k=1}^{\infty}p_k=1.$$

反之,若一数列 $\{p_k\}$ 具有以上两条性质,则它必可以作为某随机变量的分布律.

例 2.8　袋中有 5 只同样大小的球,编号为 1, 2, 3, 4, 5. 从中同时取出 3 只球,记 X 为取出的球的最大编号,求 X 的分布律.

解　X 的取值为 3, 4, 5,由古典概型的概率计算方法,得

$P\{X=3\}=\dfrac{1}{C_5^3}=\dfrac{1}{10}$ (3 只球的编号为 1, 2, 3);

$P\{X=4\}=\dfrac{C_3^2}{C_5^3}=\dfrac{3}{10}$(有一球编号为 4,从 1, 2, 3 中任取 2 只的组合与数字 4 搭配成 3 只);

$P\{X=5\}=\dfrac{C_4^2}{C_5^3}=\dfrac{3}{5}$(有一球编号为 5,另两只球的编号小于 5).

则 X 的分布律为

X	3	4	5
P	$\dfrac{1}{10}$	$\dfrac{3}{10}$	$\dfrac{3}{5}$

例 2.9 设离散型随机变量的分布律为

X	-2	-1	0	1	2
P	a	$3a$	$\dfrac{1}{8}$	a	$2a$

求(1) 常数 a 的值;(2) $P\{X<1\}$, $P\{-2<X\leqslant 0\}$, $P\{X\geqslant 2\}$.

解 (1) 由 $a+3a+\dfrac{1}{8}+a+2a=1$,得 $a=\dfrac{1}{8}$,所以分布律为

X	-2	-1	0	1	2
P	$\dfrac{1}{8}$	$\dfrac{3}{8}$	$\dfrac{1}{8}$	$\dfrac{1}{8}$	$\dfrac{1}{4}$

(2) $P\{X<1\}=P\{X=-2\}+P\{X=-1\}+P\{X=0\}=\dfrac{1}{8}+\dfrac{3}{8}+\dfrac{1}{8}=\dfrac{5}{8}$;

$P\{-2<X\leqslant 0\}=P\{X=-1\}+P\{X=0\}=\dfrac{3}{8}+\dfrac{1}{8}=\dfrac{1}{2}$;

$P\{X\geqslant 2\}=P\{X=2\}=\dfrac{1}{4}$.

或先求出 X 的分布函数为

$$F(x)=\begin{cases}0, & x<-2,\\ \dfrac{1}{8}, & -2\leqslant x<-1,\\ \dfrac{1}{2}, & -1\leqslant x<0,\\ \dfrac{5}{8}, & 0\leqslant x<1,\\ \dfrac{3}{4}, & 1\leqslant x<2,\\ 1, & x\geqslant 2.\end{cases}$$

$$P\{X<1\}=F(1^-)=\frac{5}{8},\quad P\{-2<X\leqslant 0\}=F(0)-F(-2)=\frac{5}{8}-\frac{1}{8}=\frac{1}{2},$$

$$P\{X\geqslant 2\}=1-F(2^-)=1-\frac{3}{4}=\frac{1}{4}.$$

注意,这里还可以求

$$P\{X=-2\}=P\{X\leqslant -2\}-P\{X<-2\}=F(-2)-F(-2^-)=\frac{1}{8}-0=\frac{1}{8},$$

$$P\{X=-1\}=P\{X\leqslant -1\}-P\{X<-1\}=F(-1)-F(-1^-)=\frac{1}{2}-\frac{1}{8}=\frac{3}{8},$$

$$P\{X=0\}=P\{X\leqslant 0\}-P\{X<0\}=F(0)-F(0^-)=\frac{5}{8}-\frac{1}{2}=\frac{1}{8},$$

$$P\{X=1\}=P\{X\leqslant 1\}-P\{X<1\}=F(1)-F(1^-)=\frac{3}{4}-\frac{5}{8}=\frac{1}{8},$$

$$P\{X=2\}=P\{X\leqslant 2\}-P\{X<2\}=F(2)-F(2^-)=1-\frac{3}{4}=\frac{1}{4}.$$

于是得到 X 的分布律为

X	-2	-1	0	1	2
P	$\frac{1}{8}$	$\frac{3}{8}$	$\frac{1}{8}$	$\frac{1}{8}$	$\frac{1}{4}$

注 (1) 离散型随机变量的分布律与分布函数是可以互相决定的,它们都可以用来描述离散型随机变量的统计规律.

(2) 若离散型随机变量 X 分布律为

$$P\{X=x_k\}=p_k,\quad k=1,2,\cdots,$$

则 ① 可以求分布函数 $F(x)=P\{X\leqslant x\}=\sum\limits_{x_k\leqslant x}P\{X=x_k\}=\sum\limits_{x_k\leqslant x}p_k$,即离散型随机变量的分布函数是一种累计概率.

② 可以求 X 所生成的任何事件的概率 $P\{a<X\leqslant b\}=\sum\limits_{a<x_k\leqslant b}P\{X=x_k\}$,即对离散型随机变量 X 落在区间 $(a,b]$ 上所有可能取值的概率相加.

③ $P\{X=x_k\}=F(x_k)-F(x_k^-)$, $k=1,2,\cdots$ 即对于离散型随机变量 X,它的分布函数 $F(x)$ 在 X 的可能取值 x_k, $k=1,2,\cdots$ 处具有跳跃,跳跃值为该处的概率 $P\{X=x_k\}=p_k$.

综上所述,离散型随机变量分布函数 $F(x)$ 的图形是阶梯形曲线,且为分段函数,分段点是 x_k, $k=1,2,\cdots$.

2.2.2 常见离散型随机变量的分布

下面介绍几种常见的离散型随机变量.

1. 0—1 分布(两点分布)

定义 2.5 若随机变量 X 只有两个可取值：0，1，且 $P\{X=1\}=p$，$P\{X=0\}=q$，其中 $q=1-p$，$0<p<1$，则称 X 服从参数为 p 的 **0—1 分布**(或**两点分布**)，记为 $X\sim B(1, p)$. X 的分布律为

X	0	1
P	q	p

或 $P\{X=k\}=p^k q^{1-k}$，$k=0, 1$.

注 0—1 分布是最简单的分布，任何只有两种结果的随机试验，如新生儿是男是女，明天是否下雨，抽查一产品是正品还是次品等，都可用它来描述.

例 2.10 一批产品有 1 000 件，其中有 50 件次品，从中任取 1 件，用 X 表示取到正品的件数，即 $\{X=0\}$ 表示取到次品，$\{X=1\}$ 表示取到正品，请写出 X 的分布律.

解 因为 $P\{X=0\}=\dfrac{50}{1\,000}=0.05$，$P\{X=1\}=\dfrac{950}{1\,000}=0.95$，所以分布律为

X	0	1
P	0.05	0.95

2. 二项分布

定义 2.6 若随机变量 X 的可能取值为 0，1，2，…，n，而 X 的分布律为

$$P\{X=k\}=C_n^k p^k q^{n-k},\quad k=0, 1, 2, \cdots, n,$$

其中 $q=1-p$，$0<p<1$，则称随机变量 X 服从参数为 n，p 的**二项分布**，记为 $X\sim B(n, p)$.

在 n 重伯努利试验中，设结果 A 发生的概率为 p，令 X 为 n 次试验中结果 A 发生的次数，则

$$P\{X=k\}=P_n(k)=C_n^k p^k q^{n-k},\quad k=0, 1, 2, \cdots, n,$$

即 X 服从参数为 n，p 的二项分布，可见二项分布的概率模型是 n 重伯努利概型.

对于二项分布，由于 $P\{X=k\}=C_n^k p^k q^{n-k}$，$k=0, 1, 2, \cdots, n$，由二项式定理可知

$$\sum_{k=0}^{n} P\{X=k\}=\sum_{k=0}^{n} C_n^k p^k q^{n-k}=(p+q)^n=1.$$

可见，随机变量 X 取 k 值的概率 $C_n^k p^k q^{n-k}$，恰好是 $(p+q)^n$ 的二项展开式中的第 $k+1$ 项，二项分布也因此而得名. 显然，当 $n=1$ 时，$P\{X=k\}=p^k q^{1-k}$，$k=0, 1$，就是 0—1 分布，所以 0—1 分布是二项分布的特例.

二项分布是一种常用分布，如一批产品的不合格率为 p，检查 n 件产品，其中不合格品数 X 服从二项分布；调查 n 个人，其中的色盲人数 Y 服从参数为 n，p 的二项分布，p 为色盲率；n 部机器独立运转，每台机器出现故障的概率为 p，则 n 部机器中出故障的机器数 Z

服从二项分布；在射击问题中，射击 n 次，每次命中率为 p，则命中枪数 X 服从二项分布.

例 2.11 据调查，市场上出售的某名牌香烟中，假冒产品占 15%，某人每次买 20 条该种香烟，求他至少买到一条假烟的概率.

解 若以 X 表示 20 条烟中假烟的条数，则由题意知 $X \sim B(20, 0.15)$，即

$$P\{X=k\}=C_{20}^{k}(0.15)^{k}(0.85)^{20-k}, \quad k=0, 1, 2, \cdots, 20,$$

所以

$$P\{X \geqslant 1\}=1-P\{X<1\}=1-P\{X=0\}=1-C_{20}^{0} \times (0.15)^{0} \times (0.85)^{20} \approx 0.961.$$

例 2.12 设 $X \sim B(2, p)$，$Y \sim B(3, p)$，$P\{X \geqslant 1\}=\frac{5}{9}$，试求 $P\{Y \geqslant 1\}$.

解 $X \sim B(2, p) \Rightarrow P\{X=k\}=C_{2}^{k} p^{k} q^{2-k}$，$k=0, 1, 2$，于是

$$P\{X=0\}=1-P\{X \geqslant 1\}=1-\frac{5}{9}=\frac{4}{9} \Rightarrow C_{2}^{0} p^{0} q^{2}=\frac{4}{9} \Rightarrow p=\frac{1}{3}.$$

由于 $Y \sim B\left(3, \frac{1}{3}\right) \Rightarrow P\{Y=k\}=C_{3}^{k}\left(\frac{1}{3}\right)^{k}\left(\frac{2}{3}\right)^{3-k}$，$k=0, 1, 2, 3$，所以

$$P\{Y \geqslant 1\}=1-P\{Y=0\}=1-C_{3}^{0} \times \left(\frac{1}{3}\right)^{0} \times \left(\frac{2}{3}\right)^{3}=1-\frac{8}{27}=\frac{19}{27}.$$

3. 泊松分布

定义 2.7 若随机变量 X 的可能取值为 $0, 1, 2, \cdots$，而 X 的分布律为

$$P\{X=k\}=\frac{\lambda^{k} e^{-\lambda}}{k!}, \quad k=0, 1, 2, \cdots,$$

其中 $\lambda>0$，则称随机变量 X 服从参数为 λ 的**泊松分布**，记为 $X \sim P(\lambda)$.

对于泊松分布，由于 $P\{X=k\}=\frac{\lambda^{k} e^{-\lambda}}{k!}$，$k=0, 1, 2, \cdots$，利用 $e^{x}=\sum_{k=0}^{\infty} \frac{x^{k}}{k!}$，有

$$\sum_{k=0}^{\infty} \frac{\lambda^{k} e^{-\lambda}}{k!}=e^{-\lambda} \sum_{k=0}^{\infty} \frac{\lambda^{k}}{k!}=e^{-\lambda} e^{\lambda}=1.$$

现实中服从泊松分布的随机变量较为常见，例如，一天中进入某商场的顾客的人数，一天中拨错号的电话的呼叫次数，某交通路口 1 min 内的汽车流量，5 min 内在公共汽车站候车的乘客数，显微镜下某个区域内的细菌数，等等，都可用泊松分布来描述.

虽然泊松分布本身是一种重要的分布，但历史上它是作为二项分布的近似分布出现的，是由法国数学家泊松(Poisson)于 1837 年引入的，下面介绍这个著名的定理.

定理 2.1(泊松定理) 设 $\lambda>0$ 是常数，n 是任意正整数，且 $np=\lambda$，则对于任意取定的非负整数 k，有

$$\lim_{n \to \infty} C_{n}^{k} p^{k}(1-p)^{n-k}=\frac{\lambda^{k} e^{-\lambda}}{k!}, \quad k=0, 1, 2, \cdots.$$

证明

$$C_n^k p^k (1-p)^{n-k} = \frac{n(n-1)\cdots(n-k+1)}{k!}\left(\frac{\lambda}{n}\right)^k\left(1-\frac{\lambda}{n}\right)^{n-k}$$
$$=\frac{\lambda^k}{k!}\left(1-\frac{1}{n}\right)\left(1-\frac{2}{n}\right)\cdots\left(1-\frac{k-1}{n}\right)\left(1-\frac{\lambda}{n}\right)^n\left(1-\frac{\lambda}{n}\right)^{-k}.$$

由于

$$\lim_{n\to\infty}\left(1-\frac{1}{n}\right)\left(1-\frac{2}{n}\right)\cdots\left(1-\frac{k-1}{n}\right)=1,\quad \lim_{n\to\infty}\left(1-\frac{\lambda}{n}\right)^n=e^{-\lambda},\quad \lim_{n\to\infty}\left(1-\frac{\lambda}{n}\right)^{-k}=1,$$

所以
$$\lim_{n\to\infty}C_n^k p^k(1-p)^{n-k}=\frac{\lambda^k e^{-\lambda}}{k!},\quad k=0,1,2,\cdots.$$

注 二项分布的极限分布为泊松分布，当 n 很大，p 很小，且 $\lambda=np$ 适中时，有近似公式 $C_n^k p^k(1-p)^{n-k}\approx\frac{\lambda^k e^{-\lambda}}{k!}$. 实际计算中，当 $n\geqslant 20$, $p\leqslant 0.05$ 时，用上式作近似计算效果颇佳. 本书将概率值 $P\{X\geqslant m\}=\sum_{k=m}^{\infty}\frac{\lambda^k e^{-\lambda}}{k!}$ 编制成附表 1，可供查用. 注意要查 X 取某个正整数 m 的概率用下面公式：

$$P\{X=m\}=P\{X\geqslant m\}-P\{X\geqslant m+1\}=\sum_{k=m}^{\infty}\frac{\lambda^k e^{-\lambda}}{k!}-\sum_{k=m+1}^{\infty}\frac{\lambda^k e^{-\lambda}}{k!}.$$

例 2.13 设 $X\sim P(5)$，求 $P\{X\geqslant 10\}$，$P\{X\leqslant 10\}$，$P\{X=10\}$.

解 $X\sim P(5)\Rightarrow P\{X=k\}=\frac{5^k e^{-5}}{k!}$, $k=0, 1, 2, \cdots$，于是

$$P\{X\geqslant 10\}=\sum_{k=10}^{\infty}\frac{5^k}{k!}e^{-5}\approx 0.031\,828,$$

$$P\{X\leqslant 10\}=1-P\{X\geqslant 11\}=1-\sum_{k=11}^{\infty}\frac{5^k e^{-5}}{k!}\approx 1-0.013\,695=0.986\,305,$$

$$P\{X=10\}=P\{X\geqslant 10\}-P\{X\geqslant 11\}=\sum_{k=10}^{\infty}\frac{5^k e^{-5}}{k!}-\sum_{k=11}^{\infty}\frac{5^k e^{-5}}{k!}$$
$$\approx 0.031\,828-0.013\,695=0.018\,133.$$

例 2.14 商店的历史销售表明，某种商品每月的销售量服从参数 $\lambda=10$ 的泊松分布. 为了以 95%以上的概率保证该商品不脱销，假定上个月没有存货，问商店在月底至少应进该多少件商品？

解 设商店每月销售该种商品 X 件，月底的进货量为 n 件，依题意有

$$X\sim P(10),$$

则
$$P\{X\leqslant n\}=\sum_{k=0}^{n}\frac{10^k e^{-10}}{k!}\geqslant 0.95.$$

于是，$P\{X \geqslant n+1\} \leqslant 0.05$，查泊松分布表，得 $P\{X \geqslant 16\} \leqslant 0.0487$，则 $n+1=16$，取 $n=15$. 因此，这家商店只要在月底进货 15 件该种商品，就可以 95%以上的概率保证该种商品在下个月内不会脱销.

例 2.15 设某保险公司的人寿保险有 1 000 人投保，每个人在一年内死亡的概率为 0.005，且每个人在一年内是否死亡是相互独立的，试求在未来一年内这 1 000 个投保人中死亡人数不超过 10 人的概率.

解 设 X 为未来一年内这 1 000 个投保人中死亡人数，则 $X \sim B(1\,000, 0.005)$，即

$$P\{X=k\}=C_{1\,000}^{k} 0.005^{k} 0.995^{1\,000-k}, \quad k=0, 1, 2, \cdots, 1\,000,$$

所以在未来一年内这 1 000 个投保人中死亡人数不超过 10 人的概率为

$$P\{X \leqslant 10\}=\sum_{k=0}^{10} C_{1\,000}^{k} 0.005^{k} 0.995^{1\,000-k}.$$

显然直接计算是困难的，故用泊松分布近似计算，即 $X \sim P(\lambda)$，由于 $n=1\,000$，$p=0.005$，所以 $\lambda=np=5$，于是

$$P\{X=k\}=C_{1\,000}^{k} 0.005^{k} 0.995^{1\,000-k} \approx \frac{5^{k}}{k!} e^{-5},$$

所以 $$P\{X \leqslant 10\}=1-P\{X \geqslant 11\} \approx 1-\sum_{k=11}^{\infty} \frac{5^{k} e^{-5}}{k!} \approx 1-0.013\,695=0.986\,305.$$

4. 超几何分布

定义 2.8 若随机变量 X 的分布律为

$$P\{X=k\}=\frac{C_{M}^{k} C_{N-M}^{n-k}}{C_{N}^{n}}, \quad k=0, 1, 2, \cdots, n,$$

其中 N, n, M 都是正整数，且 $n \leqslant N$，$M \leqslant N$，则称随机变量 X 服从参数为 N, n, M 的超几何分布，记为 $X \sim H(N, n, M)$.

对于超几何分布，由于 $P\{X=k\}=\dfrac{C_{M}^{k} C_{N-M}^{n-k}}{C_{N}^{n}}$，$k=0, 1, 2, \cdots, n$，由组合数的性质易知

$$\sum_{k=0}^{n} P\{X=k\}=\sum_{k=0}^{n} \frac{C_{M}^{k} C_{N-M}^{n-k}}{C_{N}^{n}}=\frac{\sum_{k=0}^{n} C_{M}^{k} C_{N-M}^{n-k}}{C_{N}^{n}}=\frac{C_{N}^{n}}{C_{N}^{n}}=1.$$

注意到，当 $k>M$ 或 $n-k>N-M$ 时，显然有 $P\{X=k\}=0$，所以实际上应有

$$\max\{0, n+M-N\} \leqslant k \leqslant \min\{n, M\}.$$

设一批产品共 N 件，其中 M 件次品，从这批产品中不放回地抽取 n 件产品，则抽取出来的次品数 $X \sim H(N, n, M)$，所以超几何分布对应的是不放回抽样.

可以证明,超几何分布的极限分布是二项分布,请看下面的定理.

定理 2.2 若 $X \sim H(N, n, M)$,当 N 充分大时,对于给定的正整数 $k(k \leqslant n)$ 有

$$\lim_{N\to\infty}\frac{C_M^k C_{N-M}^{n-k}}{C_N^n}=C_n^k p^k q^{n-k},$$

其中 $p=\frac{M}{N}$, $q=\frac{N-M}{N}$.

证明

$$\frac{C_M^k C_{N-M}^{n-k}}{C_N^n}=\frac{\frac{M(M-1)\cdots(M-k+1)}{k!}\ \frac{(N-M)\cdots[N-M-(n-k)+1]}{(n-k)!}}{\frac{N(N-1)\cdots(N-n+1)}{n!}}$$

$$=C_n^k\frac{M(M-1)\cdots(M-k+1)(N-M)\cdots[N-M-(n-k)+1]}{N(N-1)\cdots(N-n+1)}$$

$$=C_n^k\frac{\frac{M}{N}\left(\frac{M}{N}-\frac{1}{N}\right)\cdots\left(\frac{M}{N}-\frac{k-1}{N}\right)\frac{N-M}{N}\cdots\left[\frac{N-M}{N}-\frac{(n-k)-1}{N}\right]}{\left(1-\frac{1}{N}\right)\cdots\left(1-\frac{n-1}{N}\right)}$$

$$=C_n^k\frac{p\left(p-\frac{1}{N}\right)\cdots\left(p-\frac{k-1}{N}\right)q\cdots\left(q-\frac{(n-k)-1}{N}\right)}{\left(1-\frac{1}{N}\right)\cdots\left(1-\frac{n-1}{N}\right)}.$$

当 $N\to\infty$,得

$$\lim_{N\to\infty}\frac{C_M^k C_{N-M}^{n-k}}{C_N^n}=C_n^k p^k q^{n-k}.$$

注 当 N 充分大时,有

$$\frac{C_M^k C_{N-M}^{n-k}}{C_N^n}\approx C_n^k p^k q^{n-k}.$$

由此可见,当一批产品的总量 N 很大时,而抽取产品的数量 $n \ll N\left(\frac{n}{N}<10\%\right)$ 时,则不放回抽样(抽取出来的产品中的次品数服从超几何分布)与有放回抽样(抽取出来的产品中的次品数服从二项分布)没有多大差异.

例 2.16 设一批产品共有 2 000 个,其中有 40 个次品. 随机抽取 100 个产品,若抽样方式是(1) 不放回抽样;(2) 有放回抽样,求抽取出来的产品中次品数 X 的分布律.

解 (1) 不放回抽样时,抽取出来的产品中次品数 $X \sim H(2\,000, 100, 40)$,分布律为

$$P\{X=k\}=\frac{C_{40}^k C_{1\,960}^{100-k}}{C_{2\,000}^{100}},\quad k=0, 1, 2, \cdots, 40.$$

由于 $N=2\ 000$ 很大,抽取产品的数量 $n=100 \ll N\left(\dfrac{n}{N}=5\%\right)$,所以由定理 2.2 有

$$P\{X=k\} \approx C_{100}^{k} 0.02^{k} 0.98^{n-k}, \quad k=0, 1, 2, \cdots, 40,$$

其中 $p=\dfrac{M}{N}=\dfrac{40}{2\ 000}=0.02$.

(2) 有放回抽样时,抽取出来的产品中次品数 $X \sim B(100, 0.02)$,分布律为

$$P\{X=k\}=C_{100}^{k} 0.02^{k} 0.98^{n-k}, \quad k=0, 1, 2, \cdots, 100.$$

由于 $n=100$ 较大,$p=0.02$ 较小,所以由定理 2.1 有 $(\lambda=np=2)$

$$P\{X=k\} \approx \frac{2^{k}}{k!} \mathrm{e}^{-2}, \quad k=0, 1, 2, \cdots, 100.$$

习题 2.2

1. 给出随机变量 X 的取值及其对应的概率为

X	1	2	$\cdots$	k	$\cdots$
P	$\frac{1}{3}$	$\frac{1}{3^2}$	$\cdots$	$\frac{1}{3^k}$	$\cdots$

判断它是否为随机变量 X 的分布律.

2. 设离散随机变量 X 的分布律为

X	-1	0	1	2
P	$\frac{1}{8}$	$\frac{1}{8}$	$\frac{1}{4}$	$\frac{1}{2}$

求 X 的分布函数,并求 $P\left\{X \leqslant \frac{1}{2}\right\}$,$P\left\{1<X \leqslant \frac{3}{2}\right\}$,$P\left\{1 \leqslant X \leqslant \frac{3}{2}\right\}$.

3. 一袋装有 5 只球,编号为 1, 2, 3, 4, 5. 从袋中任取 3 只球,用 X 表示取出的 3 只球中的最大编号,求随机变量 X 的分布律.

4. 已知一批产品共 20 个,其中有 4 个次品,从中任取 6 个产品,用 X 表示抽得的次品数,按两种方式抽样:(1) 不放回抽样;(2) 有放回抽样,求随机变量 X 的分布律.

5. 设 $X \sim \mathrm{B}(6, p)$,且 $P\{X=1\}=P\{X=5\}$,求 $P\{X=2\}$.

6. 设 $X \sim P(\lambda)$,且 $P\{X=1\}=P\{X=2\}$,求 $P\{X=4\}$.

7. 一电话交换台每分钟收到的呼唤次数 $X \sim P(4)$,求

(1) 每分钟恰有 8 次呼唤的概率;(2) 每分钟的呼唤次数大于 10 的概率.

8. 某家维修站维修本地区某品牌的 600 台电视机,已知每台电视机的故障率为 0.005,求

(1) 如果维修站有 4 名工人,每台只需一人维修,电视机能及时维修的概率;

(2) 维修站需配备多少名维修工人,才能使及时维修的概率不小于 0.96.

2.3 连续型随机变量

2.3.1 连续型随机变量及其概率密度

对于离散型随机变量 X，它的分布律能够完全刻画其统计特性. 变量中有一类随机变量的取值可以充满一个区间，这类随机变量称为连续型随机变量，再也无法用分布律来描述它了. 首先，不能将其可能的取值一一地列举出来，其取值可充满数轴上的一个区间 (a, b)，甚至是几个区间，也可以是无穷区间. 其次，对于连续型随机变量 X，取任一指定的实数值 x 的概率都等于 0，即 $P\{X=x\}=0$. 于是，如何刻画连续型随机变量的统计规律是下面要讨论的问题.

定义 2.9 设 $F(x)$ 是随机变量 X 的分布函数，若存在非负可积函数 $f(x)$，对任意实数 x，有

$$F(x)=\int_{-\infty}^{x} f(t)\mathrm{d}t,$$

则称 X 为**连续型随机变量**. $f(x)$ 称为 X 的**概率密度函数**或**密度函数**，简称**概率密度**.

密度函数 $f(x)$ 具有以下性质：

性质 1 $f(x) \geqslant 0$.

性质 2 $\int_{-\infty}^{+\infty} f(x)\mathrm{d}x=1$.

注 满足上述两条性质的函数一定是某个连续型随机变量的概率密度函数.

由微积分的知识可知，当密度函数 $f(x)$ 可积时，连续型随机变量 X 的分布函数 $F(x)$ 是连续函数，即对于任意的实数 a，有

$$F(a^{+})=F(a^{-})=F(a),$$

而由随机变量 X 分布函数的性质可知，对于任意的实数 a，有

$$P\{X=a\}=P\{X \leqslant a\}-P\{X<a\}=F(a)-F(a^{-}),$$

于是有下面的性质.

性质 3 对于任意的实数 a，有 $P\{X=a\}=F(a)-F(a^{-})=0$.

由此可知，概率为 0 的事件不一定是不可能事件，概率为 1 的事件不一定是必然事件.

性质 4
$$\begin{aligned}P\{a<X<b\}&=P\{a \leqslant X \leqslant b\}=P\{a \leqslant X<b\}=P\{a<X \leqslant b\}\\&=F(b)-F(a)=\int_{a}^{b} f(x)\mathrm{d}x.\end{aligned}$$

因此，对连续型随机变量 X 在区间上取值的概率的求法有两种：

(1) 若分布函数 $F(x)$ 已知，$P\{a<X \leqslant b\}=F(b)-F(a)$.

(2) 若密度函数 $f(x)$ 已知，$P\{a < X \leqslant b\} = \int_a^b f(x)\mathrm{d}x$.

性质 5　若密度函数 $f(x)$ 在 x 处连续，则 $F'(x) = f(x)$.

例 2.17　设连续型随机变量 X 的概率密度函数为

$$f(x) = \begin{cases} ax^2, & 0 \leqslant x \leqslant 1, \\ 0, & \text{其他}. \end{cases}$$

求(1) 常数 a；(2) 分布函数 $F(x)$；(3) $P\left\{-1 < X < \frac{1}{2}\right\}$.

解　(1) $\int_{-\infty}^{+\infty} f(x)\mathrm{d}x = 1 \Rightarrow \int_{-\infty}^{0} 0\mathrm{d}x + \int_0^1 ax^2\mathrm{d}x + \int_1^{\infty} 0\mathrm{d}x = 1 \Rightarrow \frac{a}{3} = 1 \Rightarrow a = 3$.

(2) $F(x) = \int_{-\infty}^{x} f(t)\mathrm{d}t$.

当 $x < 0$ 时，$F(x) = \int_{-\infty}^{x} 0\mathrm{d}t = 0$；

当 $0 \leqslant x < 1$ 时，$F(x) = \int_{-\infty}^{0} 0\mathrm{d}t + \int_0^x 3t^2\mathrm{d}t = x^3$；

当 $x \geqslant 2$ 时，$F(x) = \int_{-\infty}^{0} 0\mathrm{d}t + \int_0^1 3t^2\mathrm{d}t + \int_1^x 0\mathrm{d}t = 1$.

所以

$$F(x) = \begin{cases} 0, & x < 0, \\ x^3, & 0 \leqslant x < 1, \\ 1, & x \geqslant 1. \end{cases}$$

(3)
$$P\left\{-1 < X < \frac{1}{2}\right\} = \int_{-1}^{\frac{1}{2}} f(x)\mathrm{d}x = \int_{-1}^{0} 0\mathrm{d}x + \int_0^{\frac{1}{2}} 3x^2\mathrm{d}x = \frac{1}{8}$$

或
$$P\left\{-1 < X < \frac{1}{2}\right\} = F\left(\frac{1}{2}\right) - F(-1) = \frac{1}{8}.$$

例 2.18　设连续型随机变量 X 的分布函数为

$$F(x) = \begin{cases} A + B\mathrm{e}^{-\frac{x^2}{2}}, & x > 0, \\ 0, & x \leqslant 0, \end{cases}$$

求(1) 常数 A，B；(2) 概率密度函数 $f(x)$；(3) $P\{1 < X < 2\}$.

解　(1) $F(+\infty) = 1 \Rightarrow \lim\limits_{x \to +\infty}(A + B\mathrm{e}^{-\frac{x^2}{2}}) = 1 \Rightarrow A = 1$.

$F(x)$ 在 $x = 0$ 处连续 $\Rightarrow \lim\limits_{x \to 0^+}(A + B\mathrm{e}^{-\frac{x^2}{2}}) = 0 \Rightarrow A + B = 0 \Rightarrow B = -1$.

所以

$$F(x)=\begin{cases}1-e^{-\frac{x^2}{2}}, & x>0,\\ 0, & x\leqslant 0.\end{cases}$$

(2) 因为 $F'(x)=f(x)$，所以

$$f(x)=\begin{cases}xe^{-\frac{x^2}{2}}, & x>0,\\ 0, & x\leqslant 0.\end{cases}$$

(3) $P\{1<X<2\}=F(2)-F(1)=e^{-\frac{1}{2}}-e^{-2}$

或 $$P\{1<X<2\}=\int_1^2 f(x)\mathrm{d}x=\int_1^2 xe^{-\frac{x^2}{2}}\mathrm{d}x=-e^{-\frac{x^2}{2}}\Big|_1^2=e^{-\frac{1}{2}}-e^{-2}.$$

例 2.19 设某种型号电子元件的寿命 X(单位：h) 具有以下的概率密度：

$$f(x)=\begin{cases}\dfrac{1\,000}{x^2}, & x\geqslant 1\,000,\\ 0, & x<1\,000.\end{cases}$$

现有一大批此种元件(设各元件工作相互独立)，问

(1) 任取 1 只，其寿命大于 1 500 h 的概率是多少？

(2) 任取 4 只，4 只元件中恰有 2 只元件的寿命大于 1 500 h 的概率是多少？

(3) 任取 4 只，4 只元件中至少有 1 只元件的寿命大于 1 500 h 的概率是多少？

解 (1) $P\{X>1\,500\}=\int_{1\,500}^{+\infty}f(x)\mathrm{d}x=\int_{1\,500}^{+\infty}\dfrac{1\,000}{x^2}\mathrm{d}x=-\dfrac{1\,000}{x}\Big|_{1\,500}^{+\infty}=\dfrac{2}{3}.$

(2) 各元件工作相互独立，可看作 4 重伯努利试验，观察各元件的寿命是否大于 1 500 h，令 Y 表示 4 个元件中寿命大于 1 500 h 元件的个数，则 $Y\sim B\left(4,\ \dfrac{2}{3}\right)$，所求概率为

$$P\{Y=2\}=C_4^2\times\left(\frac{2}{3}\right)^2\times\left(\frac{1}{3}\right)^2=\frac{8}{27}.$$

(3) 所求概率为

$$P\{Y\geqslant 1\}=1-P\{Y=0\}=1-C_4^0\times\left(\frac{2}{3}\right)^0\times\left(\frac{1}{3}\right)^4=\frac{80}{81}.$$

2.3.2 常见的连续型随机变量的分布

下面介绍三种最常用的连续型随机变量的概率分布.

1. 均匀分布

定义 2.10 若随机变量 X 的概率密度函数为

$$f(x)=\begin{cases}\dfrac{1}{b-a}, & a<x<b,\\ 0, & \text{其他},\end{cases}$$

则称 X 服从参数为 a, b 的**均匀分布**,记为 $X\sim U(a, b)$, 其分布函数为

$$F(x)=\begin{cases}0, & x<a,\\ \dfrac{x-a}{b-a}, & a\leqslant x<b,\\ 1, & x\geqslant b.\end{cases}$$

均匀分布的概率密度 $f(x)$ 和分布函数 $F(x)$ 的图形分别如图 2.3 和图 2.4 所示.

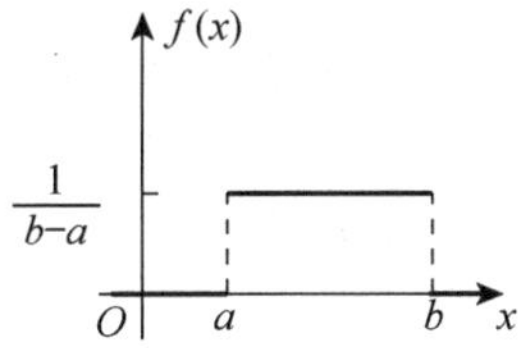

图 2.3

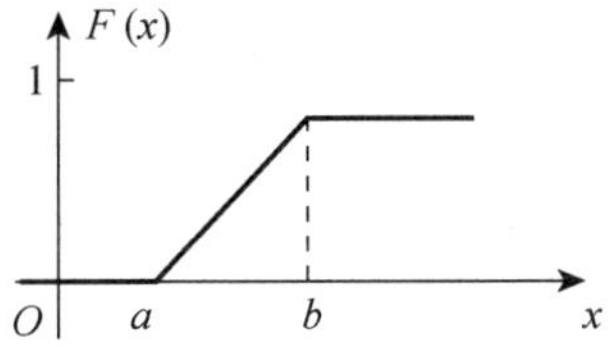

图 2.4

注 (1) 若 $X\sim U(a, b)$,则 X 只能在区间 $[a, b]$ 上取值,且在 $[a, b]$ 上各点的概率密度值相等,均为常数 $\dfrac{1}{b-a}$,即区间长度的倒数,这意味着 X 在该区间上各处取值的机会是均等的,没有“偏爱”. 均匀分布在实际中常见,例如一个半径为 r 的汽车轮胎,当司机制动时,轮胎接触地面的点要受很大的力,并借用惯性还要向前滑动(不是滚动)一段距离,故这点会有磨损. 假如把轮胎的圆周标以从 0 到 $2\pi r$, 那么制动时接触地面的点的位置 X 服从区间 $[0, 2\pi r]$ 上的均匀分布,即 $X\sim U(0, 2\pi r)$. 因为制动时接触地面的点在轮子的哪一个位置上可能性较大是说不出的,而在 $(0, 2\pi r)$ 上任一个等长的小区间上发生磨损的可能性是相同的,这只需要看一看报废轮胎的四周磨损量几乎是相同的就可明白均匀分布的含义了. 又如在数值计算中,若要求精确到小数点后第 3 位,则第 4 位小数按四舍五入处理. 这时计算误差 $\delta=$计算值$-$真值是区间 $[-0.0005, 0.0005]$ 上的均匀分布,即 $\delta\sim U(-0.0005, 0.0005)$. 若计算值是 2.738,则真值大于 2.738 或小于 2.738 的机会均等.

(2) 均匀分布的均匀性是指随机变量 X 落在区间 $[a, b]$ 内长度相等的子区间上的概率都是相等的. 均匀分布的概率计算中有一个概率公式. 设 $X\sim U(a, b)$, $a\leqslant c<d\leqslant b$, 即 $[c, d]\subset[a, b]$, 则

$$P\{c\leqslant X\leqslant d\}=\int_c^d\frac{1}{b-a}\mathrm{d}x=\frac{d-c}{b-a}.$$

(3) 不难验证:

$$\int_{-\infty}^{+\infty}f(x)\mathrm{d}x=\int_{-\infty}^{a}0\mathrm{d}x+\int_a^b\frac{1}{b-a}\mathrm{d}x+\int_b^{+\infty}0\mathrm{d}x=1.$$

例 2.20 在某公交汽车始发站上，每隔 6 min 发车，使得所有候车乘客都能上车离去，一名乘客候车时间 X 是一个连续型随机变量，它服从区间 $[0, 6]$ 上的均匀分布，求

（1）任选 1 名乘客候车时间超过 5 min 的概率；

（2）任选 4 名乘客中恰好有 2 名乘客候车时间超过 5 min 的概率.

解 （1）一名乘客候车时间 $X \sim U(0, 6)$，则 X 的密度函数为

$$f(x)=\begin{cases}\dfrac{1}{6}, & 0 \leqslant x \leqslant 6, \\ 0, & \text{其他}, \end{cases}$$

于是
$$P\{X>5\}=\int_5^{+\infty} f(x)\mathrm{d}x=\int_5^6 \frac{1}{6}\mathrm{d}x=\frac{1}{6}x\Big|_5^6=\frac{1}{6}.$$

（2）设 Y 为任选 4 名乘客中候车时间超过 5 min 的乘客人数，则 $Y \sim B\left(4, \dfrac{1}{6}\right)$，即 $P\{Y=k\}=\mathrm{C}_4^k \cdot\left(\dfrac{1}{6}\right)^k \cdot\left(\dfrac{5}{6}\right)^{4-k}$，$k=0, 1, 2, 3, 4$，因此 $P\{Y=2\}=\mathrm{C}_4^2 \times\left(\dfrac{1}{6}\right)^2 \times\left(\dfrac{5}{6}\right)^2=\dfrac{25}{216}$.

2. 指数分布

定义 2.11 若随机变量 X 的概率密度函数为

$$f(x)=\begin{cases}\lambda \mathrm{e}^{-\lambda x}, & x>0, \\ 0, & \text{其他}, \end{cases}$$

则称 X 服从参数为 $\lambda(\lambda>0)$ 的**指数分布**，记为 $X \sim E(\lambda)$，其分布函数为

$$F(x)=\begin{cases}1-\mathrm{e}^{-\lambda x}, & x>0, \\ 0, & \text{其他}. \end{cases}$$

指数分布的概率密度 $f(x)$ 和分布函数 $F(x)$ 的图形分别如图 2.5 和图 2.6 所示.

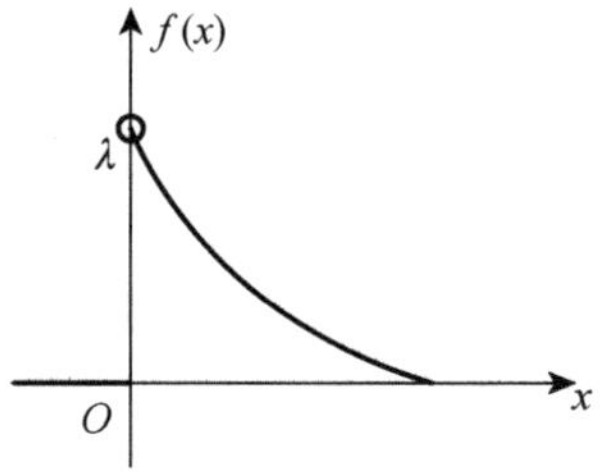

图 2.5

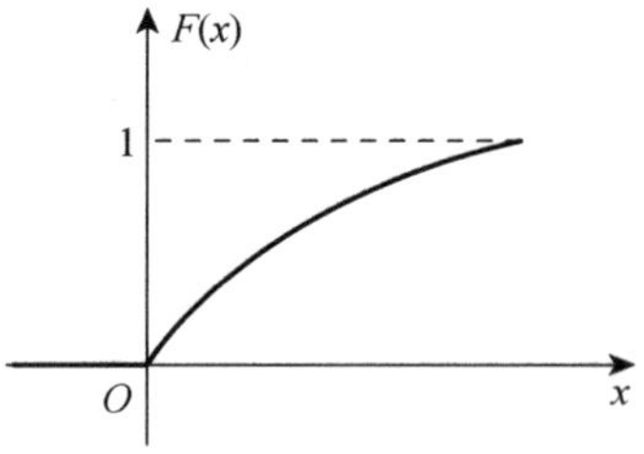

图 2.6

注 （1）指数分布是一种偏态分布，例如一个工厂设备故障的维修时间 T 有长有短，实践表明大多数故障在短时间内（如几分钟到几十分钟）可维修好，少数故障需要较长时间（如数小时）可维修好，个别故障可能需要更长的时间（如几天）才能维修好. 所以故障维修时间 T 的分布不可能是对称的，而是偏态的，指数分布是一种很好的选择. 有研究表明：电

子元件的使用寿命、动物的寿命、电话的通话时间、随机服务系统中接受服务的时间、某地区年轻人的月工资等均可用指数分布描述.

(2) 不难验证： $\int_{-\infty}^{+\infty} f(x)\mathrm{d}x=\int_{-\infty}^{0} 0\mathrm{d}x+\int_{0}^{+\infty} \lambda \mathrm{e}^{-\lambda x}\mathrm{d}x=1.$

(3) 对于任意的实数 $a(a>0)$，有

$$P\{X>a\}=\int_{a}^{+\infty} \lambda \mathrm{e}^{-\lambda x}\mathrm{d}x=-\mathrm{e}^{-\lambda x}\Big|_{a}^{+\infty}=\mathrm{e}^{-\lambda a}.$$

指数分布有如下重要性质.

定理 2.3(无记忆性)　若随机变量 $X\sim E(\lambda)$，则对于任意实数 $s>0$ 与 $t>0$ 有

$$P\{X>s+t\,|\,X>s\}=P\{X>t\}.$$

证明　若 $X\sim E(\lambda)$，对于任意的实数 $a(a>0)$，有

$$P\{X>a\}=\int_{a}^{+\infty} \lambda \mathrm{e}^{-\lambda x}\mathrm{d}x=-\mathrm{e}^{-\lambda x}\Big|_{a}^{+\infty}=\mathrm{e}^{-\lambda a}.$$

所以当 $s>0$ 与 $t>0$ 时，有

$$P\{X>s\}=\mathrm{e}^{-\lambda s},\quad P\{X>t\}=\mathrm{e}^{-\lambda t},\quad P\{X>s+t\}=\mathrm{e}^{-\lambda(s+t)}.$$

因为 $\{X>s+t\}\subset\{X>s\}$，所以 $\{X>s+t\}\cap\{X>s\}=\{X>s+t\}$，于是

$$\begin{aligned}P\{X>s+t\,|\,X>s\}&=\frac{P(\{X>s+t\}\cap\{X>s\})}{P\{X>s\}}=\frac{P\{X>s+t\}}{P\{X>s\}}\\&=\frac{\mathrm{e}^{-\lambda(s+t)}}{\mathrm{e}^{-\lambda s}}=\mathrm{e}^{-\lambda t}=P\{X>t\}.\end{aligned}$$

此定理的含义是：若把 X 看成某种产品的寿命，则左端的条件概率表示，在得知该产品已正常工作 s h（意思是该产品寿命 X 超过 s h），它再正常工作 t h（累计正常工作 $s+t$ h）的概率与已正常工作 s h 无关，只与再正常工作 t h 有关. 这相当于该产品过去工作 s h 没有对产品留下任何痕迹，似乎还是新产品一样. 这个性质称为**无记忆性**或**无后效性**.

例 2.21　设顾客在某银行窗口等待服务的时间 X(单位：min) 服从指数分布，其概率密度为

$$f(x)=\begin{cases}\dfrac{1}{5}\mathrm{e}^{-\frac{1}{5}x}, & x>0,\\ 0, & \text{其他}.\end{cases}$$

某顾客在窗口等待服务，若超过 10 min，他就离开. 求

(1) 该顾客未等到服务而离开窗口的概率 $P\{X>10\}$；

(2) 若该顾客一个月内要去银行 4 次，他至少有一次未等到服务而离开的概率.

解　(1) $P\{X>10\}=\int_{10}^{+\infty} f(x)\mathrm{d}x=\int_{10}^{+\infty} \frac{1}{5}\mathrm{e}^{-\frac{1}{5}}\mathrm{d}x=-\mathrm{e}^{-\frac{1}{5}}\Big|_{10}^{+\infty}=\mathrm{e}^{-2}.$

(2) 设 Y 表示一月未等到服务离开的次数，则 $Y \sim B(4, e^{-2})$，即

$$P\{Y=k\}=C_4^k(e^{-2})(1-e^{-2})^{4-k}, \quad k=0, 1, 2, 3, 4,$$

故 $$P\{Y \geqslant 1\}=1-P\{Y=0\}=1-C_4^0(e^{-2})^0(1-e^{-2})^4=1-(1-e^{-2})^4.$$

3. 正态分布

定义 2.12 若随机变量 X 的概率密度函数为

$$f(x)=\frac{1}{\sqrt{2\pi}\sigma}e^{-\frac{(x-\mu)^2}{2\sigma^2}}, \quad -\infty < x < +\infty.$$

其中 μ，σ^2 为常数，且 $-\infty < \mu < +\infty$，$\sigma > 0$，则称 X 服从参数为 μ，σ^2 的**正态分布**，记为 $X \sim N(\mu, \sigma^2)$. 其分布函数为

$$F(x)=\frac{1}{\sqrt{2\pi}\sigma}\int_{-\infty}^{x} e^{-\frac{(t-\mu)^2}{2\sigma^2}}dt, \quad x \in \mathbf{R}.$$

习惯上，称服从正态分布的随机变量为**正态随机变量**，又称正态分布的概率密度曲线为**正态曲线**. 正态曲线最早是由法国数学家棣莫弗(De Moivre，1667—1754)于 1733 年提出，德国数学家高斯(K. F. Gauss，1777—1855)在研究误差理论中发现用正态曲线去拟合误差很理想，这使得测量误差服从正态分布得到公认，正态分布受到广泛关注，因此，正态分布又被称为**高斯分布**，当时在欧洲正态分布一度被称为“万能分布”，应用极为广泛. 正态分布曲线如图 2.7 所示，它是一条单峰、对称的钟形曲线，该曲线在 $x=\mu$ 处取得最大值 $\frac{1}{\sqrt{2\pi}\sigma}$，在 $\mu \pm \sigma$ 处有两个拐点，以 x 轴为渐近线，常用“中间高、两边低、左右对称”描述正态曲线. 参数 μ 是位置参数，决定正态曲线的对称中心，当 σ 不变时，不同的 μ 只改变正态曲线的位置，相当于把图 2.7 中的曲线左右平移. 参数 σ 是精度参数，决定正态曲线的分散程度，当 μ 不变，σ 越小时，最大值 $\frac{1}{\sqrt{2\pi}\sigma}$ 越大，区间 $(\mu-\sigma, \mu+\sigma)$ 越短，图形变得越尖锐，取值越集中；σ 越大时，最大值 $\frac{1}{\sqrt{2\pi}\sigma}$ 越小，区间 $(\mu-\sigma, \mu+\sigma)$ 越长，图形变得越平缓，取值越分散.

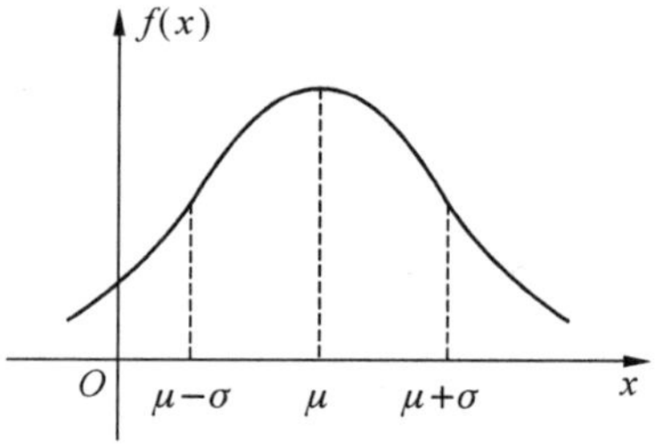

图 2.7

特别地，当 $\mu=0$，$\sigma=1$ 时的正态分布称为标准正态分布，记为 $X \sim N(0, 1)$. 标准正态分布的概率密度和分布函数可约定为

$$\varphi(x)=\frac{1}{\sqrt{2\pi}}e^{-\frac{x^2}{2}}, \quad \Phi(x)=\frac{1}{\sqrt{2\pi}}\int_{-\infty}^{x} e^{-\frac{t^2}{2}}dt, \quad x \in \mathbf{R}.$$

标准正态分布的概率密度 $\varphi(x)$ 的图形如图 2.8 所示.

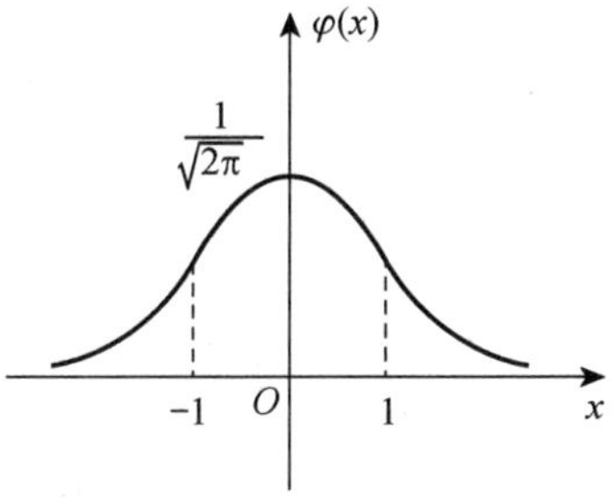

图 2.8

显然，$\varphi(x)$ 的图形关于 y 轴对称，且 $\varphi(x)$ 在 $x=0$ 处取得最大值 $\frac{1}{\sqrt{2\pi}}$. 通常称 $\Phi(x)$ 为标准正态分布函数，它具有如下性质：

性质 1　$\Phi(-x)=1-\Phi(x)$.

证明　由定积分的几何意义及 $\varphi(x)$ 的对称性可得

$$\Phi(-x)=\int_{-\infty}^{-x}\varphi(t)\mathrm{d}t=\int_{x}^{+\infty}\varphi(t)\mathrm{d}t=1-\int_{-\infty}^{x}\varphi(t)\mathrm{d}t$$
$$=1-\Phi(x).$$

性质 2　$\Phi(0)=\frac{1}{2}$.

证明　在性质 1 中令 $x=0$，得 $\Phi(0)=\frac{1}{2}$.

本书末附表 2 是标准正态分布函数 $\Phi(x)$ 的函数值表，只对 $x\geqslant 0$ 的情形给出 $\Phi(x)$ 的函数值，当 $x<0$ 时，可以利用 $\Phi(x)=1-\Phi(-x)$，先从表中查出 $\Phi(-x)$ 的值，再计算 $\Phi(x)$ 的值.

定理 2.4　正态分布函数 $F(x)$ 与标准正态分布函数 $\Phi(x)$ 有的关系为当 $X\sim N(\mu,\sigma^2)$，有

$$F(x)=\Phi\left(\frac{x-\mu}{\sigma}\right).$$

证明　由于 $F(x)=\frac{1}{\sqrt{2\pi}\sigma}\int_{-\infty}^{x}\mathrm{e}^{-\frac{(t-\mu)^2}{2\sigma^2}}\mathrm{d}t$，$x\in\mathbf{R}$，令 $u=\frac{t-\mu}{\sigma}$，则 $\mathrm{d}t=\sigma\mathrm{d}u$，所以

$$F(x)=\frac{1}{\sqrt{2\pi}\sigma}\int_{-\infty}^{\frac{x-\mu}{\sigma}}\mathrm{e}^{-\frac{u^2}{2}}\sigma\mathrm{d}u=\frac{1}{\sqrt{2\pi}}\int_{-\infty}^{\frac{x-\mu}{\sigma}}\mathrm{e}^{-\frac{u^2}{2}}\mathrm{d}u=\Phi\left(\frac{x-\mu}{\sigma}\right).$$

因此正态分布函数 $F(x)$ 的函数值可借助标准正态分布函数 $\Phi(x)$ 来计算.

在正态分布中常用的概率计算公式归纳如下：

(1) $X\sim N(0,1)$，有

① $P\{X\leqslant x\}=\begin{cases}\Phi(x), & x\geqslant 0,\\ 1-\Phi(-x), & x<0.\end{cases}$

② $P\{a<X<b\}=P\{a\leqslant X\leqslant b\}=P\{a\leqslant X<b\}=P\{a<X\leqslant b\}=\Phi(b)-\Phi(a)$.

③ $P\{|X|\leqslant a\}=2\Phi(a)-1, a>0$；$P\{|X|>a\}=2[1-\Phi(a)], a>0$.

(2) $X\sim N(\mu,\sigma^2)$，有

① $P\{X\leqslant x\}=F(x)=\Phi\left(\frac{x-\mu}{\sigma}\right)$.

② $P\{a < X < b\} = P\{a \leqslant X \leqslant b\} = P\{a \leqslant X < b\} = P\{a < X \leqslant b\}$

$$= F(b) - F(a) = \Phi\left(\frac{b-\mu}{\sigma}\right) - \Phi\left(\frac{a-\mu}{\sigma}\right).$$

③ $P\{X > a\} = 1 - P\{X \leqslant a\} = 1 - F(a) = 1 - \Phi\left(\frac{a-\mu}{\sigma}\right).$

例 2.22 设 $X \sim N(0, 1)$，求

(1) $P\{X < 2.35\}$；(2) $P\{X < -3.03\}$；(3) $P\{|X| < 1.54\}$；

(4) 常数 $u_{0.025}$，使得 $P\{X > u_{0.025}\} = 0.025$.

解 (1) $P\{X < 2.35\} = \Phi(2.35) = 0.9906$.

(2) $P\{X < -3.03\} = \Phi(-3.03) = 1 - \Phi(3.03) = 1 - 0.9995 = 0.0005$.

(3) $P\{|X| \leqslant 1.54\} = 2\Phi(1.54) - 1 = 2 \times 0.9382 - 1 = 0.8764$.

(4) $P\{X > u_{0.025}\} = 0.025 \Rightarrow 1 - P\{X \leqslant u_{0.025}\} = 0.025$

$$\Rightarrow P\{X \leqslant u_{0.025}\} = 0.975$$
$$\Rightarrow \Phi(u_{0.025}) = 0.975$$
$$\Rightarrow u_{0.025} = 1.96.$$

例 2.23 设 $X \sim N(1.5, 4)$，求

(1) $P\{X < 3.5\}$；(2) $P\{1.5 < X < 3.5\}$；(3) $P\{|X| \geqslant 3\}$.

解 (1) $P\{X < 3.5\} = F(3.5) = \Phi\left(\frac{3.5-1.5}{2}\right) = \Phi(1) = 0.8413$.

(2) $P\{1.5 < X < 3.5\} = F(3.5) - F(1.5) = \Phi\left(\frac{3.5-1.5}{2}\right) - \Phi\left(\frac{1.5-1.5}{2}\right)$

$$= \Phi(1) - \Phi(0) = 0.8413 - 0.5 = 0.3413.$$

(3) $P\{|X| \geqslant 3\} = 1 - P\{|X| < 3\} = 1 - P\{-3 < X < 3\}$

$$= 1 - F(3) + F(-3) = 1 - \Phi\left(\frac{3-1.5}{2}\right) + \Phi\left(\frac{-3-1.5}{2}\right)$$
$$= 1 - \Phi(0.75) + \Phi(-2.25) = 2 - \Phi(0.75) - \Phi(2.25)$$
$$= 2 - 0.7734 - 0.9878 = 0.2388.$$

例 2.24 设某商店出售的白糖每包的标准质量是500(单位：g)，设每包质量 X 是随机变量，且 $X \sim N(500, 25)$，求

(1) 随机抽查一包，其质量大于 510 g 的概率；

(2) 随机抽查一包，其质量与标准质量之差的绝对值在 8 g 之内的概率；

(3) 求常数 C，使每包的质量小于 C 的概率为 0.05.

解 (1) $P\{X > 510\} = 1 - P\{X \leqslant 510\} = 1 - \Phi\left(\frac{510-500}{5}\right)$

$$= 1 - \Phi(2) = 1 - 0.9772 = 0.0228.$$

(2) $P\{|X - 500| < 8\} = P\{492 < X < 509\} = \Phi\left(\frac{508-500}{5}\right) - \Phi\left(\frac{492-500}{5}\right)$

$$= \Phi(1.6) - \Phi(-1.6) = 2\Phi(1.6) - 1 = 2 \times 0.9452 - 1$$
$$= 0.8904.$$

(3) 求常数 C，使之满足 $P\{X<C\}=0.05$，即 $\Phi\left(\frac{C-500}{5}\right)=0.05$. 所以

$$\Phi\left(\frac{500-C}{5}\right)=0.95.$$

查附表 2 得 $\Phi(1.64)\approx 0.95$，因此 $\frac{500-C}{5}\approx 1.64$，从而 $C=491.8$.

例 2.25　设产品某质量特性 $X\sim N(\mu,\sigma^2)$，其上、下规格限为 $\mu\pm k\sigma$，其中 k 为某个实数，求产品的合格率.

解　产品的合格率为

$P\{|X-\mu|<k\sigma\}=P\{\mu-k\sigma<X<\mu+k\sigma\}=F(\mu+k\sigma)-F(\mu-k\sigma)=2\Phi(k)-1.$

当 $k=1$ 时，$P\{\mu-\sigma<X<\mu+\sigma\}=2\Phi(1)-1=2\times 0.8413-1=0.6826$；

当 $k=2$ 时，$P\{\mu-2\sigma<X<\mu+2\sigma\}=2\Phi(2)-1=2\times 0.0.9772-1=0.9544$；

当 $k=3$ 时，$P\{\mu-3\sigma<X<\mu+3\sigma\}=2\Phi(3)-1=2\times 0.9987-1=0.9974$.

由此可以看出，尽管正态分布的随机变量取值范围是 $(-\infty,+\infty)$，但它的值落在 $(\mu-3\sigma,\mu+3\sigma)$ 区间的概率为 0.9974，它的值落在 $(\mu-3\sigma,\mu+3\sigma)$ 区间之外几乎是不可能的(概率约为 0.003，是小概率事件).

为了便于今后数理统计的应用，对于标准正态随机变量，我们引入上侧 α 分位点的概念.

定义 2.13　设 $X\sim N(0,1)$，若数 z_α 满足

$$P\{X>z_\alpha\}=\alpha,\quad 0<\alpha<1,$$

则数 z_α 称为标准正态分布的**上侧 α 分位点**(图 2.9)，简称**上 α 分位点**.

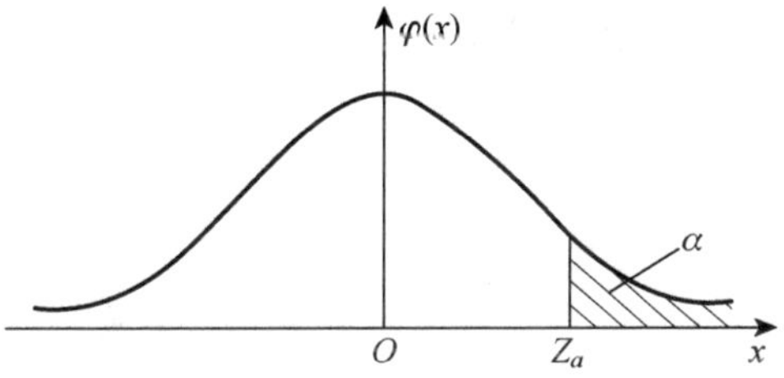

图 2.9

注　(1) 由分位点的定义与 $\varphi(x)$ 的对称性可知 $z_{1-\alpha}=-z_\alpha$.

(2) 当 $\alpha<0.5$，$z_\alpha>0$；当 $\alpha=0.5$，$z_\alpha=0$；当 $\alpha>0.5$，$z_\alpha<0$，即 z_α 随着 α 的增加而减小.

(3) 常用的上 α 分位点有

$$z_{0.1}=1.282,\ z_{0.05}=1.645,\ z_{0.025}=1.96,\ z_{0.01}=2.326,\ z_{0.005}=2.567,\ z_{0.001}=3.09.$$

例 2.26　公共汽车的高度是按男子与车门顶碰头的机会在 0.01 以下来设计的，设男子身高 X (单位：cm)服从正态分布 $N(170,6^2)$，试确定车门的高度.

解　设车门的高度为 h (cm). 依题意有

$$P\{X>h\}=1-P\{X\leqslant h\}<0.01,$$

即

$$P\{X\leqslant h\}>0.99.$$

因为 $X\sim N(170,6^2)$，所以

$$P\{X\leqslant h\}=\Phi\left(\frac{h-170}{6}\right)>0.99,$$

查标准正态分布表得 $\Phi(2.33) \approx 0.99$，所以$\dfrac{h-170}{6} \approx 2.33$，即 $h=183.98 \approx 184$ (cm)，故车门的设计高度至少应为 184 cm 方可保证男子与车门碰头的概率在 0.01 以下.

习题 2.3

1. 设连续型随机变量 X 的概率密度函数为

$$f(x)=\begin{cases}\dfrac{c}{\sqrt{1-x^2}}, & |x|<1,\\ 0, & |x|\geqslant 1,\end{cases}$$

求 c 及 $P\left\{-3<X\leqslant \dfrac{1}{2}\right\}$.

2. 设连续型随机变量 X 的概率密度函数为

$$f(x)=\begin{cases}x, & 0\leqslant x<1,\\ 2-x, & 1\leqslant x<2,\\ 0, & \text{其他},\end{cases}$$

求随机变量 X 的分布函数 $F(x)$.

3. 设连续型随机变量 X 的概率密度函数为 $f(x)=Ae^{-|x|}$，$-\infty<x<+\infty$，求

(1) 常数 A；(2) 随机变量 X 的分布函数 $F(x)$；(3) $P\{0<X<1\}$.

4. 设连续型随机变量 X 分布函数

$$F(x)=\begin{cases}\lambda-(1+x)e^{-x}, & x>0,\\ 0, & x\leqslant 0,\end{cases}$$

求(1) 常数 λ；(2) 随机变量 X 的概率密度函数 $f(x)$；(3) $P\{X\leqslant 1\}$，$P\{X>2\}$.

5. 设随机变量 $X\sim U(1,6)$，求方程 $x^2+Xx+1=0$ 有实根的概率.

6. 设修理某机器所用时间 $X\sim E(0.5)$(单位：h)，求在机器出现故障时 1 h 内可以维修好的概率.

7. 设顾客到某银行窗口等待服务的时间 X(单位：min) 服从指数发布，其密度函数为

$$f(x)=\begin{cases}\dfrac{1}{5}e^{-\frac{x}{5}}, & x>0,\\ 0, & x\leqslant 0.\end{cases}$$

某顾客在窗口等待服务，如超过 10 min，他就离开. 他一个月到银行 5 次，以 Y 表示一个月内他未等到服务而离开窗口的次数，求 Y 的分布律，并求 $P\{Y\geqslant 1\}$.

8. 设随机变量 $X\sim N(0,1)$，x 满足 $P\{|X|>x\}<0.1$，求 x 的取值范围.

9. 设随机变量 $X\sim N(3,2^2)$，求

(1) $P\{2<X\leqslant 5\}$，$P\{-4<X\leqslant 10\}$，$P\{|X|>2\}$，$P\{X>3\}$；

(2) 常数 c 满足 $P\{X>c\}=P\{X\leqslant c\}$，求 c.

10. 设随机变量 $X\sim N(10,2^2)$，且 d 满足 $P\{|X-10|<d\}<0.9$，求 d 的取值范围.

11. 某人上班所需时间 $X\sim N(30,100)$(单位：min)，已知上班时间为 8:30，他每天 7:50 出门，求

(1) 某天他迟到的概率；(2) 一周(以 5 天计)最多迟到一次的概率.

12. 测量某零件长度时的误差 $X\sim N(2,9)$(单位：mm)，求

(1) 误差绝对值小于 5 的概率；(2) 测量三次，误差的绝对值都小于 5 的概率；(3) 测量三次，误差的绝对值至少有一次小于 5 的概率.

2.4 随机变量函数的概率分布

已知随机变量 X 的分布(分布律,或概率密度函数,或分布函数之一),如何寻求其函数 $Y=g(X)$(显然,Y 也是一个随机变量)的分布,这是学习和掌握概率论与数理统计的基本功之一. 它不仅可以帮助人们导出新的分布,还可深入认识分布之间的关系,这对应用与研究十分有益. 由于方法上的差异,下面对离散型与连续型随机变量分别讨论.

2.4.1 离散型随机变量函数的概率分布

在离散型场合寻求随机变量函数的分布较为直观,通过下面的例子就可说明一般方法.

例 2.27　设离散型随机变量的分布律为

X	-2	-1	0	1	2	3
P	0.05	0.15	0.2	0.25	0.2	0.15

求(1) $Y=2X+1$ 的分布律;(2) $Z=X^2$ 的分布律.

解　(1) 因为

P	0.05	0.15	0.2	0.25	0.2	0.15
X	-2	-1	0	1	2	3
$Y=2X+1$	3	-1	1	3	5	7
$Z=X^2$	4	1	0	1	4	9

所以 Y 的分布律为

Y	-3	-1	1	3	5	7
P	0.05	0.15	0.2	0.25	0.2	0.15

(2) Z 的分布律为

Z	0	1	4	9
P	0.2	0.4	0.25	0.15

从这个例子可以看出,在求离散型随机变量函数的分布时,关键是把新变量取相同值的概率相加,其他保持对应关系,即可得到随机变量函数的分布.

例 2.28　设 $X\sim B(3,\ 0.4)$,且 $Y=\dfrac{X(3-X)}{2}$,求 Y 的分布律.

解　$X\sim B(3,\ 0.4)\Rightarrow P\{X=k\}=C_3^k\times 0.4^k\times 0.6^{3-k}$, $k=0,\ 1,\ 2,\ 3$,而 Y 的可能取

值为 0，1，且

$$P\{Y=1\}=P\left\{\frac{X(3-X)}{2}=1\right\}=P\{X=1\}+P\{X=2\}$$
$$=C_3^1\times 0.4^1\times 0.6^2+C_3^2\times 0.4^2\times 0.6^1=0.72.$$
$$P\{Y=0\}=P\left\{\frac{X(3-X)}{2}=0\right\}=P\{X=0\}+P\{X=3\}$$
$$=C_3^0\times 0.4^0\times 0.6^3+C_3^3\times 0.4^3\times 0.6^0=0.28.$$

所以，Y 的分布律为

Y	0	1
P	0.28	0.72

2.4.2 连续型随机变量函数的概率分布

设 X 为连续型随机变量，已知其概率密度函数为 $f_X(x)$，$y=g(x)$ 是一个已知的连续函数，则 $Y=g(X)$ 是随机变量 X 的函数. 下面通过先求出 Y 的分布函数 $F_Y(y)$，然后通过对分布函数 $F_Y(y)$ 求导数得到 Y 的概率密度函数 $f_Y(y)$，即 $F'_Y(y)=f_Y(y)$. 这种求连续型随机变量函数的概率分布的方法称为**分布函数定义法**.

由分布函数的定义得 Y 的分布函数为

$$F_Y(y)=P\{Y\leqslant y\}=P\{g(X)\leqslant y\}=P\{X\in I_g\}=\int_{I_g}f_X(x)\mathrm{d}x,$$

其中 $I_g=\{x\mid g(x)\leqslant y\}$.

例 2.29 设 $X\sim U[0,1]$，求 $Y=X^2$ 概率密度函数 $f_Y(y)$.

解 因为 $X\sim U[0,1]$，所以 $f_X(x)=\begin{cases}1, & 0\leqslant x\leqslant 1,\\ 0, & \text{其他}.\end{cases}$ 由于 Y 的分布函数为

$$F_Y(y)=P\{Y\leqslant y\}=P\{X^2\leqslant y\}.$$

(1) 当 $y\leqslant 0$ 时，$F_Y(y)=P\{X^2\leqslant y\}=P(\varnothing)=0$；

(2) 当 $y>0$ 时，$F_Y(y)=P\{X^2\leqslant y\}=P\{-\sqrt{y}\leqslant X\leqslant\sqrt{y}\}=\int_{-\sqrt{y}}^{\sqrt{y}}f_X(x)\mathrm{d}x$.

① 当 $0<y<1$ 时，$F_Y(y)=\int_{-\sqrt{y}}^{\sqrt{y}}f_X(x)\mathrm{d}x=\int_0^{\sqrt{y}}1\mathrm{d}x=\sqrt{y}$；

② 当 $y\geqslant 1$ 时，$F_Y(y)=\int_{-\sqrt{y}}^{\sqrt{y}}f_X(x)\mathrm{d}x=\int_0^1 1\mathrm{d}x=1$.

所以 $Y=X^2$ 分布函数为

$$F_Y(y)=\begin{cases}0, & y\leqslant 0,\\ \sqrt{y}, & 0<y<1,\\ 1, & y\geqslant 1.\end{cases}$$

$Y=X^2$ 概率密度函数为

$$f_Y(y)=F'_Y(y)=\begin{cases}\dfrac{1}{2\sqrt{y}}, & 0<y<1,\\ 0, & 其他.\end{cases}$$

例 2.30　设 $X\sim N(0,1)$,求 $Y=|X|$ 概率密度函数 $f_Y(y)$.

解　因为 $X\sim N(0,1)$,所以 $f_X(x)=\dfrac{1}{\sqrt{2\pi}}e^{-\frac{x^2}{2}}$, $-\infty<x<+\infty$, 由于 Y 的分布函数为

$$F_Y(y)=P\{Y\leqslant y\}=P\{|X|\leqslant y\}.$$

当 $y\leqslant 0$ 时, $F_Y(y)=P\{|X|\leqslant y\}=P(\varnothing)=0$;

当 $y>0$ 时, $F_Y(y)=P\{|X|\leqslant y\}=P\{-y\leqslant X\leqslant y\}=\int_{-y}^{y}\dfrac{1}{\sqrt{2\pi}}e^{-\frac{x^2}{2}}dx$

$$=2\int_0^y\frac{1}{\sqrt{2\pi}}e^{-\frac{x^2}{2}}dx.$$

所以 $Y=|X|$ 的分布函数为

$$F_Y(y)=\begin{cases}0, & y\leqslant 0,\\ 2\displaystyle\int_0^y\frac{1}{\sqrt{2\pi}}e^{-\frac{x^2}{2}}dx, & y>0.\end{cases}$$

$Y-|X|$ 的概率密度函数为

$$f_Y(y)=F'_Y(y)=\begin{cases}0, & y\leqslant 0,\\ \dfrac{2}{\sqrt{2\pi}}e^{-\frac{y^2}{2}}, & y>0.\end{cases}$$

例 2.31　设随机变量 X 的概率密度函数为

$$f_X(x)=\begin{cases}\dfrac{x}{8}, & 0<x<4,\\ 0, & 其他,\end{cases}$$

求 $Y=e^X-1$ 概率密度函数 $f_Y(y)$.

解　由于 Y 的分布函数为

$$F_Y(y)=P\{Y\leqslant y\}=P\{e^X-1\leqslant y\}=P\{X\leqslant \ln(1+y)\}=\int_{-\infty}^{\ln(1+y)}f_X(x)dx.$$

当 $\ln(1+y)\leqslant 0$,即 $y\leqslant 0$ 时, $F_Y(y)=\int_{-\infty}^{\ln(1+y)}0dx=0$;

当 $0<\ln(1+y)<4$,即 $0<y<e^4-1$ 时, $F_Y(y)=\int_0^{\ln(1+y)}\dfrac{x}{8}dx=\dfrac{1}{16}\ln^2(1+y)$;

当 $\ln(1+y)\geqslant 4$,即 $y\geqslant e^4-1$ 时, $F_Y(y)=\int_0^4 \frac{x}{8}dx=1$.

所以 $Y=e^X-1$ 的分布函数为

$$F_Y(y)=\begin{cases}0, & y\leqslant 0,\\ \frac{1}{16}\ln^2(1+y), & 0<y<e^4-1,\\ 1, & y\geqslant e^4-1.\end{cases}$$

$Y=e^X-1$ 概率密度函数为

$$f_Y(y)=F'_Y(y)=\begin{cases}\frac{\ln(1+y)}{8(1+y)}, & 0<y<e^4-1,\\ 0, & 其他.\end{cases}$$

从上面的例子可以看出,用分布函数定义法求连续型随机变量函数 $Y=g(X)$ 的概率密度函数的关键是用定积分的有关计算先求出 Y 的分布函数 $F_Y(y)$. 但当 $y=g(x)$ 是一个严格单调的可导函数时,随机变量函数 $Y=g(X)$ 的概率密度函数有以下公式.

定理 2.5 已知连续型随机变量 X 的概率密度函数为 $f_X(x)$, $y=g(x)$ 是一个严格单调的可导函数,反函数为 $x=h(y)$, $h'(y)$ 是其导函数,则 $Y=g(X)$ 的概率密度函数为

$$f_Y(y)=f_X(h(y))|h'(y)|.$$

证明 当 $y=g(x)$ 是一个严格单调递增的可导函数时, $Y=g(X)$ 的分布函数为

$$F_Y(y)=P\{Y\leqslant y\}=P\{g(X)\leqslant y\}=P\{X\leqslant h(y)\}=\int_{-\infty}^{h(y)} f_X(x)dx.$$

此时 $Y=g(X)$ 的概率密度函数为

$$f_Y(y)=F'_Y(y)=f_X(h(y))h'(y).$$

当 $y=g(x)$ 是一个严格单调递减的可导函数时, $Y=g(X)$ 的分布函数为

$$\begin{aligned}F_Y(y)&=P\{Y\leqslant y\}=P\{g(X)\leqslant y\}=P\{X\geqslant h(y)\}=\int_{h(y)}^{+\infty} f_X(x)dx\\&=1-\int_{-\infty}^{h(y)} f_X(x)dx.\end{aligned}$$

此时 $Y=g(X)$ 的概率密度函数为

$$f_Y(y)=F'_Y(y)=-f_X(h(y))h'(y).$$

综上所述,当 $y=g(x)$ 是一个严格单调可导函数时, $Y=g(X)$ 的概率密度函数为

$$f_Y(y)=f_X(h(y))|h'(y)|.$$

例 2.32 设随机变量 X 的概率密度函数为

$$f_X(x)=\begin{cases}\dfrac{x}{8}, & 0<x<4,\\ 0, & \text{其他},\end{cases}$$

求 $Y=e^X-1$ 概率密度函数 $f_Y(y)$.

解 因为 $y=e^x-1$ 是一个严格单调递增的可导函数,反函数 $x=h(y)=\ln(1+y)$, $h'(y)=\dfrac{1}{1+y}$. 当 $0<x<4$ 时, $0<y<e^4-1$, 由上述公式得

$$f_Y(y)=f_X(h(y))|h'(y)|=\begin{cases}\dfrac{\ln(1+y)}{8(1+y)}, & 0<y<e^4-1,\\ 0, & \text{其他}.\end{cases}$$

这与例2.31所得结果是一样的,但计算过程简单得多,所以记住公式是很有必要的.

例2.33 设随机变量 $X\sim N(\mu,\sigma^2)$, 求

(1) $Y=\dfrac{X-\mu}{\sigma}$ 的概率密度函数;(2) $Y=aX+b(a\neq 0)$ 的概率密度函数;(3) $Y=e^X$ 的概率密度函数.

解 因为 $X\sim N(\mu,\sigma^2)$,所以 $f_X(x)=\dfrac{1}{\sqrt{2\pi}\sigma}e^{-\frac{(x-\mu)^2}{2\sigma^2}}$, $-\infty<x<+\infty$.

(1) 当 $y=\dfrac{x-\mu}{\sigma}$ 时,反函数 $h(y)=\sigma y+\mu$,且 $h'(y)=\sigma$, 由公式有

$$\begin{aligned}f_Y(y)&=f_X(h(y))|h'(y)|=f_X(\sigma y+\mu)\cdot\sigma\\&=\frac{1}{\sqrt{2\pi}\sigma}e^{-\frac{(\sigma y+\mu-\mu)^2}{2\sigma^2}}\cdot\sigma=\frac{1}{\sqrt{2\pi}}e^{-\frac{y^2}{2}}.\end{aligned}$$

说明 $Y=\dfrac{X-\mu}{\sigma}\sim N(0,1)$, 此时称 $Y=\dfrac{X-\mu}{\sigma}$ 是 X 的标准化随机变量.

(2) 当 $y=ax+b$ 时,反函数 $h(y)=\dfrac{y-b}{a}$,且 $h'(y)=\dfrac{1}{a}$, 由公式有

$$\begin{aligned}f_Y(y)&=f_X(h(y))|h'(y)|=f_X\left(\frac{y-b}{a}\right)\cdot\frac{1}{|a|}\\&=\frac{1}{\sqrt{2\pi}\sigma}e^{-\frac{\left(\frac{y-b}{a}-\mu\right)^2}{2\sigma^2}}\cdot\frac{1}{|a|}=\frac{1}{\sqrt{2\pi}|a|\sigma}e^{-\frac{(y-a\mu-b)^2}{2\sigma^2a^2}}.\end{aligned}$$

说明 $Y=aX+b(a\neq 0)\sim N(a\mu+b,a^2\sigma^2)$, 即正态随机变量的线性函数仍为正态随机变量.

(3) 当 $y=e^x$ 时, $y>0$, 反函数 $h(y)=\ln y$,且 $h'(y)=\dfrac{1}{y}$, 由公式有

$$f_Y(y)=f_X(h(y))|h'(y)|=f_X(\ln y)\cdot\frac{1}{y}=\frac{1}{\sqrt{2\pi}\sigma}\mathrm{e}^{-\frac{(\ln y-\mu)^2}{2\sigma^2}}\cdot\frac{1}{y}$$

$$=\frac{1}{\sqrt{2\pi}\sigma y}\mathrm{e}^{-\frac{(\ln y-\mu)^2}{2\sigma^2}},\quad y>0.$$

这种分布称为**对数正态分布**，记为 $Y\sim LN(\mu,\sigma^2)$. 这种分布在实际中常会用到. 若一个随机变量的取值很分散，例如取值要跨几个数量级，在低数量级取值机会大，随着数量级增大其取值机会越来越小. 这种随机变量的分布可以用对数正态分布去拟合，常可获得较好效果. $Y\sim LN(\mu,\sigma^2)$ 时，其对数 $X=\ln Y\sim N(\mu,\sigma^2)$.

习题 2.4

1. 设离散型随机变量的分布律为

X	-2	-0.5	0	2	4
P	$\frac{1}{8}$	$\frac{1}{4}$	$\frac{1}{8}$	$\frac{1}{6}$	$\frac{1}{3}$

求(1) $Y=X+2$ 的分布律；(2) $Z=X^2$ 的分布律.

2. 设 $X\sim N(0,1)$，求 $Y=X^2$ 概率密度函数 $f_Y(y)$.

3. 设连续型随机变量 X 的概率密度函数为

$$f_X(x)=\begin{cases}6x(1-x), & 0<x<1,\\ 0, & 其他.\end{cases}$$

求 $Y=2X+1$ 概率密度函数 $f_Y(y)$.

4. 设 $X\sim U[0,1]$，求 $Y=-\ln X$ 概率密度函数 $f_Y(y)$.

5. 设 $X\sim E(2)$，求 $Y=1-\mathrm{e}^{-2X}$ 概率密度函数 $f_Y(y)$.

6. 设 $X\sim E(\lambda)$，求 $Y=\mathrm{e}^X$ 概率密度函数 $f_Y(y)$.

本章小结

概率论的核心内容是随机变量及其概率分布. 本章在引入离散型、连续型随机变量的基础上，重点讨论了离散型随机变量的分布律，连续型随机变量的概率密度函数及其分布函数，最后还给出了随机变量函数的概率分布. 本章的基本内容及要求如下.

1. 知道随机变量的概念，会用分布函数求概率

(1) 若 X 是离散型随机变量，则

$$P\{a<X\leqslant b\}=F(b)-F(a).$$

(2) 若 X 是连续型随机变量，则

$$P\{a<X<b\}=P\{a\leqslant X\leqslant b\}=P\{a\leqslant X<b\}=P\{a<X\leqslant b\}=F(b)-F(a).$$

2. 知道离散型随机变量的分布律

会求离散型随机变量的分布律和分布函数，且若

X	x_1	x_2	x_3	$\cdots$	x_n
P	p_1	p_2	p_3	$\cdots$	p_n

则

$$F(x)=\begin{cases}0, & x<x_1,\\ p_1, & x_1\leqslant x\leqslant x_2,\\ p_1+p_2, & x_2\leqslant x\leqslant x_3,\\ p_1+p_2+p_3, & x_3\leqslant x\leqslant x_4,\\ \vdots & \vdots\\ 1, & x_n\leqslant x.\end{cases}$$

3. 掌握四种种常用的离散型随机变量的分布律

(1) $X\sim B(1,\ p)\Rightarrow P\{X=k\}=p^k q^{1-k},\ k=0,\ 1.$

(2) $X\sim B(n,\ p)\Rightarrow P\{X=k\}=\mathrm{C}_n^k p^k q^{n-k},\ k=0,\ 1,\ 2,\ \cdots,\ n.$

(3) $X\sim P(\lambda)\Rightarrow P\{X=k\}=\dfrac{\lambda^k}{k!}\mathrm{e}^{-\lambda},\ k=0,\ 1,\ 2,\ \cdots.$

(4) $X\sim H(N,\ n,\ M)\Rightarrow P\{X=k\}=\dfrac{\mathrm{C}_M^k\mathrm{C}_{N-M}^{n-k}}{\mathrm{C}_N^n},\ k=0,\ 1,\ 2,\ \cdots,\ n.$

要求会查泊松分布表，并知道超几何分布的极限分布为二项分布，二项分布的极限分布为泊松分布. 即当 N 充分大时，有 $\dfrac{\mathrm{C}_M^k\mathrm{C}_{N-M}^{n-k}}{\mathrm{C}_N^n}\approx\mathrm{C}_n^k p^k q^{n-k}$，其中 $p=\dfrac{M}{N},\ q=\dfrac{N-M}{N}$；当 n 充分大时，有近似公式 $\mathrm{C}_n^k p^k q^{n-k}\approx\dfrac{\lambda^k}{k!}\mathrm{e}^{-\lambda}$，其中 $\lambda=np$.

4. 知道连续型随机变量的概率密度概念和性质，概率密度和分布函数的关系及由概率密度求概率的公式

(1) 概率密度 $f(x)$ 的性质：① $f(x)\geqslant 0$；② $\int_{-\infty}^{+\infty}f(x)\mathrm{d}x=1.$

(2) 分布函数和概率密度的关系：$F(x)=\int_{-\infty}^{x}f(t)\mathrm{d}t$；$f(x)=F'(x).$

(3) 分布函数的性质：① $F(x)$ 连续；② $F(-\infty)=0,\ F(+\infty)=1$；③ $F(x)$ 是不减函数.

(4) 概率计算公式：① $P\{a<X<b\}=F(b)-F(a)$；② $P\{a<X<b\}=\int_a^b f(x)\mathrm{d}x.$

5. 掌握连续型随机变量的四种分布

(1) $X\sim U(a,\ b)\Rightarrow f(x)=\begin{cases}\dfrac{1}{b-a}, & a<x<b,\\ 0, & 其他;\end{cases}\quad F(x)=\begin{cases}0, & x<a,\\ \dfrac{x-a}{b-a}, & a\leqslant x<b,\\ 1, & x\geqslant b.\end{cases}$

(2) $X \sim E(\lambda) \Rightarrow f(x)=\begin{cases}\lambda e^{-\lambda x}, & x>0, \\ 0, & x \leqslant 0;\end{cases} \quad F(x)=\begin{cases}1-e^{-\lambda x}, & x>0, \\ 0, & x \leqslant 0.\end{cases}$

(3) $X \sim N(0,1) \Rightarrow \varphi(x)=\dfrac{1}{\sqrt{2\pi}} e^{-\frac{x^2}{2}}, x \in \mathbf{R}$; $\Phi(x)=\dfrac{1}{\sqrt{2\pi}} \int_{-\infty}^{x} e^{-\frac{t^2}{2}} \mathrm{d}t, x \in \mathbf{R}$.

(4) $X \sim N(\mu, \sigma^2) \Rightarrow f(x)=\dfrac{1}{\sqrt{2\pi}\sigma} e^{-\frac{(x-\mu)^2}{2\sigma^2}}, x \in \mathbf{R}$; $F(x)=\dfrac{1}{\sqrt{2\pi}\sigma} \int_{-\infty}^{x} e^{-\frac{(t-\mu)^2}{2\sigma^2}} \mathrm{d}t, x \in \mathbf{R}$.

并且记住：当 $X \sim N(\mu, \sigma^2)$ 时，有 $F(x)=\Phi\left(\dfrac{x-\mu}{\sigma}\right)$；会查标准正态分布函数表.

6. 掌握求随机变量 X 的函数 $Y=g(X)$ 的概率分布

(1) 掌握求离散型随机变量函数的分布律的方法——列表法.

(2) 掌握求连续型型随机变量函数的概率密度函数的方法：对于“非单调型”连续型随机变量函数的概率密度函数会用分布函数定义法求；对于“单调型”连续型随机变量函数的概率密度函数会用公式法求，即当 $y=g(x)$ 是一个严格单调的可导函数时，$Y=g(X)$ 的概率密度函数为

$$f_Y(y)=f_X(h(y))|h'(y)|.$$

数学家泊松简介

泊　松

泊松(Simeon Denis Poisson)，1781 年 6 月 21 日生于法国卢瓦雷省的皮蒂维耶，1840 年 4 月 25 日卒于法国索镇.

泊松 1798 年进入巴黎综合工科学校，成为拉格朗日、拉普拉斯的得意门生.在毕业时由于其学业优异，又得到拉普拉斯的大力推荐，故留校任辅导教师，1802 年任巴黎理学院教授.1812 年当选为法国科学院院士.1816 年应聘为索邦大学教授.1826 年被选为彼得堡科学院名誉院士.1837 年被封为男爵.

泊松是法国一流的分析学家，年仅 18 岁就发表了一篇关于有限差分的论文，受到了勒让德的好评.他一生成果累累，发表论文 300 多篇，对数学和物理学都作出了杰出贡献.

在数学方面，美国数学史家克兰(Kline)指出：“泊松是第一个沿着复平面上的路径实行积分的人.”在他 1817 年的出版物中对序列收敛的条件就有了正确的概念，现在一般把这个条件归功于柯西.泊松对发散级数作了深入的探讨，并奠定了“发散级数求积”的理论基础，引入了一种今天看来就是可和性的概念.把任意函数表为三角级数和球函数时，他广泛地使用了发散级数，用发散级数解出过微分方程，并导出了用发散级数作计算怎样会导致错误的例子.他关于定积分的一系列论文以及在傅里叶级方面取得的成果，为后来的狄利克雷和黎曼的研究铺平了道路.

泊松是 19 世纪概率统计领域里的卓越人物.他改进了概率论的运用方法，特别是用于统计方面的方法，建立了描述随机现象的一种概率分布——泊松分布.他推广了“大数

定律”，并导出了在概率论与数理方程中有重要应用的泊松积分. 他是从法庭审判问题出发研究概率论的，1837 年他出版了专著《关于刑事案件和民事案件审判概率的研究》.

泊松就三个变数的二次型建立起特征值理论，并给出新颖的消元法，研究过曲面的曲率问题和积分方程.

泊松一生对摆的研究极其感兴趣，他的科学生涯就是从研究微分方程及其在摆的运动和声学理论中的应用开始的. 直到晚年，他仍用大部分时间和精力从事摆的研究. 他为什么对摆如此着迷？有一个传说，泊松小时候由于身体孱弱，他的母亲曾把他托给一个保姆照料，保姆一离开他，就把泊松放在一个摇篮式的布袋里，并将布袋挂在棚顶的钉子上，吊着他摆来摆去. 保姆认为，这样不但可以使孩子身上不被弄脏，而且还有益于孩子的健康. 泊松后来风趣地说：“吊着我摆来摆去不但是我孩提时的体育锻炼，并且使我在孩提时就熟悉了摆.”

在数学中以他的姓名命名的有：泊松定理、泊松公式、泊松方程、泊松分布、泊松过程、泊松积分、泊松级数、泊松变换、泊松代数、泊松比、泊松流、泊松核、泊松括号、泊松稳定性、泊松积分表示、泊松求和法等.

总习题 2

一、填空题

1. 设 $X \sim P(\lambda)$，且 $P\{X=0\}=\dfrac{1}{2}P\{X=2\}$，则 $\lambda=$ ________.

2. 设 $X \sim B(2,\ p)$，$Y \sim B(3,\ p)$. 设 $P\{X \geqslant 1\}=\dfrac{5}{9}$，则 $P\{Y<1\}=$ ________.

3. 已知随机变量 X 的概率密度函数 $f(x)=\dfrac{1}{2}\mathrm{e}^{-|x|}$，$-\infty<x<+\infty$，则 X 的概率分布函数 $F(x)=$ ________.

4. 设随机变量 X 服从正态分布 $N(\mu,\ \sigma^2)(\sigma>0)$，且二次方程 $y^2+4y+X=0$ 无实根的概率为 $\dfrac{1}{2}$，则 $\mu=$ ________.

5. 设随机变量 X 的分布函数为

$$F(x)=\begin{cases}0, & x<0,\\ A\sin x, & 0\leqslant x\leqslant \dfrac{\pi}{2},\\ 1, & x>\dfrac{\pi}{2},\end{cases}$$

则 $A=$ ________，$P\left\{|X|<\dfrac{\pi}{6}\right\}=$ ________.

6. 设随机变量 X 的概率密度为

$$f(x)=\begin{cases}2x, & 0<x<1,\\ 0, & \text{其他},\end{cases}$$

以 Y 表示对 X 的三次独立重复观察中事件 $\left\{X\leqslant\dfrac{1}{2}\right\}$ 出现的次数，则 $P\{Y=2\}=$ ________.

7. 设随机变量 X 的概率密度函数为

$$f(x)=\begin{cases}\frac{1}{3}, & 0\leqslant x\leqslant 1,\\ \frac{2}{9}, & 3\leqslant x\leqslant 6,\\ 0, & \text{其他},\end{cases}$$

若 k 使得 $P\{X\geqslant k\}=\frac{2}{3}$,则 k 的取值范围是________.

8. 设随机变量 $X\sim N(10,\ 0.02^2)$. 已知 $\Phi(2.5)=0.993\,8$,则 X 落在区间 $(9.95,\ 10.05)$ 内的概率为________.

9. 设随机变量 $X\sim N(2,\ \sigma^2)$,且 $P\{2<X<4\}=0.3$,则 $P\{X<0\}=$ ________.

10. 设随机变量 $X\sim N(5,\ 9)$,已知 $\Phi(0.5)=0.691\,5$,为使 $P\{X<a\}<0.691\,5$,则常数 $a<$ ________.

11. 设随机变量 $X\sim N(0,\ 1)$,$Y=2X+1$ 概率密度函数 $f_Y(y)=$ ________.

12. 设随机变量 X 服从 $(0,\ 2)$ 上的均匀分布,则随机变量 $Y=X^2$ 在区间 $(0,\ 4)$ 内的概率分布密度 $F_Y(y)=$ ________.

13. (2024,数一、三)设随机试验每次成功的概率为 p,现进行 3 次独立重复试验,在至少成功 1 次的条件下,3 次试验全部成功的概率为 $\frac{4}{13}$,则 $p=$ ________.

二、选择题

1. 设一批产品共有 1 000 件,其中有 50 件次品,从中有放回地任取 500 件,X 表示抽到的次品数,则 $P\{X=3\}=$(　　).

A. $\dfrac{C_{50}^{3}C_{950}^{497}}{C_{1\,000}^{500}}$　　B. $\dfrac{A_{50}^{3}A_{950}^{497}}{A_{1\,000}^{500}}$　　C. $C_{500}^{3}0.05^{3}0.95^{497}$　　D. $\dfrac{3}{500}$

2. 设随机变量 $X\sim U(2,\ 4)$,则 $P\{3<X<4\}=$(　　).

A. $P\{2.25<X<3.25\}$　　B. $P\{1.5<X<2.5\}$

C. $P\{3.5<X<4.5\}$　　D. $P\{4.5<X<5.5\}$

3. 设随机变量 X 的概率密度函数为

$$f(x)=\begin{cases}\frac{x}{2}, & 0<x<2,\\ 0, & \text{其他},\end{cases}$$

则 $P\{-1\leqslant X\leqslant 1\}=$(　　).

A. 0　　B. 0.25　　C. 0.5　　D. 1

4. 设随机变量 X 的分布函数为

$$F(x)=\begin{cases}0, & x<-1,\\ \frac{1}{8}, & x=-1,\\ ax+b, & -1<x<1,\\ 1, & x\geqslant 1,\end{cases}$$

已知 $P\{X=1\}=\frac{1}{4}$,则(　　).

A. $a=\frac{5}{16},\ b=\frac{7}{16}$　　B. $a=\frac{7}{16},\ b=\frac{9}{16}$

C. $a=\frac{1}{2},\ b=\frac{1}{2}$　　D. $a=\frac{3}{8},\ b=\frac{3}{8}$

5. 设随机变量 X 的概率密度函数为 $f(x)$，且 $f(-x)=f(x)$，$F(x)$ 为 X 的分布函数，则对于任意的实数 a，有(　　).

A. $F(-a)=1-\int_0^a f(x)\mathrm{d}x$　　B. $F(-a)=\frac{1}{2}-\int_0^a f(x)\mathrm{d}x$

C. $F(-a)=F(a)$　　D. $F(-a)=2F(a)-1$

6. 设随机变量 $X\sim N(2,\sigma_2)$，则随着 σ 的增大，概率 $P\{|X-\mu|<\sigma\}$(　　).

A. 单调增大　　B. 单调减小　　C. 保持不变　　D. 增减不定

7. 设随机变量 X 的概率密度函数为 $f(x)=\frac{1}{2\sqrt{2\pi}}\mathrm{e}^{-\frac{(x+1)^2}{8}}$，则 $X\sim$(　　).

A. $N(-1,2)$　　B. $N(-1,4)$　　C. $N(-1,8)$　　D. $N(-1,16)$

8. 设随机变量 X 服从正态分布 $N(0,1)$，对给定的 $\alpha\in(0,1)$，数 u_α 满足 $P\{X>u_\alpha\}=\alpha$，若 $P\{|X|<x\}=\alpha$，则 x 等于(　　).

A. $u_{\frac{\alpha}{2}}$　　B. $u_{1-\frac{\alpha}{2}}$　　C. $u_{\frac{1-\alpha}{2}}$　　D. $u_{1-\alpha}$

9. 设随机变量 X 服从正态分布 $N(\mu_1,\sigma_1^2)$，随机变量 Y 服从正态分布 $N(\mu_2,{\sigma_2}^2)$，且 $P\{|X-\mu_1|<1\}>P\{|Y-\mu_2|<1\}$，则必有(　　).

A. $\sigma_1<\sigma_2$　　B. $\sigma_1>\sigma_2$　　C. $\mu_1<\mu_2$　　D. $\mu_1>\mu_2$

10. 设随机变量 X 的概率密度函数为 $f_X(x)$，则 $Y=-2X$ 的概率密度函数 $f_Y(y)$ 为(　　).

A. $2f_X(-2y)$　　B. $f_X\left(-\frac{y}{2}\right)$　　C. $-\frac{1}{2}f_X\left(-\frac{y}{2}\right)$　　D. $\frac{1}{2}f_X\left(-\frac{y}{2}\right)$

三、计算题

1. 已知随机变量 X 的概率分布为 $P\{X=1\}=0.2$，$P\{X=2\}=0.3$，$P\{X=3\}=0.5$，试写出其分布函数 $F(x)$.

2. 设随机变量 X 的绝对值不大于 1，$P\{X=-1\}=\frac{1}{8}$，$P\{X=1\}=\frac{1}{4}$. 在事件 $\{-1<X<1\}$ 出现的条件下，X 在区间 $(-1,1)$ 内的任一子区间上取值的条件概率与该子区间的长度成正比. 试求 X 的分布函数 $F(x)=P\{X\leqslant x\}$.

3. 设随机变量 $X\sim U(2,5)$，现在对 X 进行三次独立观测，试求至少有两次观测值大于 3 的概率.

4. 某仪器装有 3 只独立工作的同型号电子元件，其寿命(单位：h)都服从同一指数分布，概率密度函数为

$$f(x)=\begin{cases}\frac{1}{600}\mathrm{e}^{-\frac{x}{600}}, & x>0,\\ 0, & x\leqslant 0,\end{cases}$$

试求：在仪器使用的最初 200 h 内，至少有一只电子元件损坏的概率.

5. 对某地抽样调查的结果表明，考生的外语成绩(百分制)近似服从正态分布，平均成绩为 72 分，96 分以上的占考生总数的 2.3%，试求考生的外语成绩在 60 分至 84 分之间的概率.

x	0	0.5	1.0	1.5	2.0	25	3.0
$\Phi(x)$	0.500	0.692	0.841	0.933	0.977	0.994	0.999

表中 $\Phi(x)$ 是标准正态分布函数.

6. 在电源电压不超过 200 V、在 200～240 V 和超过 240 V 三种情形下，某种电子元件损坏的概率分别为 0.1、0.001 和 0.2，设电源电压 $X\sim N(220,25^2)$，试求

(1) 该电子元件损坏的概率 α；(2) 该电子元件损坏时，电源电压在 200～240 V 的概率 β.

x	0.10	0.20	0.40	0.60	0.80	1.00	1.20	1.40
$\Phi(x)$	0.530	0.579	0.655	0.726	0.788	0.841	0.885	0.919

表中 $\Phi(x)$ 是标准正态分布函数.

7. 设测量误差 $X \sim N(0, 10^2)$. 试求在 100 次独立重复测量中，至少有三次测量误差的绝对值大于 19.6 的概率 α，并用泊松分布求出 α 的近似值(要求取小数点后两位有效数字).

λ	1	2	3	4	5	6	7	…
$e^{-\lambda}$	0.368	0.135	0.050	0.018	0.007	0.002	0.001	

8. 设一大型设备在任何长为 t 的时间内发生故障的次数 $N(t)$ 服从参数为 λ 的泊松分布. 求

(1) 相继两次故障之间时间间隔 T 的概率分布；

(2) 在设备已经无故障工作 8 h 的情形下，再无故障运行 8 h 的概率 Q.

9. 设随机变量 X 的概率密度函数为

$$f(x)=\begin{cases}2x, & 0<x<1,\\ 0, & \text{其他},\end{cases}$$

现对 X 进行 n 次独立重复观测，以 Y 表示观测值不大于 0.1 的次数，试求随机变量 Y 的概率分布.

10. 设随机变量 X 的概率密度函数为 $f_X(x)=\dfrac{1}{\pi(1+x^2)}$，求随机变量 $Y=1-\sqrt[3]{X}$ 的概率密度函数 $f_Y(y)$.

11. 设随机变量 X 的概率密度函数为

$$f_X(x)=\begin{cases}e^{-x}, & x\geqslant 0,\\ 0, & x<0,\end{cases}$$

求随机变量 $Y=e^X$ 的概率密度函数 $f_Y(y)$.

12. 设随机变量 X 的概率密度函数为

$$f(x)=\begin{cases}\dfrac{1}{3\sqrt[3]{x^2}}, & x\in[1, 8],\\ 0, & \text{其他},\end{cases}$$

$F(x)$ 是 X 的分布函数，求随机变量 $Y=F(X)$ 的分布函数 $F_Y(y)$.

第 3 章

多维随机变量及其分布

在实际应用中有些随机现象需要同时用两个及两个以上的随机变量来描述. 例如,在研究 4—6 岁儿童生长发育中,我们关注每个儿童(样本点 ω) 的身高 $X(\omega)$ 与体重 $Y(\omega)$,可以用 (X, Y) 来描述;又如每个家庭(样本点 ω)的支出主要用在衣食住行四个方面,假如用 $X_1(\omega)$, $X_2(\omega)$, $X_3(\omega)$, $X_4(\omega)$ 分别表示每个家庭在衣食住行的花费,那么可用 (X_1, X_2, X_3, X_4) 来描述这个家庭的支出,等等. 在这些情况下,每个随机变量只描述样本点的一个侧面,样本点的多个侧面同时研究可使人们对样本点的认识更为全面. 我们不但要研究多个随机变量各自的统计规律,而且还要研究它们之间的统计相依性,因而还需考察它们联合取值的统计规律,即多维随机变量的分布. 由于从二维推广到多维一般无实质性的困难,故我们重点讨论二维随机变量.

3.1 二维随机变量及其分布

3.1.1 二维随机变量的定义及其分布函数

1. 二维随机变量的概念

定义 3.1 设 Ω 是样本空间,对于样本空间 Ω 中的每一个样本点 ω, 都有唯一确定的一对实数 $X(\omega)$, $Y(\omega)$ 与之对应,则称 $(X(\omega), Y(\omega))$ 为二维随机变量或二维随机向量,简记为 (X, Y), 并称 X, Y 为二维随机变量 (X, Y) 的两个分量.

注 (1) 二维随机变量 (X, Y) 是定义在同一样本空间上的一对随机变量,把它看作一个整体.

(2) 对于每一个试验结果,二维随机变量 (X, Y) 就取平面点集上的一个点 (x, y), 随着试验结果的不同,二维随机变量 (X, Y) 就在某一平面点集上随机取点. 可以这样理解,二维随机变量 (X, Y) 是建立在样本空间 Ω 与某一平面点集之间的映射,如图 3.1 所示.

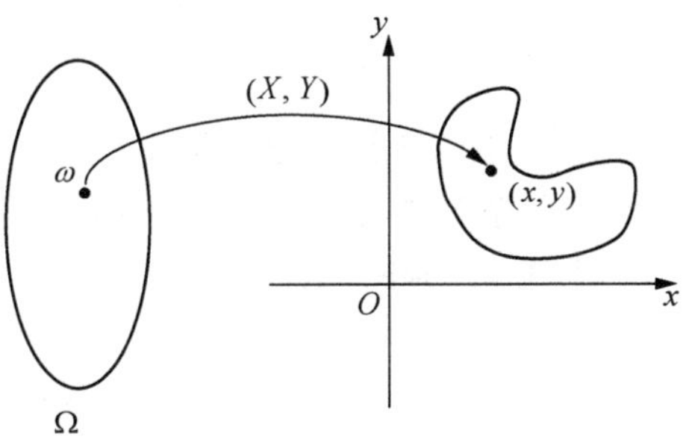

图 3.1

(3) 一般地,称 n 个随机变量的整体 $(X_1, X_2, \cdots, X_n)$ 为 n 维随机变量或 n 维随机向量.

我们首先介绍研究二维随机变量的统计规律的统一方法：联合分布函数.

2. 二维随机变量的联合分布函数

定义 3.2 设 (X, Y) 是二维随机变量，对于任意的实数 x，y，二元函数

$$F(x, y)=P\{X\leqslant x, Y\leqslant y\}, \quad x, y\in\mathbf{R}$$

为二维随机变量 (X, Y) 的**联合分布函数**，简称**分布函数**.

注 (1) $P\{X\leqslant x, Y\leqslant y\}=P\{(X\leqslant x)\cap(Y\leqslant y)\}$，所以 $P\{X\leqslant x, Y\leqslant y\}$ 是两个事件 $\{X\leqslant x\}$ 与 $\{Y\leqslant y\}$ 积(同时发生)的概率.

(2) 二维随机变量 (X, Y) 的联合分布函数 $F(x, y)=P\{X\leqslant x, Y\leqslant y\}$，表示 (X, Y) 落在平面点集中点 (x, y) 的左下方的无穷矩形区域(图 3.2)内的概率.

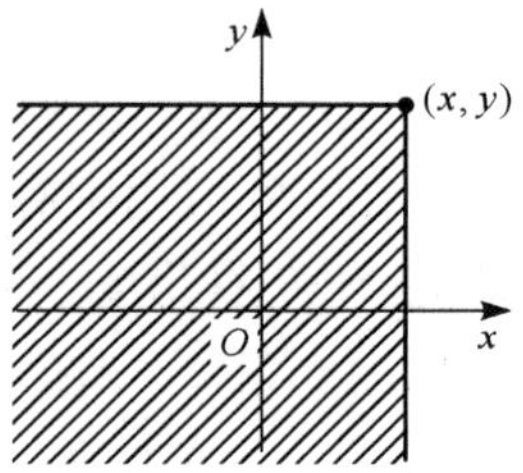

图 3.2

联合分布函数具有以下性质.

性质 1 $0\leqslant F(x, y)\leqslant 1$.

性质 2 $F(x, y)$ 关于 x、关于 y 单调不减，即对任意固定的 y，当 $x_1<x_2$ 时，有 $F(x_1, y)\leqslant F(x_2, y)$；对任意固定的 x，当 $y_1<y_2$ 时，有 $F(x, y_1)\leqslant F(x, y_2)$.

性质 3 $F(-\infty, -\infty)=\lim\limits_{\substack{x\to-\infty\\ y\to-\infty}}F(x, y)=0$，$F(+\infty, +\infty)=\lim\limits_{\substack{x\to+\infty\\ y\to+\infty}}F(x, y)=1$；

$F(x, -\infty)=\lim\limits_{y\to-\infty}F(x, y)=0$，$F(-\infty, y)=\lim\limits_{x\to-\infty,}F(x, y)=0$.

从几何上讲，在图 3.2 中，将无穷矩形区域(阴影部分)的上边界向下无限移动时，即 $y\to-\infty$，此时无穷矩形区域缩小为空集 $\varnothing$，它不含平面上的任何点，故概率为 0，即 $F(x, -\infty)=0$；将无穷矩形区域(阴影部分)的上边界和右边界分别向上和向右无限移动时，即 $x\to+\infty$，$y\to+\infty$，此时无穷矩形区域扩大为整个平面，它含包平面上的所有点，故概率为 1，即 $F(+\infty, +\infty)=1$.

性质 4 $F(x, y)$ 关于 x、关于 y 右连续，即对任意固定的 y，有 $F(x^+, y)=F(x, y)$.

对任意固定的 x，有 $F(x, y^+)=F(x, y)$.

性质 5 对于任意的点 (x_1, y_1)，(x_2, y_2)，不妨设 $x_1<x_2$，$y_1<y_2$，则二维随机变量 (X, Y) 落在如图 3.3 所示阴影部分的概率为

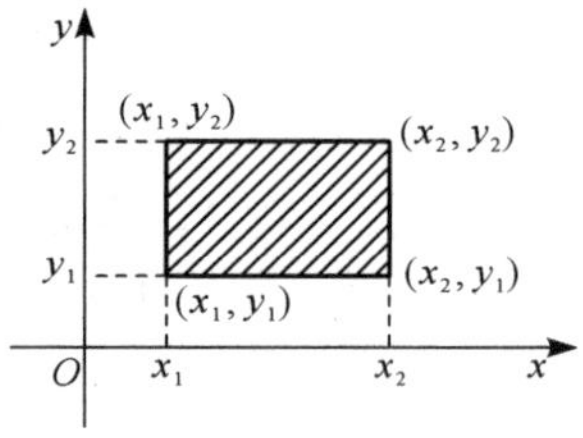

图 3.3

$$P\{x_1<X\leqslant x_2, y_1<Y\leqslant y_2\}=F(x_2, y_2)-F(x_1, y_2)-F(x_2, y_1)+F(x_1, y_1)\geqslant 0.$$

注 二维随机变量 (X, Y) 的联合分布函数 $F(x, y)$ 具有上述 5 条性质；反之，具有上述 5 条性质的二元函数 $F(x, y)$ 必是某个二维随机变量的联合分布函数.

例 3.1 判断二元函数

$$F(x, y)=\begin{cases}0, & x+y<1,\\ 1, & x+y\geqslant 1\end{cases}$$

是否为某二维随机变量的联合分布函数.

解　根据二维随机变量的联合分布函数性质 5 有

$$P\{x_1 < X \leqslant x_2,\ y_1 < Y \leqslant y_2\} = F(x_2, y_2) - F(x_1, y_2) - F(x_2, y_1) + F(x_1, y_1) \geqslant 0.$$

当 $x_1 = 0$, $y_1 = 0$, $x_2 = 1$, $y_2 = 1$ 时,有

$$\begin{aligned} P\{0 < X \leqslant 1,\ 0 < Y \leqslant 1\} &= F(1, 1) - F(0, 1) - F(1, 0) + F(0, 0) \\ &= 1 - 1 - 1 + 0 = -1 < 0. \end{aligned}$$

所以该二元函数不能成为某二维随机变量的联合分布函数.

3. 二维随机变量的关于每个分量的边缘分布函数

(X, Y) 的两个分量 X 和 Y 各自的分布函数称为二维随机变量 (X, Y) 关于 X 、关于 Y 的边缘分布函数,记为 $F_X(x)$, $F_Y(y)$, 它们可由联合分布函数来确定.

定义 3.3　设 (X, Y) 是二维随机变量,其联合分布函数为 $F(x, y)=P\{X \leqslant x, Y \leqslant y\}$,则随机变量 X 的分布函数:

$$\begin{aligned} F_X(x) &= P\{X \leqslant x\} = P\{X \leqslant x, Y < +\infty\} = \lim_{y \to +\infty} P\{X \leqslant x,\ Y \leqslant y\} = \lim_{y \to +\infty} F(x, y) \\ &= F(x, +\infty) \end{aligned}$$

称为二维随机变量 (X, Y) 关于 X 的边缘分布函数;随机变量 Y 的分布函数:

$$\begin{aligned} F_Y(y) &= P\{Y \leqslant y\} = P\{X < +\infty,\ Y \leqslant y\} = \lim_{x \to +\infty} P\{X \leqslant x,\ Y \leqslant y\} = \lim_{x \to +\infty} F(x, y) \\ &= F(+\infty, y) \end{aligned}$$

称为二维随机变量 (X, Y) 关于 Y 的边缘分布函数.

例 3.2　二维随机变量 (X, Y) 的联合分布函数

$$F(x, y) = A(B + \arctan x)(C + \arctan y)$$

求(1) 常数 A, B, C; (2) (X, Y) 关于 X、关于 Y 的边缘分布函数 $F_X(x)$, $F_Y(y)$; (3) $P\{0 < X \leqslant 1,\ 0 < Y \leqslant 1\}$.

解　(1)由联合分布函数 $F(x, y)$ 的性质有

$$\begin{cases} F(+\infty, +\infty) = A\left(B + \dfrac{\pi}{2}\right)\left(C + \dfrac{\pi}{2}\right) = 1, \\ F(-\infty, y) = A\left(B - \dfrac{\pi}{2}\right)(C + \arctan y) = 0, \\ F(x, -\infty) = A(B + \arctan x)\left(C - \dfrac{\pi}{2}\right) = 0, \end{cases}$$

所以

$$A = \frac{1}{\pi^2},\quad B = \frac{\pi}{2},\quad C = \frac{\pi}{2}.$$

(2) 由于

$$F(x, y) = \frac{1}{\pi^2}\left(\frac{\pi}{2} + \arctan x\right)\left(\frac{\pi}{2} + \arctan y\right),$$

所以

$$F_X(x)=F(x,+\infty)=\lim_{y\to+\infty}F(x,y)=\lim_{y\to+\infty}\frac{1}{\pi^2}\left(\frac{\pi}{2}+\arctan x\right)\left(\frac{\pi}{2}+\arctan y\right)$$
$$=\frac{1}{\pi}\left(\frac{\pi}{2}+\arctan x\right),$$

$$F_Y(y)=F(+\infty,y)=\lim_{x\to+\infty}F(x,y)=\lim_{x\to+\infty}\frac{1}{\pi^2}\left(\frac{\pi}{2}+\arctan x\right)\left(\frac{\pi}{2}+\arctan y\right)$$
$$=\frac{1}{\pi}\left(\frac{\pi}{2}+\arctan y\right).$$

(3) $P\{0<X\leqslant 1,\ 0<Y\leqslant 1\}=F(1,1)-F(0,1)-F(1,0)+F(0,0)$
$$=\frac{9}{16}-\frac{3}{8}-\frac{3}{8}+\frac{1}{4}=\frac{1}{16}.$$

例 3.3 二维随机变量 (X,Y) 的联合分布函数

$$F(x,y)=\begin{cases}1-e^{-x}-e^{-y}+e^{-x-y-\lambda xy}, & x>0,\ y>0,\\ 0, & \text{其他},\end{cases}$$

其中 $\lambda\geqslant 0$，称为二维指数分布. 求 (X,Y) 关于 X、关于 Y 的边缘分布函数 $F_X(x)$，$F_Y(y)$.

解 当 $x>0$ 时，$F_X(x)=\lim\limits_{y\to+\infty}F(x,y)=\lim\limits_{y\to+\infty}(1-e^{-x}-e^{-y}+e^{-x-y-\lambda xy})$
$=1-e^{-x}$；

当 $y>0$ 时，$F_Y(y)=\lim\limits_{x\to+\infty}F(x,y)=\lim\limits_{x\to+\infty}(1-e^{-x}-e^{-y}+e^{-x-y-\lambda xy})=1-e^{-y}$.

所以

$$F_X(x)=\begin{cases}1-e^{-x}, & x>0,\\ 0, & x\leqslant 0;\end{cases}\quad F_Y(y)=\begin{cases}1-e^{-y}, & y>0,\\ 0, & y\leqslant 0.\end{cases}$$

它们都是一维指数分布，且都与二维指数分布中的参数 λ 无关. 不同的 λ 对应不同的二维指数分布，而它的两个边际分布不变. 这一现象表明：联合分布函数 $F(x,y)$ 不仅含有每个分量的概率分布的信息，而且还含有两个分量 X 和 Y 之间的信息，这正是人们研究多维随机变量的重要原因.

3.1.2 二维离散型随机变量及其分布

定义 3.4 若二维随机变量 (X,Y) 只取有限多对或可列无穷多对 (x_i,y_j)，$i,j=1,2,\cdots$，且 (X,Y) 取各对值的概率为

$$P\{(X,Y)=(x_i,y_j)\}=p_{ij}\quad 或\quad P\{X=x_i,Y=y_j\}=p_{ij},\quad i,j=1,2,\cdots,$$

则称 (X,Y) 为二维离散型随机变量，并称上式为二维离散型随机变量 (X,Y) 的联合分布

律，简称分布律.（X，Y）的联合分布律还可以写成如下列表形式：

$X \backslash Y$	y_1	y_2	$\cdots$	y_j	$\cdots$
x_1	p_{11}	p_{12}	$\cdots$	p_{1j}	$\cdots$
x_2	p_{21}	p_{22}	$\cdots$	p_{2j}	$\cdots$
$\vdots$	$\vdots$	$\vdots$		$\vdots$	
x_i	p_{i1}	p_{i2}	$\cdots$	p_{ij}	$\cdots$
$\vdots$	$\vdots$	$\vdots$		$\vdots$	

（X，Y）的分布律具有下列性质：

性质 1　$p_{ij} \geqslant 0, \quad i, j=1, 2, \cdots.$

性质 2　$\sum\limits_{i=1}^{\infty}\sum\limits_{j=1}^{\infty} p_{ij}=1.$

反之，若数集 $\{p_{ij}\}$，$i, j=1, 2, \cdots$ 具有以上两条性质，则它必可作为某二维离散型随机变量的分布律.

二维离散型随机变量（X，Y）的两个分量 X 和 Y 各自的分布律称为（X，Y）关于 X 、关于 Y 的边缘分布律，记为 $p_{i\cdot}$，$p_{\cdot j}$，它们可由联合分布律确定.

定义 3.5　若二维离散型随机变量（X，Y）的联合分布律为

$$P\{X=x_i, Y=y_j\}=p_{ij}, \quad i, j=1, 2, \cdots,$$

则称随机变量 X 的分布律

$$\begin{aligned}
P\{X=x_i\} &= P\{X=x_i, Y<+\infty\} \\
&= P\{X=x_i, Y=y_1\}+P\{X=x_i, Y=y_2\}+\cdots+P\{X=x_i, Y=y_j\}+\cdots \\
&= p_{i1}+p_{i2}+\cdots+p_{ij}+\cdots \\
&= \sum_{j=1}^{\infty} p_{ij}=p_{i\cdot}, \quad i=1, 2, \cdots
\end{aligned}$$

为（X，Y）关于 X 的边缘分布律，称随机变量 Y 的分布律

$$\begin{aligned}
P\{Y=y_j\} &= P\{X<+\infty, Y=y_j\} \\
&= P\{X=x_1, Y=y_j\}+R\{X=x_2, Y=y_j\}+\cdots+P\{X=x_i, Y=y_j\}+\cdots \\
&= p_{1j}+p_{2j}+\cdots+p_{ij}+\cdots \\
&= \sum_{i=1}^{\infty} p_{ij}=p_{\cdot j}, \quad j=1, 2, \cdots
\end{aligned}$$

为（X，Y）关于 Y 的边缘分布律.

注　$p_{i\cdot}$ 就是联合分布律的表中第 i 元素之和，$p_{\cdot j}$ 就是表中第 j 列元素之和，见下表.

X \ Y	y_1	y_2	$\cdots$	y_j	$\cdots$	$p_{i\cdot}$
x_1	p_{11}	p_{12}	$\cdots$	p_{1j}	$\cdots$	$p_{1\cdot}$
x_2	p_{21}	p_{22}	$\cdots$	p_{2j}	$\cdots$	$p_{2\cdot}$
$\vdots$	$\vdots$	$\vdots$		$\vdots$		$\vdots$
x_i	p_{i1}	p_{i2}	$\cdots$	p_{ij}	$\cdots$	$p_{i\cdot}$
$\vdots$	$\vdots$	$\vdots$		$\vdots$	$\cdots$	$\vdots$
$p_{\cdot j}$	$p_{\cdot 1}$	$p_{\cdot 2}$	$\cdots$	$p_{\cdot j}$	$\cdots$	1

例 3.4 二维离散型随机变量 (X, Y) 的联合分布律为

X \ Y	1	2	3
0	0.1	0.1	0.3
1	0.25	0	0.25

求(1) $P\{X=0\}$；(2) $P\{Y<2.5\}$；(3) $P\{X<1, Y\leqslant 2\}$；(4) $P\{X\geqslant Y\}$.

解 $P\{X=0\}=P\{X=0, Y=1\}+P\{X=0, Y=2\}+P\{X=0, Y=3\}$

$=0.1+0.1+0.3=0.5.$

$P\{Y<2.5\}=P\{Y=1\}+P\{Y=2\}$

$=P\{X=0, Y=1\}+P\{X=1, Y=1\}+P\{X=0, Y=2\}+P\{X=1, Y=2\}$

$=0.1+0.25+0.1+0=0.45.$

$P\{X<1, Y\leqslant 2\}=P\{X=0, Y=1\}+P\{X=0, Y=2\}=0.1+0.1=0.2.$

$P\{X\geqslant Y\}=P\{X=1, Y=1\}=0.25.$

例 3.5 现有 1, 2, 3 三个整数，X 表示从这三个数字中随机抽取的一个整数，$Y=K$ 表示从 1 至 X 中随机抽取的一个整数，试求 (X, Y) 的联合分布律及边缘分布律.

解 X 与 Y 的可能值均为 1, 2, 3，利用概率乘法公式，可得 (X, Y) 取各对数值的概率分别为

$$P\{X=1, Y=1\}=P\{X=1\}P\{Y=1 \mid X=1\}=\frac{1}{3}\times 1=\frac{1}{3},$$

$$P\{X=2, Y=1\}=P\{X=2\}P\{Y=1 \mid X=2\}=\frac{1}{3}\times\frac{1}{2}=\frac{1}{6},$$

$$P\{X=2, Y=2\}=P\{X=2\}P\{Y=2 \mid X=2\}=\frac{1}{3}\times\frac{1}{2}=\frac{1}{6},$$

$$P\{X=3, Y=1\}=P\{X=3\}P\{Y=1 \mid X=3\}=\frac{1}{3}\times\frac{1}{3}=\frac{1}{9},$$

$$P\{X=3, Y=2\}=P\{X=3\}P\{Y=2|X=3\}=\frac{1}{3}\times\frac{1}{3}=\frac{1}{9},$$

$$P\{X=3, Y=3\}=P\{X=3\}P\{Y=3|X=3\}=\frac{1}{3}\times\frac{1}{3}=\frac{1}{9},$$

$$P\{X=1, Y=2\}=0,\quad P\{X=1, Y=3\}=0,\quad P\{X=2, Y=3\}=0.$$

所以 (X, Y) 的联合分布律与边缘分布律为

X \ Y	1	2	3	$p_{i\cdot}$
1	$\frac{1}{3}$	0	0	$\frac{1}{3}$
2	$\frac{1}{6}$	$\frac{1}{6}$	0	$\frac{1}{3}$
3	$\frac{1}{9}$	$\frac{1}{9}$	$\frac{1}{9}$	$\frac{1}{3}$
$p_{\cdot j}$	$\frac{11}{18}$	$\frac{5}{18}$	$\frac{1}{9}$	1

即

X	1	2	3
P	$\frac{1}{3}$	$\frac{1}{3}$	$\frac{1}{3}$

Y	1	2	3
P	$\frac{11}{18}$	$\frac{5}{18}$	$\frac{1}{9}$

例 3.6 设袋中有 5 只球，其中 2 只红球、3 只白球，每次从袋中任取 1 只，抽取两次，设

$$X=\begin{cases}1, & \text{第一次取到红球},\\ 0, & \text{第一次取到白球};\end{cases}\quad Y=\begin{cases}1, & \text{第二次取到红球},\\ 0, & \text{第二次取到白球}.\end{cases}$$

分别对有放回与不放回两种情况求出 (X, Y) 的联合分布律与边缘分布律.

解 (1)有放回时，事件 $\{X=i\}$ 与 $\{Y=j\}$ 相互独立，$i, j=0, 1$，所以

$$P\{X=0, Y=0\}=P\{X=0\}P\{Y=0\}=\frac{3}{5}\times\frac{3}{5}=\frac{9}{25},$$

$$P\{X=0, Y=1\}=P\{X=0\}P\{Y=1\}=\frac{3}{5}\times\frac{2}{5}=\frac{6}{25},$$

$$P\{X=1, Y=0\}=P\{X=1\}P\{Y=0\}=\frac{2}{5}\times\frac{3}{5}=\frac{6}{25},$$

$$P\{X=1, Y=1\}=P\{X=1\}P\{Y=1\}=\frac{2}{5}\times\frac{2}{5}=\frac{4}{25}.$$

所以 (X, Y) 的联合分布律与边缘分布律为

X \ Y	0	1	$p_{i\cdot}$
0	$\frac{9}{25}$	$\frac{6}{25}$	$\frac{3}{5}$
1	$\frac{6}{25}$	$\frac{4}{25}$	$\frac{2}{5}$
$p_{\cdot j}$	$\frac{3}{5}$	$\frac{2}{5}$	

即

X	0	1
P	$\frac{3}{5}$	$\frac{2}{5}$

Y	0	1
P	$\frac{3}{5}$	$\frac{2}{5}$

（2）不放回时，由乘法公式可得

$$P\{X=0,\ Y=0\}=P\{X=0\}P\{Y=0\mid X=0\}=\frac{3}{5}\times\frac{2}{4}=\frac{3}{10},$$

$$P\{X=0,\ Y=1\}=P\{X=0\}P\{Y=1\mid X=0\}=\frac{3}{5}\times\frac{2}{4}=\frac{3}{10},$$

$$P\{X=1,\ Y=0\}=P\{X=1\}P\{Y=0\mid X=1\}=\frac{2}{5}\times\frac{3}{4}=\frac{3}{10},$$

$$P\{X=1,\ Y=1\}=P\{X=1\}P\{Y=1\mid X=1\}=\frac{2}{5}\times\frac{1}{4}=\frac{1}{10}.$$

所以 (X,Y) 的联合分布律与边缘分布律为

X \ Y	0	1	$p_{i\cdot}$
0	$\frac{3}{10}$	$\frac{3}{10}$	$\frac{3}{5}$
1	$\frac{3}{10}$	$\frac{1}{10}$	$\frac{2}{5}$
$p_{\cdot j}$	$\frac{3}{5}$	$\frac{2}{5}$	1

即

X	0	1
P	$\frac{3}{5}$	$\frac{2}{5}$

Y	0	1
P	$\frac{3}{5}$	$\frac{2}{5}$

此例说明虽然在有放回、不放回两种情况下，(X,Y) 的联合分布律不一样，但它们有相同的边缘分布律，这就是说关于 X 、关于 Y 的边缘分布律不能唯一的确定 (X,Y) 的联合分布律，那么在什么条件下，可以由关于 X、关于 Y 的边缘分布律唯一确定 (X,Y) 的联

合分布律呢？这个问题将在 3.3 节展开.

3.1.3　二维连续型随机变量及其分布

一维连续型随机变量 X 的可能取值为某个或某些区间，甚至是整个数轴，二维随机变量 (X, Y) 的可能取值范围则为 xOy 平面上的某个或某些区域，甚至为整个平面，一维连续型随机变量 X 的概率特征为存在一个概率密度函数 $f(x)$ 满足：$f(x) \geqslant 0$，$\int_{-\infty}^{+\infty} f(x)\mathrm{d}x = 1$，且 $P\{a \leqslant X \leqslant b\} = \int_a^b f(x)\mathrm{d}x$，分布函数 $F(x) = \int_{-\infty}^x f(t)\mathrm{d}t$.

类似地，我们给出下面的定义.

定义 3.6　二维随机变量 (X, Y) 的联合分布函数为 $F(x, y)$，对于任意的实数 x，y，若存在一个二元非负函数 $f(x, y)$，有

$$F(x, y) = \int_{-\infty}^x \int_{-\infty}^y f(u, v)\mathrm{d}u\mathrm{d}v, \quad x, y \in \mathbf{R},$$

则称 (X, Y) 为二维连续型随机变量，$f(x, y)$ 为 (X, Y) 的联合概率密度函数，简称联合概率密度或联合密度函数.

与一维连续型随机变量类似，二维连续型随机变量的联合概率密度函数有如下性质：

性质 1　$f(x, y) \geqslant 0$.

性质 2　$\int_{-\infty}^{+\infty}\int_{-\infty}^{+\infty} f(x, y)\mathrm{d}x\mathrm{d}y = 1$.

若某一个二元函数满足上述两条性质，则它必可以作为某个二维连续型随机变量的联合概率密度.

性质 3　设 G 为一平面区域，则 (X, Y) 落在区域 G 上的概率为

$$P\{(X, Y) \in G\} = \iint_G f(x, y)\mathrm{d}x\mathrm{d}y.$$

特别地，当 $G = \{(X, Y) \mid a \leqslant x \leqslant b, c \leqslant y \leqslant d\}$ 时，

$$P\{(X, Y) \in G\} = P\{a \leqslant X \leqslant b, c \leqslant Y \leqslant d\} = \int_a^b \mathrm{d}x \int_c^d f(x, y)\mathrm{d}y.$$

性质 4　若 $f(x, y)$ 在点 (x, y) 处连续，则 $\dfrac{\partial^2 F(x, y)}{\partial x \partial y} = f(x, y)$.

例 3.7　设二维随机变量 (X, Y) 的联合概率密度函数为

$$f(x, y) = \begin{cases} kx^2 y, & 0 < x < y < 1, \\ 0, & \text{其他}, \end{cases}$$

求(1) 常数 k；(2) $P\{X + Y \leqslant 1\}$.

解　由 $\int_{-\infty}^{+\infty}\int_{-\infty}^{+\infty} f(x, y)\mathrm{d}x\mathrm{d}y = 1$，

得 $\int_0^1 \mathrm{d}x \int_x^1 kx^2 y\mathrm{d}y = 1$，于是 $\int_0^1 \dfrac{1}{2}kx^2(1 - x^2)\mathrm{d}x = 1$，因此 $\dfrac{1}{15}k = 1$，得 $k = 15$.

(2) $P\{X+Y\leqslant 1\}=\iint\limits_{x+y\leqslant 1} f(x, y)\mathrm{d}x\mathrm{d}y=\int_0^{\frac{1}{2}}\mathrm{d}x\int_x^{1-x}15x^2y\mathrm{d}y=\frac{5}{64}$.

定义 3.7 二维连续型随机变量 (X, Y) 的两个分量 X 和 Y 各自的概率密度函数称为 (X, Y) 关于 X、关于 Y 的边缘概率密度函数，简称边缘密度函数，记为 $f_X(x)$，$f_Y(y)$.

它们可由联合概率密度函数确定，推导过程如下：

设二维随机变量 (X, Y) 的联合概率密度函数为 $f(x, y)$，由 (X, Y) 关于 X 的边缘分布函数的定义可得

$$F_X(x)=F(x, +\infty)=\int_{-\infty}^{x}\int_{-\infty}^{+\infty}f(u, v)\mathrm{d}u\mathrm{d}v=\int_{-\infty}^{x}\left[\int_{-\infty}^{+\infty}f(u, v)\mathrm{d}v\right]\mathrm{d}u.$$

因此，(X, Y) 关于 X 的边缘密度函数为

$$f_X(x)=F'_X(x)=\int_{-\infty}^{+\infty}f(x, y)\mathrm{d}y.$$

类似地，(X, Y) 关于 Y 的边缘密度函数为

$$f_Y(y)=F'_Y(y)=\int_{-\infty}^{+\infty}f(x, y)\mathrm{d}x.$$

例 3.8 设二维随机变量 (X, Y) 的联合概率密度函数为

$$f(x, y)=\begin{cases}\frac{24}{5}y(2-x), & 0\leqslant x\leqslant 1, 0\leqslant y\leqslant x,\\ 0, & \text{其他},\end{cases}$$

求 (X, Y) 关于 X、关于 Y 的边缘密度函数 $f_X(x)$，$f_Y(y)$.

解 (X, Y) 关于 X 的边缘密度函数为

$$f_X(x)=\int_{-\infty}^{+\infty}f(x, y)\mathrm{d}y.$$

当 $x<0$ 或 $x>1$ 时，$f(x, y)=0$，故 $f_X(x)=\int_{-\infty}^{+\infty}0\mathrm{d}y=0$；

当 $0\leqslant x\leqslant 1$ 时，
$$\begin{aligned}f_X(x)&=\int_{-\infty}^{0}f(x, y)\mathrm{d}y+\int_0^x f(x, y)\mathrm{d}y+\int_x^{+\infty}f(x, y)\mathrm{d}y\\&=\int_0^x\frac{24}{5}y(2-x)\mathrm{d}y=\frac{12}{5}x^2(2-x).\end{aligned}$$

因此
$$f_X(x)=\begin{cases}\frac{12}{5}x^2(2-x), & 0\leqslant x\leqslant 1,\\ 0, & \text{其他}.\end{cases}$$

(X, Y) 关于 Y 的边缘密度函数为

$$f_Y(y)=\int_{-\infty}^{+\infty}f(x, y)\mathrm{d}x.$$

当 $y<0$ 或 $y>1$ 时，$f(x, y)=0$，故 $f_Y(y)=\int_{-\infty}^{+\infty}0\mathrm{d}x=0$；

当 $0 \leqslant y \leqslant 1$ 时，$f_X(x)=\int_{-\infty}^{y} f(x, y)\mathrm{d}x+\int_{y}^{1} f(x, y)\mathrm{d}x+\int_{1}^{+\infty} f(x, y)\mathrm{d}x$

$$=\int_{y}^{1} \frac{24}{5} y(2-x)\mathrm{d}x=\frac{24}{5} y\left(\frac{3}{2}-2y+\frac{1}{2} y^{2}\right).$$

因此
$$f_Y(y)=\begin{cases}\frac{24}{5} y\left(\frac{3}{2}-2y+\frac{1}{2} y^{2}\right), & 0 \leqslant y \leqslant 1, \\ 0, & \text{其他}.\end{cases}$$

例 3.9 设二维随机变量 (X, Y) 的联合概率密度函数为

$$f(x, y)=\begin{cases}C\mathrm{e}^{-(2x+4y)}, & x>0, y>0, \\ 0, & \text{其他},\end{cases}$$

求(1) 常数 C；(2) (X, Y) 的联合分布函数 $F(x, y)$；

(3) $P\{X \geqslant Y\}$；(4) (X, Y) 关于 X、关于 Y 的边缘密度函数 $f_X(x)$，$f_Y(y)$.

解 (1) $\int_{-\infty}^{+\infty}\int_{-\infty}^{+\infty} f(x, y)\mathrm{d}x\mathrm{d}y=1 \Rightarrow \int_{0}^{+\infty}\int_{0}^{+\infty} C\mathrm{e}^{-(2x+4y)}\mathrm{d}x\mathrm{d}y=1 \Rightarrow C=8$.

(2) 由于 $F(x, y)=\int_{-\infty}^{x}\int_{-\infty}^{y} f(u, v)\mathrm{d}u\mathrm{d}v$，$x, y \in \mathbf{R}$.

当 $x \leqslant 0$ 或 $y \leqslant 0$ 时，$f(x, y)=0$,所以 $F(x, y)=0$；

当 $x>0, y>0$ 时,有 $F(x, y)=\int_{0}^{x}\int_{0}^{y} 8\mathrm{e}^{-(2u+4v)}\mathrm{d}u\mathrm{d}v=(1-\mathrm{e}^{-2x})(1-\mathrm{e}^{-4y})$.

因此,(X, Y) 的联合分布函数为

$$F(x, y)=\begin{cases}(1-\mathrm{e}^{-2x})(1-\mathrm{e}^{-4y}), & x>0, y>0, \\ 0, & \text{其他}.\end{cases}$$

(3) $P\{X \geqslant Y\}=P\{(X, Y) \in G\}\ (G=\{(x, y) \mid x \geqslant y\})=\iint_{G} f(x, y)\mathrm{d}x\mathrm{d}y$

$$=\int_{0}^{+\infty}\mathrm{d}x\int_{0}^{x} 8\mathrm{e}^{-(2x+4y)}\mathrm{d}y=\int_{0}^{+\infty} 2\mathrm{e}^{-2x}(1-\mathrm{e}^{-4x})\mathrm{d}x=\frac{2}{3}.$$

(4) 由于 (X, Y) 的联合概率密度函数为

$$f(x, y)=\begin{cases}8\mathrm{e}^{-(2x+4y)}, & x>0, y>0, \\ 0, & \text{其他},\end{cases}$$

关于 X 的边缘密度函数为

$$f_X(x)=\int_{-\infty}^{+\infty} f(x, y)\mathrm{d}y.$$

当 $x \leqslant 0$ 时，$f(x, y)=0$,所以 $f_X(x)=0$；

当 $x>0$ 时，$f_X(x)=\int_{-\infty}^{+\infty} f(x, y)\mathrm{d}y=\int_{0}^{+\infty} 8\mathrm{e}^{-(2x+4y)}\mathrm{d}y=2\mathrm{e}^{-2x}$.

所以
$$f_X(x)=\begin{cases}2\mathrm{e}^{-2x}, & x>0, \\ 0, & x \leqslant 0.\end{cases}$$

同理，关于 Y 的边缘密度函数为

$$f_Y(y)=\begin{cases}4e^{-4y}, & y>0,\\ 0, & y\leqslant 0.\end{cases}$$

注 当 $x>0,\ y>0$ 时，$\dfrac{\partial(1-e^{-2x})(1-e^{-4y})}{\partial x\partial y}=8e^{-(2x+4y)}$，从而 $\dfrac{\partial^2 F(x,\ y)}{\partial x\partial y}=f(x,\ y)$.

在例 3.2 中，二维随机变量 $(X,\ Y)$ 的联合分布函数为

$$F(x,\ y)=\frac{1}{\pi^2}\left(\frac{\pi}{2}+\arctan x\right)\left(\frac{\pi}{2}+\arctan y\right),$$

则 $(X,\ Y)$ 的联合概率密度函数为

$$f(x,\ y)=\frac{\partial^2 F(x,\ y)}{\partial x\partial y}=\frac{1}{\pi^2(1+x^2)(1+y^2)}.$$

于是，$(X,\ Y)$ 关于 X、关于 Y 的边缘密度函数为

$$f_X(x)=\int_{-\infty}^{+\infty}f(x,\ y)\mathrm{d}y=\int_{-\infty}^{+\infty}\frac{1}{\pi^2(1+x^2)(1+y^2)}\mathrm{d}y=\frac{1}{\pi(1+x^2)};$$

$$f_Y(y)=\int_{-\infty}^{+\infty}f(x,\ y)\mathrm{d}x=\int_{-\infty}^{+\infty}\frac{1}{\pi^2(1+x^2)(1+y^2)}\mathrm{d}x=\frac{1}{\pi(1+y^2)}.$$

下面介绍两种常见的二维连续型随机变量：均匀分布、正态分布.

定义 3.8 二维随机变量的 $(X,\ Y)$ 的联合概率密度函数为

$$f(x,\ y)=\begin{cases}\dfrac{1}{S}, & (x,\ y)\in D,\\ 0, & (x,\ y)\notin D,\end{cases}$$

其中 D 为平面区域，S 为平面区域 D 的面积，则称 $(X,\ Y)$ 服从区域 D 上的均匀分布，记为 $(X,\ Y)\sim U(D)$.

特别地，当 $D=\{(x,\ y)\mid x^2+y^2\leqslant 1\}$ 时，$S=\pi$，则 $f(x,\ y)=\begin{cases}\dfrac{1}{\pi}, & (x,\ y)\in D,\\ 0, & (x,\ y)\notin D;\end{cases}$

当 $D=\{(x,\ y)\mid |x|+|y|\leqslant 1\}$ 时，$S=2$，则 $f(x,\ y)=\begin{cases}\dfrac{1}{2}, & (x,\ y)\in D,\\ 0, & (x,\ y)\notin D;\end{cases}$

当 $D=\{(x,\ y)\mid 0<x<1,\ x^2\leqslant y\leqslant\sqrt{x}\}$ 时，$S=\dfrac{1}{3}$，则 $f(x,\ y)=\begin{cases}3, & (x,\ y)\in D,\\ 0, & (x,\ y)\notin D.\end{cases}$

可见，若 $(X,\ Y)\sim U(D)$，对于任意区域 $E\subset D$，S_E 为区域 E 的面积，则

$$P\{(X,\ Y)\in E\}=\iint\limits_E f(x,\ y)\mathrm{d}x\mathrm{d}y=\frac{1}{S}\iint\limits_E\mathrm{d}x\mathrm{d}y=\frac{S_E}{S}.$$

例 3.10 设二维随机变量 $(X,\ Y)\sim U(D)$，且 $D=\{(x,\ y)\mid 0\leqslant x\leqslant 1,\ 0\leqslant y\leqslant x\}$，求 $P\{X+Y\leqslant 1\}$.

解　如图3.4所示，区域 D 的面积为 $S=\frac{1}{2}$，所以 $f(x, y)=\begin{cases}2, & (x, y)\in D,\\ 0, & (x, y)\notin D,\end{cases}$ 事件 $\{X+Y\leqslant 1\}$ 意味着随机点 (X, Y) 落在区域 D_1 上，即 $(X, Y)\in D_1$，则

$$P\{X+Y\leqslant 1\}=P\{(X, Y)\in D_1\}=\iint_{D_1} f(x, y)\mathrm{d}x\mathrm{d}y=2\iint_{D_1}\mathrm{d}x\mathrm{d}y=2S_{D_1}=2\times\frac{1}{4}=\frac{1}{2}.$$

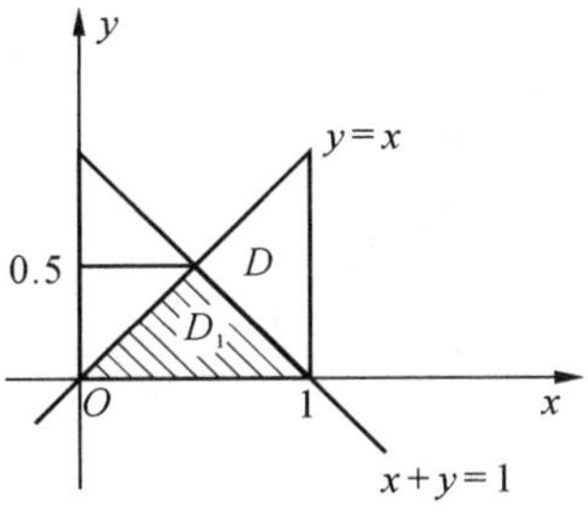

图3.4

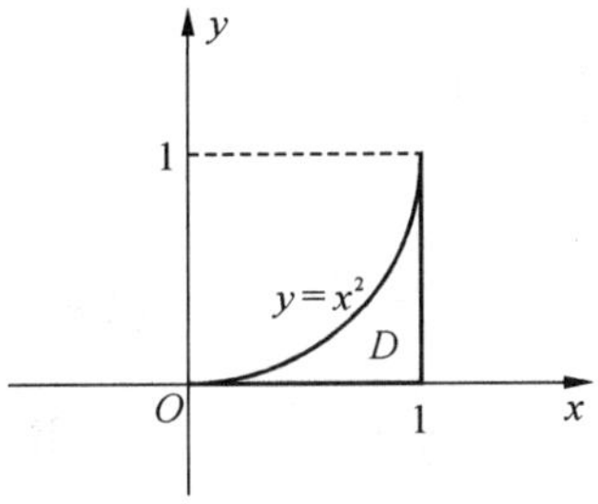

图3.5

例3.11　设二维随机变量 $(X, Y)\sim U(D)$，且 $D=\{(x, y)\mid 0\leqslant x\leqslant 1, 0\leqslant y\leqslant x^2\}$，求 (X, Y) 关于 X、关于 Y 的边缘密度函数 $f_X(x)$，$f_Y(y)$.

解　如图3.5所示，区域 D 的面积为 $S=\int_0^1 x^2\mathrm{d}x=\frac{1}{3}$，所以

$$f(x, y)=\begin{cases}3, & (x, y)\in D,\\ 0, & (x, y)\notin D,\end{cases}$$

于是

$$f_X(x)=\int_{-\infty}^{+\infty} f(x, y)\mathrm{d}y=\begin{cases}\int_0^{x^2} 3\mathrm{d}y, & 0\leqslant x\leqslant 1,\\ 0, & \text{其他}\end{cases}=\begin{cases}3x^2, & 0\leqslant x\leqslant 1,\\ 0, & \text{其他};\end{cases}$$

$$f_Y(y)=\int_{-\infty}^{+\infty} f(x, y)\mathrm{d}x=\begin{cases}\int_{\sqrt{y}}^{1} 3\mathrm{d}x, & 0\leqslant y\leqslant 1,\\ 0, & \text{其他}\end{cases}=\begin{cases}3(1-\sqrt{y}), & 0\leqslant y\leqslant 1,\\ 0, & \text{其他}.\end{cases}$$

定义3.9　二维随机变量的 (X, Y) 的联合概率密度函数为

$$f(x, y)=\frac{1}{2\pi\sigma_1\sigma_2\sqrt{1-\rho^2}}\mathrm{e}^{-\frac{1}{2(1-\rho^2)}\left[\left(\frac{x-\mu_1}{\sigma_1}\right)^2-\frac{2\rho(x-\mu_1)(y-\mu_2)}{\sigma_1\sigma_2}+\left(\frac{y-\mu_2}{\sigma_2}\right)^2\right]}, \quad x, y\in\mathbf{R},$$

其中 μ_1，μ_2，σ_1，σ_2，ρ 是5个参数，且 μ_1，$\mu_2\in\mathbf{R}$，σ_1，$\sigma_2>0$，$|\rho|<1$，则称 (X, Y) 服从二维正态分布，记为 $(X, Y)\sim N(\mu_1, \mu_2, \sigma_1^2, \sigma_2^2, \rho)$. 其联合密度函数图形如图3.6所示曲面，像一顶向四周无限延伸的草帽.

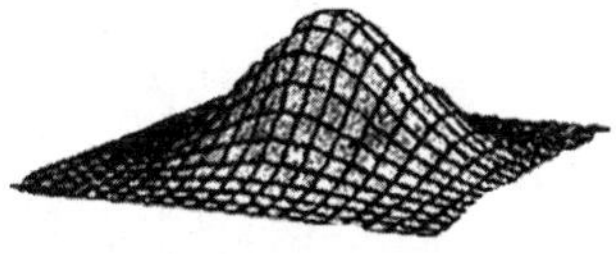

图3.6

例3.12　设二维随机变量 $(X, Y)\sim N(0, 0, 1, 1, \rho)$，求

(X, Y) 关于 X、关于 Y 的边缘密度函数 $f_X(x)$，$f_Y(y)$.

解　由于 $(X, Y) \sim N(0, 0, 1, 1, \rho)$，所以 (X, Y) 的联合概率密度函数为

$$f(x, y)=\frac{1}{2\pi\sqrt{1-\rho^2}}e^{-\frac{1}{2(1-\rho^2)}(x^2-2\rho xy+y^2)}, \quad x, y \in \mathbf{R}.$$

关于 X 的边缘密度函数为

$$\begin{aligned}f_X(x)&=\int_{-\infty}^{+\infty}f(x, y)\mathrm{d}y=\int_{-\infty}^{+\infty}\frac{1}{2\pi\sqrt{1-\rho^2}}e^{-\frac{1}{2(1-\rho^2)}(x^2-2\rho xy+y^2)}\mathrm{d}y\\&=\frac{1}{\sqrt{2\pi}}e^{-\frac{x^2}{2}}\int_{-\infty}^{+\infty}\frac{1}{\sqrt{2\pi}\sqrt{1-\rho^2}}e^{-\frac{(y-\rho x)^2}{2(1-\rho^2)}}\mathrm{d}y\\&=\frac{1}{\sqrt{2\pi}}e^{-\frac{x^2}{2}}, \quad x\in\mathbf{R}.\end{aligned}$$

即 $X \sim N(0, 1)$. 同理，关于 Y 的边缘密度函数为

$$f_Y(y)=\frac{1}{\sqrt{2\pi}}e^{-\frac{y^2}{2}}, \quad y \in \mathbf{R}.$$

即 $Y \sim N(0, 1)$.

一般地，当 $(X, Y) \sim N(\mu_1, \mu_2, \sigma_1^2, \sigma_2^2, \rho)$ 时，(X, Y) 关于 X、关于 Y 的边缘密度函数为

$$f_X(x)=\frac{1}{\sqrt{2\pi}\sigma_1}e^{-\frac{(x-\mu_1)^2}{2\sigma_1^2}}, \quad x\in\mathbf{R},$$

$$f_Y(y)=\frac{1}{\sqrt{2\pi}\sigma_2}e^{-\frac{(y-\mu_2)^2}{2\sigma_2^2}}, \quad y\in\mathbf{R},$$

即 $X \sim N(\mu_1, \sigma_1^2)$，$Y \sim N(\mu_2, \sigma_2^2)$.

此例说明，当 ρ 不同时，(X, Y) 的联合概率密度函数不相同，但它们有相同的边缘密度函数. 这就说明关于 X 、关于 Y 的边缘密度函数不能唯一确定 (X, Y) 的联合概率密度函数. 那么在什么条件下能唯一确定呢？这个问题将在 3.3 节展开.

习题 3.1

1. 已知 (X, Y) 的联合分布律为

X \ Y	1	2	3
0	0.1	0.1	0.3
1	0.15	0	0.25

求 $P\{X\leqslant 1, Y<2\}$，$P\{X<1\}$，$P\{Y\leqslant 2\}$，$P\{1<Y\leqslant 3\}$.

2. 口袋中有 4 只球，它们依次标有 1，2，2，3，从中不放回地取两次，设 X，Y 分别表示第一次、第二次取到的球上标有的数字. 求 (X, Y) 的联合分布律与边缘分布律.

3. 设袋中有 10 只球，其中 8 只红球、2 只白球，每次从袋中任取 1 只，抽取两次，设

$$X=\begin{cases}1, & \text{第一次取到白球},\\ 0, & \text{第一次取到红球};\end{cases}\quad Y=\begin{cases}1, & \text{第二次取到白球},\\ 0, & \text{第二次取到红球}.\end{cases}$$

分别对有放回与不放回两种情况求出 (X, Y) 的联合分布律与边缘分布律.

4. 设二维随机变量 (X, Y) 的联合概率密度函数为

$$f(x, y)=\begin{cases}A\mathrm{e}^{-(x+2y)}, & x>0, y>0,\\ 0, & \text{其他}.\end{cases}$$

求(1) 常数 A；(2) (X, Y) 的联合分布函数 $F(x, y)$；(3) $P\{0\leqslant X\leqslant 1, 0\leqslant Y\leqslant 2\}$；(4) (X, Y) 关于 X、关于 Y 的边缘密度函数 $f_X(x)$，$f_Y(y)$.

5. 设二维随机变量 $(X, Y)\sim U(D)$ 且 $D=\{(x, y)\mid 0\leqslant x\leqslant 1, |y|\leqslant x\}$，求 $P\{X+Y\leqslant 1\}$.

6. 设二维随机变量 $(X, Y)\sim U(D)$，且 $D=\left\{(x, y)\middle| -\frac{1}{2}\leqslant x\leqslant 0, 0\leqslant y\leqslant 2x+1\right\}$，求 (X, Y) 关于 X、关于 Y 的边缘密度函数 $f_X(x)$，$f_Y(y)$.

7. 设二维随机变量 $(X, Y)\sim U(D)$，且 $D=\{(x, y)\mid x^2+y^2\leqslant R^2\}$，求 (X, Y) 关于 X、关于 Y 的边缘密度函数 $f_X(x)$，$f_Y(y)$.

8. 设二维随机变量 (X, Y) 的联合密度函数为

$$f(x, y)=\begin{cases}cx^2y, & x^2\leqslant y\leqslant 1,\\ 0, & \text{其他}.\end{cases}$$

(1) 试确定常数 c；(2) 求 (X, Y) 关于 X 和关于 Y 的边缘密度函数.

9. 二维随机变量 (X, Y) 的联合概率密度函数为

$$f(x, y)=\begin{cases}2-x-y, & 0\leqslant x\leqslant 1, 0\leqslant y\leqslant 1,\\ 0, & \text{其他}.\end{cases}$$

求 (X, Y) 关于 X、关于 Y 的边缘密度函数 $f_X(x)$，$f_Y(y)$.

10. 二维随机变量 (X, Y) 的联合概率密度函数为

$$f(x, y)=\begin{cases}8xy, & 0\leqslant x\leqslant y, 0\leqslant y\leqslant 1,\\ 0, & \text{其他}.\end{cases}$$

求(1) (X, Y) 关于 X、关于 Y 的边缘密度函数 $f_X(x)$，$f_Y(y)$；(2) $P\left\{X\leqslant \frac{1}{2}\right\}$.

3.2 二维随机变量的条件分布

3.2.1 离散型随机变量的条件分布

对于二维离散型随机变量 (X, Y)，我们还需要讨论其中任一随机变量在另一随机变量取某个可能值的条件下的分布律，称为该随机变量的条件分布律.

定义 3.10 设二维离散型随机变量 (X, Y) 的联合分布律为

$$P\{X=x_i, Y=y_j\}=p_{ij}, \quad i, j=1, 2, \cdots,$$

则由条件概率计算公式，当 $P\{Y=y_j\}>0$ 时，称

$$P\{X=x_i \mid Y=y_j\}=\frac{P\{X=x_i, Y=y_j\}}{P\{Y=y_j\}}=\frac{p_{ij}}{p_{\cdot j}}, \quad i=1, 2, \cdots$$

为在给定 $Y=y_j$ 的条件下 X 的条件分布律，记为 $p_{i \mid j}$；

当 $P\{X=x_i\}>0$ 时，称

$$P\{Y=y_j \mid X=x_i\}=\frac{P\{X=x_i, Y=y_j\}}{P\{X=x_i\}}=\frac{p_{ij}}{p_{i\cdot}}, \quad j=1, 2, \cdots$$

为在给定 $X=x_i$ 的条件下 Y 的条件分布律，记为 $p_{j \mid i}$.

注 由概率的乘法公式有 $p_{ij}=p_{\cdot j}p_{i \mid j}=p_{i\cdot}\,p_{j \mid i}$.

例 3.13 设二维离散型随机变量 (X, Y) 联合分布律为

X \ Y	1	2	3	$p_{i\cdot}$
1	0	$\frac{1}{6}$	$\frac{1}{12}$	$\frac{1}{4}$
2	$\frac{1}{6}$	$\frac{1}{6}$	$\frac{1}{6}$	$\frac{1}{2}$
3	$\frac{1}{12}$	$\frac{1}{6}$	0	$\frac{1}{4}$
$p_{\cdot j}$	$\frac{1}{4}$	$\frac{1}{2}$	$\frac{1}{4}$	1

求在 $Y=1$ 的条件下 X 的条件分布律及在 $X=1$ 的条件下 Y 的条件分布律.

解 由于 $P\{Y=1\}=p_{\cdot 1}=\frac{1}{4}$，所以

$$P\{X=1 \mid Y=1\}=\frac{0}{\frac{1}{4}}=0, \quad P\{X=2 \mid Y=1\}=\frac{\frac{1}{6}}{\frac{1}{4}}=\frac{2}{3}, \quad P\{X=3 \mid Y=1\}=\frac{\frac{1}{12}}{\frac{1}{4}}=\frac{1}{3};$$

由于 $P\{X=1\}=p_{1\cdot}=\dfrac{1}{4}$，所以

$$P\{Y=1|X=1\}=\frac{0}{\frac{1}{4}}=0,\quad P\{Y=2|X=1\}=\frac{\frac{1}{6}}{\frac{1}{4}}=\frac{2}{3},\quad P\{Y=3|X=1\}=\frac{\frac{1}{12}}{\frac{1}{4}}=\frac{1}{3}.$$

在本例中不同的条件分布律共有 6 个.

3.2.2　连续型随机变量的条件分布

对于二维连续型随机变量 (X, Y)，联合密度函数为 $f(x, y)$，边缘密度函数为 $f_X(x)$，$f_Y(y)$，联合分布函数为 $F(x, y)$. 我们希望考虑在 $Y=y$ 的条件下，X 的条件分布. 但由于 $P\{Y=y\}=0$，直接考虑 $P\{X\leqslant x|Y=y\}=\dfrac{P\{X\leqslant x, Y=y\}}{P\{Y=y\}}$ 是没有意义的，为此我们考虑：

$$\begin{aligned}P\{X\leqslant x|Y=y\}&=\lim_{\Delta y\to 0}P\{X\leqslant x|y\leqslant Y\leqslant y+\Delta y\}=\lim_{\Delta y\to 0}\frac{P\{X\leqslant x, y\leqslant Y\leqslant y+\Delta y\}}{P\{y\leqslant Y\leqslant y+\Delta y\}}\\&=\lim_{\Delta y\to 0}\frac{\int_y^{y+\Delta y}\left[\int_{-\infty}^x f(u, v)\mathrm{d}u\right]\mathrm{d}v}{\int_y^{y+\Delta y}f_Y(t)\mathrm{d}t}\\&=\lim_{\Delta y\to 0}\frac{\int_{-\infty}^x f(u, y+\Delta y)\mathrm{d}u}{f_Y(y+\Delta y)}\ [\text{不妨设 } f(x, y),\ f_Y(y) \text{ 在点 } y \text{ 处连续}]\\&=\frac{\int_{-\infty}^x f(u, y)\mathrm{d}u}{f_Y(y)}.\end{aligned}$$

定义 3.11　对于给定的 y，称 $P\{X\leqslant x|Y=y\}$ 为在 $Y=y$ 的条件下 X 的条件分布函数，记为 $F_{X|Y}(x|y)$. 当 $f_Y(y)>0$，由上面的推导知

$$F_{X|Y}(x|y)=\frac{\int_{-\infty}^x f(u, y)\mathrm{d}u}{f_Y(y)}=\int_{-\infty}^x\frac{f(u, y)}{f_Y(y)}\mathrm{d}u.$$

这表明 $\dfrac{f(x, y)}{f_Y(y)}$ 为在 $Y=y$ 的条件下 X 的条件密度函数，记为 $f_{X|Y}(x|y)$，即

$$f_{X|Y}(x|y)=\frac{f(x, y)}{f_Y(y)}.$$

类似地，对于给定的 x，当 $f_X(x)>0$ 时，称 $P\{Y\leqslant y|X=x\}$ 为在 $X=x$ 的条件下 Y 的条件分布函数，记为 $F_{Y|X}(y|x)$，且

$$F_{Y|X}(y|x)=\frac{\int_{-\infty}^y f(x, v)\mathrm{d}v}{f_X(x)}=\int_{-\infty}^y\frac{f(x, v)}{f_X(x)}\mathrm{d}v.$$

这表明 $\dfrac{f(x,y)}{f_X(x)}$ 为在 $X=x$ 的条件下 Y 的条件密度函数，记为 $f_{Y|X}(y|x)$，即

$$f_{Y|X}(y|x)=\frac{f(x,y)}{f_X(x)}.$$

注　由条件密度函数的定义有

$$f(x,y)=f_X(x)f_{Y|X}(y|x)=f_Y(y)f_{X|Y}(x|y).$$

例 3.14　设二维随机变量 $(X,Y)\sim U(D)$，且 $D=\{(x,y)\mid x^2+y^2\leqslant 1\}$，求 $f_{X|Y}(x|y)$ 和 $f_{Y|X}(y|x)$.

解　(X,Y) 的联合概率密度函数为

$$f(x,y)=\begin{cases}\dfrac{1}{\pi}, & x^2+y^2\leqslant 1,\\ 0, & \text{其他}.\end{cases}$$

由习题 3.1 第 7 题的结果知，关于 X、关于 Y 的边缘密度函数分别为

$$f_X(x)=\begin{cases}\dfrac{2\sqrt{1-x^2}}{\pi}, & |x|\leqslant 1,\\ 0, & \text{其他};\end{cases}\qquad f_Y(y)=\begin{cases}\dfrac{2\sqrt{1-y^2}}{\pi}, & |y|\leqslant 1,\\ 0, & \text{其他}.\end{cases}$$

所以，当 $|y|<1$ 时，有

$$f_{X|Y}(x|y)=\frac{f(x,y)}{f_Y(y)}=\begin{cases}\dfrac{1}{2\sqrt{1-y^2}}, & |x|\leqslant\sqrt{1-y^2},\\ 0, & \text{其他}.\end{cases}$$

同理，当 $|x|<1$ 时，有

$$f_{Y|X}(y|x)=\frac{f(x,y)}{f_X(x)}=\begin{cases}\dfrac{1}{2\sqrt{1-x^2}}, & |y|\leqslant\sqrt{1-x^2},\\ 0, & \text{其他}.\end{cases}$$

例 3.15　设 $(X,Y)\sim N(\mu_1,\mu_2,\sigma_1^2,\sigma_2^2,\rho)$，求 $f_{X|Y}(x|y)$ 和 $f_{Y|X}(y|x)$.

解　由 3.1 节知，当 $(X,Y)\sim N(\mu_1,\mu_2,\sigma_1^2,\sigma_2^2,\rho)$ 时，(X,Y) 关于 X、关于 Y 的边缘密度函数为

$$f_X(x)=\frac{1}{\sqrt{2\pi}\sigma_1}e^{-\frac{(x-\mu_1)^2}{2\sigma_1^2}},\quad x\in\mathbf{R},$$

$$f_Y(y)=\frac{1}{\sqrt{2\pi}\sigma_2}e^{-\frac{(y-\mu_2)^2}{2\sigma_2^2}},\quad y\in\mathbf{R}.$$

所以

$$f_{X|Y}(x|y)=\frac{f(x,y)}{f_Y(y)}=\frac{\dfrac{1}{2\pi\sigma_1\sigma_2\sqrt{1-\rho^2}}e^{-\frac{1}{2(1-\rho^2)}\left[\left(\frac{x-\mu_1}{\sigma_1}\right)^2-\frac{2\rho(x-\mu_1)(y-\mu_2)}{\sigma_1\sigma_2}+\left(\frac{y-\mu_2}{\sigma_2}\right)^2\right]}}{\dfrac{1}{\sqrt{2\pi}\sigma_2}e^{-\frac{(y-\mu_2)^2}{2\sigma_2^2}}}$$

$$=\frac{1}{\sqrt{2\pi}\sigma_1\sqrt{1-\rho^2}}e^{-\frac{1}{2(1-\rho^2)}\left(\frac{x-\mu_1}{\sigma_1}-\rho\frac{y-\mu_2}{\sigma_2}\right)^2}$$

$$=\frac{1}{\sqrt{2\pi}\sigma_1\sqrt{1-\rho^2}}e^{-\frac{1}{2\sigma_1^2(1-\rho^2)}\left[x-\mu_1-\rho\frac{\sigma_1}{\sigma_2}(y-\mu_2)\right]^2}.$$

故在 $Y=y$ 的条件下，$X\sim\left(\mu_1+\rho\dfrac{\sigma_1}{\sigma_2}(y-\mu_2),\ \sigma_1^2(1-\rho^2)\right)$. 类似地，在 $X=x$ 的条件下，$Y\sim\left(\mu_2+\rho\dfrac{\sigma_2}{\sigma_1}(x-\mu_1),\ \sigma_2^2(1-\rho^2)\right)$. 因此，二维正态分布的条件分布仍为正态分布，这是正态分布的又一个重要性质.

例 3.16　设二维随机变量 (X,Y) 的联合密度函数为

$$f(x,y)=\begin{cases}\dfrac{e^{-\frac{x}{y}}e^{-y}}{y}, & x>0,\ y>0,\\ 0, & \text{其他},\end{cases}$$

求 $P\{X>1|Y=y\}$.

解　先求 (X,Y) 关于 Y 的边缘密度函数为

$$f_Y(y)=\int_{-\infty}^{+\infty}f(x,y)\mathrm{d}x=\begin{cases}\displaystyle\int_0^{+\infty}\frac{e^{-\frac{x}{y}}e^{-y}}{y}\mathrm{d}x, & y>0\\ 0, & y\leqslant 0\end{cases}=\begin{cases}e^{-y}, & y>0,\\ 0, & y\leqslant 0.\end{cases}$$

再求当 $y>0$ 时，在 $Y=y$ 的条件下 X 的条件密度函数为

$$f_{X|Y}(x|y)=\frac{f(x,y)}{f_Y(y)}=\begin{cases}\dfrac{\frac{e^{-\frac{x}{y}}e^{-y}}{y}}{e^{-y}}, & x>0\\ 0, & x\leqslant 0\end{cases}=\begin{cases}\dfrac{e^{-\frac{x}{y}}}{y}, & x>0,\\ 0, & x\leqslant 0.\end{cases}$$

因此，当 $y>0$ 时，有

$$P\{X>1|Y=y\}=\int_1^{+\infty}f_{X|Y}(x|y)\mathrm{d}x=\int_1^{+\infty}\frac{e^{-\frac{x}{y}}}{y}\mathrm{d}x=e^{-\frac{1}{y}}.$$

在条件 $Y=y$ 没有具体给定时，上述条件概率也不能完全确定，只能用 y 的函数表示出

来，一旦给定 $Y=1$，则有

$$P\{X>1|Y=1\}=e^{-1}=0.3679.$$

例 3.17 设 $X\sim U(0,1)$，x 是其一个观察值. 又设在 $X=x$ 的条件下 $Y\sim U(x,1)$. 求 $P\{Y>0.5\}$.

解 由题意可知

$$f_X(x)=\begin{cases}1, & 0<x<1,\\ 0, & \text{其他};\end{cases}\quad f_{Y|X}(y|x)=\begin{cases}\dfrac{1}{1-x}, & 0<x<y<1,\\ 0, & \text{其他}.\end{cases}$$

由此可得，(X,Y) 的联合密度函数为

$$f(x,y)=\begin{cases}\dfrac{1}{1-x}, & 0<x<y<1,\\ 0, & \text{其他}.\end{cases}$$

于是 (X,Y) 关于 Y 的边缘密度函数为

$$f_Y(y)=\int_{-\infty}^{+\infty}f(x,y)\mathrm{d}x=\begin{cases}\displaystyle\int_0^y\frac{1}{1-x}\mathrm{d}x, & 0<y<1,\\ 0, & \text{其他}\end{cases}=\begin{cases}\ln\dfrac{1}{1-y}, & 0<y<1,\\ 0, & \text{其他}.\end{cases}$$

所以

$$P\{Y>0.5\}=\int_{0.5}^{+\infty}f_Y(y)\mathrm{d}y=\int_{0.5}^{1}\ln\frac{1}{1-y}\mathrm{d}y=-\int_{0.5}^{1}\ln(1-y)\mathrm{d}y=0.8466.$$

习题 3.2

1. 设 (X,Y) 的联合分布律为

X \ Y	1	2	3
1	0.01	0.03	0.09
2	0.04	0.07	0.13
3	0.03	0.09	0.17
4	0.02	0.01	0.31

求所有的条件分布律.

2. 设二维随机变量 (X,Y) 的联合密度函数为

$$f(x,y)=\begin{cases}24y(1-x-y), & x+y\leqslant 1,\ x\geqslant 0,\ y\geqslant 0,\\ 0, & \text{其他}.\end{cases}$$

求 $f_{X|Y}(x|y)$ 和 $f_{Y|X}(y|x)$.

3. 已知随机变量 Y 的密度函数为

$$f_Y(y)=\begin{cases}5y^4, & 0<y<1, \\ 0, & \text{其他}.\end{cases}$$

又已知在 $Y=y$ 的条件下，另一随机变量 X 的条件密度函数为

$$f_{X|Y}(x|y)=\begin{cases}\dfrac{3x^2}{y^3}, & 0<x<y<1, \\ 0, & \text{其他},\end{cases}$$

求 $P\left\{X>\dfrac{1}{2}\right\}$.

3.3 随机变量的独立性

3.3.1 两个随机变量的独立性

在多维随机变量中，各分量的取值有时会相互影响，有时会毫无影响. 例如在研究父子身高中，父亲的身高 X 往往会影响儿子的身高 Y. 假如让父子各掷一颗骰子，那么各出现的点数 X_1 与 Y_1 相互之间就看不出任何影响. 这种相互之间没有任何影响的随机变量称为相互独立的随机变量. 随机变量间是否有相互独立性可从其联合分布函数及其边缘分布函数之间的关系给出定义. 下面给出二维随机变量的两个分量相互独立性的概念.

定义 3.12　设二维随机变量 (X, Y) 的联合分布函数为 $F(x, y)$，$F_X(x)$ 与 $F_Y(y)$ 为其关于 X、关于 Y 的边缘分布函数. 若对任意的实数 x，y 有

$$F(x, y)-F_X(x)\cdot F_Y(y),$$

则称 $\boldsymbol{X}$ 与 $\boldsymbol{Y}$ 相互独立.

注　(1) 对任意的实数 x，y，有

$$F(x, y)=F_X(x)\cdot F_Y(y)\Leftrightarrow P\{X\leqslant x, Y\leqslant y\}=P\{X\leqslant x\}P\{Y\leqslant y\}.$$

(2) X 与 Y 相互独立 $\Leftrightarrow F(x, y)=F_X(x)\cdot F_Y(y)$，$x$，$y\in\mathbf{R}$.

例 3.18　设二维随机变量 (X, Y) 的联合分布函数

$$F(x, y)=\frac{1}{\pi^2}\left(\frac{\pi}{2}+\arctan x\right)\left(\frac{\pi}{2}+\arctan y\right),$$

判断 X 与 Y 是否独立?

解　在例 3.2 中我们已经求得关于 X、关于 Y 的边缘分布函数为

$$F_X(x)=\frac{1}{\pi}\left(\frac{\pi}{2}+\arctan x\right),\quad F_Y(y)=\frac{1}{\pi}\left(\frac{\pi}{2}+\arctan y\right),$$

经验证，对任意的实数 x，y，有

$$F(x, y)=F_X(x)\cdot F_Y(y).$$

所以 X 与 Y 相互独立.

例 3.19 二维随机变量 (X, Y) 的联合分布函数为

$$F(x, y)=\begin{cases}1-e^{-x}-e^{-y}+e^{-x-y-\lambda xy}, & x>0, y>0, \\ 0, & \text{其他},\end{cases}$$

其中 $\lambda \geqslant 0$，判断 X 与 Y 是否独立?

解 在例 3.3 中我们已经求得关于 X、关于 Y 的边缘分布函数为

$$F_X(x)=\begin{cases}1-e^{-x}, & x>0, \\ 0, & x \leqslant 0;\end{cases} \quad F_Y(y)=\begin{cases}1-e^{-y}, & y>0, \\ 0, & y \leqslant 0.\end{cases}$$

经验证，当 $\lambda \neq 0$ 时，总有

$$F(x, y) \neq F_X(x) \cdot F_Y(y),$$

此时 X 与 Y 不相互独立. 当 $\lambda=0$ 时，对任意的实数 x, y，有

$$F(x, y)=F_X(x) \cdot F_Y(y),$$

此时 X 与 Y 相互独立.

判断随机变量间的独立性可根据定义 3.11 进行，但更多的是从经验事实作出判断. 例如，两只灯泡的寿命 X 与 Y 可以看作两个相互独立的随机变量.

关于随机变量函数的独立性有一些明显的事实，现归纳如下：

(1) 若 X 与 Y 相互独立，则 $f(X)$ 与 $f(Y)$ 也相互独立.

例如，若 X 与 Y 相互独立，则 X^2 与 Y^2 也相互独立；设 a, b 为两个常数，则 $aX+b$ 与 e^Y 相互独立.

(2) 常数 c 与任一随机变量相互独立.

(3) 设 $X_1, \cdots, X_r, X_{r+1}, \cdots, X_n$ 是 n 个相互独立的随机变量，则其部分 $\{X_1, \cdots, X_r\}$ 与 $\{X_{r+1}, \cdots, X_n\}$ 相互独立，$f(X_1, \cdots, X_r)$ 与 $f(X_{r+1}, \cdots, X_n)$ 也相互独立.

例如 $X_1, \cdots, X_r, X_{r+1}, \cdots, X_n$ 相互独立，则有

$\frac{1}{r}(X_1+\cdots+X_r)$ 与 $\frac{1}{n-r}(X_{r+1}+\cdots+X_n)$ 相互独立；

$X_1^2+\cdots+X_r^2$ 与 $X_{r+1}^2+\cdots+X_n^2$ 相互独立；

$\frac{1}{r}(X_1+\cdots+X_r)$ 与 $\sqrt{X_{r+1}^2+\cdots+X_n^2}$ 相互独立.

3.3.2 二维离散型随机变量的独立性

定理 3.1 设二维离散型随机变量 (X, Y) 的联合分布律为

$$P\{X=x_i, Y=y_j\}=p_{ij}, \quad i, j=1, 2, \cdots,$$

其边缘分布律为 $p_{i\cdot}$, $p_{\cdot j}$, $i, j=1, 2, \cdots$，则 X 与 Y 相互独立的充分必要条件为

$$p_{ij}=p_{i\cdot} \cdot p_{\cdot j}, \quad i, j=1, 2, \cdots,$$

即 $$P\{X=x_i, Y=y_j\}=P\{X=x_i\}P\{Y=y_j\}, \quad i, j=1, 2, \cdots.$$

注　X 与 Y 相互独立要求对所有的 i, j 都成立，只要有一对 (i, j) 使得上式不成立，则 X 与 Y 不独立.

例 3.20　设袋中有 5 只球，其中 2 只红球、3 只白球，每次从袋中任取 1 只，抽取两次，设

$$X=\begin{cases}1, & \text{第一次取到红球,}\\ 0, & \text{第一次取到白球;}\end{cases} \quad Y=\begin{cases}1, & \text{第二次取到红球,}\\ 0, & \text{第二次取到白球,}\end{cases}$$

分别对有放回与不放回两种情况判断 X 与 Y 是否独立?

解　由例 3.6 可知在有放回时，(X, Y) 的联合分布律与边缘分布律为

X \ Y	0	1	$p_{i\cdot}$
0	$\frac{9}{25}$	$\frac{6}{25}$	$\frac{3}{5}$
1	$\frac{6}{25}$	$\frac{4}{25}$	$\frac{2}{5}$
$p_{\cdot j}$	$\frac{3}{5}$	$\frac{2}{5}$	1

所以
$$P\{X=0, Y=0\}=\frac{9}{25}=P\{X=0\}P\{Y=0\},$$
$$P\{X=0, Y=1\}=\frac{6}{25}=P\{X=0\}P\{Y=1\},$$
$$P\{X=1, Y=0\}=\frac{6}{25}=P\{X=1\}P\{Y=0\},$$
$$P\{X=1, Y=1\}=\frac{4}{25}=P\{X=1\}P\{Y=1\},$$

因此，X 与 Y 相互独立.

在不放回时，(X, Y) 的联合分布律与边缘分布律为

X \ Y	0	1	$p_{i\cdot}$
0	$\frac{3}{10}$	$\frac{3}{10}$	$\frac{3}{5}$
1	$\frac{3}{10}$	$\frac{1}{10}$	$\frac{2}{5}$
$p_{\cdot j}$	$\frac{3}{5}$	$\frac{2}{5}$	1

所以
$$P\{X=0, Y=0\}=\frac{3}{10}\neq P\{X=0\}P\{Y=0\},$$

因此，X 与 Y 不独立.

例 3.21 设 (X, Y) 的联合分布律为

$X \backslash Y$	-1	3	5
-1	$\frac{1}{15}$	q	$\frac{1}{5}$
2	p	$\frac{1}{5}$	$\frac{3}{10}$

且 X 与 Y 相互独立，求 p, q 的值.

解 因为 X 与 Y 相互独立，所以

$$\begin{cases} P\{X=-1, Y=5\}=P\{X=-1\}P\{Y=5\} \\ P\{X=1, Y=5\}=P\{X=1\}P\{Y=5\} \end{cases}$$

$$\Rightarrow \begin{cases} \frac{1}{5}=\left(\frac{1}{15}+q+\frac{1}{5}\right)\left(\frac{1}{5}+\frac{3}{10}\right) \\ \frac{3}{10}=\left(p+\frac{1}{5}+\frac{3}{10}\right)\left(\frac{1}{5}+\frac{3}{10}\right) \end{cases} \Rightarrow \begin{cases} p=\frac{1}{10}, \\ q=\frac{2}{15}. \end{cases}$$

例 3.22 已知 X 与 Y 相互独立，且 X 与 Y 的分布率为

X	0	1
P	$\frac{3}{5}$	$\frac{2}{5}$

Y	0	1	2
P	$\frac{1}{4}$	$\frac{1}{2}$	$\frac{1}{4}$

求 (X, Y) 的联合分布律及 $P\{X=Y\}$.

解 因为 X 与 Y 相互独立，所以

$$P\{X=0, Y=0\}=P\{X=0\}P\{Y=0\}=\frac{3}{5}\times\frac{1}{4}=\frac{3}{20},$$

$$P\{X=0, Y=1\}=P\{X=0\}P\{Y=1\}=\frac{3}{5}\times\frac{1}{2}=\frac{3}{10},$$

$$P\{X=0, Y=2\}=P\{X=0\}P\{Y=2\}=\frac{3}{5}\times\frac{1}{4}=\frac{3}{20},$$

$$P\{X=1, Y=0\}=P\{X=1\}P\{Y=0\}=\frac{2}{5}\times\frac{1}{4}=\frac{1}{10},$$

$$P\{X=1, Y=1\}=P\{X=1\}P\{Y=1\}=\frac{2}{5}\times\frac{1}{2}=\frac{1}{5},$$

$$P\{X=1, Y=2\}=P\{X=1\}P\{Y=2\}=\frac{2}{5}\times\frac{1}{4}=\frac{1}{10},$$

因此，(X, Y) 的联合分布律为

X \ Y	0	1	2
0	$\frac{3}{20}$	$\frac{3}{10}$	$\frac{3}{20}$
1	$\frac{1}{10}$	$\frac{1}{5}$	$\frac{1}{10}$

所求概率为 $P\{X=Y\}=P\{X=0, Y=0\}+P\{X=1, Y=1\}=\frac{3}{20}+\frac{1}{5}=\frac{7}{20}$.

3.3.3 二维连续型随机变量的独立性

定理 3.2 设二维连续型随机变量 (X, Y) 的联合密度函数为 $f(x, y)$，边缘密度函数为 $f_X(x)$, $f_Y(y)$，则 X 与 Y 相互独立的充分必要条件是

$$f(x, y)=f_X(x)\cdot f_Y(y)$$

几乎处处成立.

注 "几乎处处成立"的含义是：在平面上除去"面积为零"的集合外处处成立.

例 3.23 设二维随机变量 (X, Y) 的联合分布函数为

$$F(x, y)=\frac{1}{\pi^2}\left(\frac{\pi}{2}+\arctan x\right)\left(\frac{\pi}{2}+\arctan y\right),$$

判断 X 与 Y 是否独立?

解 在例 3.18 中已经判断 X 与 Y 相互独立，这里用另一种方法判断. 由联合分布函数可知 (X, Y) 的联合概率密度函数为

$$f(x, y)=\frac{\partial^2 F(x, y)}{\partial x\partial y}=\frac{1}{\pi^2(1+x^2)(1+y^2)}.$$

于是，(X, Y) 关于 X、关于 Y 的边缘密度函数为

$$f_X(x)=\int_{-\infty}^{+\infty} f(x, y)\mathrm{d}y=\int_{-\infty}^{+\infty}\frac{1}{\pi^2(1+x^2)(1+y^2)}\mathrm{d}y=\frac{1}{\pi(1+x^2)},$$

$$f_Y(y)=\int_{-\infty}^{+\infty} f(x, y)\mathrm{d}x=\int_{-\infty}^{+\infty}\frac{1}{\pi^2(1+x^2)(1+y^2)}\mathrm{d}x=\frac{1}{\pi(1+y^2)}.$$

所以，对于任意的实数 x, y 都有

$$f(x, y)=f_X(x)\cdot f_Y(y),$$

因此，X 与 Y 相互独立.

例 3.24 设二维随机变量 (X, Y) 的联合概率密度函数为

$$f(x, y)=\begin{cases}8\mathrm{e}^{-(2x+4y)}, & x>0, y>0,\\ 0, & \text{其他},\end{cases}$$

判断 X 与 Y 是否独立?

解 在例 3.9 中,我们已经求得 (X,Y) 关于 X、关于 Y 的边缘密度函数为

$$f_X(x)=\begin{cases}2e^{-2x}, & x>0,\\ 0, & x\leqslant 0;\end{cases}\quad f_Y(y)=\begin{cases}4e^{-4y}, & y>0,\\ 0, & y\leqslant 0.\end{cases}$$

所以,对于任意的实数 x, y 都有

$$f(x,y)=f_X(x)\cdot f_Y(y),$$

因此,X 与 Y 相互独立.

例 3.25 设 $(X,Y)\sim N(\mu_1,\mu_2,\sigma_1^2,\sigma_2^2,\rho)$,证明:$X$ 与 Y 相互独立的充分必要条件是 $\rho=0$.

解 (X,Y) 的联合密度函数为

$$f(x,y)=\frac{1}{2\pi\sigma_1\sigma_2\sqrt{1-\rho^2}}e^{-\frac{1}{2(1-\rho^2)}\left[\left(\frac{x-\mu_1}{\sigma_1}\right)^2-\frac{2\rho(x-\mu_1)(y-\mu_2)}{\sigma_1\sigma_2}+\left(\frac{y-\mu_2}{\sigma_2}\right)^2\right]}.$$

(X,Y) 关于 X、关于 Y 的边缘密度函数为

$$f_X(x)=\frac{1}{\sqrt{2\pi}\sigma_1}e^{-\frac{(x-\mu_1)^2}{2\sigma_1^2}},\quad f_Y(y)=\frac{1}{\sqrt{2\pi}\sigma_2}e^{-\frac{(y-\mu_2)^2}{2\sigma_2^2}}.$$

先证充分性. 当 $\rho=0$ 时,有

$$\begin{aligned}f(x,y)&=\frac{1}{2\pi\sigma_1\sigma_2}e^{-\frac{1}{2}\left[\left(\frac{x-\mu_1}{\sigma_1}\right)^2+\left(\frac{y-\mu_2}{\sigma_2}\right)^2\right]}=\frac{1}{\sqrt{2\pi}\sigma_1}e^{-\frac{(x-\mu_1)^2}{2\sigma_1^2}}\cdot\frac{1}{\sqrt{2\pi}\sigma_2}e^{-\frac{(y-\mu_2)^2}{2\sigma_2^2}}\\&=f_X(x)\cdot f_Y(y),\end{aligned}$$

即 X 与 Y 相互独立.

再证必要性. 若 X 与 Y 相互独立,则对任意的 x, y, 有

$$f(x,y)=f_X(x)\cdot f_Y(y).$$

令 $x=\mu_1$, $y=\mu_2$, 代入上式得

$$\frac{1}{2\pi\sigma_1\sigma_2\sqrt{1-\rho^2}}=\frac{1}{\sqrt{2\pi}\sigma_1}\cdot\frac{1}{\sqrt{2\pi}\sigma_1}.$$

于是 $\sqrt{1-\rho^2}=1$,所以 $\rho=0$.

例 3.26 设二维随机变量 $(X,Y)\sim U(D)$,且 $D=\{(x,y)\mid x^2+y^2\leqslant 1\}$,判断 X 与 Y 是否独立?

解 (X,Y) 的联合密度函数为

$$f(x,y)=\begin{cases}\frac{1}{\pi}, & x^2+y^2\leqslant 1,\\ 0, & \text{其他}.\end{cases}$$

由习题 3.1 第 7 题的结果知，关于 X、关于 Y 的边缘密度函数分别为

$$f_X(x)=\begin{cases}\dfrac{2\sqrt{1-x^2}}{\pi}, & |x|\leqslant 1,\\ 0, & \text{其他};\end{cases}\quad f_Y(y)=\begin{cases}\dfrac{2\sqrt{1-y^2}}{\pi}, & |y|\leqslant 1,\\ 0, & \text{其他}.\end{cases}$$

所以

$$f_X(x)f_Y(y)=\begin{cases}\dfrac{4\sqrt{1-x^2}\sqrt{1-y^2}}{\pi^2}, & |x|\leqslant 1,\ |y|\leqslant 1,\\ 0, & \text{其他}.\end{cases}$$

当 $x^2+y^2\leqslant 1$ 时，$f(x,y)\neq f_X(x)f_Y(y)$，所以 X 与 Y 不相互独立.

例 3.27 设二维随机变量 (X,Y) 的联合概率密度函数为

$$f(x,y)=\begin{cases}8xy, & 0\leqslant x\leqslant 1,\ 0\leqslant y\leqslant x,\\ 0, & \text{其他},\end{cases}$$

判断 X 与 Y 是否独立？

解 (X,Y) 关于 X、关于 Y 的边缘密度函数分别为

$$f_X(x)=\int_{-\infty}^{+\infty}f(x,y)\mathrm{d}y=\begin{cases}\displaystyle\int_0^x 8xy\mathrm{d}y, & 0\leqslant x\leqslant 1\\ 0, & \text{其他}\end{cases}=\begin{cases}4x^3, & 0\leqslant x\leqslant 1,\\ 0, & \text{其他};\end{cases}$$

$$f_Y(y)=\int_{-\infty}^{+\infty}f(x,y)\mathrm{d}x=\begin{cases}\displaystyle\int_y^1 8xy\mathrm{d}x, & 0\leqslant y\leqslant 1\\ 0, & \text{其他}\end{cases}=\begin{cases}4y(1-y^2), & 0\leqslant y\leqslant 1,\\ 0, & \text{其他}.\end{cases}$$

所以

$$f_X(x)\cdot f_Y(y)=\begin{cases}16x^3y(1-y^2), & 0\leqslant x\leqslant 1,\ 0\leqslant y\leqslant 1,\\ 0, & \text{其他}.\end{cases}$$

当 $0\leqslant y\leqslant x\leqslant 1$ 时，$f(x,y)\neq f_X(x)f_Y(y)$，所以 X 与 Y 不相互独立.

例 3.28 设 X 与 Y 是相互独立的两个随机变量，其密度函数为

$$f_X(x)=\begin{cases}2x, & 0\leqslant x\leqslant 1,\\ 0, & \text{其他};\end{cases}\quad f_Y(y)=\begin{cases}2y, & 0\leqslant y\leqslant 1,\\ 0, & \text{其他}.\end{cases}$$

求 (X,Y) 的联合概率密度函数及 $P\{X+Y\leqslant 1\}$.

解 X 与 Y 是相互独立，所以 (X,Y) 的联合概率密度函数为

$$f(x,y)=f_X(x)\cdot f_Y(y)=\begin{cases}4xy, & 0\leqslant x\leqslant 1,\ 0\leqslant y\leqslant 1,\\ 0, & \text{其他}.\end{cases}$$

于是所求概率为

$$P\{X+Y \leqslant 1\}=\iint_{x+y \leqslant 1} f(x, y) \mathrm{d} x \mathrm{d} y=\int_0^1 \mathrm{d} x \int_0^{1-x} 4 x y \mathrm{d} y=\int_0^1 2 x(1-x)^2 \mathrm{d} x=\frac{1}{6}.$$

习题 3.3

1. 设 (X, Y) 的分布律为

$X \backslash Y$	1	2
1	$\frac{1}{9}$	a
2	$\frac{1}{6}$	$\frac{1}{3}$
3	$\frac{1}{18}$	b

且 X 与 Y 相互独立,求常数 a, b 的值.

2. 已知 X 与 Y 相互独立,且 X 与 Y 的分布律为

X	0	1
P	0.3	0.7

Y	-1	1	2
P	0.2	0.2	0.6

求 (X, Y) 的联合分布律及 $P\{X \leqslant Y\}$.

3. 设二维随机变量 (X, Y) 的联合概率密度函数为

$$f(x, y)=\begin{cases}24 x y, & 0 \leqslant x \leqslant \frac{1}{\sqrt{2}}, 0 \leqslant y \leqslant \frac{1}{\sqrt{3}}, \\ 0, & \text{其他}, \end{cases}$$

判断 X 与 Y 是否相互独立?

4. 设 X 与 Y 相互独立,且 $X \sim U(0, 0.2)$, $Y \sim E(5)$,求 (X, Y) 的联合概率密度函数及 $P\{X \geqslant Y\}$.

5. 设二维随机变量 (X, Y) 的联合概率密度函数为

$$f(x, y)=\begin{cases}x \mathrm{e}^{-(x+y)}, & x>0, y>0, \\ 0, & \text{其他}, \end{cases}$$

判断 X 与 Y 是否相互独立?

6. 设二维随机变量 (X, Y) 的联合概率密度函数为

$$f(x, y)=\begin{cases}k(1-x) y, & 0 \leqslant x \leqslant 1, 0 \leqslant y \leqslant x, \\ 0, & \text{其他}, \end{cases}$$

求常数 k 并判断 X 与 Y 是否相互独立.

3.4 二维随机变量函数的分布

在第 2 章中我们已经讨论过一维随机变量函数的分布问题,即已知随机变量 X 的分

布，求 $Y=g(X)$ 的分布．现在的问题是：已知二维随机变量 (X, Y) 的分布，求一维随机变量 $Z=g(X, Y)$ 的分布．下面对二维离散型与连续型随机变量的情形分布进行讨论．

3.4.1　二维离散型随机变量函数的分布

设 (X, Y) 为二维离散型随机变量，$z=g(x, y)$ 是一个二元函数，则 $Z=g(X, Y)$ 为一维离散型随机变量．若 (X, Y) 的联合分布律为

$$P\{X=x_i, Y=y_j\}=p_{ij}, \quad i, j=1, 2, \cdots,$$

则 Z 的分布律为

$$P\{Z=z_k\}=P\{g(X, Y)=z_k\}=\sum_{g(x_i, y_j)=z_k} P\{X=x_i, Y=y_j\}=\sum_{g(x_i, y_j)=z_k} p_{ij}.$$

例 3.29　设 (X, Y) 的联合分布律为

$X \backslash Y$	0	1	2
0	$\frac{3}{20}$	$\frac{3}{10}$	$\frac{3}{20}$
1	$\frac{1}{10}$	$\frac{1}{5}$	$\frac{1}{10}$

求 $Z_1=X+Y$, $Z_2=XY$, $Z_3=\max\{X, Y\}$, $Z_4=\min\{X, Y\}$ 的分布律．

解　由 (X, Y) 的联合分布律可以得到下表：

$P\{X=x_i, Y=y_j\}$	$\frac{3}{20}$	$\frac{3}{10}$	$\frac{3}{20}$	$\frac{1}{10}$	$\frac{1}{5}$	$\frac{1}{10}$
(X, Y)	(0, 0)	(0, 1)	(0, 2)	(1, 0)	(1, 1)	(1, 2)
$Z_1=X+Y$	0	1	2	1	2	3
$Z_2=XY$	0	0	0	0	1	2
$Z_3=\max\{X, Y\}$	0	1	2	1	1	2
$Z_4=\min\{X, Y\}$	0	0	0	0	1	1

所以，Z_1, Z_2, Z_3, Z_4 的分布律分别为

$Z_1=X+Y$	0	1	2	3
P	$\frac{3}{20}$	$\frac{2}{5}$	$\frac{7}{20}$	$\frac{1}{10}$

$Z_2=XY$	0	1	2
P	$\frac{7}{10}$	$\frac{1}{5}$	$\frac{1}{10}$

$Z_3=\max\{X, Y\}$	0	1	2
P	$\frac{3}{20}$	$\frac{3}{5}$	$\frac{1}{4}$

$Z_4=\min\{X, Y\}$	0	1
P	$\frac{7}{10}$	$\frac{3}{10}$

例 3.30 设 X 与 Y 相互独立，且 $X\sim P(\lambda_1)$，$Y\sim P(\lambda_2)$，证明：

$$Z=X+Y\sim P(\lambda_1+\lambda_2).$$

证明 由于 $X\sim P(\lambda_1)$，$Y\sim P(\lambda_2)$，所以 X，Y 的分布律分别为

$$P\{X=k\}=\frac{\lambda_1^k}{k!}e^{-\lambda_1},\quad k=0, 1, 2, \cdots;$$

$$P\{Y=k\}=\frac{\lambda_2^k}{k!}e^{-\lambda_2},\quad k=0, 1, 2, \cdots.$$

当 X 与 Y 相互独立时，有

$$\begin{aligned}P\{Z=k\}&=P\{X+Y=k\}=\sum_{i=0}^{k}P\{X=i, Y=k-i\}\\&=\sum_{i=0}^{k}P\{X=i\}\cdot P\{Y=k-i\}=\sum_{i=0}^{k}\frac{\lambda_1^i}{i!}e^{-\lambda_1}\cdot\frac{\lambda_2^{k-i}}{(k-i)!}e^{-\lambda_2}\\&=\frac{e^{-(\lambda_1+\lambda_2)}}{k!}\sum_{i=0}^{k}\frac{k!}{i!\,(k-i)!}\lambda_1^i\lambda_2^{k-i}=\frac{e^{-(\lambda_1+\lambda_2)}}{k!}\sum_{i=0}^{k}C_k^i\lambda_1^i\lambda_2^{k-i}\\&=\frac{(\lambda_1+\lambda_2)^k}{k!}e^{-(\lambda_1+\lambda_2)},\quad k=0, 1, 2, \cdots,\end{aligned}$$

即 $Z=X+Y\sim P(\lambda_1+\lambda_2)$. 这个结论说明 X 与 Y 相互独立时，泊松分布对参数 λ 具有可加性.

例 3.31 设 X 与 Y 相互独立，且 $X\sim B(n_1, p)$，$Y\sim B(n_2, p)$，证明：

$$Z=X+Y\sim B(n_1+n_2, p).$$

证明 由于 $X\sim B(n_1, p)$，$Y\sim B(n_2, p)$，所以 X，Y 的分布律分别为

$$P\{X=k\}=C_{n_1}^k p^k q^{n_1-k},\quad k=0, 1, 2, \cdots, n_1;$$

$$P\{Y=k\}=C_{n_2}^k p^k q^{n_2-k},\quad k=0, 1, 2, \cdots, n_2.$$

当 X 与 Y 相互独立时，有

$$
\begin{aligned}
P\{Z=k\}=P\{X+Y=k\}&=\sum_{i=0}^{k}P\{X=i,\ Y=k-i\}\\
&=\sum_{i=0}^{k}P\{X=i\}\cdot P\{Y=k-i\}\\
&=\sum_{i=0}^{k}\mathrm{C}_{n_1}^{i}p^{i}q^{n_1-i}\cdot\mathrm{C}_{n_2}^{k-i}p^{k-i}q^{n_2-k+i}\\
&=\sum_{i=0}^{k}\mathrm{C}_{n_1}^{i}\mathrm{C}_{n_2}^{k-i}p^{k}q^{n_1+n_2-k}\\
&=\Big(\sum_{i=0}^{k}\mathrm{C}_{n_1}^{i}\mathrm{C}_{n_2}^{k-i}\Big)p^{k}q^{n_1+n_2-k}\\
&=\mathrm{C}_{n_1+n_2}^{k}p^{k}q^{n_1+n_2-k},\quad k=1,2,\cdots,n_1+n_2,
\end{aligned}
$$

即 $Z=X+Y\sim B(n_1+n_2,\ p)$. 这个结论说明 X 与 Y 相互独立时,二项分布对参数 n 也具有可加性.

3.4.2 二维连续型随机变量函数的分布

设 $(X,\ Y)$ 为二维连续型随机变量,$z=g(x,\ y)$ 是一个二元函数,则 $Z=g(X,\ Y)$ 为一维连续型随机变量. 若 $(X,\ Y)$ 的联合密度函数为 $f(x,\ y)$,则 Z 的分布函数为

$$F_Z(z)=P\{Z\leqslant z\}=P\{g(X,\ Y)\leqslant z\}=P\{(X,\ Y)\in D_z\}=\iint\limits_{D_z}f(x,\ y)\mathrm{d}x\mathrm{d}y,$$

其中 $D_z=\{(x,\ y)\mid g(x,\ y)\leqslant z\}$. 于是 Z 的密度函数为 $f_Z(z)=F_Z{}'(z)$, 这也是再次应用分布函数定义法解决随机变量函数的分布.

例 3.32 设 $(X,\ Y)$ 的联合密度函数为 $f(x,\ y)$,求 $Z=X+Y$ 的密度函数 $f_Z(z)$.

解 由分布函数的定义可得

$$
\begin{aligned}
F_Z(z)=P\{Z\leqslant z\}=P\{X+Y\leqslant z\}&=\iint\limits_{x+y\leqslant z}f(x,\ y)\mathrm{d}x\mathrm{d}y\\
&=\int_{-\infty}^{+\infty}\mathrm{d}x\int_{-\infty}^{z-x}f(x,\ y)\mathrm{d}y\xlongequal{y=u-x}\int_{-\infty}^{+\infty}\mathrm{d}x\int_{-\infty}^{z}f(x,\ u-x)\mathrm{d}u\\
&=\int_{-\infty}^{z}\left[\int_{-\infty}^{+\infty}f(x,\ u-x)\mathrm{d}x\right]\mathrm{d}u.
\end{aligned}
$$

于是 Z 的密度函数为

$$f_Z(z)=F'_Z(z)=\int_{-\infty}^{+\infty}f(x,\ z-x)\mathrm{d}x.$$

若令 $x=u-y$, 则有

$$f_Z(z)=F'_Z(z)=\int_{-\infty}^{+\infty}f(z-y,\ y)\mathrm{d}y.$$

特别地,当 X 与 Y 相互独立时,由于有 $f(x,\ y)=f_X(x)\cdot f_Y(y)$, 所以

$$f_Z(z)=\int_{-\infty}^{+\infty} f_X(x)f_Y(z-x)\mathrm{d}x,\quad f_Z(z)=\int_{-\infty}^{+\infty} f_X(x-y)f_Y(y)\mathrm{d}y.$$

上述表达式在概率论中称为卷积公式.

作为卷积公式的一个应用,下面给出一个重要的例子.

例 3.33 设 $X\sim N(0,1)$, $Y\sim N(0,1)$,且 X 与 Y 相互独立,求 $Z=X+Y$ 的密度函数 $f_Z(z)$.

解 由于 $X\sim N(0,1)$, $Y\sim N(0,1)$, 所以

$$f_X(x)=\frac{1}{\sqrt{2\pi}}\mathrm{e}^{-\frac{x^2}{2}},\quad f_Y(y)=\frac{1}{\sqrt{2\pi}}\mathrm{e}^{-\frac{y^2}{2}}.$$

当 X 与 Y 相互独立时,则 $Z=X+Y$ 的密度函数 $f_Z(z)$ 为

$$\begin{aligned}f_Z(z)&=\int_{-\infty}^{+\infty} f_X(x)f_Y(z-x)\mathrm{d}x=\int_{-\infty}^{+\infty}\frac{1}{\sqrt{2\pi}}\mathrm{e}^{-\frac{x^2}{2}}\frac{1}{\sqrt{2\pi}}\mathrm{e}^{-\frac{(z-x)^2}{2}}\mathrm{d}x\\&=\frac{1}{2\pi}\int_{-\infty}^{+\infty}\mathrm{e}^{-\left(x^2-zx+\frac{z^2}{2}\right)}\mathrm{d}x=\frac{1}{2\pi}\mathrm{e}^{-\frac{z^2}{4}}\int_{-\infty}^{+\infty}\mathrm{e}^{-\left(x-\frac{z}{2}\right)^2}\mathrm{d}x.\end{aligned}$$

令 $x-\frac{z}{2}=t$, 则

$$f_Z(z)=\frac{1}{2\pi}\mathrm{e}^{-\frac{z^2}{4}}\int_{-\infty}^{+\infty}\mathrm{e}^{-t^2}\mathrm{d}t=\frac{1}{2\pi}\mathrm{e}^{-\frac{z^2}{4}}\sqrt{\pi}=\frac{1}{2\sqrt{\pi}}\mathrm{e}^{-\frac{z^2}{4}}.$$

于是 $Z=X+Y\sim N(0,2)$.

一般地,若 $X\sim N(\mu_1,\sigma_1^2)$, $Y\sim N(\mu_2,\sigma_2^2)$,且 X 与 Y 相互独立,则

$$Z=X+Y\sim N(\mu_1+\mu_2,\sigma_1^2+\sigma_2^2).$$

这说明正态分布对参数也具有可加性. 这个结论可以推广到有限个的情形,若 X_1, X_2, …, X_n 相互独立,且 $X_i\sim N(\mu_i,{\sigma_i}^2)$, $i=1,2,\cdots,n$, 则

$$X=X_1+X_2+\cdots+X_n\sim N\left(\sum_{i=1}^{n}\mu_i,\sum_{i=1}^{n}\sigma_i^2\right).$$

若 X 与 Y 相互独立,容易证明 $Z=aX+bY$ 的密度函数为

$$f_Z(z)=\int_{-\infty}^{+\infty}\frac{1}{|ab|}f_X\left(\frac{x}{a}\right)f_Y\left(\frac{z-x}{b}\right)\mathrm{d}x.$$

特别地,当 $a=1$, $b=-1$ 时,得到 $Z=X-Y$ 的密度函数为

$$f_Z(z)=\int_{-\infty}^{+\infty} f_X(x)f_Y(x-z)\mathrm{d}x.$$

若 $X\sim N(\mu_1,\sigma_1^2)$, $Y\sim N(\mu_2,\sigma_2^2)$,且 X 与 Y 相互独立,则

$$Z=aX+bY\sim N(a\mu_1+b\mu_2,a^2\sigma_1^2+b^2\sigma_2^2).$$

这个结论可以推广到有限个的情形，若 $X_1, X_2, \cdots, X_n$ 相互独立，且 $X_i \sim N(\mu_i, \sigma_i^2)$，$i=1, 2, \cdots, n$，则

$$X=a_1X_1+a_2X_2+\cdots+a_nX_n \sim N\left(\sum_{i=1}^n a_i\mu_i, \sum_{i=1}^n a_i^2\sigma_i^2\right).$$

例 **3.34**　设系统 L 由两个独立的子系统 L_1，L_2 连接而成，其连接方式分别为(1) 并联；(2) 串联，如图 3.7 所示.

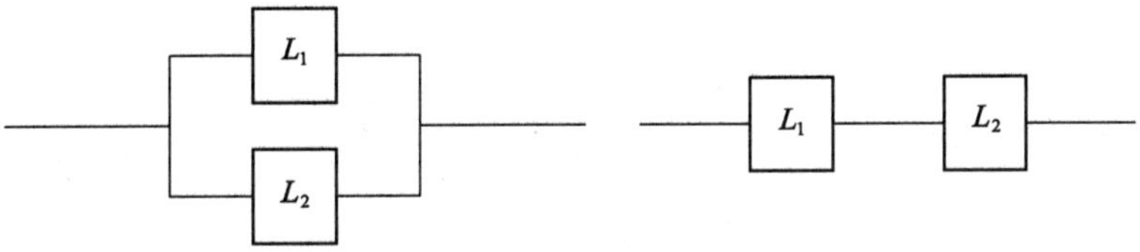

(a) 并联　　　(b) 串联

图 3.7

设 L_1, L_2 的寿命 $X \sim E(\alpha)$，$Y \sim E(\beta)$，$\alpha>0$，$\beta>0$. 试分别在上述两种连接方式下，求系统 L 的寿命 Z 的密度函数 $f_Z(z)$.

解　由于 $X \sim E(\alpha)$，$Y \sim E(\beta)$，所以 X，Y 的密度函数分别为

$$f_X(x)=\begin{cases}\alpha e^{-\alpha x}, & x>0,\\ 0, & x\leqslant 0;\end{cases}\quad f_Y(y)=\begin{cases}\beta e^{-\beta y}, & y>0,\\ 0, & y\leqslant 0.\end{cases}$$

分布函数分别为

$$F_X(x)=\begin{cases}1-e^{-\alpha x}, & x>0,\\ 0, & x\leqslant 0;\end{cases}\quad F_Y(y)=\begin{cases}1-e^{-\beta y}, & y>0,\\ 0, & y\leqslant 0.\end{cases}$$

(1) 并联时，由于 L_1，L_2 都损坏，系统 L 才停止工作，所以这时系统 L 的寿命 $Z=\max\{X, Y\}$，它的分布函数为

$$\begin{aligned}F_Z(z)&=P\{Z\leqslant z\}=P\{\max\{X, Y\}\leqslant z\}=P\{X\leqslant z, Y\leqslant z\}\\ &\xlongequal{X\text{ 与 }Y\text{ 相互独立}}P\{X\leqslant z\}P\{Y\leqslant z\}\\ &=F_X(z)\cdot F_Y(z).\end{aligned}$$

所以

$$F_Z(z)=\begin{cases}(1-e^{-\alpha z})(1-e^{-\beta z}), & z>0,\\ 0, & z\leqslant 0.\end{cases}$$

因此，Z 的密度函数为

$$f_Z(z)=F_Z'(z)=\begin{cases}\alpha e^{-\alpha z}+\beta e^{-\beta z}-(\alpha+\beta)e^{-(\alpha+\beta)z}, & z>0,\\ 0, & z\leqslant 0.\end{cases}$$

(2) 串联时，L_1，L_2 只要有一个损坏，系统 L 就停止工作，所以这时系统 L 的寿命 $Z=\min\{X, Y\}$，它的分布函数为

$$
\begin{aligned}
F_Z(z) &= P\{Z \leqslant z\} = P\{\min\{X, Y\} \leqslant z\} = 1 - P\{\min\{X, Y\} > z\} \\
&= 1 - P\{X > z, Y > z\} \\
&\xlongequal{X\text{与}Y\text{相互独立}} 1 - P\{X > z\}P\{Y > z\} \\
&= 1 - (1 - P\{X \leqslant z\})(1 - P\{Y \leqslant z\}) \\
&= 1 - [1 - F_X(z)][1 - F_Y(z)].
\end{aligned}
$$

所以

$$
F_Z(z) = \begin{cases} 1 - [1 - (1 - e^{-\alpha z})][1 - (1 - e^{-\beta z})], & z > 0, \\ 0, & z \leqslant 0 \end{cases}
$$

$$
= \begin{cases} 1 - e^{-(\alpha+\beta)z}, & z > 0, \\ 0, & z \leqslant 0. \end{cases}
$$

因此，Z 的密度函数为

$$
f_Z(z) = F'_Z(z) = \begin{cases} (\alpha+\beta)e^{-(\alpha+\beta)z}, & z > 0, \\ 0, & z \leqslant 0. \end{cases}
$$

习题 3.4

1. 设 (X, Y) 的联合分布律为

X \ Y	1	2	3
1	$\frac{1}{4}$	$\frac{1}{4}$	$\frac{1}{8}$
2	$\frac{1}{8}$	0	0
3	$\frac{1}{8}$	$\frac{1}{8}$	0

求 $Z_1 = X + Y$，$Z_2 = XY$，$Z_3 = \max\{X, Y\}$，$Z_4 = \min\{X, Y\}$ 的分布律.

2. 设 $X \sim B\left(1, \frac{1}{4}\right)$，$Y \sim B\left(1, \frac{1}{4}\right)$，且 X 与 Y 相互独立，求 $Z = X + Y$ 的分布律.

3. 设随机变量 X 和 Y 相互独立，且 $X \sim B\left(1, \frac{1}{4}\right)$，$Y \sim B\left(2, \frac{1}{2}\right)$. 求(1) $X+Y$ 的分布律；(2) XY 的分布律.

4. 设 X 与 Y 相互独立，且 $X \sim U(0, 1)$，$Y \sim U(0, 1)$，求 $Z = X + Y$ 的密度函数 $f_Z(z)$.

5. 设 X 与 Y 相互独立，且 $X \sim E(1)$，$Y \sim E(1)$，令 $U = \max\{X, Y\}$，$V = \min\{X, Y\}$.
(1) 求 U 的密度函数 $f_U(u)$；(2) 证明：$V \sim E(2)$.

本章小结

1. 知道二维随机变量的分布函数的概念和性质

(1) $F(x, y)=P\{X\leqslant x, Y\leqslant y\}$，$x, y\in\mathbf{R}$.

(2) $F(x, y)$ 的性质.

性质 1　$0\leqslant F(x, y)\leqslant 1$.

性质 2　$F(x, y)$ 关于 x 、关于 y 单调不减.

性质 3　$F(-\infty, -\infty)=0$，$F(+\infty, +\infty)=1$，$F(x, -\infty)=0$，$F(-\infty, y)=0$.

性质 4　$F(x, y)$ 关于 x、关于 y 右连续.

(3) 边缘分布函数：$F_X(x)=F(x, +\infty)$，$F_Y(y)=F(+\infty, y)$.

(4) X 与 Y 相互独立的充分必要条件为 $F(x, y)=F_X(x)F_Y(y)$，$x, y\in\mathbf{R}$.

2. 离散型二维随机变量

(1) (X, Y) 的联合分布律为

X \ Y	y_1	y_2	$\cdots$	y_j	$\cdots$
x_1	p_{11}	p_{12}	$\cdots$	p_{1j}	$\cdots$
x_2	p_{21}	p_{22}	$\cdots$	p_{2j}	$\cdots$
$\vdots$	$\vdots$	$\vdots$		$\vdots$	
x_i	p_{i1}	p_{i2}	$\cdots$	p_{ij}	$\cdots$
$\vdots$	$\vdots$	$\vdots$		$\vdots$	

(X, Y) 的分布律具有下列性质：

性质 1　$p_{ij}\geqslant 0$，$i, j=1, 2, \cdots$；

性质 2　$\sum_{i=1}^{\infty}\sum_{j=1}^{\infty}p_{ij}=1$.

(2) X 的边缘分布律：$P\{X=x_i\}=\sum_{j=1}^{\infty}p_{ij}=p_{i\cdot}$，$i=1, 2, \cdots$；

Y 的边缘分布律：$P\{Y=y_j\}=\sum_{i=1}^{\infty}p_{ij}=p_{\cdot j}$，$j=1, 2, \cdots$.

(3) X 的条件分布律：$P\{X=x_i\mid Y=y_j\}=\dfrac{P\{X=x_i, Y=y_j\}}{P\{Y=y_j\}}=\dfrac{p_{ij}}{p_{\cdot j}}$，$i=1, 2, \cdots$；

Y 的条件分布律：$P\{Y=y_j\mid X=x_i\}=\dfrac{P\{X=x_i, Y=y_j\}}{P\{X=x_i\}}=\dfrac{p_{ij}}{p_{i\cdot}}$，$j=1, 2, \cdots$.

(4) X 与 Y 相互独立的充分必要条件为 $p_{ij}=p_{i\cdot}\cdot p_{\cdot j}$，$i, j=1, 2, \cdots$，

即 $P\{X=x_i, Y=y_j\}=P\{X=x_i\}\cdot P\{Y=y_j\}$，$i, j=1, 2, \cdots$.

(5) 会求 $Z_1=X+Y$，$Z_2=XY$，$Z_3=\max\{X, Y\}$，$Z_4=\min\{X, Y\}$ 的分布律.

3. 二维连续型随机变量

(1) 若 $(X, Y)\sim f(x, y)\Leftrightarrow(X, Y)\sim F(x, y)=\int_{-\infty}^{x}\int_{-\infty}^{y}f(u, v)\mathrm{d}u\mathrm{d}v$.

当已知 $f(x, y)$ 时，会求 $F(x, y)$；性质 $f(x, y) \geqslant 0$ 及 $\int_{-\infty}^{+\infty}\int_{-\infty}^{+\infty} f(x, y)\mathrm{d}x\mathrm{d}y = 1$.

(2) $f(x, y) = \dfrac{\partial^2 F(x, y)}{\partial x \partial y}$，当已知 $F(x, y)$ 时，会求 $f(x, y)$.

(3) 会用公式：$P\{(X, Y) \in G\} = \iint\limits_G f(x, y)\mathrm{d}x\mathrm{d}y$，求 (X, Y) 落在区域 G 上的概率.

(4) 边缘密度函数：$f_X(x) = \int_{-\infty}^{+\infty} f(x, y)\mathrm{d}y$ 及 $f_Y(y) = \int_{-\infty}^{+\infty} f(x, y)\mathrm{d}x$.

(5) 条件密度函数：$f_{X|Y}(x|y) = \dfrac{f(x, y)}{f_Y(y)}$ 及 $f_{Y|X}(y|x) = \dfrac{f(x, y)}{f_X(x)}$.

(6) X 与 Y 相互独立的充分必要条件为 $f(x, y) = f_X(x) \cdot f_Y(y)$.

(7) 知道两个重要的二维连续随机变量：

① $(X, Y) \sim U(D) \Leftrightarrow f(x, y) = \begin{cases} \dfrac{1}{S}, & (x, y) \in D, \\ 0, & (x, y) \notin D. \end{cases}$

② $(X, Y) \sim N(\mu_1, \mu_2, \sigma_1^2, \sigma_2^2, \rho)$，二维正态分布的边缘分布与条件分布仍为正态分布，此时 X 与 Y 相互独立 $\Leftrightarrow \rho = 0$.

(8) 会求 $X + Y$，$\max\{X, Y\}$，$\min\{X, Y\}$ 分布，知道卷积公式：

$$f_Z(z) = \int_{-\infty}^{+\infty} f_X(x) f_Y(z - x)\mathrm{d}x, \quad f_Z(z) = \int_{-\infty}^{+\infty} f_X(x - y) f_Y(y)\mathrm{d}y.$$

若 $X \sim N(\mu_1, \sigma_1^2)$，$Y \sim N(\mu_2, \sigma_2^2)$，且 X 与 Y 相互独立，则

$$Z = aX + bY \sim N(a\mu_1 + b\mu_2, a^2\sigma_1^2 + b^2\sigma_2^2).$$

一般地，若 $X_1, X_2, \cdots, X_n$ 相互独立，且 $X_i \sim N(\mu_i, \sigma_i^2)$，$i = 1, 2, \cdots, n$，则

$$X = a_1X_1 + a_2X_2 + \cdots + a_nX_n \sim N\left(\sum_{i=1}^n a_i\mu_i, \sum_{i=1}^n a_i^2\sigma_i^2\right).$$

数学家勒贝格简介

勒贝格

勒贝格(Henri Léon Lebesgue)是法国数学家，1875 年 6 月 28 日生于博韦，1941 年 7 月 26 日卒于巴黎.

勒贝格在博韦读完中学后，于 1894 年进入巴黎高等师范学校攻读数学，并成为博雷尔的学生，1897 年获该校硕士学位，毕业后曾在南希一所中学任教. 1902 年勒贝格在巴黎大学通过博士论文答辩，取得哲学博士学位；1902—1906 年任雷恩大学讲师；从 1906 年起先后在普瓦蒂埃大学、巴黎大学、法兰西学院任教，1919 年晋升为教授；1922 年当选为法国科学院院士；1924 年成为伦敦数学会荣誉会员；1934 年被选为英国皇家学会会员；他还是苏联科学院的通讯院士.

勒贝格是20世纪法国最有影响的分析学家之一，也是实变函数论的重要奠基人．勒贝格的成名作是他的论文《积分，长度，面积》(1902年)和两本专著《论三角级数》(1903年)、《积分与原函数的研究》(1904年)．在《积分，长度，面积》中，他第一次阐明了关于测度和积分的思想．他的工作使19世纪在这个领域的研究大为改观，特别是在博雷尔测度的基础上建立了"勒贝格测度"，并以此为基础对积分的概念作了最有意义的推广，即把被积函数 $f(x)$ 定义的区间 $[a, b]$ 分成若干个勒贝格可测集，然后同样作积分和，那么原来划分子区间方法的积分和如果不收敛，则现在划分为可测集的方法就有可能收敛．于是按黎曼意义不可积的函数，在勒贝格意义下却变得可积．按照勒贝格意义下的积分，可积函数类大大地扩张了；积分区域可以是比闭连通域复杂得多的子集；收敛性的困难大大地减少了．勒贝格曾对他的积分思想作过一个生动有趣的描述："我必须偿还一笔钱．如果我从口袋中随意地摸出来各种不同面值的钞票，逐一地还给债主直到全部还清，这就是黎曼积分；不过，我还有另外一种作法，就是把钱全部拿出来并把相同面值的钞票放在一起，然后再一起付给应还的数目，这就是我的积分．"

勒贝格积分的理论是对积分学的重大突破．用他的积分理论来研究三角级数，可以很容易地得到许多重要定理，改进了当时函数可展为三角级数的充分条件．紧接着导数的概念也得到了推广，微积分中的牛顿-莱布尼茨公式也得到了相应的新结论，一门微积分的延续学科——实变函数论在他手中诞生了．

勒贝格的理论，不仅是对积分学的革命，而且也是傅里叶级数理论和位势理论发展的转折点．

勒贝格还提出了因次理论；证明了按贝尔范畴各类函数的存在；在拓扑学中他引入了紧性的定义和紧集的勒贝格数．他的覆盖定理是对拓扑学的一大贡献．

美国数学史家克兰说："勒贝格的工作是本世纪的一个伟大贡献，确实赢得了公认，但和通常一样，也并不是没有遭到一定的阻力的．"例如，数学家埃尔米特曾说："我怀着恐慌的心情对不可导函数的令人痛惜的祸害感到厌恶．"当勒贝格写一篇讨论不可微曲面《关于可应用于平面的非直纹面短论》论文时，埃尔米特就极力阻止它发表．勒贝格从1902年发表第一篇论文《积分，长度，面积》起，有近十年的时间没有在巴黎获得职务，直到1910年，才被同意进入巴黎大学任教．但到了20世纪30年代，勒贝格积分论已广为人知，并且在概率论、谱理论、泛函分析等方面获得了广泛的应用．

总习题3

一、填空题

1. 设 X 与 Y 相互独立，且 $P\{X\leqslant 1\}=\frac{1}{2}$，$P\{Y\leqslant 1\}=\frac{1}{3}$，则 $P\{X\leqslant 1, Y\leqslant 1\}=$ ________．

2. 设随机变量 X 与 Y 相互独立，且均服从区间 $[0, 3]$ 上的均匀分布，则 $P\{\max\{X, Y\}\leqslant 1\}=$ ________．

3. 设 X 与 Y 相互独立，且有如下相同的分布律

X	-1	1
P	$\frac{1}{4}$	$\frac{3}{4}$

则 $Z_1 = \max\{X, Y\}$，$Z_2 = \min\{X, Y\}$ 的分布律分别为________.

4. 设 (X, Y) 的联合密度函数为

$$f(x, y) = \begin{cases} 6x, & 0 \leqslant x \leqslant y \leqslant 1, \\ 0, & \text{其他}, \end{cases}$$

则 $P\{X + Y \leqslant 1\} =$ ________.

5. 已知二维随机变量 $(X, Y) \sim U(D)$，且 $D = \left\{(x, y) \middle| 1 \leqslant x \leqslant e^2, 0 \leqslant y \leqslant \frac{1}{x}\right\}$，则$(X, Y)$关于 X 的边缘密度函数在 $x = 2$ 处的值为________.

6. 设 X 与 Y 相互独立，$X \sim U(1, 3)$，$Y \sim U(1, 3)$，若 $1 < a < 3$，且 $A = P\{X \leqslant a\}$，$B = P\{Y > a\}$，$P\{A \cup B\} = \frac{7}{9}$，则常数 $a =$ ________.

X \ Y	0	1
0	0.4	a
1	b	0.1

7. 设二维随机变量 (X, Y) 的联合分布律为若随机事件 $\{X = 0\}$ 与 $X + Y = 1$ 互相独立，则 $a =$ ________，$b =$ ________.

8. (2023，数一、三) 设随机变量 X 与 Y 相互独立，且 $X \sim B\left(1, \frac{1}{3}\right)$，$Y \sim B\left(2, \frac{1}{2}\right)$，则 $P\{X = Y\} =$ ________.

二、选择题

1. 设二维随机变量 (X, Y) 的联合分布律为

X \ Y	0	1	2
0	$\frac{1}{12}$	$\frac{2}{12}$	$\frac{2}{12}$
1	$\frac{1}{12}$	$\frac{1}{12}$	0
2	$\frac{2}{12}$	$\frac{1}{12}$	$\frac{2}{12}$

则 $P\{XY = 0\} =$ (　　).

A. $\frac{1}{12}$　　B. $\frac{2}{12}$　　C. $\frac{4}{12}$　　D. $\frac{8}{12}$

2. 设 (X, Y) 的联合密度函数为 $f(x, y)$，则 $P\{X > 1\} =$ (　　).

A. $\int_{-\infty}^{1} dx \int_{-\infty}^{+\infty} f(x, y) dy$　　B. $\int_{1}^{+\infty} dx \int_{-\infty}^{+\infty} f(x, y) dy$

C. $\int_{-\infty}^{1} f(x, y) dx$　　D. $\int_{1}^{+\infty} f(x, y) dx$

3. 设 $X \sim N(-1, 2)$，$Y \sim N(1, 3)$，且 X 与 Y 相互独立，则 $Z = X + 2Y \sim$（　　）.

A. $N(1, 8)$　　B. $N(1, 14)$　　C. $N(1, 22)$　　D. $N(1, 40)$

4. 设 X_1 与 X_2 的分布律为

$X_i(i=1, 2)$	-1	0	1
P	$\frac{1}{4}$	$\frac{1}{2}$	$\frac{1}{4}$

且 $P\{X_1X_2 = 0\} = 1$，则 $P\{X_1 = X_2\} =$（　　）.

A. 0　　B. $\frac{1}{4}$　　C. $\frac{1}{2}$　　D. 1

5. 设 X 与 Y 相互独立，且 $P\{X = -1\} = P\{Y = -1\} = \frac{1}{2}$，$P\{X = 1\} = P\{Y = 1\} = \frac{1}{2}$，则下列各式成立的是（　　）.

A. $P\{X = Y\} = \frac{1}{2}$　　B. $P\{X = Y\} = 1$

C. $P\{X + Y = 0\} = \frac{1}{4}$　　D. $P\{XY = 1\} = \frac{1}{4}$

6. 设两个相互独立的随机变量 X 与 Y 分别服从正态分布 $N(0, 1)$ 和 $N(1, 1)$，则（　　）.

A. $P\{X + Y \leqslant 0\} = \frac{1}{2}$　　B. $P\{X + Y \leqslant 1\} = \frac{1}{2}$

C. $P\{X - Y \leqslant 0\} = \frac{1}{2}$　　D. $P\{X - Y \leqslant 1\} = \frac{1}{2}$

7. (2019，数一) 设随机变量 X 与 Y 相互独立，且都服从正态分布 $N(\mu, \sigma^2)$，则 $P\{|X - Y| < 1\}$（　　）.

A. 与 μ 无关，与 σ 有关　　B. 与 μ 有关，与 σ 无关

C. 与 μ，σ 有关　　D. 与 μ，σ 无关

8. (2024，数三) 设随机变量 X 与 Y 相互独立，且 X 服从正态分布 $N(0, 2)$，Y 服从正态分布 $N(-1, 1)$. 记 $p_1 = P\{2X > Y\}$，$p_2 = P\{X - 2Y > 1\}$，则（　　）.

A. $p_1 > p_2 > \frac{1}{2}$　　B. $p_2 > p_1 > \frac{1}{2}$

C. $p_1 < p_2 < \frac{1}{2}$　　D. $p_2 < p_1 < \frac{1}{2}$

9. (2024，数一) 设随机变量 X 与 Y 相互独立，且 X 服从正态分布 $N(0, 2)$，Y 服从正态分布 $N(-2, 2)$. 若 $P\{2X + Y < a\} = P\{X > Y\}$，则 $a =$（　　）.

A. $-2 - \sqrt{10}$　　B. $-2 + \sqrt{10}$

C. $-2 - \sqrt{6}$　　D. $-2 + \sqrt{6}$

10. (2024，数一、三) 设随机变量 X 与 Y 相互独立，且都服从参数为 λ 的指数分布，令 $Z = |X - Y|$，则下列随机变量与 Z 同分布的是（　　）.

A. $X + Y$　　B. $\frac{X + Y}{2}$　　C. $2X$　　D. X

三、解答题

1. 设二维随机变量 (X, Y) 的联合分布律为

X \ Y	-1	0	1
-1	a	0	0.2
0	0.1	b	0.2
1	0	0.1	c

其中 a, b, c 为常数,且 $P\{X<0\}=0.4$, $P\{X\leqslant 0, Y\leqslant 0\}=0.4$,记 $Z=X+Y$. 求

(1) a, b, c 的值;(2) Z 的分布律;(3) $P\{X=Z\}$.

2. 设 X 与 Y 的分布律为

X	-1	0	1
P	$\frac{1}{4}$	$\frac{1}{2}$	$\frac{1}{4}$

Y	0	1
P	$\frac{1}{2}$	$\frac{1}{2}$

且 $P\{XY=0\}=1$. 求

(1) X 和 Y 的联合分布律;(2) 问 X 与 Y 是否相互独立?为什么?

3. 随机变量 X 的概率密度函数为

$$f_X(x)=\begin{cases}\frac{1}{2}, & -1<x<0,\\ \frac{1}{4}, & 0\leqslant x<2,\\ 0, & \text{其他}.\end{cases}$$

令 $Y=X^2$, $F(x, y)$ 为二维随机变量 (X, Y) 联合分布函数. 求

(1) Y 的概率密度函数 $f_Y(y)$;(2) $F\left(-\frac{1}{2}, 4\right)$.

4. 设随机变量 X 与 Y 相互独立,其中 X 的分布律为

X	1	2
P	0.3	0.7

而 Y 的概率密度函数为 $f_Y(y)$,求随机变量 $U=X+Y$ 的概率密度函数 $f_U(u)$.

5. 设二维随机变量 (X, Y) 的概率密度函数为

$$f(x, y)=\begin{cases}1, & 0<x<1, 0<y<2x,\\ 0, & \text{其他}.\end{cases}$$

求(1) (X, Y) 的边缘密度函数 $f_X(x)$, $f_Y(y)$;(2) $Z=2X-Y$ 的概率密度函数 $f_Z(z)$;(3) $P\left\{Y\leqslant \frac{1}{2}\,\middle|\, X\leqslant \frac{1}{2}\right\}$.

6. 设随机变量 X 在区间 $(0, 1)$ 上服从均匀分布,在 $X=x\,(0<x<1)$ 的条件下,随机变量 Y 在区间 $(0, x)$ 上服从均匀分布,求

(1) 随机变量 X 和 Y 的联合概率密度函数;(2) Y 的概率密度函数;(3) $P\{X+Y>1\}$.

7. 设二维随机变量(X, Y)的概率密度函数为

$$f(x, y)=\begin{cases}e^{-y}, & 0<x<y, \\ 0, & \text{其他}.\end{cases}$$

求(1) 判断X与Y是否独立；(2) $P\{X+Y \leqslant 1\}$.

8. 设随机变量X与Y相互独立，且

$$f_X(x)=\begin{cases}1, & 0 \leqslant x \leqslant 1, \\ 0, & \text{其他};\end{cases} \quad f_Y(y)=\begin{cases}2y, & 0 \leqslant y \leqslant 1, \\ 0, & \text{其他}.\end{cases}$$

求随机变量$Z=X+Y$的概率密度函数$f_Z(z)$.

9. (2020，数一)设随机变量X_1，X_2，X_3相互独立，其中X_1，X_2服从标准正态分布，X_3的概率分布为$P\{X_3=0\}=P\{X_3=1\}=\dfrac{1}{2}$，$Y=X_3X_1+(1-X_3)X_2$.

(1) 求二维随机变量(X_1, Y)的分布函数，结果用标准正态分布函数$\Phi(x)$表示；

(2) 证明随机变量Y服从标准正态分布.

第 4 章

随机变量的数字特征

前面讨论了随机变量的概率分布，我们知道概率分布全面地描述了随机变量的特征. 但在实际问题中，一方面求概率分布并非易事；另一方面往往不需要了解概率规律的全貌，只需要知道随机变量的某个侧面. 这时往往可以用一个或几个实数来描述这个侧面，这种实数就称为随机变量的数字特征. 在统计学中，还可以通过数字特征确定或推断某些未知随机变量的概率分布. 常用的数字特征有：数学期望、方差、协方差与相关系数.

4.1 数学期望

4.1.1 离散型随机变量的数学期望

为了对数学期望这个概念有较深入地认识，我们先看一个例子.

例如，有甲、乙两射手，他们的射击技术分别见下表.

X	8	9	10
P	0.3	0.1	0.6

Y	8	9	10
P	0.2	0.5	0.3

请问他们的射击水平谁比较高？

解　射击水平一般用平均击中环数来衡量，所以只需要对他们的平均击中环数进行比较即可. 假设二人均射击 10 次，则甲击中 8 环、9 环、10 环的次数分别为 3、1、6；乙击中 8 环、9 环、10 环的次数分别为 2，5，3. 用 $E(X)$ 表示“甲平均击中环数”，$E(Y)$ 表示“乙平均击中环数”，则

$$E(X)=\frac{8\times 3+9\times 1+10\times 6}{10}=9.3,\quad E(Y)=\frac{8\times 2+9\times 5+10\times 3}{10}=9.1.$$

由于 $E(X)>E(Y)$，所以甲射手的射击水平要高些.

注意　$E(X)=8\times 0.3+9\times 0.1+10\times 0.6=9.3$,

$E(Y)=8\times 0.2+9\times 0.5+10\times 0.3=9.1$.

对于离散型随机变量而言，求 $E(X)$ 就是在分布律中，用 X 的取值乘以取该值的概率，然后相加. 我们把 $E(X)$ 称为随机变量 X 的数学期望，也就是随机变量 X 取值的平均值.

那么一般离散型随机变量数学期望的定义如下.

定义 4.1　设 X 为离散型随机变量，其分布律为

$$P\{X=x_i\}=p_i,\quad i=1,2,\cdots,$$

则当 $\sum_{i=1}^{\infty}|x_i|p_i<+\infty$（即级数 $\sum_{i=1}^{\infty}x_ip_i$ 绝对收敛）时，称 X 的数学期望存在，并且其数学期望记作 $E(X)$，定义为

$$E(X)=\sum_{i=1}^{\infty}x_ip_i.$$

对于离散型随机变量 X 的函数 $Y=g(X)$，当 $\sum_{i=1}^{\infty}|g(x_i)|p_i<+\infty$（即级数 $\sum_{i=1}^{\infty}g(x_i)p_i$ 绝对收敛）时，称 $Y=g(X)$ 的数学期望存在，并且其数学期望记作 $E(g(X))$，且有

$$E(g(X))=\sum_{i=1}^{\infty}g(x_i)p_i.$$

注　(1) 定义中要求级数绝对收敛是为了级数的和与其各项的次序无关，使级数恒等于一个确定值.

(2) 对于 $Y=g(X)$ 的期望，我们也可以由 X 的分布律，先求出 $Y=g(X)$ 的分布律，再根据数学期望的定义去求期望. 但按定义中根据 X 的分布律直接求 $Y=g(X)$ 的期望，极大地方便了计算随机变量函数的数学期望.

例 4.1　设随机变量 X 的分布律为

X	-2	0	1	3
P	$\frac{1}{3}$	$\frac{1}{2}$	$\frac{1}{12}$	$\frac{1}{12}$

求 $E(X)$，$E(X^2)$，$E(2X+3)$.

解　$E(X)=-2\times\frac{1}{3}+0\times\frac{1}{2}+1\times\frac{1}{12}+3\times\frac{1}{12}=-\frac{1}{3}$，

$$E(X^2)=(-2)^2\times\frac{1}{3}+0^2\times\frac{1}{2}+1^2\times\frac{1}{12}+3^2\times\frac{1}{12}=\frac{13}{6},$$

$$E(2X+3)=(-2\times2+3)\times\frac{1}{3}+(0\times2+3)\times\frac{1}{2}+(1\times2+3)\times\frac{1}{12}+(3\times2+3)\times\frac{1}{12}$$

$$=\frac{7}{3}.$$

注意　$E(2X+3)=2E(X)+3$.

下面请看三种常用离散型随机变量及其平方的数学期望.

例 4.2(两点分布)　设 $X\sim B(1,p)$，求 $E(X)$，$E(X^2)$

解　由于 $X\sim B(1,p)$，则其分布律为

X	0	1
P	$1-p$	p

所以

$$E(X)=0\times(1-p)+1\times p=p,\quad E(X^2)=0^2\times(1-p)+1^2\times p=p.$$

例 4.3(二项分布) 设 $X\sim B(n,p)$,求 $E(X)$ 与 $E(X^2)$.

解 由于 $X\sim B(n,p)$,则其分布律为

$$P\{X=k\}=\mathrm{C}_n^k p^k q^{n-k},\quad k=0,1,2,\cdots,n,$$

所以

$$\begin{aligned}E(X)&=\sum_{k=0}^{n}k\cdot\mathrm{C}_n^k p^k q^{n-k}=\sum_{k=1}^{n}k\cdot\mathrm{C}_n^k p^k q^{n-k}=\sum_{k=1}^{n}k\cdot\frac{n!}{k!\,(n-k)!}p^k q^{n-k}\\&=\sum_{k=1}^{n}\frac{n!}{(k-1)!\,(n-k)!}p^k q^{n-k}=np\sum_{k=1}^{n}\frac{(n-1)!}{(k-1)!\,(n-k)!}p^{k-1}q^{n-k}\\&=np\sum_{k=1}^{n}\mathrm{C}_{n-1}^{k-1}p^{k-1}q^{n-k}\xlongequal{i=k-1}np\sum_{i=0}^{n-1}\mathrm{C}_{n-1}^{i}p^{i}q^{n-1-i}=np(p+q)^{n-1}=np,\end{aligned}$$

$$\begin{aligned}E(X^2)&=\sum_{k=0}^{n}k^2\cdot\mathrm{C}_n^k p^k q^{n-k}=\sum_{k=1}^{n}k^2\cdot\mathrm{C}_n^k p^k q^{n-k}\\&=\sum_{k=1}^{n}[k(k-1)+k]\cdot\frac{n!}{k!\,(n-k)!}p^k q^{n-k}\\&=\sum_{k=2}^{n}k(k-1)\frac{n!}{k!\,(n-k)!}p^k q^{n-k}+\sum_{k=1}^{n}k\frac{n!}{k!\,(n-k)!}p^k q^{n-k}\\&=\sum_{k=2}^{n}\frac{n!}{(k-2)!\,(n-k)!}p^k q^{n-k}+np\\&=n(n-1)p^2\sum_{k=2}^{n}\frac{(n-2)!}{(k-2)!\,(n-k)!}p^{k-2}q^{n-k}+np\\&=n(n-1)p^2\sum_{k=2}^{n}\mathrm{C}_{n-2}^{k-2}p^{k-2}q^{n-k}+np\xlongequal{i=k-2}n(n-1)p^2\sum_{i=0}^{n-2}\mathrm{C}_{n-2}^{i}p^{i}q^{n-2-i}+np.\\&=n(n-1)p^2(p+q)^{n-2}+np=n(n-1)p^2+np.\end{aligned}$$

例 4.4(泊松分布) 设 $X\sim P(\lambda)$,求 $E(X)$,$E(X^2)$.

解 由于 $X\sim P(\lambda)$,则其分布律为

$$P\{X=k\}=\frac{\lambda^k}{k!}\mathrm{e}^{-\lambda},\quad k=0,1,2,\cdots,$$

所以

$$\begin{aligned}E(X)&=\sum_{k=0}^{\infty}k\cdot\frac{\lambda^k}{k!}\mathrm{e}^{-\lambda}=\sum_{k=1}^{\infty}k\cdot\frac{\lambda^k}{k!}\mathrm{e}^{-\lambda}=\sum_{k=1}^{\infty}\frac{\lambda^k}{(k-1)!}\mathrm{e}^{-\lambda}\\&=\lambda\mathrm{e}^{-\lambda}\sum_{k=1}^{\infty}\frac{\lambda^{k-1}}{(k-1)!}\xlongequal{i=k-1}\lambda\mathrm{e}^{-\lambda}\sum_{i=0}^{\infty}\frac{\lambda^i}{i!}=\lambda\mathrm{e}^{-\lambda}\cdot\mathrm{e}^{\lambda}=\lambda,\end{aligned}$$

$$E(X^2)=\sum_{k=0}^{\infty}k^2\frac{\lambda^k}{k!}e^{-\lambda}=\sum_{k=0}^{\infty}[k(k-1)+k]\frac{\lambda^k}{k!}e^{-\lambda}$$
$$=\sum_{k=0}^{\infty}k(k-1)\frac{\lambda^k}{k!}e^{-\lambda}+\sum_{k=0}^{\infty}k\frac{\lambda^k}{k!}e^{-\lambda}$$
$$=\sum_{k=2}^{\infty}k(k-1)\frac{\lambda^k}{k!}e^{-\lambda}+\lambda=\sum_{k=2}^{\infty}\frac{\lambda^k}{(k-2)!}e^{-\lambda}+\lambda$$
$$=\lambda^2e^{-\lambda}\sum_{k=2}^{\infty}\frac{\lambda^{k-2}}{(k-2)!}+\lambda\xlongequal{i=k-2}\lambda^2e^{-\lambda}\sum_{i=0}^{\infty}\frac{\lambda^i}{i!}+\lambda$$
$$=\lambda^2e^{-\lambda}e^{\lambda}+\lambda=\lambda^2+\lambda.$$

4.1.2 连续型随机变量的数学期望

对于连续型随机变量的数学期望，形式上可类似于离散型随机变量的数学期望给出定义，只需将和式 $\sum_i x_ip_i$ 中的 x_i 改为 x，p_i 改为 $f(x)\mathrm{d}x$，和号“$\sum$”改为积分号“$\int$”即可.

定义 4.2 设 X 为连续型随机变量，其密度函数为 $f(x)$，则当 $\int_{-\infty}^{+\infty}|x|f(x)\mathrm{d}x<+\infty$ [即广义积分 $\int_{-\infty}^{+\infty}xf(x)\mathrm{d}x$ 绝对收敛]时，称 X 的数学期望存在，并且其数学期望记作 $E(X)$，定义为

$$E(X)=\int_{-\infty}^{+\infty}xf(x)\mathrm{d}x.$$

对于连续型随机变量 X 的函数 $Y=g(X)$，当 $\int_{-\infty}^{+\infty}|g(x)|f(x)\mathrm{d}x<+\infty$ [即广义积分 $\int_{-\infty}^{+\infty}g(x)f(x)\mathrm{d}x$ 绝对收敛]时，称 $Y=g(X)$ 的数学期望存在，并且其数学期望记作 $E(g(X))$，且有

$$E(g(X))=\int_{-\infty}^{+\infty}g(x)f(x)\mathrm{d}x.$$

例 4.5 设随机变量 X 的密度函数为

$$f(x)=\begin{cases}x, & 0\leqslant x<1,\\ 2-x, & 1\leqslant x<2,\\ 0, & \text{其他}.\end{cases}$$

求 $E(X)$，$E(|X-E(X)|)$.

解
$$E(X)=\int_{-\infty}^{+\infty}xf(x)\mathrm{d}x=\int_0^1x^2\mathrm{d}x+\int_1^2x(2-x)\mathrm{d}x=1,$$

$$E(|X-E(X)|)=E(|X-1|)=\int_{-\infty}^{+\infty}|x-1|f(x)\mathrm{d}x$$
$$=\int_0^1|x-1|x\mathrm{d}x+\int_1^2|x-1|(2-x)\mathrm{d}x$$
$$=\int_0^1(1-x)x\mathrm{d}x+\int_1^2(x-1)(2-x)\mathrm{d}x=\frac{1}{3}.$$

下面请看三种常用连续型随机变量及其平方的数学期望.

例 4.6(均匀分布) 设 $X \sim U(a, b)$，求 $E(X)$，$E(X^2)$.

解 由于 $X \sim U(a, b)$，则其密度函数为

$$f(x)=\begin{cases}\dfrac{1}{b-a}, & a \leqslant x \leqslant b, \\ 0, & \text{其他}.\end{cases}$$

所以

$$E(X)=\int_{-\infty}^{+\infty} x f(x) \mathrm{d} x=\int_a^b x \frac{1}{b-a} \mathrm{d} x=\frac{a+b}{2},$$

$$E(X^2)=\int_{-\infty}^{+\infty} x^2 f(x) \mathrm{d} x=\int_a^b x^2 \frac{1}{b-a} \mathrm{d} x=\frac{a^2+ab+b^2}{3}.$$

例 4.7(指数分布) 设 $X \sim E(\lambda)$，求 $E(X)$，$E(X^2)$.

解 由于 $X \sim E(\lambda)$，则其密度函数为

$$f(x)=\begin{cases}\lambda \mathrm{e}^{-\lambda x}, & x>0, \\ 0, & x \leqslant 0.\end{cases}$$

所以

$$\begin{aligned}E(X)&=\int_{-\infty}^{+\infty} x f(x) \mathrm{d} x=\int_0^{+\infty} x \lambda \mathrm{e}^{-\lambda x} \mathrm{d} x=-\int_0^{+\infty} x \mathrm{d} \mathrm{e}^{-\lambda x} \\ &=-\left(x \mathrm{e}^{-\lambda x}\Big|_0^{+\infty}-\int_0^{+\infty} \mathrm{e}^{-\lambda x} \mathrm{d} x\right)=\int_0^{+\infty} \mathrm{e}^{-\lambda x} \mathrm{d} x=\frac{1}{\lambda}, \\ E(X^2)&=\int_{-\infty}^{+\infty} x^2 f(x) \mathrm{d} x=\int_0^{+\infty} x^2 \lambda \mathrm{e}^{-\lambda x} \mathrm{d} x=-\int_0^{+\infty} x^2 \mathrm{d} \mathrm{e}^{-\lambda x} \\ &=-\left(x^2 \mathrm{e}^{-\lambda x}\Big|_{-\infty}^{+\infty}-\int_0^{+\infty} \mathrm{e}^{-\lambda x} \mathrm{d} x^2\right)=\int_0^{+\infty} \mathrm{e}^{-\lambda x} \mathrm{d} x^2 \\ &=\int_0^{+\infty} 2 x \mathrm{e}^{-\lambda x} \mathrm{d} x=\frac{2}{\lambda} \int_0^{+\infty} \lambda x \mathrm{e}^{-\lambda x} \mathrm{d} x=\frac{2}{\lambda} \cdot \frac{1}{\lambda}=\frac{2}{\lambda^2}.\end{aligned}$$

例 4.8(正态分布) 设 $X \sim N(\mu, \sigma^2)$，求 $E(X)$，$E(X^2)$.

解 由于 $X \sim N(\mu, \sigma^2)$，则其密度函数为

$$f(x)=\frac{1}{\sqrt{2 \pi} \sigma} \mathrm{e}^{-\frac{(x-\mu)^2}{2 \sigma^2}}, \quad -\infty<x<+\infty.$$

所以

$$\begin{aligned}E(X)&=\int_{-\infty}^{+\infty} x f(x) \mathrm{d} x=\frac{1}{\sqrt{2 \pi} \sigma} \int_{-\infty}^{+\infty} x \mathrm{e}^{-\frac{(x-\mu)^2}{2 \sigma^2}} \mathrm{d} x \xlongequal{t=\frac{x-\mu}{\sigma}} \frac{1}{\sqrt{2 \pi}} \int_{-\infty}^{+\infty}(\sigma t+\mu) \mathrm{e}^{-\frac{t^2}{2}} \mathrm{d} t \\ &=\frac{\sigma}{\sqrt{2 \pi}} \int_{-\infty}^{+\infty} t \mathrm{e}^{-\frac{t^2}{2}} \mathrm{d} t+\mu \int_{-\infty}^{+\infty} \frac{1}{\sqrt{2 \pi}} \mathrm{e}^{-\frac{t^2}{2}} \mathrm{d} t=\mu,\end{aligned}$$

$$E(X^2)=\int_{-\infty}^{+\infty}x^2f(x)\mathrm{d}x=\frac{1}{\sqrt{2\pi}\sigma}\int_{-\infty}^{+\infty}x^2\mathrm{e}^{-\frac{(x-\mu)^2}{2\sigma^2}}\mathrm{d}x$$

$$\xlongequal{t=\frac{x-\mu}{\sigma}}\frac{1}{\sqrt{2\pi}}\int_{-\infty}^{+\infty}(\sigma t+\mu)^2\mathrm{e}^{-\frac{t^2}{2}}\mathrm{d}t$$

$$=\frac{\sigma^2}{\sqrt{2\pi}}\int_{-\infty}^{+\infty}t^2\mathrm{e}^{-\frac{t^2}{2}}\mathrm{d}t+\frac{2\sigma\mu}{\sqrt{2\pi}}\int_{-\infty}^{+\infty}t\mathrm{e}^{-\frac{t^2}{2}}\mathrm{d}t+\mu^2\int_{-\infty}^{+\infty}\frac{1}{\sqrt{2\pi}}\mathrm{e}^{-\frac{t^2}{2}}\mathrm{d}t$$

$$=-\frac{\sigma^2}{\sqrt{2\pi}}\int_{-\infty}^{+\infty}t\mathrm{e}^{-\frac{t^2}{2}}\mathrm{d}\left(-\frac{t^2}{2}\right)+\mu^2=-\frac{\sigma^2}{\sqrt{2\pi}}\int_{-\infty}^{+\infty}t\mathrm{d}(\mathrm{e}^{-\frac{t^2}{2}})+\mu^2$$

$$=-\frac{\sigma^2}{\sqrt{2\pi}}\left(t\mathrm{e}^{-\frac{t^2}{2}}\Big|_{-\infty}^{+\infty}-\int_{-\infty}^{+\infty}\mathrm{e}^{-\frac{t^2}{2}}\mathrm{d}t\right)+\mu^2=\frac{\sigma^2}{\sqrt{2\pi}}\int_{-\infty}^{+\infty}\mathrm{e}^{-\frac{t^2}{2}}\mathrm{d}t+\mu^2$$

$$=\sigma^2\int_{-\infty}^{+\infty}\frac{1}{\sqrt{2\pi}}\mathrm{e}^{-\frac{t^2}{2}}\mathrm{d}t+\mu^2=\sigma^2+\mu^2.$$

例 4.9　假定暑假期间对冰淇淋的需求量是随机变量 X 盒，它服从区间$[200, 400]$上的均匀分布，设每售出一盒冰淇淋可为小店挣得 1 元，但销售不出而屯积于冰箱，则每盒赔 3 元. 问小店应组织多少货源，才能使平均收益最大?

解　设应组织 y 盒冰淇淋，则显然应有 $200\leqslant y\leqslant 400$，这样小店所获得收益(单位：元)为

$$Y=g(X)=\begin{cases}y, & X\geqslant y,\\ X-3(y-X), & X<y.\end{cases}$$

它是一个随机变量，在经济学中常用其数学期望来评价平均收益的好坏，即

$$E(Y)=\int_{-\infty}^{+\infty}g(x)f(x)\mathrm{d}x=\frac{1}{200}\int_{200}^{400}g(x)\mathrm{d}x$$

$$=\frac{1}{200}\int_{200}^{y}(4x-3y)\mathrm{d}x+\frac{1}{200}\int_{y}^{400}y\mathrm{d}x$$

$$=\frac{1}{200}(-2y^2+1\,000y-80\,000).$$

要使平均受益最大，显然 $y=250$，因此组织 250 盒冰淇淋是最好的选择.

4.1.3　二维随机变量函数的期望

定理 4.1　(1)若 (X, Y) 为二维离散型随机变量，其联合分布律为

$$P\{X=x_i, Y=y_j\}=p_{ij},\quad i, j=1, 2, \cdots,$$

其边缘分布律为

$$P\{X=x_i\}=\sum_{j=1}^{\infty}p_{ij}=p_{i\cdot},\quad i=1, 2, \cdots,$$

$$P\{Y=y_j\}=\sum_{i=1}^{\infty}p_{ij}=p_{\cdot j},\quad j=1,2,\cdots,$$

则

$$E(X)=\sum_{i=1}^{\infty}x_i p_{i\cdot}=\sum_{i=1}^{\infty}\sum_{j=1}^{\infty}x_i p_{ij},\quad E(Y)=\sum_{j=1}^{\infty}y_j p_{\cdot j}=\sum_{i=1}^{\infty}\sum_{j=1}^{\infty}y_j p_{ij}.$$

(2) 若 (X,Y) 为二维连续型随机变量,其联合密度函数为 $f(x,y)$,边缘密度函数为 $f_X(x)=\int_{-\infty}^{+\infty}f(x,y)\mathrm{d}y$, $f_Y(y)=\int_{-\infty}^{+\infty}f(x,y)\mathrm{d}x$,则

$$E(X)=\int_{-\infty}^{+\infty}xf_X(x)\mathrm{d}x=\int_{-\infty}^{+\infty}\int_{-\infty}^{+\infty}xf(x,y)\mathrm{d}x\mathrm{d}y,$$

$$E(Y)=\int_{-\infty}^{+\infty}yf_Y(y)\mathrm{d}y=\int_{-\infty}^{+\infty}\int_{-\infty}^{+\infty}yf(x,y)\mathrm{d}x\mathrm{d}y.$$

定理 4.2 设 $Z=g(X,Y)$ 为二维随机变量 (X,Y) 的函数,其数学期望按以下方式计算:

(1) 若 (X,Y) 为二维离散型随机变量,则

$$E(g(X,Y))=\sum_{i=1}^{\infty}\sum_{j=1}^{\infty}g(x_i,y_j)p_{ij};$$

(2) 若 (X,Y) 为二维连续型随机变量,则

$$E(g(X,Y))=\int_{-\infty}^{+\infty}\int_{-\infty}^{+\infty}g(x,y)f(x,y)\mathrm{d}x\mathrm{d}y.$$

例 4.10 设 (X,Y) 的联合分布律为

X \ Y	1	2	3
0	0.1	0.2	0.3
1	0.15	0	0.25

求 $E(X)$, $E(Y)$, $E(X+Y)$, $E(XY)$, $E(\max\{X,Y\})$

解 X, Y 的边缘分布律为

X	1	2
P	0.5	0.5

Y	1	2	3
P	0.4	0.3	0.3

则

$$E(X)=1\times0.5+2\times0.5=1.5,\quad E(Y)=1\times0.4+2\times0.3+3\times0.3=1.9.$$

由于

P	0.1	0.2	0.2	0.3	0.1	0.1
(X, Y)	(1, 1)	(1, 2)	(1, 3)	(2, 1)	(2, 2)	(2, 3)
$X+Y$	2	3	4	3	4	5
XY	1	2	3	2	4	6
$\max\{X, Y\}$	1	2	3	2	2	3

则

$X+Y$	2	3	4	5
P	0.1	0.5	0.3	0.1

XY	1	2	3	4	6
P	0.1	0.5	0.2	0.1	0.1

$\max\{X, Y\}$	1	2	3
P	0.1	0.6	0.3

$$E(X+Y)=2\times 0.1+3\times 0.5+4\times 0.3+5\times 0.1=3.4,$$
$$E(XY)=1\times 0.1+2\times 0.5+3\times 0.2+4\times 0.1+6\times 0.1=2.7,$$
$$E(\max\{X, Y\})=1\times 0.1+2\times 0.6+3\times 0.3=2.2.$$

注意　$E(X+Y)=E(X)+E(Y)$，但是 $E(XY)\neq E(X)\cdot E(Y)$.

例 4.11　设二维随机变量 (X, Y) 的联合概率密度函数为

$$f(x, y)=\begin{cases} 8xy, & 0\leqslant x\leqslant 1,\ 0\leqslant y\leqslant x, \\ 0, & \text{其他}, \end{cases}$$

求 $E(X)$，$E(Y)$，$E(X+Y)$，$E(XY)$.

解　$E(X)=\int_{-\infty}^{+\infty}\int_{-\infty}^{+\infty} xf(x, y)\mathrm{d}x\mathrm{d}y=\int_0^1 \mathrm{d}x\int_0^x x8xy\mathrm{d}y=\int_0^1 4x^4\mathrm{d}x=\frac{4}{5}$，

$$E(Y)=\int_{-\infty}^{+\infty}\int_{-\infty}^{+\infty} yf(x, y)\mathrm{d}x\mathrm{d}y=\int_0^1 \mathrm{d}x\int_0^x y8xy\mathrm{d}y=\int_0^1 \frac{8}{3}x^4\mathrm{d}x=\frac{8}{15},$$

$$\begin{aligned} E(X+Y)&=\int_{-\infty}^{+\infty}\int_{-\infty}^{+\infty} (x+y)f(x, y)\mathrm{d}x\mathrm{d}y \\ &=\int_{-\infty}^{+\infty}\int_{-\infty}^{+\infty} xf(x, y)\mathrm{d}x\mathrm{d}y+\int_{-\infty}^{+\infty}\int_{-\infty}^{+\infty} yf(x, y)\mathrm{d}x\mathrm{d}y \\ &=E(X)+E(Y)=\frac{4}{5}+\frac{8}{15}=\frac{4}{3}, \end{aligned}$$

$$E(XY)=\int_{-\infty}^{+\infty}\int_{-\infty}^{+\infty} xyf(x, y)\mathrm{d}x\mathrm{d}y=\int_0^1 \mathrm{d}x\int_0^x xy8xy\mathrm{d}y=\int_0^1 \frac{8}{3}x^5\mathrm{d}x=\frac{4}{9}.$$

4.1.4　数学期望的性质

期望有很多重要性质，利用这些性质可以进行期望的计算.

性质 1　若 C 为常数，则 $E(C)=C$.

性质 2 若 k, C 为常数, X 为随机变量,则 $E(kX+C)=kE(X)+C$.

性质 3 设 X, Y 为两随机变量,则 $E(X\pm Y)=E(X)\pm E(Y)$.

这一性质可推广得:若 C_1, C_2 为两常数,则 $E(C_1X+C_2Y)=C_1E(X)+C_2E(Y)$.

一般地,设 X_1, X_2, $\cdots$, X_n 为 n 个随机变量, C_1, C_2, $\cdots$, C_n 为 n 常数,则

$$E(C_1X_1+C_2X_2+\cdots+C_nX_n)=C_1E(X_1)+C_2E(X_2)+\cdots+C_nE(X_n).$$

性质 4 若 X, Y 相互独立,则 $E(XY)=E(X)\cdot E(Y)$.

一般地, X_1, X_2, $\cdots$, X_n 为 n 个随机变量,则

$$E(X_1X_2\cdots X_n)=E(X_1)\cdot E(X_2)\cdot\cdots\cdot E(X_n).$$

例 4.12 设随机变量 $X\sim U(0,1)$, $Y=3X-2$,求 $E(Y)$.

解 由于 $X\sim U(0,1)$,所以 $E(Y)=\dfrac{0+1}{2}=\dfrac{1}{2}$. 因为 $Y=3X-2$, 因此

$$E(Y)=3E(X)-2=3\times\frac{1}{2}-2=-\frac{1}{2}.$$

例 4.13 设 X_1, X_2, $\cdots$, X_n 相互独立,且 $E(X_i)=\mu$, $i=1,2,\cdots,n$,设 $Y=\dfrac{1}{n}\sum\limits_{i=1}^{n}X_i$,求 $E(Y)$.

解 $E(Y)=E\left(\dfrac{1}{n}\sum\limits_{i=1}^{n}X_i\right)=\dfrac{1}{n}E\left(\sum\limits_{i=1}^{n}X_i\right)=\dfrac{1}{n}\sum\limits_{i=1}^{n}E(X_i)=\dfrac{1}{n}\cdot n\mu=\mu$.

习题 4.1

1. 设随机变量 X 的分布律为

X	-2	-1	0	1	2
P	$\frac{1}{8}$	$\frac{3}{8}$	$\frac{1}{8}$	$\frac{1}{8}$	$\frac{1}{4}$

求 $E(X)$, $E(X^2)$, $E(2X+3)$.

2. 设随机变量 $X\sim B(5,p)$,且 $E(X)=1.6$,求 p.

3. 袋子中有 5 只同样大小的球,编号为 1, 2, 3, 4, 5,从中同时取出 3 只,记 X 为“取出的球的最大编号”,求 $E(X)$.

4. 设随机变量 X 的概率密度函数为 $f(x)=\dfrac{1}{2}e^{-|x|}$, $-\infty<x<+\infty$,求 $E(X)$.

5. 设随机变量 X 的概率密度函数为

$$f(x)=\begin{cases}cx^{\alpha}, & 0\leqslant x\leqslant 1,\\ 0, & \text{其他},\end{cases}$$

且 $E(X)=0.75$,求常数 c, α.

6. 设随机变量 X 的概率密度函数为

$$f(x)=\begin{cases}e^{-x}, & x>0,\\ 0, & x\leqslant 0,\end{cases}$$

设 $Y = 2X$, $Z = e^{-2X}$,求 $E(Y)$, $E(Z)$.

7. 设随机变量 X_1, X_2 相互独立,且 $X_1 \sim E(2)$, $X_2 \sim E(3)$,求 $E(2X_1 + 3X_2)$, $E(2X_1 - 3X_2^2)$, $E(X_1 X_2)$.

8. 已知 (X, Y) 的联合分布律为

$X \backslash Y$	1	2	3
0	0.1	0.2	0.3
1	0.15	0	0.25

求 $E(X)$, $E(Y)$, $E(XY)$.

9. 设二维随机变量 (X, Y) 的联合概率密度函数为

$$f(x, y) = \begin{cases} e^{-y}, & 0 \leqslant x \leqslant 1,\ y > 0, \\ 0, & \text{其他}, \end{cases}$$

求 $E(X)$, $E(Y)$, $E(X+Y)$, $E(XY)$.

10. 设某种商品每周的需求量 X 服从区间[10, 30]上的均匀分布的随机变量,而经销商店进货数量为区间[10, 30]中的某一整数,商店每销售 1 单位商品可获利 500 元;若供大于求则削价处理,每处理 1 单位商品亏损 100 元;若供不应求,则可从外部调剂供应,此时每一单位商品仅获利 300 元,为使商店所获利润期望值不少于 9 280 元,试确定最少进货量.

11. 市场上对商品需求量为 $X \sim U(2\,000, 4\,000)$,每售出 1 t 可得 3 万元,若售不出而囤积在仓库中,则每吨需保养费 1 万元,问需要组织多少货源,才能使收益最大?

4.2 方差

4.2.1 方差的定义

随机变量的数学期望反映了随机变量取值的集中程度. 在许多问题中,我们还要了解随机变量的其他特征. 例如在投掷决策中,选择某一项目或购买某种资产(如股票、债券),我们不仅关心其未来的收益水平,还关心其未来收益的不确定程度. 前者通常用期望来度量,后者通常称为风险程度. 这种风险程度有多种衡量方法,最简单直接的方法就是用方差来度量. 粗略地讲,方差反映了随机变量取值的偏离程度.

为了对方差这个概念有较深入地认识,我们先看一个例子.

例如 有甲、乙两射手,他们的射击技术分别见下表.

X	8	9	10
P	0.1	0.8	0.1

Y	8	9	10
P	0.2	0.6	0.2

请问他们的射击水平谁比较高?

解 由于

$E(X)=8\times0.1+9\times0.8+10\times0.1=9$， $E(Y)=8\times0.2+9\times0.6+10\times0.2=9$，

这说明数学期望并不能完全反映两人射击水平的高低，故还需考虑其他因素. 通常的想法是：在射击的平均击中环数相等的条件下进一步来衡量谁的射击水平更稳定些，也就是看谁击中的环数更集中于平均值的附近，即衡量一个随机变量 X 关于数学期望的偏离程度，可以考虑用 $|X-E(X)|$（离差）的均值来表示，但由于 $E(|X-E(X)|)$ 中绝对值不便处理，故转而考虑离差平方 $[X-E(X)]^2$ 的期望，即用 $E(X-E(X))^2$ 来度量随机变量 X 取值的离散程度. 在上述射击问题中，由于

$[X-E(X)]^2$	$(8-9)^2$	$(9-9)^2$	$(10-9)^2$
P	0.1	0.8	0.1

$[Y-E(Y)]^2$	$(8-9)^2$	$(9-9)^2$	$(10-9)^2$
P	0.2	0.6	0.2

所以

$$E(X-E(X))^2=(8-9)^2\times0.1+(9-9)^2\times0.8+(10-9)^2\times0.1=0.2,$$
$$E(Y-E(Y))^2=(8-9)^2\times0.2+(9-9)^2\times0.6+(10-9)^2\times0.2=0.4.$$

可见甲的射击技术更稳定些.

注意　假设甲射击 10 次，则这 10 次击中环数分别为 8，9，9，9，9，9，9，9，9，10，这 10 个数的平均数为 9，方差为 $\dfrac{(8-9)^2+(9-9)^2\times8+(10-9)^2}{10}=0.2$，可见

$$\frac{(8-9)^2+(9-9)^2\times8+(10-9)^2}{10}=(8-9)^2\times0.1+(9-9)^2\times0.8+(10-9)^2\times0.1,$$

这说明 $E(X-E(X))^2$ 就是中学学习过的方差.

定义 4.3　设 X 为一随机变量，若 $(X-E(X))^2$ 的期望存在，则称 $E(X-E(X))^2$ 为随机变量 X 的方差，记为 $D(X)$，即

$$D(X)=E(X-E(X))^2,$$

而 $\sqrt{D(X)}$ 称为标准差(均方差).

注　(1) 方差在形式上也是一种期望，是随机变量 X 的函数 $[X-E(X)]^2$ 的期望，它不具有随机性，跟 $E(X)$ 一样要以常数看待.

(2) 若 X 为离散型随机变量，则

$$D(X)=\sum_{i=1}^{\infty}[x_i-E(X)]^2p_i;$$

若 X 为连续型随机变量，则

$$D(X)=\int_{-\infty}^{+\infty}[x-E(X)]^2 f(x)\mathrm{d}x.$$

(3) 利用期望的性质可以得到方差计算的一般公式

$$D(X)=E(X^2)-E^2(X).$$

证明

$$\begin{aligned}D(X)&=E(X-E(X))^2=E(X^2-2XE(X)+E^2(X))\\&=E(X^2)-2E(X)E(X)+E(E^2(X))\\&=E(X^2)-2^2E(X)+E^2(X)\\&=E(X^2)-E^2(X).\end{aligned}$$

例 4.14　设随机变量 X 的分布律为

X	-2	0	1	3
P	$\frac{1}{3}$	$\frac{1}{2}$	$\frac{1}{12}$	$\frac{1}{12}$

求 $D(X)$.

解　$E(X)=-2\times\frac{1}{3}+0\times\frac{1}{2}+1\times\frac{1}{12}+3\times\frac{1}{12}=-\frac{1}{3}$,

$$E(X^2)=(-2)^2\times\frac{1}{3}+0^2\times\frac{1}{2}+1^2\times\frac{1}{12}+3^2\times\frac{1}{12}=\frac{13}{6},$$

$$D(X)=E(X^2)-E^2(X)=\frac{13}{6}-\left(-\frac{1}{3}\right)^2=\frac{37}{18}.$$

例 4.15　设随机变量 X 的密度函数为

$$f(x)=\begin{cases}x, & 0\leqslant x<1,\\ 2-x, & 1\leqslant x<2,\\ 0, & \text{其他},\end{cases}$$

求 $D(X)$.

解　由于 $E(X)=\int_{-\infty}^{+\infty}xf(x)\mathrm{d}x=\int_0^1 x^2\mathrm{d}x+\int_1^2 x(2-x)\mathrm{d}x=1$,

$$E(X^2)=\int_{-\infty}^{+\infty}x^2f(x)\mathrm{d}x=\int_0^1 x^3\mathrm{d}x+\int_1^2 x^2(2-x)\mathrm{d}x=\frac{7}{6},$$

所以
$$D(X)=E(X^2)-E^2(X)=\frac{7}{6}-1^2=\frac{1}{6}.$$

例 4.16　设二维离散型随机变量 (X,Y) 的联合分布律为

X \ Y	1	2	3
0	0.1	0.2	0.3
1	0.15	0	0.25

求 $D(X)$，$D(Y)$，$D(X+Y)$，$D(XY)$.

解 (X, Y) 关于 X, Y 的边缘分布律为

X	0	1
P	0.6	0.4

Y	-1	0	1
P	0.3	0.4	0.3

由于 $E(X)=0\times 0.6+1\times 0.4=0.4$,

$E(X^2)=0^2\times 0.6+1^2\times 0.4=0.4$,

$E(Y)=-1\times 0.3+0\times 0.4+1\times 0.3=0$,

$E(Y^2)=(-1)^2\times 0.3+0^2\times 0.4+1^2\times 0.3=0.6$,

所以 $D(X)=E(X^2)-E^2(X)=0.4-0.4^2=0.24$,

$D(Y)=E(Y^2)-E^2(Y)=0.6-0^2=0.6$.

由于

P	0.1	0.3	0.2	0.2	0.1	0.1
(X, Y)	$(0, -1)$	$(0, 0)$	$(0, 1)$	$(1, -1)$	$(1, 0)$	$(1, 1)$
$X+Y$	-1	0	1	0	1	2
XY	0	0	0	-1	0	1

则

$X+Y$	-1	0	1	2
P	0.1	0.5	0.3	0.1

XY	-1	0	1
P	0.2	0.7	0.1

$E(X+Y)=-1\times 0.1+0\times 0.5+1\times 0.3+2\times 0.1=0.4$,

$E((X+Y)^2)=(-1)^2\times 0.1+0^2\times 0.5+1^2\times 0.3+2^2\times 0.1=0.8$,

$E(XY)=-1\times 0.2+0\times 0.7+1\times 0.1=-0.1$,

$E((XY)^2)=(-1)^2\times 0.2+0^2\times 0.7+1^2\times 0.1=0.3$,

$D(X+Y)=E((X+Y)^2)-E^2(X+Y)=0.8-0.4^2=0.64$,

$D(XY)=E((XY)^2)-E^2(XY)=0.3-(-0.1)^2=0.29$.

注意 $D(X+Y)\neq D(X)+D(Y)$，$D(XY)\neq D(X)D\cdot(Y)$.

例 4.17 设二维随机变量 (X, Y) 的联合概率密度函数为

$$f(x, y)=\begin{cases}8xy, & 0\leqslant x\leqslant 1,\ 0\leqslant y\leqslant x,\\ 0, & \text{其他},\end{cases}$$

求 $E(X)$，$E(Y)$，$D(X)$，$D(Y)$.

解 $E(X)=\int_{-\infty}^{+\infty}\int_{-\infty}^{+\infty}xf(x, y)\mathrm{d}x\mathrm{d}y=\int_0^1\mathrm{d}x\int_0^x x\cdot 8xy\mathrm{d}y=\int_0^1 4x^4\mathrm{d}x=\frac{4}{5}$,

$E(Y)=\int_{-\infty}^{+\infty}\int_{-\infty}^{+\infty}yf(x, y)\mathrm{d}x\mathrm{d}y=\int_0^1\mathrm{d}x\int_0^x y\cdot 8xy\mathrm{d}y=\int_0^1\frac{8}{3}x^4\mathrm{d}x=\frac{8}{15}$,

$$E(X^2)=\int_{-\infty}^{+\infty}\int_{-\infty}^{+\infty}x^2f(x,\ y)\mathrm{d}x\mathrm{d}y=\int_0^1\mathrm{d}x\int_0^x x^2\cdot 8xy\mathrm{d}y=\int_0^1 4x^5\mathrm{d}x=\frac{2}{3},$$

$$E(Y^2)=\int_{-\infty}^{+\infty}\int_{-\infty}^{+\infty}y^2f(x,\ y)\mathrm{d}x\mathrm{d}y=\int_0^1\mathrm{d}x\int_0^x y^2\cdot 8xy\mathrm{d}y=\int_0^1 2x^5\mathrm{d}x=\frac{1}{3},$$

所以

$$D(X)=E(X^2)-E^2(X)=\frac{2}{3}-\left(\frac{4}{5}\right)^2=\frac{2}{75},$$

$$D(Y)=E(Y^2)-E^2(Y)=\frac{1}{3}-\left(\frac{8}{15}\right)^2=\frac{11}{225}.$$

4.2.2 常见随机变量的方差

当 $X\sim B(1,\ p)$ 时,由例 4.2 知 $E(X)=p$, $E(X^2)=p$,

所以 $$D(X)=E(X^2)-E^2(X)=p-p^2=p(1-p)=pq.$$

当 $X\sim B(n,\ p)$ 时,由例 4.3 知 $E(X)=np$, $E(X^2)=n(n-1)p^2+np$,

所以 $$D(X)=E(X^2)-E^2(X)=n(n-1)p^2+np-(np)^2=np(1-p)=npq.$$

当 $X\sim P(\lambda)$ 时,由例 4.4 知 $E(X)=\lambda$, $E(X^2)=\lambda^2+\lambda$,

所以 $$D(X)=E(X^2)-E^2(X)=\lambda^2+\lambda-\lambda^2=\lambda.$$

当 $X\sim U(a,\ b)$ 时,由例 4.6 知 $E(X)=\dfrac{a+b}{2}$, $E(X^2)=\dfrac{a^2+ab+b^2}{3}$,

所以 $$D(X)=E(X^2)-E^2(X)=\frac{a^2+ab+b^2}{3}-\left(\frac{a+b}{2}\right)^2=\frac{(b-a)^2}{12}.$$

当 $X\sim E(\lambda)$ 时,由例 4.7 知 $E(X)=\dfrac{1}{\lambda}$, $E(X^2)=\dfrac{2}{\lambda^2}$,

所以 $$D(X)=E(X^2)-E^2(X)=\frac{2}{\lambda^2}-\left(\frac{1}{\lambda}\right)^2=\frac{1}{\lambda^2}.$$

当 $X\sim N(\mu,\ \sigma^2)$ 时,由例 4.8 知 $E(X)=\mu$, $E(X^2)=\mu^2+\sigma^2$,

所以 $$D(X)=E(X^2)-E^2(X)=\mu^2+\sigma^2-\mu^2=\sigma^2.$$

注意 六种常见随机变量的期望与方差见表 4.1.

表 4.1 常见随机变量的期望与方差

分布名称	记号	概率分布	数学期望	方差
两点分布	$X\sim B(1,\ p)$	X: 0, 1; P: q, p	p	pq

（续表）

分布名称	记号	概率分布	数学期望	方差
二项分布	$X\sim B(n,\ p)$	$P\{X=k\}=C_n^k p^k q^{n-k},\ k=0,\ 1,\ 2,\ \cdots,\ n$	np	npq
泊松分布	$X\sim P(\lambda)$	$P\{X=k\}=\dfrac{\lambda^k}{k!}e^{-\lambda},\ k=0,\ 1,\ 2,\ \cdots$	λ	λ
均匀分布	$X\sim U(a,\ b)$	$f(x)=\begin{cases}\dfrac{1}{b-a}, & a\leqslant x\leqslant b,\\ 0, & 其他\end{cases}$	$\dfrac{a+b}{2}$	$\dfrac{(b-a)^2}{12}$
指数分布	$X\sim E(\lambda)$	$f(x)=\begin{cases}\lambda e^{-\lambda x}, & x>0,\\ 0, & 其他\end{cases}$	$\dfrac{1}{\lambda}$	$\dfrac{1}{\lambda^2}$
正态分布	$X\sim N(\mu,\ \sigma^2)$	$f(x)=\dfrac{1}{\sqrt{2\pi}\sigma}e^{-\frac{(x-\mu)^2}{2\sigma^2}},\quad x\in\mathbf{R}$	μ	σ^2

4.2.3 方差的性质

方差有很多重要性质，利用这些性质可以进行方差的计算.

性质 1 若 C 为常数，则 $D(C)=0$.

性质 2 若 k，C 为常数，X 为随机变量，则 $D(kX+C)=k^2D(X)$.

性质 3 设 X，Y 为两随机变量，则

$$D(aX+bY)=a^2D(X)+b^2D(Y)+2ab[E(XY)-E(X)\cdot E(Y)].$$

证明
$$\begin{aligned}D(aX+bY)&=E(aX+bY)^2-E^2(aX+bY)\\&=E(a^2X^2+2abXY+b^2Y^2)-[a^2E^2(X)+2abE(X)E(Y)+\\&\quad b^2E^2(Y)]\\&=a^2E(X^2)+2abE(XY)+b^2E(Y^2)-a^2E^2(X)-\\&\quad 2abE(X)\cdot E(Y)-b^2E^2(Y)\\&=a^2D(X)+b^2D(Y)+2ab[E(XY)-E(X)\cdot E(Y)].\end{aligned}$$

特别地，$D(X+Y)=D(X)+D(Y)+2[E(XY)-E(X)\cdot E(Y)]$，

$D(X-Y)=D(X)+D(Y)-2[E(XY)-E(X)\cdot E(Y)]$.

性质 4 当 X，Y 相互独立时，有 $D(aX+bY)=a^2D(X)+b^2D(Y)$.

特别地，当 X，Y 相互独立时，有 $D(X\pm Y)=D(X)+D(Y)$.

证明 当 X，Y 相互独立时，$E(XY)=E(X)\cdot E(Y)$，所以 $E(XY)-E(X)\cdot E(Y)=0$.

因而有
$$D(aX+bY)=a^2D(X)+b^2D(Y).$$

特别地，当 X，Y 相互独立时，有 $D(X\pm Y)=D(X)+D(Y)$.

一般地，设 X_1，X_2，$\cdots$，X_n 为 n 个相互独立随机变量，C_1，C_2，$\cdots$，C_n 为 n 个常数，则

$$D(C_1X_1+C_2X_2+\cdots+C_nX_n)=C_1^2D(X_1)+C_2^2D(X_2)+\cdots+C_n^2D(X_n).$$

例 4.18　设 $X_1, X_2, \cdots, X_n$ 相互独立，且 $D(X_i)=\sigma^2$，$i=1, 2, \cdots, n$，设 $Y=\frac{1}{n}\sum_{i=1}^{n}X_i$，求 $D(Y)$.

解　$D(Y)=D\left(\frac{1}{n}\sum_{i=1}^{n}X_i\right)=\frac{1}{n^2}D\left(\sum_{i=1}^{n}X_i\right)=\frac{1}{n^2}\sum_{i=1}^{n}D(X_i)=\frac{1}{n^2}\cdot n\sigma^2=\frac{\sigma^2}{n}.$

例 4.19　设 $X\sim B(n, p)$，且 $E(X)=2.7$，$D(X)=1.89$，求 n，p.

解　由于 $E(X)=np$，$D(X)=npq$，所以 $np=2.7$，$npq=1.89$，从而 $n=9$，$p=0.3$.

例 4.20　设 $X\sim N(-3, 4)$，$Y\sim N(5, 5)$，且 X，Y 相互独立，求 $E(3X-2Y)$ 及 $D(3X-2Y)$.

解　由于 $X\sim N(-3, 4)$，$Y\sim N(5, 5)$，即 $E(X)=-3$，$E(Y)=5$，$D(X)=4$，$D(Y)=5$，所以

$$E(3X-2Y)=3E(X)-2E(Y)=3\times(-3)-2\times5=-19,$$
$$D(3X-2Y)=3^2D(X)+2^2D(Y)=9\times4+4\times5=56.$$

习题 4.2

1. 设随机变量 X 的分布律为

X	-2	-1	0	1	2
P	$\frac{1}{8}$	$\frac{3}{8}$	$\frac{1}{8}$	$\frac{1}{8}$	$\frac{1}{4}$

求 $D(X)$.

2. 设随机变量 $X\sim P(\lambda)$，且 $P\{X=1\}=P\{X=2\}$，求 $E(X)$，$D(X)$.

3. 袋子中有 5 只同样大小的球，编号为 1，2，3，4，5，从中同时取出 3 只，记 X 为取出的球的最大编号，求 $D(X)$.

4. 设随机变量 X 的概率密度函数为 $f(x)=\frac{1}{2}e^{-|x|}$，$-\infty<x<+\infty$，求 $D(X)$.

5. 设 X，Y 相互独立，且 $E(X)=3$，$E(Y)=3$，$D(X)=12$，$D(Y)=16$，求 $E(3X-2Y)$ 及 $D(2X-3Y)$.

6. 已知 (X, Y) 的联合分布律为

X \ Y	1	2	3
0	0.1	0.2	0.3
1	0.15	0	0.25

求 $D(X)$，$D(Y)$.

7. 设二维随机变量 (X, Y) 的联合概率密度函数为

$$f(x, y)=\begin{cases}e^{-y}, & 0\leqslant x\leqslant1,\ y>0,\\ 0, & \text{其他},\end{cases}$$

求 $D(X)$，$D(Y)$.

4.3 协方差与相关系数

对于二维随机变量，我们除了讨论 X，Y 的期望与方差外，还需讨论表征 X，Y 之间相互关系的数字特征.

4.3.1 协方差

1. 协方差的定义

定义 4.4 设二维随机变量 (X, Y)，且 $E(X)$，$E(Y)$ 均存在，若

$$E((X-E(X))(Y-E(Y)))$$

存在，则称

$$E((X-E(X))(Y-E(Y)))$$

为 X 与 Y 的协方差，记为 $\text{Cov}(X, Y)$，即

$$\text{Cov}(X, Y)=E((X-E(X))(Y-E(Y))).$$

注 (1) X 与 Y 的协方差 $\text{Cov}(X, Y)$ 实质上是二维随机变量 X 与 Y 函数 $[X-E(X)][Y-E(Y)]$ 的期望，它不具有随机性，当常数看待.

(2) 当 (X, Y) 为二维离散型随机变量，则

$$\text{Cov}(X, Y)=\sum_{i=1}^{\infty}\sum_{j=1}^{\infty}[x_i-E(X)][y_j-E(Y)]p_{ij};$$

当 (X, Y) 为二维连续型随机变量，则

$$\text{Cov}(X, Y)=\int_{-\infty}^{+\infty}[x-E(X)][y-E(Y)]f(x, y)\mathrm{d}x\mathrm{d}y.$$

(3) 利用期望的性质可以得到协方差计算的一般公式为

$$\begin{aligned}\text{Cov}(X, Y)&=E((X-E(X))(Y-E(Y)))\\&=E(XY-XE(Y)-YE(X)+E(X)\cdot E(Y))\\&=E(XY)-E(X)\cdot E(Y)-E(X)\cdot E(Y)+E(X)\cdot E(Y)\\&=E(XY)-E(X)\cdot E(Y).\end{aligned}$$

特别地，当 $X=Y$ 时，

$$\text{Cov}(X, X)=E(XX)-E(X)\cdot E(X)=E(X^2)-E^2(X)=D(X),$$

即方差是协方差的特殊情形.

(4) $D(aX+bY)=a^2D(X)+b^2D(Y)+2ab\text{Cov}(X, Y)$,

$D(X+Y)=D(X)+D(Y)+2\text{Cov}(X, Y)$,

$D(X-Y)=D(X)+D(Y)-2\text{Cov}(X, Y)$.

例 4.21　设二维离散型随机变量 (X, Y) 的联合分布律为

$X \backslash Y$	1	2	3
0	0.1	0.2	0.3
1	0.15	0	0.25

求 $\mathrm{Cov}(X, Y)$.

解　X, Y 的边缘分布律为

X	1	2
P	0.5	0.5

Y	1	2	3
P	0.4	0.3	0.3

$E(X)=1\times 0.5+2\times 0.5=1.5$,

$E(Y)=1\times 0.4+2\times 0.3+3\times 0.3=1.9$,

由于

P	0.1	0.2	0.2	0.3	0.1	0.1
(X, Y)	(1, 1)	(1, 2)	(1, 3)	(2, 1)	(2, 2)	(2, 3)
XY	1	2	3	2	4	6

则

XY	1	2	3	4	6
P	0.1	0.5	0.2	0.1	0.1

$E(XY)=1\times 0.1+2\times 0.5+3\times 0.2+4\times 0.1+6\times 0.1=2.7$,

$\mathrm{Cov}(X, Y)=E(XY)-E(X)\cdot E(Y)=2.7-1.5\times 1.9=-0.15$.

例 4.22　设二维随机变量 (X, Y) 的联合概率密度函数为

$$f(x, y)=\begin{cases}8xy, & 0\leqslant x\leqslant 1,\ 0\leqslant y\leqslant x,\\ 0, & \text{其他},\end{cases}$$

求 $\mathrm{Cov}(X, Y)$.

解　$E(X)=\int_{-\infty}^{+\infty}\int_{-\infty}^{+\infty} xf(x, y)\mathrm{d}x\mathrm{d}y=\int_0^1\mathrm{d}x\int_0^x x\cdot 8xy\mathrm{d}y=\int_0^1 4x^4\mathrm{d}x=\frac{4}{5}$,

$$E(Y)=\int_{-\infty}^{+\infty}\int_{-\infty}^{+\infty} yf(x, y)\mathrm{d}x\mathrm{d}y=\int_0^1\mathrm{d}x\int_0^x y\cdot 8xy\mathrm{d}y=\int_0^1\frac{8}{3}x^4\mathrm{d}x=\frac{8}{15},$$

$$E(XY)=\int_{-\infty}^{+\infty}\int_{-\infty}^{+\infty} xyf(x, y)\mathrm{d}x\mathrm{d}y=\int_0^1\mathrm{d}x\int_0^x xy\cdot 8xy\mathrm{d}y=\int_0^1\frac{8}{3}x^5\mathrm{d}x=\frac{4}{9},$$

所以 $\quad \mathrm{Cov}(X, Y)=E(XY)-E(X)\cdot E(Y)=\frac{4}{9}-\frac{4}{5}\times\frac{8}{15}=\frac{4}{225}.$

2. 协方差的性质

性质 1 $\mathrm{Cov}(X, Y)=\mathrm{Cov}(Y, X)$.

性质 2 $\mathrm{Cov}(aX, bY)=ab\mathrm{Cov}(X, Y)$, $\mathrm{Cov}(aX+c, bY+\mathrm{d})=ab\mathrm{Cov}(X, Y)$.

性质 3 $\mathrm{Cov}(X_1+X_2, Y)=\mathrm{Cov}(X_1, Y)+\mathrm{Cov}(X_2, Y)$;

$\mathrm{Cov}(X_1+X_2, Y_1+Y_2)=\mathrm{Cov}(X_1, Y_1)+\mathrm{Cov}(X_1, Y_2)+\mathrm{Cov}(X_2, Y_1)+\mathrm{Cov}(X_2, Y_2)$.

性质 4 若 X 与 Y 相互独立,则 $\mathrm{Cov}(X, Y)=0$;但是当 $\mathrm{Cov}(X, Y)=0$ 时,X 与 Y 不一定相互独立.

这些性质用期望的性质和公式 $\mathrm{Cov}(X, Y)=E(XY)-E(X)\cdot E(Y)$ 很容易证明.

例 4.23 设二维随机变量 $(X, Y)\sim U(D)$,且 $D=\{(x, y)\mid 0\leqslant x\leqslant 1, 0\leqslant y\leqslant 1-x\}$,求 $\mathrm{Cov}(X, Y)$,并判断 X 与 Y 是否相互独立.

解 (X, Y) 的联合密度函数为

$$f(x, y)=\begin{cases}2, & (x, y)\in D,\\ 0, & (x, y)\notin D,\end{cases}$$

于是

$$E(X)=\int_{-\infty}^{+\infty}\int_{-\infty}^{+\infty}xf(x, y)\mathrm{d}x\mathrm{d}y=\int_0^1\mathrm{d}x\int_0^{1-x}x\cdot 2\mathrm{d}y=\int_0^1 2x(1-x)\mathrm{d}x=\frac{1}{3},$$

$$E(Y)=\int_{-\infty}^{+\infty}\int_{-\infty}^{+\infty}yf(x, y)\mathrm{d}x\mathrm{d}y=\int_0^1\mathrm{d}x\int_0^{1-x}y\cdot 2\mathrm{d}y=\int_0^1(1-x)^2\mathrm{d}x=\frac{1}{3},$$

$$E(XY)=\int_{-\infty}^{+\infty}\int_{-\infty}^{+\infty}xyf(x, y)\mathrm{d}x\mathrm{d}y=\int_0^1\mathrm{d}x\int_0^{1-x}xy\cdot 2\mathrm{d}y=\int_0^1 x(1-x)^2\mathrm{d}x=\frac{1}{12}.$$

所以 $\quad \mathrm{Cov}(X, Y)=E(XY)-E(X)\cdot E(Y)=\frac{1}{12}-\frac{1}{3}\times\frac{1}{3}=-\frac{1}{36}.$

由于 $\mathrm{Cov}(X, Y)=-\frac{1}{36}\neq 0$,所以 X 与 Y 不相互独立.

例 4.24 设二维随机变量 $(X, Y)\sim U(D)$,且 $D=\{(x, y)\mid x^2+y^2\leqslant 1\}$,求 $\mathrm{Cov}(X, Y)$,并判断 X 与 Y 是否相互独立.

解 (X, Y) 联合密度函数为

$$f(x, y)=\begin{cases}\frac{1}{\pi}, & x^2+y^2\leqslant 1,\\ 0, & \text{其他},\end{cases}$$

于是

$$E(X)=\int_{-\infty}^{+\infty}\int_{-\infty}^{+\infty}xf(x, y)\mathrm{d}x\mathrm{d}y=\int_{-1}^1\mathrm{d}x\int_{-\sqrt{1-x^2}}^{\sqrt{1-x^2}}x\cdot\frac{1}{\pi}\mathrm{d}y=\int_{-1}^1\frac{2x\sqrt{1-x^2}}{\pi}\mathrm{d}x=0,$$

$$E(Y)=\int_{-\infty}^{+\infty}\int_{-\infty}^{+\infty} yf(x, y)\mathrm{d}x\mathrm{d}y=\int_{-1}^{1}\mathrm{d}x\int_{-\sqrt{1-x^2}}^{\sqrt{1-x^2}} y\cdot\frac{1}{\pi}\mathrm{d}y=0,$$

$$E(XY)=\int_{-\infty}^{+\infty}\int_{-\infty}^{+\infty} xyf(x, y)\mathrm{d}x\mathrm{d}y=\int_{-1}^{1}\mathrm{d}x\int_{-\sqrt{1-x^2}}^{\sqrt{1-x^2}} xy\cdot\frac{1}{\pi}\mathrm{d}y=0.$$

所以
$$\mathrm{Cov}(X, Y)=E(XY)-E(X)\cdot E(Y)=0.$$

但是由例 3.26 知 $f(x, y)\neq f_X(x)f_Y(y)$，所以 X 与 Y 不相互独立.

因此 $\mathrm{Cov}(X, Y)=0$ 只是 X 与 Y 相互独立的必要非充分条件.

4.3.2　相关系数

协方差 $\mathrm{Cov}(X, Y)$ 是有量纲的量，例如，X 表示“儿童的身高”（单位：m），Y 表示“儿童的体重”（单位：kg），则协方差 $\mathrm{Cov}(X, Y)$ 的量纲是 m · kg. 为了消除量纲的影响，若对协方差除以两个分量的标准差的乘积 $\sqrt{D(X)}\cdot\sqrt{D(Y)}$ 就可得到一个无量纲的量——相关系数，它是用来刻画两个变量间线性相关程度的量.

定义 4.5　设二维随机变量 (X, Y)，且 $D(X)$，$D(Y)$ 均存在，则称

$$\rho_{XY}=\frac{\mathrm{Cov}(X, Y)}{\sqrt{D(X)}\cdot\sqrt{D(Y)}}$$

为 X 与 Y 的线性相关系数，简称相关系数.

注　相关系数的另一个解释是：它是相应标准化随机变量的协方差. 若记 X 与 Y 的数学期望为 $E(X)$，$E(Y)$，标准差为 $\sqrt{D(X)}$，$\sqrt{D(Y)}$，其标准化随机变量为

$$X^*=\frac{X-E(X)}{\sqrt{D(X)}},\quad Y^*=\frac{Y-E(Y)}{\sqrt{D(Y)}},$$

则有

$$\mathrm{Cov}(X^*, Y^*)=\mathrm{Cov}\left(\frac{X-E(X)}{\sqrt{D(X)}}, \frac{Y-E(Y)}{\sqrt{D(Y)}}\right)=\frac{\mathrm{Cov}(X, Y)}{\sqrt{D(X)}\cdot\sqrt{D(Y)}}=\rho_{XY}.$$

例 4.25　设随机变量 X，Y 的方差分别为 $D(X)=1$，$D(Y)=4$，$\mathrm{Cov}(X, Y)=1$，令 $\xi=X-2Y$，$\eta=2X-Y$，求 $\rho_{\xi\eta}$.

解　由于
$$\begin{aligned}D(\xi)&=D(X-2Y)=D(X)+4D(Y)-4\mathrm{Cov}(X, Y)\\&=1+4\times4-4\times1=13,\end{aligned}$$

$$D(\eta)=D(2X-Y)=4D(X)+D(Y)-4\mathrm{Cov}(X, Y)=4\times1+4-4\times1=4,$$

$$\begin{aligned}\mathrm{Cov}(\xi, \eta)&=\mathrm{Cov}(X-2Y, 2X-Y)\\&=\mathrm{Cov}(X, 2X)+\mathrm{Cov}(X, -Y)+\mathrm{Cov}(-2Y, 2X)+\mathrm{Cov}(-2Y, -Y)\\&=2\mathrm{Cov}(X, X)-\mathrm{Cov}(X, Y)-4\mathrm{Cov}(Y, X)+2\mathrm{Cov}(Y, Y)\\&=2D(X)-5\mathrm{Cov}(X, Y)+2D(Y)\\&=2\times1-5\times1+2\times4=5.\end{aligned}$$

所以 $$\rho_{\xi\eta}=\frac{\mathrm{Cov}(\xi,\eta)}{\sqrt{D(\xi)}\cdot\sqrt{D(\eta)}}=\frac{5}{\sqrt{13}\times\sqrt{4}}=\frac{5}{2\sqrt{13}}=\frac{5\sqrt{13}}{26}.$$

例 4.26 设二维离散型随机变量 (X, Y) 的联合分布律为

X \ Y	1	2	3
0	0.1	0.2	0.3
1	0.15	0	0.25

求 ρ_{XY}.

解 X,Y 的边缘分布律为

X	1	2
P	0.5	0.5

Y	1	2	3
P	0.4	0.3	0.3

$$E(X)=1\times0.5+2\times0.5=1.5,\quad E(X^2)=1^2\times0.5+2^2\times0.5=2.5,$$
$$E(Y)=1\times0.4+2\times0.3+3\times0.3=1.9,$$
$$E(Y^2)=1^2\times0.4+2^2\times0.3+3^2\times0.3=4.3,$$
$$D(X)=E(X^2)-E^2(X)=2.5-1.5^2=0.25,$$
$$D(Y)=E(Y^2)-E^2(Y)=4.3-1.9^2=0.69.$$

P	0.1	0.2	0.2	0.3	0.1	0.1
(X, Y)	(1, 1)	(1, 2)	(1, 3)	(2, 1)	(2, 2)	(2, 3)
XY	1	2	3	2	4	6

则

XY	1	2	3	4	6
P	0.1	0.5	0.2	0.1	0.1

$$E(XY)=1\times0.1+2\times0.5+3\times0.2+4\times0.1+6\times0.1=2.7,$$
$$\mathrm{Cov}(X,Y)=E(XY)-E(X)\cdot E(Y)=2.7-1.5\times1.9=-0.15,$$
$$\rho_{XY}=\frac{\mathrm{Cov}(X,Y)}{\sqrt{D(X)}\cdot\sqrt{D(Y)}}=\frac{-0.15}{\sqrt{0.25}\times\sqrt{0.69}}\approx-0.36.$$

例 4.27 设二维随机变量 (X, Y) 的联合概率密度函数为

$$f(x,y)=\begin{cases}8xy, & 0\leqslant x\leqslant1,\ 0\leqslant y\leqslant x,\\ 0, & \text{其他},\end{cases}$$

求 ρ_{XY}.

解 $$E(X)=\int_{-\infty}^{+\infty}\int_{-\infty}^{+\infty}xf(x,y)\mathrm{d}x\mathrm{d}y=\int_0^1\mathrm{d}x\int_0^x x\cdot8xy\mathrm{d}y=\int_0^1 4x^4\mathrm{d}x=\frac{4}{5},$$

$$E(Y)=\int_{-\infty}^{+\infty}\int_{-\infty}^{+\infty}yf(x, y)\mathrm{d}x\mathrm{d}y=\int_0^1\mathrm{d}x\int_0^x y\cdot 8xy\mathrm{d}y=\int_0^1\frac{8}{3}x^4\mathrm{d}x=\frac{8}{15},$$

$$E(X^2)=\int_{-\infty}^{+\infty}\int_{-\infty}^{+\infty}x^2f(x, y)\mathrm{d}x\mathrm{d}y=\int_0^1\mathrm{d}x\int_0^x x^2\cdot 8xy\mathrm{d}y=\int_0^1 4x^5\mathrm{d}x=\frac{2}{3},$$

$$E(Y^2)=\int_{-\infty}^{+\infty}\int_{-\infty}^{+\infty}y^2f(x, y)\mathrm{d}x\mathrm{d}y=\int_0^1\mathrm{d}x\int_0^x y^2\cdot 8xy\mathrm{d}y=\int_0^1 2x^5\mathrm{d}x=\frac{1}{3},$$

所以

$$D(X)=E(X^2)-E^2(X)=\frac{2}{3}-\left(\frac{4}{5}\right)^2=\frac{2}{75},$$

$$D(Y)=E(Y^2)-E^2(Y)=\frac{1}{3}-\left(\frac{8}{15}\right)^2=\frac{11}{225}.$$

由于 $E(XY)=\int_{-\infty}^{+\infty}\int_{-\infty}^{+\infty}xyf(x, y)\mathrm{d}x\mathrm{d}y=\int_0^1\mathrm{d}x\int_0^x xy\cdot 8xy\mathrm{d}y=\int_0^1\frac{8}{3}x^5\mathrm{d}x=\frac{4}{9}$,

所以 $\operatorname{Cov}(X, Y)=E(XY)-E(X)\cdot E(Y)=\frac{4}{9}-\frac{4}{5}\times\frac{8}{15}=\frac{4}{225}$,

因此 $$\rho_{XY}=\frac{\operatorname{Cov}(X, Y)}{\sqrt{D(X)}\cdot\sqrt{D(Y)}}=\frac{\frac{4}{225}}{\sqrt{\frac{2}{75}}\times\sqrt{\frac{11}{225}}}=\frac{2\sqrt{66}}{33}.$$

例 4.28 设 $(X, Y)\sim N(\mu_1, \mu_2, \sigma_1^2, \sigma_2^2, \rho)$,则 $\operatorname{Cov}(X, Y)=\rho\sigma_1\sigma_2$, $\rho_{XY}=\rho$.

解 (X, Y) 的联合概率密度函数为

$$f(x, y)=\frac{1}{2\pi\sigma_1\sigma_2\sqrt{1-\rho^2}}\mathrm{e}^{-\frac{1}{2(1-\rho^2)}\left[\left(\frac{x-\mu_1}{\sigma_1}\right)^2-\frac{2\rho(x-\mu_1)(y-\mu_2)}{\sigma_1\sigma_2}+\left(\frac{y-\mu_2}{\sigma_2}\right)^2\right]},$$

且 (X, Y) 关于 X、关于 Y 的边缘分布为 $X\sim N(\mu_1, \sigma_1^2)$, $Y\sim N(\mu_2, \sigma_2^2)$,即

$$E(X)=\mu_1,\quad E(Y)=\mu_2,\quad D(X)=\sigma_1^2,\quad D(Y)=\sigma_2^2.$$

下面计算协方差与相关系数为

$$\operatorname{Cov}(X, Y)=E((X-\mu_1)(Y-\mu_2))$$

$$=\frac{1}{2\pi\sigma_1\sigma_2\sqrt{1-\rho^2}}\int_{-\infty}^{+\infty}\int_{-\infty}^{+\infty}(x-\mu_1)(y-\mu_2)\mathrm{e}^{-\frac{1}{2(1-\rho^2)}\left[\left(\frac{x-\mu_1}{\sigma_1}\right)^2-\frac{2\rho(x-\mu_1)(y-\mu_2)}{\sigma_1\sigma_2}+\left(\frac{y-\mu_2}{\sigma_2}\right)^2\right]}\mathrm{d}x\mathrm{d}y.$$

注意

$$\left(\frac{x-\mu_1}{\sigma_1}\right)^2-\frac{2\rho(x-\mu_1)(y-\mu_2)}{\sigma_1\sigma_2}+\left(\frac{y-\mu_2}{\sigma_2}\right)^2=\left(\frac{x-\mu_1}{\sigma_1}-\rho\frac{y-\mu_2}{\sigma_2}\right)^2+(1-\rho^2)\left(\frac{y-\mu_2}{\sigma_2}\right)^2.$$

作变量替换

$$\begin{cases} u=\dfrac{1}{\sqrt{1-\rho^2}}\left(\dfrac{x-\mu_1}{\sigma_1}-\rho\dfrac{y-\mu_2}{\sigma_2}\right), \\ v=\dfrac{y-\mu_2}{\sigma_2}, \end{cases}$$

由此得到

$$\begin{cases} x-\mu_1=\sigma_1(u\sqrt{1-\rho^2}+\rho v), \\ y-\mu_2=\sigma_2 v, \end{cases}$$

$$\mathrm{d}x\mathrm{d}y=\sigma_1\sigma_2\sqrt{1-\rho^2}\,\mathrm{d}u\mathrm{d}v,$$

从而

$$\mathrm{Cov}(X,Y)=\frac{\sigma_1\sigma_2}{2\pi}\int_{-\infty}^{+\infty}\int_{-\infty}^{+\infty}(uv\sqrt{1-\rho^2}+\rho v^2)\,\mathrm{e}^{-\frac{u^2+v^2}{2}}\mathrm{d}u\mathrm{d}v.$$

上式右端二重积分可分为两个二重积分,其中

$$\int_{-\infty}^{+\infty}\int_{-\infty}^{+\infty}uv\mathrm{e}^{-\frac{u^2+v^2}{2}}\mathrm{d}u\mathrm{d}v=\int_{-\infty}^{+\infty}u\mathrm{e}^{-\frac{u^2}{2}}\mathrm{d}u\cdot\int_{-\infty}^{+\infty}v\mathrm{e}^{-\frac{v^2}{2}}\mathrm{d}v=0,$$

$$\int_{-\infty}^{+\infty}\int_{-\infty}^{+\infty}v^2\mathrm{e}^{-\frac{u^2+v^2}{2}}\mathrm{d}u\mathrm{d}v=\int_{-\infty}^{+\infty}\mathrm{e}^{-\frac{u^2}{2}}\mathrm{d}u\cdot\int_{-\infty}^{+\infty}v^2\mathrm{e}^{-\frac{v^2}{2}}\mathrm{d}v=2\pi,$$

所以

$$\mathrm{Cov}(X,Y)=\frac{\sigma_1\sigma_2}{2\pi}\rho 2\pi=\rho\sigma_1\sigma_2,\quad \rho_{XY}=\frac{\mathrm{Cov}(X,Y)}{\sqrt{D(X)}\cdot\sqrt{D(Y)}}=\frac{\rho\sigma_1\sigma_2}{\sigma_1\sigma_2}=\rho.$$

注　在二维正态分布中第五个参数 ρ 就是相关系数. 在例 3.25 已经证明 X 与 Y 相互独立的充分必要条件是 $\rho=0$,所以 X 与 Y 相互独立的充分必要条件是 $\rho_{XY}=0$.

下面研究相关系数的性质,通过这些性质可以更深刻地理解相关系数的含义.

性质 1　X 与 Y 相互独立,则 $\rho_{XY}=0$,反之不然.

性质 2　$|\rho_{XY}|\leqslant 1$.

证明　首先证明 $[\mathrm{Cov}(X,Y)]^2\leqslant D(X)\cdot D(Y)$. 不妨设 $D(X)>0$. 考虑 t 的如下二次函数

$$E(t(X-E(X))+(Y-E(Y)))^2=t^2D(X)+2t\mathrm{Cov}(X,Y)+D(Y)\geqslant 0.$$

上述关于 t 的二次三项式非负,平方项的系数为正,所以其判别式非正,即

$$[2\mathrm{Cov}(X,Y)]^2-4D(X)\cdot D(Y)\leqslant 0\Rightarrow(\mathrm{Cov}(X,Y))^2\leqslant D(X)\cdot D(Y).$$

于是有 $|\rho_{XY}|\leqslant 1$.

性质 3　$|\rho_{XY}|=1$ 的充分必要条件是 X 与 Y 以概率 1 线性相关(几乎处处有线性关系),即存在常数 a, b, 使得 $P\{Y=aX+b\}=1$.

证明　先证充分性. 若 $Y=aX+b$,则 $|\rho_{XY}|=1$.

事实上，当 $Y=aX+b$ 时，$D(Y)=a^2D(X)$，所以

$$\mathrm{Cov}(X,Y)=\mathrm{Cov}(X,aX+b)=a\mathrm{Cov}(X,X)=aD(X).$$

代入相关系数定义得

$$\rho_{XY}=\frac{\mathrm{Cov}(X,Y)}{\sqrt{D(X)}\sqrt{D(Y)}}=\frac{aD(X)}{|a|D(X)}=\begin{cases}1, & a>0,\\ -1, & a<0.\end{cases}$$

再证必要性. 若 $|\rho_{XY}|=1$，则几乎处处有 $Y=aX+b$，即存在常数 a，b，使得 $P\{Y=aX+b\}=1$. 为证明这一点，我们来考察如下方差：

$$D\left(\frac{X}{\sqrt{D(X)}}\pm\frac{Y}{\sqrt{D(Y)}}\right)=2(1\pm\rho_{XY}).$$

当 $\rho_{XY}=1$ 时，$D\left(\frac{X}{\sqrt{D(X)}}-\frac{Y}{\sqrt{D(Y)}}\right)=0$，而方差为零的随机变量必几乎处处为常数，即

$$P\left\{\frac{X}{\sqrt{D(X)}}-\frac{Y}{\sqrt{D(Y)}}=c\right\}=1 \quad 或 \quad P\left\{Y=\frac{\sqrt{D(Y)}}{\sqrt{D(X)}}X-c\sqrt{D(Y)}\right\}=1.$$

这就说明 X 与 Y 间几乎处处有线性关系，且斜率 $\frac{\sqrt{D(Y)}}{\sqrt{D(X)}}$ 为正. 类似地，当 $\rho_{XY}=-1$ 时，$D\left(\frac{X}{\sqrt{D(X)}}+\frac{Y}{\sqrt{D(Y)}}\right)=0$，则有

$$P\left\{\frac{X}{\sqrt{D(X)}}+\frac{Y}{\sqrt{D(Y)}}=c\right\}=1 \quad 或 \quad P\left\{Y=-\frac{\sqrt{D(Y)}}{\sqrt{D(X)}}X+c\sqrt{D(Y)}\right\}=1.$$

这就说明 X 与 Y 间几乎处处有线性关系，且斜率 $-\frac{\sqrt{D(Y)}}{\sqrt{D(X)}}$ 为负.

注　(1)相关系数 ρ_{XY} 刻画了随机变量 X 与 Y 间的线性关系，因此也常称为**线性相关系数**.

(2) 若 $\rho_{XY}=0$[即 $\mathrm{Cov}(X,Y)=0$]，则称 X 与 Y **不相关**，这里的不相关是指 X 与 Y 之间没有线性关系，但 X 与 Y 之间可能有其他的函数关系，如平方关系，对数关系等，也可能 X 与 Y 之间没有任何函数关系. 但 X 与 Y 相互独立是指 X 与 Y 之间不含任何关系(既无线性关系，也无非线性关系). 显然当 X 与 Y 相互独立时，X 与 Y 不相关，但 X 与 Y 不相关时，X 与 Y 未必相互独立. 但有一点例外，在二维正态分布场合，不相关与独立等价.

(3) 若 $|\rho_{XY}|=1$，则称 X 与 Y **完全线性相关**. 当 $\rho_{XY}=1$ 时，X 与 Y **完全正线性相关**；当 $\rho_{XY}=-1$ 时，X 与 Y **完全负线性相关**.

(4) 若 $0<|\rho_{XY}|<1$，则称 X 与 Y 有“一定程度”的线性关系. $|\rho_{XY}|$ 越接近于 1，则线性相关程度越高；$|\rho_{XY}|$ 越接近于 0，则线性相关程度越低. 而协方差看不出这一点. 若协方差很小，且其两个标准差也很小，则其比值就不一定很小.

例 4.29 设二维随机变量 (X, Y) 的联合概率密度函数为

$$f(x, y)=\begin{cases}\frac{8}{3}, & 0<x-y<0.5, 0<x<1, 0<y<1, \\ 0, & \text{其他},\end{cases}$$

求 $\operatorname{Cov}(X, Y)$ 与 ρ_{XY}.

解 由于 (X, Y) 联合密度函数为

$$f(x, y)=\begin{cases}\frac{8}{3}, & 0<x-y<0.5, 0<x<1, 0<y<1, \\ 0, & \text{其他},\end{cases}$$

于是

$$\begin{aligned}
E(X)&=\int_{-\infty}^{+\infty}\int_{-\infty}^{+\infty} x f(x, y)\mathrm{d}x\mathrm{d}y=\int_{0}^{0.5}\mathrm{d}x\int_{0}^{x} x\cdot\frac{8}{3}\mathrm{d}y+\int_{0.5}^{1}\mathrm{d}x\int_{x-0.5}^{x} x\cdot\frac{8}{3}\mathrm{d}y \\
&=\int_{0}^{0.5}\frac{8}{3}x^{2}\mathrm{d}x+\int_{0.5}^{1}\frac{4}{3}x\mathrm{d}x=\frac{11}{18}, \\
E(Y)&=\int_{-\infty}^{+\infty}\int_{-\infty}^{+\infty} y f(x, y)\mathrm{d}x\mathrm{d}y=\int_{0}^{0.5}\mathrm{d}x\int_{0}^{x} y\cdot\frac{8}{3}\mathrm{d}y+\int_{0.5}^{1}\mathrm{d}x\int_{x-0.5}^{x} y\cdot\frac{8}{3}\mathrm{d}y \\
&=\int_{0}^{0.5}\frac{4}{3}x^{2}\mathrm{d}x+\int_{0.5}^{1}\left(\frac{4}{3}x-\frac{1}{3}\right)\mathrm{d}x=\frac{7}{18}, \\
E(X^{2})&=\int_{-\infty}^{+\infty}\int_{-\infty}^{+\infty} x^{2} f(x, y)\mathrm{d}x\mathrm{d}y=\int_{0}^{0.5}\mathrm{d}x\int_{0}^{x} x^{2}\cdot\frac{8}{3}\mathrm{d}y+\int_{0.5}^{1}\mathrm{d}x\int_{x-0.5}^{x} x^{2}\cdot\frac{8}{3}\mathrm{d}y \\
&=\int_{0}^{0.5}\frac{8}{3}x^{3}\mathrm{d}x+\int_{0.5}^{1}\frac{4}{3}x^{2}\mathrm{d}x=\frac{31}{72}, \\
E(Y^{2})&=\int_{-\infty}^{+\infty}\int_{-\infty}^{+\infty} y^{2} f(x, y)\mathrm{d}x\mathrm{d}y=\int_{0}^{0.5}\mathrm{d}x\int_{0}^{x} y^{2}\cdot\frac{8}{3}\mathrm{d}y+\int_{0.5}^{1}\mathrm{d}x\int_{x-0.5}^{x} y^{2}\cdot\frac{8}{3}\mathrm{d}y \\
&=\int_{0}^{0.5}\frac{8}{9}x^{3}\mathrm{d}x+\int_{0.5}^{1}\left[\frac{8}{9}x^{3}-\frac{8}{9}\left(x-\frac{1}{2}\right)^{3}\right]\mathrm{d}x=\frac{15}{72}, \\
E(XY)&=\int_{-\infty}^{+\infty}\int_{-\infty}^{+\infty} xy f(x, y)\mathrm{d}x\mathrm{d}y=\int_{0}^{0.5}\mathrm{d}x\int_{0}^{x} xy\cdot\frac{8}{3}\mathrm{d}y+\int_{0.5}^{1}\mathrm{d}x\int_{x-0.5}^{x} xy\cdot\frac{8}{3}\mathrm{d}y \\
&=\int_{0}^{0.5}\frac{4}{3}x^{3}\mathrm{d}x+\int_{0.5}^{1}\left(\frac{4}{3}x^{2}-\frac{1}{3}x\right)\mathrm{d}x=\frac{41}{144},
\end{aligned}$$

所以

$$D(X)=E(X^{2})-E^{2}(X)=\frac{31}{72}-\left(\frac{11}{18}\right)^{2}=\frac{37}{648},$$

$$D(Y)=E(Y^{2})-E^{2}(Y)=\frac{15}{72}-\left(\frac{7}{18}\right)^{2}=\frac{37}{648},$$

$$\operatorname{Cov}(X, Y)=E(XY)-E(X)\cdot E(Y)=\frac{41}{144}-\frac{11}{18}\times\frac{7}{18}=\frac{61}{1\,296}\approx 0.047\,1,$$

$$\rho_{XY}=\frac{\mathrm{Cov}(X,Y)}{\sqrt{D(X)}\cdot\sqrt{D(Y)}}=\frac{\frac{61}{1\,296}}{\sqrt{\frac{37}{648}}\times\sqrt{\frac{37}{648}}}=\frac{61}{74}=0.824\,3.$$

这个协方差很小，但其相关系数并不小. 从相关系数 $\rho_{XY}=0.824\,3$ 看，X 与 Y 有相当程度的正相关，但从相应的协方差 $\mathrm{Cov}(X, Y)=0.047\,1$ 看，X 与 Y 的相关性很微弱. 造成这种错觉的原因在于没有考虑标准差，若两个标准差都很小，即使协方差小一些，相关系数也能显示一定程度的相关性. 由此可见，在协方差基础上加工形成的相关系数是更为重要的相关性特征.

例 4.30(投资风险组合)　设有一笔资金，总量记为 1(可以是 1 万元，也可以是 100 万元)，如今要投资甲、乙两种证券. 若将资金 x_1 投资于甲证券，将余下的资金 $1-x_1=x_2$ 投资于乙证券，于是 (x_1, x_2) 就形成了一个投资组合. 记 X 为“投资甲证券的收益率”，Y 为“投资乙证券的收益率”，它们都是随机变量. 如果已知 X 与 Y 的均值(代表平均收益)分别为 μ_1，μ_2，方差(代表风险)分别为 σ_1^2，σ_2^2，X 与 Y 间的相关系数为 ρ. 试求该投资组合的平均收益与风险，并求使投资组合风险最小的 x_1.

解　因为投资组合收益为

$$Z=x_1X+x_2Y=x_1X+(1-x_1)Y,$$

所以该组合的平均收益为

$$E(Z)=x_1E(X)+(1-x_1)E(Y)=x_1\mu_1+(1-x_1)\mu_2.$$

而该组合的风险为

$$\begin{aligned}D(Z)&=D(x_1X+(1-x_1)Y)=x_1^2D(X)+(1-x_1)^2D(Y)+2x_1(1-x_1)\mathrm{Cov}(X,Y)\\&=x_1^2\sigma_1^2+(1-x_1)^2\sigma_2^2+2x_1(1-x_1)\rho\sigma_1\sigma_2,\end{aligned}$$

求最小组合风险，即求 $D(Z)$ 关于 x_1 的极小点. 为此令

$$\frac{\mathrm{d}D(Z)}{\mathrm{d}x_1}=2x_1\sigma_1^2-2(1-x_1)\sigma_2^2+2\rho\sigma_1\sigma_2-4x_1\rho\sigma_1\sigma_2=0,$$

解得

$$x_1^*=\frac{\sigma_2^2-\rho\sigma_1\sigma_2}{\sigma_1^2+\sigma_2^2-2\rho\sigma_1\sigma_2}.$$

它与 μ_1，μ_2 无关. 又因为 x_1^2 的系数为正，所以以上的 x_1^* 可使组合风险达到最小.

例如，假设 $\sigma_1^2=0.3$，$\sigma_2^2=0.5$，$\rho=0.4$，则

$$x_1^*=\frac{0.5-0.4\times\sqrt{0.3\times0.5}}{0.3+0.5-2\times0.4\times\sqrt{0.3\times0.5}}=0.704.$$

这说明应把全部资金的 70% 投资于甲证券，而把余下的 30% 的资金投资于乙证券，这样的投资组合风险最小.

4.3.3 矩、协方差阵

随机变量的数学期望和方差可以放到一个更一般的概念范畴中,那就是随机变量的矩.

定义 4.6 设 X, Y 为随机变量, k, $l(k,l=1,2,\cdots)$ 为正整数,若 $E(X^k)$ 存在,则称 $E(X^k)$ 为 X 的 k 阶原点矩,记为 μ_k, 即

$$\mu_k=E(X^k);$$

若 $E((X-E(X))^k)$ 存在,则称 $E((X-E(X))^k)$ 为 X 的 k 阶中心矩,记为 v_k, 即

$$v_k=E((X-E(X))^k);$$

若 $E(X^kY^l)$ 存在,则称 $E(X^kY^l)$ 为 X 和 Y 的 $k+l$ 阶混合原点矩;

若 $E((X-E(X))^k(Y-E(Y))^l)$ 存在,则称 $E((X-E(X))^k(Y-E(Y))^l)$ 为 X 和 Y 的 $k+l$ 阶混合中心矩.

注 随机变量 X 的数学期望是 X 的 1 阶原点矩, X 的方差是 X 的二阶中心矩,协方差 $\mathrm{Cov}(X,Y)$ 是 X 和 Y 的二阶混合中心矩.

下面介绍 n 维随机变量的协方差矩阵,先从二维随机变量开始.

定义 4.7 将二维随机变量 (X_1,X_2) 的四个二阶中心矩

$$\begin{aligned}
c_{11}&=E((X_1-E(X_1))^2)=D(X_1)=\mathrm{Cov}(X_1,X_1),\\
c_{12}&=E((X_1-E(X_1))(X_2-E(X_2)))=\mathrm{Cov}(X_1,X_2),\\
c_{21}&=E((X_2-E(X_2))(X_1-E(X_1)))=\mathrm{Cov}(X_2,X_1),\\
c_{22}&=E((X_2-E(X_2))^2)=D(X_2)=\mathrm{Cov}(X_2,X_2)
\end{aligned}$$

排成矩阵

$$\begin{pmatrix} c_{11} & c_{12} \\ c_{21} & c_{22} \end{pmatrix}\quad(\text{对称矩阵}),$$

则称此矩阵为 (X_1,X_2) 的协方差矩阵.

定义 4.8 若 n 维随机变量 $(X_1,X_2,\cdots,X_n)$ 的所有二阶中心矩

$$c_{ij}=E((X_i-E(X_i))(X_j-E(X_j)))=\mathrm{Cov}(X_i,X_j)$$

均存在,则称矩阵

$$\begin{pmatrix} c_{11} & c_{12} & \cdots & c_{1n} \\ c_{21} & c_{22} & \cdots & c_{2n} \\ \vdots & \vdots & & \vdots \\ c_{n1} & c_{n2} & \cdots & c_{nn} \end{pmatrix}\quad(\text{对称矩阵})$$

为 n 维随机变量 $(X_1,X_2,\cdots,X_n)$ 的协方差矩阵.

例 4.31 设 (X,Y) 的协方差矩阵为

$$\begin{pmatrix} 1 & -1 \\ -1 & 9 \end{pmatrix},$$

求 ρ_{XY}.

解　由协方差矩阵的定义知 $\mathrm{Cov}(X, Y)=-1$, $D(X)=1$, $D(Y)=9$, 所以

$$\rho_{XY}=\frac{\mathrm{Cov}(X, Y)}{\sqrt{D(X)}\cdot\sqrt{D(Y)}}=\frac{-1}{\sqrt{1}\times\sqrt{9}}=-\frac{1}{3}.$$

习题 4.3

1. 设随机变量 $X\sim P(2)$, $Y=3X-2$,求 $E(Y)$, $D(Y)$, $\mathrm{Cov}(X, Y)$, ρ_{XY}.

2. 已知 $D(X)=4$, $D(Y)=1$, $\rho_{XY}=0.6$,求 $D(X+Y)$, $D(3X-2Y)$.

3. 已知 $D(X)=4$, $D(Y)=2$,且 X 与 Y 相互独立,求 $D(3X-2Y)$.

4. 已知 (X, Y) 的联合分布律为

X \ Y	1	2	3
0	0.1	0.2	0.3
1	0.15	0	0.25

求 $\mathrm{Cov}(X, Y)$ 与 ρ_{XY}.

5. 设二维随机变量 (X, Y) 的联合概率密度函数为

$$f(x, y)=\begin{cases}\mathrm{e}^{-y}, & 0\leqslant x\leqslant 1,\ y>0,\\ 0, & \text{其他},\end{cases}$$

求 $\mathrm{Cov}(X, Y)$ 与 ρ_{XY}.

6. 设 (X, Y) 的协方差矩阵为

$$\begin{pmatrix}4 & -3\\ -3 & 9\end{pmatrix},$$

求 ρ_{XY}.

7. 两支股票 A 和 B,在一个给定时期内的收益率 r_A, r_B 均为随机变量,已知 (r_A, r_B) 的协方差矩阵为

$$\begin{pmatrix}16 & 6\\ 6 & 9\end{pmatrix},$$

现将一笔资金按比例 x, $1-x$ 分别投资到两支股票上形成一个投资组合 P,其收益率为 r_P. 求

(1) r_A, r_B 的相关系数 ρ; (2) $D(r_P)$;

(3) 在不允许卖空的情况下(即 $0\leqslant x\leqslant 1$), x 为何值时 $D(r_P)$ 最小,何时 $D(r_P)\leqslant\min\{D(r_A), D(r_B)\}$?

本章小结

随机变量的数字特征是由随机变量的分布确定的,是能描述随机变量某一方面的特征的常数. 最重要的数字特征是数学期望和方差. 数学期望 $E(X)$ 是描述随机变量 X 取值的平均值,方差 $D(X)=E(X-E(X))^2$ 是描述随机变量 X 与它的数学期望 $E(X)$ 的偏离程度. 数学期望和方差虽不能像分布函数、分布律、密度函数一样完整地描述随机变量取值的

统计规律,但它们能描述随机变量分布的主要特征,数学期望和方差的性质也是计算随机变量函数的期望或方差的主要方法,尤其是方差的性质就是著名的误差传播律,它们在实际和理论上都非常重要.

要掌握随机变量函数 $Y=g(X)$ 的数学期望的计算公式 $E(g(X))=\sum_{i=1}^{\infty}g(x_i)p_i$ 和 $E(g(X))=\int_{-\infty}^{+\infty}g(x)f(x)\mathrm{d}x$. 它们的意义在于求 $E(Y)$ 时,不必先求出 $Y=g(X)$ 的分布律或密度函数,而只需要利用 X 的分布律或密度函数就可以了,这样极大地方便了我们计算随机变量函数 $Y=g(X)$ 的数学期望. 至于方差 $D(X)$,常用公式 $D(X)=E(X^2)-E^2(X)$ 来计算;随机变量 X 与 Y 的协方差 $\mathrm{Cov}(X,Y)$,常用公式 $\mathrm{Cov}(X,Y)=E(XY)-E(X)\cdot E(Y)$ 来计算;随机变量 X 与 Y 的相关系数 ρ_{XY},常用公式 $\rho_{XY}=\dfrac{\mathrm{Cov}(X,Y)}{\sqrt{D(X)}\cdot\sqrt{D(Y)}}$ 来计算.

要掌握随机变量的数学期望和方差的性质,需要注意以下几个方面:

(1) 当 X 与 Y 独立或不相关时,才有 $E(XY)=E(X)\cdot E(Y)$;

(2) 设 c 为常数,则有 $D(cX)=c^2D(X)$;

(3) $D(X\pm Y)=D(X)+D(Y)\pm 2\mathrm{Cov}(X,Y)$,当 X 与 Y 独立或不相关时,才有

$$D(X\pm Y)=D(X)+D(Y).$$

相关系数 ρ_{XY} 实际是线性相关系数,它是一个用来描述 X 与 Y 之间的线性关系紧密程度的数字特征. 当 $|\rho_{XY}|$ 较小时,X 与 Y 之间的线性关系程度较弱;当 $|\rho_{XY}|$ 较大时,X 与 Y 之间的线性关系程度较强;当 $|\rho_{XY}|=1$ 时,称 X 与 Y 相关;当 $\rho_{XY}=0$ 时,称 X 与 Y 不相关. 这里的不相关是指 X 与 Y 之间没有线性关系,但 X 与 Y 之间可能有其他的函数关系,如平方关系,对数关系等,也可能 X 与 Y 之间没有任何函数关系. 但 X 与 Y 相互独立是指 X 与 Y 之间不含任何关系(既无线性关系,也无非线性关系). 显然当 X 与 Y 相互独立时,X 与 Y 不相关,但 X 与 Y 不相关时,X 与 Y 未必相互独立. 但有一点例外,在二维正态分布场合,不相关与独立等价. 所以,对于二维正态分布可以用 $\rho=0$ 是否成立来检验 X 与 Y 是否相互独立,这是很方便的.

数学家伯恩斯坦简介

伯恩斯坦

伯恩斯坦(Sergi Natanovich Bernstein)是苏联数学家, 1880 年 3 月 6 日生于敖德萨, 1968 年 10 月 26 日卒于莫斯科.

伯恩斯坦 1899 年毕业于法国巴黎大学, 1901 年又毕业于巴黎综合工科学校,1904 年在巴黎获数学博士学位, 1907 年成为教授, 1914 年在哈尔科夫又获纯粹数学博士学位,1907—1933 年在哈尔科夫大学任教, 1933—1941 年在列宁格勒综合技术学院和列宁格勒大学工作, 1935 年以后在苏联科学院数学研究所工作,1925 年当选为乌克兰科学院院士, 1929 年当选为苏联科学院院士. 他还是巴黎科学院的外国院士. 伯恩斯坦曾获得许多国家的荣誉称号和奖励.

伯恩斯坦对偏微分方程、函数构造论和多项式逼近理论、概率论都作出了贡献.

在偏微分方程方面,伯恩斯坦以解决希尔伯特第19问题(正则变分问题的解是否一定解析,1904年伯恩斯坦证明了一个变元的解析非线性椭圆型方程其解必定解析)和1908年试解希尔伯特第20问题(一般边值问题)而闻名于世.他创立了一种求解二阶偏微分方程边值问题的新方法——伯恩斯坦法,他还将普拉托问题解的存在性当作所举椭圆型偏微分方程的第一边值问题来加以探讨.他的工作推动了偏微分方程的发展.

在函数构造论和多项式逼近理论方面,伯恩斯坦1912年发表题为"论连续函数借助于具有固定次数的多项式的最佳逼近"的论文,奠定了函数构造论的基础.他引进了伯恩斯坦多项式、三角多项式导数的伯恩斯坦不等式等.开创了不少函数构造的研究方向,如多项式逼近定理,确定单连通域多项式的逼近的准确近似度等.

在概率论方面,伯恩斯坦最早(1917年)提出了一些公理来作为概率论的前提,促进了概率论公理化的建立.他与莱维共同开创了相关随机变量之和依法则收敛问题的研究.1917年他们得到了相当于独立随机变量之和的中心极限定理,其特点是把独立性换为渐近独立性.从1922年起,他又着手研究一些应用的实例,诸如马尔可夫单链成果的推广等.他与莱维在研究一维布朗扩散运动时,曾尝试用概率论方式研究所谓随机微分方程,并可将其推广到多维扩散过程.

伯恩斯坦对变分法、泛函分析等也有贡献.

在数学中以他的姓氏命名的有:伯恩斯坦定理、伯恩斯坦多项式、伯恩斯坦不等式、伯恩斯坦插值法、伯恩斯坦拟解析类、伯恩斯坦求和法、伯恩斯坦-科尔莫哥洛夫估计、伯恩斯坦-佐藤多项式、伯恩斯坦极小子流形问题等.

伯恩斯坦的主要论著都被收录1952—1964年出版的《伯恩斯坦文集》1—4卷中.

总习题4

一、填空题

1. 已知连续型随机变量 X 的概率密度为 $f(x)=\frac{1}{\sqrt{\pi}}e^{-x^2+2x-1}$,则 $E(X)=$ ________, $D(X)=$ ________.

2. 已知随机变量 X 服从参数为2的泊松分布,且随机变量 $Z=3X-2$,则 $E(Z)=$ ________.

3. 设随机变量 X 服从参数为1的指数分布,则 $E(X+e^{-2X})=$ ________.

4. 设 X 表示10次独立重复射击命中目标的次数,每次射中目标的概率为0.4,则 $E(X^2)=$ ________.

5. 设 X 和 Y 是两个相互独立且均服从正态分布 $N\left(0,\frac{1}{2}\right)$ 的随机变量,则 $E(|X-Y|)=$ ________.

6. 设随机变量 X 服从参数为 λ 的指数分布,则 $P\{X>\sqrt{D(X)}\}$ ________.

7. 设随机变量 X 在区间 $[-1,2]$ 上服从均匀分布,随机变量

$$Y=\begin{cases}1, & X>0,\\ 0, & X=0,\\ -1, & X<0,\end{cases}$$

则方差 $D(Y)=$ ________.

8. 设随机变量 X 和 Y 的联合分布律为

X \ Y	-1	0	1
0	0.07	0.18	0.15
1	0.08	0.32	0.20

则 X^2 和 Y^2 的协方差 $\mathrm{Cov}(X^2, Y^2)=$ ________.

9. 设随机变量 X 和 Y 的相关系数为 0.5，$E(X)=E(Y)=0$，$E(X^2)=E(Y^2)=2$，则 $E((X+Y)^2)=$ ________.

10. 设随机变量 X 的概率密度为

$$f_X(x)=\begin{cases}\dfrac{1}{2}, & -1<x<0,\\ \dfrac{1}{4}, & 0\leqslant x<2,\\ 0, & 其他,\end{cases}$$

令 $Y=X^2$，则 $\mathrm{Cov}(X, Y)=$ __________.

11. (2020，数三)设随机变量 X 服从区间 $\left(-\dfrac{\pi}{2}, \dfrac{\pi}{2}\right)$ 的均匀分布，$Y=\sin X$，则 $\mathrm{Cov}(X, Y)=$ ________.

12. (2021，数三)甲、乙两个盒子中各装有 2 只红球、2 只白球，先从甲盒中任取一只，观察球的颜色后放入乙盒，再从乙盒中任取一只. 记 X 与 Y 分别表示从甲盒和乙盒中取到的红球只数，则 X 与 Y 的相关系数为________.

13. (2023，数三)设随机变量 X 与 Y 相互独立，且 $X\sim B(1, p)$，$Y\sim B(2, p)$，则 $X+Y$ 与 $X-Y$ 的相关系数为________.

二、选择题

1. 设随机变量 X 和 Y 独立，且 $X\sim B(16, 0.5)$，$Y\sim P(9)$，则 $D(X-2Y+1)=$ (　　).

A. -14　　B. 13　　C. 40　　D. 41

2. 已知 $D(X)=25$，$D(Y)=1$，$\rho_{XY}=0.4$，则 $D(X-Y)=$ (　　).

A. 6　　B. 22　　C. 30　　D. 46

3. 设二维随机变量 $(X, Y)\sim N\left(1, 1, 4, 9, \dfrac{1}{2}\right)$，则 $\mathrm{Cov}(X, Y)=$ (　　).

A. $\dfrac{1}{2}$　　B. 3　　C. 18　　D. 36

4. 设随机变量 X 和 Y 独立，且 $X\sim U(-1, 3)$，$Y\sim U(2, 4)$，则 $E(XY)=$ (　　).

A. 3　　B. 6　　C. 10　　D. 12

5. (2023，数一、三)设随机变量 X 服从参数为 1 的泊松分布，则 $E(|X-E(X)|)=$ (　　).

A. $\dfrac{1}{\mathrm{e}}$　　B. $\dfrac{1}{2}$　　C. $\dfrac{2}{\mathrm{e}}$　　D. 1

6. 设二维随机变量 $(X, Y)\sim N(0, 0, 1, 1, 0)$，$\Phi(x)$ 为标准正态分布函数，则下列错误的是(　　).

A. X 和 Y 都服从 $N(0, 1)$ 正态分布　　B. X 和 Y 独立

C. $\mathrm{Cov}(X, Y) = 1$　　　　D. (X, Y) 的联合分布函数是 $\Phi(x) \cdot \Phi(y)$

7. 对任意两个随机变量 X 和 Y，若 $E(XY) = E(X) \cdot E(Y)$，则(　　).

A. $D(XY) = D(X) \cdot D(Y)$　　　　B. $D(X+Y) = D(X) + D(Y)$

C. X 和 Y 独立　　　　D. X 和 Y 不独立

8. 设随机变量 X 和 Y 独立同分布，记 $U = X - Y$，$V = X + Y$，则随机变量 U 与 V 必然(　　).

A. 不独立　　　　B. 独立

C. 相关系数不为零　　　　D. 相关系数为零

9. 设二维随机变量 (X, Y) 服从二维正态分布，则随机变量 $\xi = X+Y$ 与 $\eta = X-Y$ 不相关的充分必要条件为(　　).

A. $E(X) = E(Y)$　　　　B. $E(X^2) - [E(X)]^2 = E(Y^2) - [E(Y)]^2$

C. $E(X^2) = E(Y^2)$　　　　D. $E(X^2) + [E(X)]^2 = E(Y^2) + [E(Y)]^2$

10. 将一枚硬币重复掷 n 次，以 X 和 Y 分别表示正面向上和反面向上的次数，则 X 和 Y 的相关系数等于(　　).

A. -1　　　　B. 0　　　　C. $\frac{1}{2}$　　　　D. 1

11. 设随机变量 $X_1, X_2, \cdots, X_n (n > 1)$ 独立同分布，且其方差为 $\sigma^2 > 0$. 令 $Y = \frac{1}{n}\sum_{i=1}^{n} X_i$，则(　　).

A. $\mathrm{Cov}(X_1, Y) = \frac{\sigma^2}{n}$　　　　B. $\mathrm{Cov}(X_1, Y) = \sigma^2$

C. $D(X_1 + Y) = \frac{n+2}{n}\sigma^2$　　　　D. $D(X_1 - Y) = \frac{n+1}{n}\sigma^2$

12. (2022，数一)设随机变量 $X \sim N(0, 1)$，在 $X = x$ 的条件下，随机变量 $Y \sim N(x, 1)$，则 X 与 Y 的相关系数为(　　).

A. 1　　　　B. $\frac{1}{2}$　　　　C. $\frac{\sqrt{3}}{3}$　　　　D. $\frac{\sqrt{2}}{2}$

13. (2023，数一、三)设 X_1, X_2 是来自正态总体 $N(\mu, \sigma^2)$ 的简单随机样本，其中 $\sigma(\sigma > 0)$ 是未知参数，记 $\hat{\sigma} = a|X_1 - X_2|$. 若 $E(\hat{\sigma}) = \sigma$，则 $a =$ (　　).

A. $\frac{\sqrt{\pi}}{2}$　　　　B. $\frac{\sqrt{2\pi}}{2}$　　　　C. $\sqrt{\pi}$　　　　D. $\sqrt{2\pi}$

14. (2024，数一)设随机变量 X 的概率密度函数为 $f(x) = \begin{cases} 2(1-x), \\ 0, \end{cases}$ 在 $X = x (0 < x < 1)$ 的条件下，随机变量 Y 服从区间 $(x, 1)$ 上的均匀分布，则 $\mathrm{Cov}(X, Y) =$ (　　).

A. $-\frac{1}{36}$　　　　B. $-\frac{1}{72}$　　　　C. $\frac{1}{72}$　　　　D. $\frac{1}{36}$

三、解答题

1. 已知随机变量 $X \sim N(1, 3^2)$，$Y \sim N(0, 4^2)$，且 X 和 Y 的相关系数 $\rho_{XY} = -\frac{1}{2}$，设 $Z = \frac{X}{3} + \frac{Y}{2}$. 求

(1) $E(Z)$ 和 $D(Z)$；(2) X 与 Z 的相关系数 ρ_{XZ}.

2. 一商店经销某种商品，每周的进货量 X 与顾客对该种商品的需求量 Y 是两个相互独立的随机变量，且都服从区间[10, 20]上的均匀分布. 商店每售出一单位商品可得利润 1 000 元；若需求量超过了进货

量,可向其他商店调剂供应,这时售出每单位商品获得利润 500 元. 试求此商店经销该种商品每周所得利润的期望值.

3. 设由自动线加工的某种零件的内径 X(单位: mm) 服从正态分布 $N(\mu, 1)$,内径小于 10 或大于 12 为不合格品,其余为合格品. 销售每件合格品获利,销售每件不合格品亏损. 已知销售利润 T(单位: 元)与销售零件的内径 X 有如下关系.

$$T=\begin{cases}-1, & X<10,\\ 20, & 10\leqslant X\leqslant 12,\\ -5, & X>12,\end{cases}$$

问平均内径 μ 取何值时,销售一个零件的平均利润最大?

4. 设一部机器在一天内发生故障的概率为 0.2,机器发生故障时全天停止工作. 一周 5 个工作日,若无故障,可获利润 10 万元;发生一次故障仍可获利润 5 万元;若发生两次故障,获利润 0 万元;若发生 3 次或 3 次以上故障,亏损 2 万元. 求一周内的利润期望.

5. 设二维随机变量 (X, Y) 的密度函数为

$$f(x, y)=\frac{1}{2}[\varphi_1(x, y)+\varphi_2(x, y)],$$

其中 $\varphi_1(x, y)$ 和 $\varphi_2(x, y)$ 都是二维正态密度函数,且它们对应的二维随机变量的相关系数分别为 $\frac{1}{3}$ 和 $-\frac{1}{3}$,它们的边缘密度函数所对应的随机变量的数学期望都是 0,方差都是 1.

(1) 求随机变量 X 和 Y 的密度函数 $f_1(x)$ 和 $f_2(y)$,及 X 和 Y 的相关系数 ρ_{XY}(可以直接利用二维正态的性质).

(2) 问 X 和 Y 是否独立? 为什么?

6. 假设随机变量 U 在区间 $[-2, 2]$ 上服从均匀分布,随机变量

$$X=\begin{cases}-1, & U\leqslant -1,\\ 1, & U>-1;\end{cases}\qquad Y=\begin{cases}-1, & U\leqslant 1,\\ 1, & U>1.\end{cases}$$

试求(1) X 和 Y 的联合分布律;(2) $D(X+Y)$.

7. 设 A, B 为两个随机事件,且 $P(A)=\frac{1}{4}$, $P(B\mid A)=\frac{1}{3}$, $P(A\mid B)=\frac{1}{2}$,令

$$X=\begin{cases}1, & A\text{ 发生},\\ 0, & A\text{ 不发生};\end{cases}\qquad Y=\begin{cases}1, & B\text{ 发生},\\ 0, & B\text{ 不发生}.\end{cases}$$

求(1) 二维随机变量 (X, Y) 的概率分布;(2) X 与 Y 的相关系数 ρ_{XY};(3) $Z=X^2+Y^2$ 的概率分布.

8. 设 $X_1, X_2, \cdots, X_n (n>2)$ 为独立同分布的随机变量,且均服从 $N(0, 1)$,记 $\bar{X}=\frac{1}{n}\sum_{i=1}^{n}X_i$, $Y_i=X_i-\bar{X}$, $i=1, 2, \cdots, n$. 求

(1) Y_i 的方差 $D(Y_i)$, $i=1, 2, \cdots, n$;(2) Y_1 与 Y_n 的协方差 $\mathrm{Cov}(Y_1, Y_n)$;(3) $P\{Y_1+Y_n\leqslant 0\}$.

9. (2019,数一、三)设随机变量 X 的概率密度函数为 $f(x)=\begin{cases}\frac{x}{2}, & 0<x<2,\\ 0, & \text{其他},\end{cases}$ $F(x)$ 为 X 的分布函数, $E(X)$ 为 X 的数学期望,求 $P\{F(X)>E(X)-1\}$.

10. (2019，数一)设随机变量 X 与 Y 相互独立，X 服从参数为 1 的指数分布，Y 的概率分布为 $P\{Y=-1\}=p$，$P\{Y=1\}=1-p$，令 $Z=XY$. 求

(1) Z 的概率密度函数；(2) 当 p 为何值时，X 与 Z 不相关；(3) X 与 Z 是否相互独立？

11. (2021，数一、三)在区间(0, 2)上随机取一点，将该区间分成两段，较短的一段长度记为 X，较长的一段长度为 Y，令 $Z=\dfrac{Y}{X}$. 求

(1) X 的概率密度函数；(2) Z 的概率密度函数；(3) $E\left(\dfrac{X}{Y}\right)$.

12. (2023，数一)设二维随机变量 (X, Y) 的联合概率密度为

$$f(x, y)=\begin{cases}\dfrac{2}{\pi}(x^2+y^2), & x^2+y^2 \leqslant 1, \\ 0, & \text{其他}.\end{cases}$$

(1) 求 X 与 Y 的协方差 $\operatorname{Cov}(X, Y)$；(2) X 与 Y 是否相互独立？(3) $Z=X^2+Y^2$ 的概率密度函数.

13. (2023，数三)设随机变量 X 的概率密度函数为 $f(x)=\dfrac{\mathrm{e}^x}{(1+\mathrm{e}^x)^2}$，$x \in \mathbf{R}$，令 $Y=\mathrm{e}^X$.

(1) 求 X 的分布函数；(2) 求 Y 的概率密度函数；(3) Y 的期望是否存在？

第 5 章

大数定律与中心极限定理

前面各章节叙述的理论是以随机事件概率为基础，而随机现象的统计规律只有在大量随机现象的考察中才能显现出来，研究大量的随机现象，常常采用极限的方法，因而需要研究极限定理.极限定理也是概率论与数理统计学中很重要的理论结果.极限定理的内容广泛，其中有两类重要的极限定理：大数定律与中心极限定理.大数定律和中心极限定理在生产实际中有广泛的应用，本章将介绍这两类极限定理.

5.1 大数定律

在第 1 章中，我们提到过事件发生的频率具有稳定性，即随着观测次数的增加，事件发生的频率将逐渐稳定于某个常数.在实践中人们发现，大量测量值的算术平均值也具有稳定性.例如，大量抛掷硬币正面出现的频率，生产过中的废品率，字母使用频率等.这种稳定性就是本节所要讨论的大数定律研究的客观背景.

5.1.1 切比雪夫不等式

对随机现象的大数量观察引出的定律称为大数定律，后经严格的数学证明，称为大数定理.在引入大数定理之前，我们先学习一个重要的不等式——切比雪夫(Chebyshev)不等式.

定理 5.1 设随机变量 X 的数学期望 $E(X)$ 与方差 $D(X)$ 均存在，则对任意给定的 $\varepsilon > 0$，则不等式

$$P\{|X-E(X)|\geqslant\varepsilon\}\leqslant\frac{D(X)}{\varepsilon^2}$$

成立.

证明 (1) 设 X 是离散型随机变量，则

$$\begin{aligned}P\{|X-E(X)|\geqslant\varepsilon\}&=\sum_{|x_i-E(X)|\geqslant\varepsilon}p_i\leqslant\sum_{|x_i-E(X)|\geqslant\varepsilon}\frac{[x_i-E(X)]^2}{\varepsilon^2}p_i\\&\leqslant\frac{1}{\varepsilon^2}\sum_{|x_i-E(X)|\geqslant\varepsilon}[x_i-E(X)]^2p_i\\&=\frac{1}{\varepsilon^2}\sum_{|x_i-E(X)|\geqslant\varepsilon}[x_i-E(X)]^2p_i\\&\leqslant\frac{1}{\varepsilon^2}\sum_i[x_i-E(X)]^2p_i=\frac{D(X)}{\varepsilon^2}.\end{aligned}$$

(2) 设 X 是连续型随机变量情形，$f(x)$ 是随机变量 X 的概率密度函数，则

$$
\begin{aligned}
P\{|X-E(X)|\geqslant\varepsilon\}&=\int_{|X-E(X)|\geqslant\varepsilon}f(x)\mathrm{d}x\leqslant\int_{|X-E(X)|\geqslant\varepsilon}\frac{[X-E(X)]^2}{\varepsilon^2}f(x)\mathrm{d}x\\
&=\frac{1}{\varepsilon^2}\int_{|X-E(X)|\geqslant\varepsilon}[X-E(X)]^2f(x)\mathrm{d}x\\
&\leqslant\frac{1}{\varepsilon^2}\int_{-\infty}^{+\infty}[X-E(X)]^2f(x)\mathrm{d}x=\frac{D(X)}{\varepsilon^2}.
\end{aligned}
$$

切比雪夫不等式的另外一种常用形式为

$$P\{|X-E(X)|<\varepsilon\}\geqslant 1-\frac{D(X)}{\varepsilon^2}.$$

切比雪夫不等式对离散型随机变量和连续型随机变量都成立，揭示了随机变量的离差与方差的具体关系，并且具体地估算了随机变量 X 取值时以 X 的数学期望 $E(X)$ 为中心的分散程度. 方差起着决定的作用，对于给定的 $\varepsilon>0$，当方差 $D(X)$ 越小时，$P\{|X-E(X)|<\varepsilon\}$ 越大，表明随机变量 X 的取值越集中在 $E(X)$ 附近，分布就越集中；反之，说明随机变量 X 取值越偏离 $E(X)$，分布就越分散，这也进一步说明了方差可以很好地度量随机变量与数学期望之间的偏离程度.

利用切比雪夫不等式，可以在随机变量 X 的分布未知的情况下，只利用随机变量 X 的期望 $E(X)$ 和 $D(X)$，就可以对概率分布进行估计 $P\{|X-E(X)|<\varepsilon\}$，即 X 落在 $(E(X)-\varepsilon, E(X)+\varepsilon)$ 内的概率，这也是切比雪夫不等式的重要性所在，但在一个具体问题中，它给出的概率估计是比较粗略的.

例 5.1 设随机变量 X 的数学期望 $E(X)=\mu$，方差 $D(X)=\sigma^2$，估计 $P\{|X-\mu|\geqslant 3\sigma\}$ 的大小区间.

解 令 $\varepsilon=3\sigma$，则由切比雪夫不等式 $P\{|X-E(X)|\geqslant\varepsilon\}\leqslant\dfrac{D(X)}{\varepsilon^2}$ 有

$$P\{|X-\mu|\geqslant 3\sigma\}\leqslant\frac{\sigma^2}{(3\sigma)^2}=\frac{1}{9}.$$

对任意一个期望和方差均存在的分布来说，在区间 $(E(X)-\varepsilon, E(X)+\varepsilon)$ 外的概率不超过 $\dfrac{1}{9}$，而在此区间内的概率不会小于 $\dfrac{8}{9}$. 在实际运用中就只考虑这个区间，这称为“3σ 准则”(三倍标准差准则)，它在各行生产或科学实验中常用来作为质量控制的依据.

例 5.2 已知正常男性成人血液中，每毫升白细胞数的平均值是 7 300，均方差是 700，利用切比雪夫不等式估计每毫升血液白细胞数在 5 200～9 400 之间的概率.

解 设 X 表示“每毫升血液中含白细胞个数”，则 $E(X)=7\,300$，$\sigma=\sqrt{D(X)}=700$. 由切比雪夫不等式有

$$P\{5\,200\leqslant X\leqslant 9\,400\}=P\{|X-7\,300|\leqslant 2\,100\}\geqslant 1-\frac{D(X)}{2\,100^2}=1-\frac{700^2}{2\,100^2}=\frac{8}{9}.$$

例 5.3 假设一批种子的优良种率为 $\frac{1}{6}$，从中任意选出 600 粒，试用切比雪夫不等式估计：这 600 粒种子中优良种子所占比例与 $\frac{1}{6}$ 之差的绝对值不超过 0.02 的概率.

解 设 X 表示"600 粒种子中优良种子的数量"，则 $X \sim B\left(600, \frac{1}{6}\right)$，于是

$$E(X) = np = 600 \times \frac{1}{6} = 100, \quad D(X) = npq = 600 \times \frac{1}{6} \times \left(1 - \frac{1}{6}\right) = \frac{250}{3},$$

$$\varepsilon = 600 \times 0.02 = 12,$$

由切比雪夫不等式有

$$P\left\{\left|\frac{X}{600} - \frac{1}{6}\right| \leqslant 0.02\right\} = P\{|X - 100| \leqslant 12\} \geqslant 1 - \frac{D(X)}{12^2} = 0.4213.$$

定理 5.2 方差为零的随机变量 X 几乎处处为常数，且这个常数为它的数学期望 $E(X)$.

证明 由切比雪夫不等式，对任意 $\varepsilon > 0$，恒有

$$P\{|X - E(X)| \geqslant \varepsilon\} \leqslant \frac{D(X)}{\varepsilon^2} = 0.$$

故有 $P\{|X - E(X)| \geqslant \varepsilon\} = 0$，由 ε 的任意性，因此 $P\{X \neq E(X)\} = 0$，即

$$P\{X = E(X)\} = 1.$$

5.1.2 大数定律

大数定律主要用来描述事件发生的频率和大量随机试验的算术平均值具有稳定性. 大数定律形式很多，我们仅介绍几种常用的大数定律.

定理 5.3（切比雪夫大数定律） 设随机变量 $X_1, X_2, \cdots, X_n, \cdots$ 相互独立，期望 $E(X_1), E(X_2), \cdots, E(X_n), \cdots$ 与方差 $D(X_1), D(X_2), \cdots, D(X_n), \cdots$ 均存在，且方差具有公共上界，即存在某一常数 M，使

$$D(X_i) \leqslant M, \quad i = 1, 2, \cdots,$$

则对任意的 $\varepsilon > 0$，有

$$\lim_{n \to \infty} P\left\{\left|\frac{1}{n}\sum_{i=1}^{n} X_i - \frac{1}{n}\sum_{i=1}^{n} E(X_i)\right| < \varepsilon\right\} = 1.$$

证明 $E\left(\frac{1}{n}\sum_{i=1}^{n} X_i\right) = \frac{1}{n}\sum_{i=1}^{n} E(X_i), \quad D\left(\frac{1}{n}\sum_{i=1}^{n} X_i\right) = \frac{1}{n^2}\sum_{i=1}^{n} D(X_i) \leqslant \frac{M}{n}.$

对随机变量 $\frac{1}{n}\sum_{i=1}^{n}X_i$ 应用切比雪夫不等式，有

$$P\left\{\left|\frac{1}{n}\sum_{i=1}^{n}X_i-\frac{1}{n}\sum_{i=1}^{n}E(X_i)\right|<\varepsilon\right\}\geqslant 1-\frac{1}{n^2\varepsilon^2}\sum_{i=1}^{n}D(X_i)\geqslant 1-\frac{M}{n\varepsilon^2}.$$

同时，注意到事件的概率不会超过 1，于是

$$1-\frac{M}{n\varepsilon^2}\leqslant P\left\{\left|\frac{1}{n}\sum_{i=1}^{n}X_i-\frac{1}{n}\sum_{i=1}^{n}E(X_i)\right|<\varepsilon\right\}\leqslant 1.$$

当 $n\to\infty$ 时，有 $\lim\limits_{n\to\infty}P\left\{\left|\frac{1}{n}\sum_{i=1}^{n}X_i-\frac{1}{n}\sum_{i=1}^{n}E(X_i)\right|<\varepsilon\right\}=1.$

该式表明：当 $n\to\infty$ 时，$\left|\frac{1}{n}\sum_{i=1}^{n}X_i-\frac{1}{n}\sum_{i=1}^{n}E(X_i)\right|<\varepsilon$ 这个事件的概率趋于 1，即对任意的 $\varepsilon>0$，当 n 充分大时，不等式 $\left|\frac{1}{n}\sum_{i=1}^{n}X_i-\frac{1}{n}\sum_{i=1}^{n}E(X_i)\right|<\varepsilon$ 成立的概率很大. 当 n 很大时，随机变量 $X_1, X_2, \cdots, X_n$ 的算术平均值 $\frac{1}{n}\sum_{i=1}^{n}X_i$ 接近于它们的数学期望的算术平均值 $\frac{1}{n}\sum_{i=1}^{n}E(X_i)$ 的可能性大. 这个“接近”是概率意义下的“接近”，即在定理条件下，n 个随机变量的算术平均值随着 n 无限增加时，几乎变成一个常数.

一般地，称概率接近于 1 的事件为**大概率事件**，而称概率接近于 0 的事件为**小概率事件**. 在一次实验中，大概率事件几乎肯定要发生，而小概率事件几乎不可能发生，这一规律称之为**实际推断原理**.

定理 5.4(相互独立同分布大数定律) 设随机变量 $X_1, X_2, \cdots, X_n, \cdots$ 相互独立同分布，若 $E(X_i)=\mu<+\infty$, $D(X_i)=\sigma^2<+\infty$, $i=1, 2, \cdots$，则对任意的 $\varepsilon>0$，有

$$\lim_{n\to\infty}P\left\{\left|\frac{1}{n}\sum_{i=1}^{n}X_i-\mu\right|<\varepsilon\right\}=1.$$

注意 相互独立同分布大数定律是切比雪夫大数定律的特殊情形，在切比雪夫大数定律中的 $\frac{1}{n}\sum_{i=1}^{n}E(X_i)$ 在相互独立同分布大数定律的条件下为 μ.

在许多实际问题中，方差存在这一条件不一定满足. 苏联数学家辛钦证明了相互独立同分布情形下，仅期望存在，方差不存在时上述结论仍然成立. 因此相互独立同分布大数定律又称为**辛钦大数定律**.

定理 5.5(辛钦大数定律) 设随机变量 $X_1, X_2, \cdots, X_n, \cdots$ 相互独立同分布，且 $E(X_i)=\mu$, $i=1, 2, \cdots$，则对任意的 $\varepsilon>0$，有

$$\lim_{n\to\infty}P\left\{\left|\frac{1}{n}\sum_{i=1}^{n}X_i-\mu\right|<\varepsilon\right\}=1.$$

辛钦大数定律说明算术平均值具有稳定性，经验平均值接近于理论平均值，可以用算

术平均值近似地代替数学期望.单个随机现象的行为对大量随机现象共同产生的总平均值效果几乎不发生影响,尽管某个随机现象的具体表现不可避免地引起随机误差,然而在大量随机现象共同作用时,这些随机偏差相互抵消、补偿与拉平,致使总平均值的结果趋于稳定.辛钦大数定律为实际生活中经常采用的多次测量后求平均值提供了理论依据,即在实践中往往用物体的某一指标值的一系列实测值的算术平均值作为该指标值的近似值.例如,要估计某地区水稻的平均亩产量,只要收割一部分有代表性的地块,计算它们的平均亩产量就可以作为全地区的平均亩产量.

历史上首个极限定理是由瑞士数学家伯努利提出的伯努利大数定律,它的出现意味着概率论由建立走向发展的阶段.

定理 5.6(伯努利大数定律) 设随机变量 $X_1, X_2, \cdots, X_n$ 相互独立同分布,$X_i \sim B(1, p)$,$i=1, 2, \cdots, n$,则对任意的 $\varepsilon > 0$,有

$$\lim_{n\to\infty} P\left\{\left|\frac{1}{n}\sum_{i=1}^{n} X_i - p\right| < \varepsilon\right\} = 1.$$

注意 伯努利大数定律是相互独立同分布大数定律(辛钦大数定律)的特殊情形,相互独立同分布大数定律的中的 μ 在伯努利大数定律条件下为 p. 因为当 $X_i \sim B(1, p)$ 时,$E(X_i) = p$.

在 n 重伯努利试验中,设 $X_i = \begin{cases} 0, & \text{第 } i \text{ 次试验事件 } A \text{ 不发生}, \\ 1, & \text{第 } i \text{ 次试验事件 } A \text{ 发生}, \end{cases}$ $i=1, 2, \cdots, n$,则 $X_1, X_2, \cdots, X_n$ 相互独立同分布,且 $X_i \sim B(1, p)$,$i=1, 2, \cdots, n$,其中 $p=P(A)$. 由于 $\sum_{i=1}^{n} X_i$ 表示 n 次试验中事件 A 发生的次数,因此 $\frac{1}{n}\sum_{i=1}^{n} X_i$ 表示 n 次试验中事件 A 发生的频率,伯努利大数定律回答了前面我们提出的问题,在概率的统计定义中,随着试验次数的增大,事件 A 发生的频率逐步稳定于事件 A 发生的概率.伯努利大数定律以严格的数学形式解释了频率的稳定性.它建立在大量独立重复试验的前提下,说明事件 A 发生的频率 $\frac{1}{n}\sum_{i=1}^{n} X_i$ 与其概率 p 有较大偏差的可能性很小,由实际推断原理,在实际应用中,可通过多次重复一个试验,确定事件 A 在每次试验中发生的概率.这也为用频率来估计概率提供了理论依据.

例 5.4 抛一枚硬币出现正面(事件 A)的概率为 $\frac{1}{2}$,若把这枚硬币抛 10 次或 20 次,则出现正面的频率 $\frac{1}{n}\sum_{i=1}^{n} X_i$ 与 $\frac{1}{2}$ 的偏差有时会大些,有时会小些,总之不能保证大偏差发生的概率一定很小,可是当抛的次数较大时,出现大偏差的概率一定会很小,若取偏差 $\varepsilon = 0.01$,则

$$P\left\{\left|\frac{1}{n}\sum_{i=1}^{n} X_i - \frac{1}{2}\right| \geqslant 0.01\right\} \leqslant \frac{D\left(\frac{1}{n}\sum_{i=1}^{n} X_i\right)}{\varepsilon^2} = \frac{\frac{1}{2}\times\frac{1}{2}}{n\varepsilon^2} = \frac{10^4}{4n}.$$

可见，当 $n=10^5$ 时，频率与概率的偏差超过 0.01 的机会不会超过 $\frac{1}{40}$；当 $n=10^6$ 时，频率与概率的偏差超过 0.01 的机会不会超过 $\frac{1}{400}$，随着试验次数增多，出现大偏差的可能性越小. 但这并不是说不会出现大偏差，只是这种机会很小，以至于不会影响人们决策，生活和工作中所作的某些决策也常是建立在这种概率意义下的.

大数定律给我们的实际推断原理作了理论支撑，如 $p(A)=0.001$，则可理解为在 1 000 次试验中只能希望发生一次. 而对于概率很小的事件，在一次试验中发生几乎被认为是不可能的，即小概率事件的不可能原理. 但小到什么程度，则要视其具体问题的要求而定.

习题 5.1

1. 设随机变量 X 的方差 $D(X)=2.5$，利用切比雪夫不等式估计估计概率 $P\{|X-E(X)\geqslant 7.5|\}$.

2. 设随机变量 X 和 Y 的数学期望是 2，方差分别为 1 和 4，相关系数为 0.5，试用切比雪夫不等式估计概率 $P\{|X-Y|\geqslant 6\}$.

3. 在每次试验中事件 A 发生的概率为 0.5，利用切比雪夫不等式估计，在 1 000 次独立试验中，事件 A 发生的次数在 $400\sim 600$ 之间的概率.

4. 在每次试验中事件 A 发生的概率为 0.75，若使 A 发生的频率为 $0.74\sim 0.76$ 之间的概率至少为 0.90，利用切比雪夫不等式估计至少需要多少次试验.

5. 在伯努利试验中，事件 A 出现的概率为 p，令

$$\varepsilon_n=\begin{cases}1, & \text{若在第 } n \text{ 次及第 } n+1 \text{ 次试验中 } A \text{ 出现},\\ 0, & \text{其他},\end{cases}$$

证明 $\{c_n\}$ 服从大数定律.

6. 设 $\{\varepsilon_n\}$ 为相互独立同分布的随机变量序列，共同分布为 $P\left\{\varepsilon_n=\frac{2^k}{k^2}\right\}=\frac{1}{2^k}$，$k=1, 2, \cdots$，试问 $\{\varepsilon_n\}$ 是否服从大数定律？

7. 设 $X_1, X_2, \cdots$ 是相互独立同分布的随机变量，且 $X_i\sim U(a, b)$，$i=1, 2, \cdots$，问平均值 $\bar{X}=\frac{1}{n}\sum_{i=1}^{n}X_i$ 依概率收敛于何值？

8. 设 $X_1, X_2, \cdots$ 是相互独立同分布的随机变量，且 $X_i\sim P(\lambda)$，$i=1, 2, \cdots$，试问 n 很大时，可用何值估计 λ？

9. 仪器测量已知量 A 时，设 n 次独立得到的测量数据为 $x_1, x_2, \cdots, x_n$，如果仪器无系统误差，问 n 充分大时，是否可取 $\frac{1}{n}\sum_{i=1}^{n}(x_i-A)^2$ 作为仪器测量的方差的值？

5.2 中心极限定理

大数定律揭示了大量随机变量的平均结果的稳定性，但没有涉及随机变量的分布问题. 概率论中把研究在什么条件下，大量独立随机变量和的分布以正态分布为极限分布的这一类定理称为中心极限定理. 中心极限定理是概率论中的一类重要的定理，是数理统计

和误差分析的理论基础，有着广泛的实际应用背景. 在实际问题中，常常需要考虑许多随机因素所产生的总的影响. 例如，炮弹射击的着落点与目标的偏差，就受到许多随机因素的影响，如瞄准时的误差，空气阻力所产生的误差，炮弹或炮身结构所引起的误差，等等. 重要的是这些随机因素的总影响. 所有这些不同因素所引起的微小误差认为是相互独立的，并且他们中每一个对总和产生的影响都不大. 自从高斯指出测量误差服从正态分布之后，人们发现正态分布在自然界中极为常见. 观察表明，如果一随机现象是由大量相互独立的随机因素的影响所生成的，而每一个因素在总影响中所起的作用都很微小，且没有一个因素起主导作用时，则这种量一般都服从或近似服从正态分布. 中心极限定理就是从数学上证明了这一现象. 本节将介绍几个常用的中心极限定理.

定理 5.7（林德伯格-莱维中心极限定理或独立同分布序列的中心极限定理） 设 X_1, X_2, $\cdots$ 是独立同分布的随机变量，其数学期望和方差分别为 $E(X_i)=\mu$, $D(X_i)=\sigma^2(0<\sigma^2<\infty)$, $i=1, 2, \cdots$，则对任意的实数 x，有

$$\lim_{n\to\infty}P\left\{\frac{\sum_{i=1}^{n}X_i-n\mu}{\sqrt{n}\sigma}<x\right\}=\frac{1}{\sqrt{2\pi}}\int_{-\infty}^{x}\mathrm{e}^{-\frac{t^2}{2}}\,\mathrm{d}t.$$

该定理说明，对独立同分布的随机变量序列 $\{X_n\}$，其共同分布可以是离散分布也可以是连续分布，只要它们是同分布且又有有限的数学期望和方差，那么当 n 充分大时，前 n 项和 $\sum_{i=1}^{n}X_i$ 的标准化随机变量将以标准正态分布为近似（极限）分布，即 $\dfrac{\sum_{i=1}^{n}X_i-n\mu}{\sqrt{n}\sigma}\overset{\text{近似}}{\sim}N(0, 1)$，从而 $\sum_{i=1}^{n}X_i\overset{\text{近似}}{\sim}N(n\mu, n\sigma^2)$. 不难理解，当随机变量的个数 n 越大，近似的效果越好，这一结果是数理统计中大样本统计推断的基础. 这两个结果在数理统计的大样本理论中有着广泛的应用，同时也提供了计算独立同分布的随机变量之和的近似概率分布的简便方法，其近似公式为

$$P\left\{\sum_{i=1}^{n}X_i\leqslant x\right\}=F(x)\approx\Phi\left(\frac{x-n\mu}{\sqrt{n}\sigma}\right).$$

例 5.5 设 X_1, X_2, $\cdots$, X_{100} 是相互独立的随机变量，且均服从参数为 $\lambda=1$ 的泊松分布，试计算概率 $P\left\{\sum_{i=1}^{100}X_i<120\right\}$.

解 因为 $X_i\sim P(1)$, $i=1, 2, \cdots, 100$，则 $E(X_i)=D(X_i)=1$, $i=1, 2, \cdots, 100$，由于 X_1, X_2, $\cdots$, X_{100} 相互独立，则

$$E\left(\sum_{i=1}^{100}X_i\right)=\sum_{i=1}^{100}E(X_i)=100,\quad D\left(\sum_{i=1}^{100}X_i\right)=\sum_{i=1}^{100}D(X_i)=100,$$

于是由林德伯格-莱维中心极限定理知 $\sum_{i=1}^{100}X_i\overset{\text{近似}}{\sim}N(100, 100)$，所以

$$P\left\{\sum_{i=1}^{100}X_i < 120\right\}=F(120)\approx\Phi\left(\frac{120-100}{10}\right)=\Phi(2)=0.977\,2.$$

例 5.6　设一加法器同时接收 20 个噪声电压 V_i，$i=1, 2, \cdots, 20$，它们是相互独立的随机变量，且都服从区间 (0, 10) 上的均匀分布，试求 $P\left\{\sum_{i=1}^{20}V_i > 105\right\}$.

解　由于 $V_i \sim U(0, 10)$，$i=1, 2, \cdots, 20$，故 $E(V_i)=5$，$D(V_i)=\frac{25}{3}$，$i=1, 2, \cdots, 20$，由于 $V_1, V_2, \cdots, V_{20}$ 相互独立，则

$$E\left(\sum_{i=1}^{20}V_i\right)=\sum_{i=1}^{20}E(V_i)=20\times 5=100,$$

$$D\left(\sum_{i=1}^{20}V_i\right)=\sum_{i=1}^{20}D(V_i)=20\times\frac{25}{3}=\frac{500}{3}.$$

于是由林德伯格-莱维中心极限定理知 $\sum_{i=1}^{20}V_i \overset{\text{近似}}{\sim} N\left(100, \frac{500}{3}\right)$，故

$$P\left\{\sum_{i=1}^{20}V_i > 105\right\}=1-P\left\{\sum_{i=1}^{20}V_i \leqslant 105\right\}=1-F(105)\approx 1-\Phi\left(\frac{105-100}{\sqrt{\frac{500}{3}}}\right)$$

$$=1-\Phi(0.387)\approx 1-0.651\,7=0.348\,3.$$

现在我们来研究一个特殊的场合——相互独立的伯努利试验序列 $\{X_i\}$，$X_i \sim B(1, p)$，$i=1, 2, \cdots$，$E(X_i)=p$，$D(X_i)=p(1-p)$，$i=1, 2, \cdots$，满足定理 5.7 的条件，于是得到下面的定理.

定理 5.8(棣莫弗-拉普拉斯中心极限定理)　在 n 重伯努利试验中，事件 A 在每次试验中出现的概率为 $p(0 < p < 1)$，设 $X_i \sim B(1, p)$，$i= 1, 2, \cdots$ 相互独立，且 $E(X_i)= p$，$D(X_i)=p(1-p)$，$i=1, 2, \cdots$，$\sum_{i=1}^{n}X_i$ 是事件 A 在 n 重伯努利试验中出现的次数，则

$$\lim_{n\to\infty}P\left\{\frac{\sum_{i=1}^{n}X_i-np}{\sqrt{npq}} < x\right\}=\frac{1}{\sqrt{2\pi}}\int_{-\infty}^{x}\mathrm{e}^{-\frac{t^2}{2}}\mathrm{d}t.$$

该定理说明，当 n 充分大时，$\frac{\sum_{i=1}^{n}X_i-np}{\sqrt{npq}} \overset{\text{近似}}{\sim} N(0, 1)$，即 $\sum_{i=1}^{n}X_i \overset{\text{近似}}{\sim} N(np, npq)$，而 $\sum_{i=1}^{n}X_i \sim B(n,p)$，故 $\sum_{i=1}^{n}X_i \sim B(n, p) \overset{\text{近似}}{\sim} N(np, npq)$，因此正态分布是二项分布的极限分布. 图 5.1 表明，正态分布是二项分布的逼近.

实际中常用正态分布对二项分布作近似计算，常称为“二项分布的正态近似”. 这与前面所讲的“二项分布的泊松近似”都要求 n 很大，但在实际中为获得更好的近似，对 p 还是

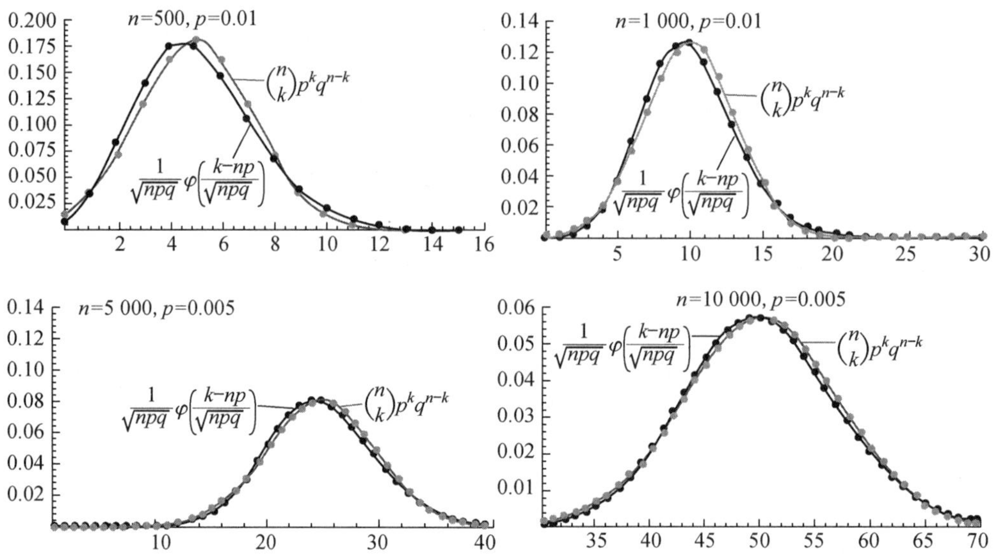

图 5.1

各有一个最佳适用范围：当 p 很小（$p \leqslant 0.1$），且 np 不太大时，用泊松近似；当 $np \geqslant 5$，$n(1-p) \geqslant 5$ 时，用正态近似，其近似计算公式为

$$P\left\{a \leqslant \sum_{i=1}^{n} X_i \leqslant b\right\} = F(b) - F(a) \approx \Phi\left(\frac{b-np}{\sqrt{npq}}\right) - \Phi\left(\frac{a-np}{\sqrt{npq}}\right).$$

例 5.7 在人寿保险公司里有 10 000 个同一年龄的人参加人寿保险，在一年里这些人死亡的概率为 0.001，参加保险的人在一年的第一天交付保险费 10 元，死亡时，家属可以从保险公司领取 2 000 元的赔偿金. 求

(1) 保险公司一年获利不低于 70 000 元的概率；(2) 保险公司亏本的概率.

解 设 X 为“投保人中的死亡人数”，则

$$X \sim B(10\,000,\ 0.001),\quad E(X)=10,\quad D(X)=9.99.$$

由棣莫弗-拉普拉斯中心极限定理可知 $X \sim B(10\,000,\ 0.001) \overset{\text{近似}}{\sim} N(10,\ 9.99)$.

(1) $P\{10 \times 10\,000 - 2\,000X \geqslant 70\,000\} = P\{X \leqslant 15\} = F(15)$

$$\approx \Phi\left(\frac{15-10}{\sqrt{9.99}}\right) = \Phi(1.58) = 0.943.$$

(2) $P\{10 \times 10\,000 - 2\,000X < 0\} = P\{X > 50\} = 1 - F(50)$

$$\approx 1 - \Phi\left(\frac{50-10}{\sqrt{9.99}}\right) = 1 - \Phi(12.655) \approx 0.$$

即保险公司一年获利不低于 70 000 元的概率为 0.943，保险公司亏本的概率为 0.

例 5.8 已知在某十字路口，一周事故发生数的数学期望为 2.2，标准差为 1.4.

(1) 以 $\overline{X}$ 表示一年（以 52 周计）此十字路口一周事故发生数的算术平均值，试用中心极

限定理求 $\bar{X}$ 的近似分布，并求 $P\{\bar{X}<2\}$.

(2) 求一年事故发生数小于 100 的概率.

解　(1) 设随机变量 X_i 表示“第 i 周事故发生数”，$i=1, 2, \cdots, 52$，则由题有 $E(X_i)=2.2$，$D(X_i)=1.4^2$，$i=1, 2, \cdots, 52$，由于 $\bar{X}=\frac{1}{52}\sum_{i=1}^{52}X_i$，则有

$$E(\bar{X})=E\left(\frac{1}{52}\sum_{i=1}^{52}X_i\right)=\frac{1}{52}\sum_{i=1}^{52}E(X_i)=2.2,$$

$$D(\bar{X})=D\left(\frac{1}{52}\sum_{i=1}^{52}X_i\right)=\frac{1}{52^2}\sum_{i=1}^{52}D(X_i)=\frac{(1.4)^2}{52}.$$

由中心极限定理，可得 $\bar{X}\overset{\text{近似}}{\sim}N\left(2.2, \frac{1.4^2}{52}\right)$，故

$$P\{\bar{X}<2\}=F(2)\approx\Phi\left(\frac{2-2.2}{\frac{1.4}{\sqrt{52}}}\right)=\Phi(-1.030)=1-\Phi(1.030)$$

$$=1-0.8485=0.1515.$$

(2) 一年 52 周，设各周事故发生数为 $X_1, X_2, \cdots, X_{52}$，则需计算

$$P\left\{\sum_{i=1}^{52}X_i<100\right\},\quad 即\ P\left\{\bar{X}<\frac{100}{52}\right\}.$$

用中心极限定理可知所求概率为

$$P\left\{\sum_{i=1}^{52}X_i<100\right\}=P\left\{\bar{X}<\frac{100}{52}\right\}=F\left(\frac{100}{52}\right)\approx\Phi\left(\frac{\frac{100}{52}-2.2}{\frac{1.4}{\sqrt{52}}}\right)$$

$$=\Phi(-1.426)=1-\Phi(1.426)=1-0.9230=0.0770.$$

中心极限定理表明，在相当一般的条件下，当独立随机变量的个数增加时，可以不必考虑和式中的随机变量服从什么分布，其和的分布趋于正态分布，这一事实阐明了正态分布的重要性.

习题 5.2

1. 一盒同型号螺丝钉共有 100 个，已知该型号的螺丝钉的质量是一个随机变量，期望值为 100 g，标准差为 10 g，求一盒螺丝钉的质量超过 10.2 kg 的概率.

2. 某国新闻周报报道，该国早产婴儿占 10%，假如随机选出 250 个婴儿，其中早产婴儿数记为 X，求 $P\{15\leqslant X\leqslant 30\}$，$P\{X<20\}$.

3. 抛掷一枚质地均匀的硬币，试用中心极限定理求解：至少抛掷多少次才能保证正面出现的频率在 0.4 ~ 0.6 之间的概率不小于 0.9.

4. 某厂有 400 台同型机器，各台机器发生故障的概率均为 0.02，假如各台机器相互独立工作，试求机器出现故障的台数不少于 2 台的概率.

5. 设供电网中有 10 000 盏灯，夜晚每一盏灯开着的概率都是 0.7，假设各灯开、关时间彼此无关，计算同时开着的灯数在 6 800～7 200 之间的概率.

6. 对于一名学生而言，来参加家长会的家长人数是一个随机变量，设一名学生无家长、1 名家长、2 名家长来参加会议的概率分别为 0.05，0.8，0.15，若学校共有 400 名学生，设每名学生参加会议的家长数相互独立，且服从同一分布. 求

(1) 参加会议的家长数 X 超过 450 的概率；(2)有 1 名家长来参加会议的学生数不多于 340 的概率.

7. 对敌人的防御地段进行 100 次炮击，在每次炮击中，炮弹命中颗数的数学期望为 2，均方差为 1.5，求在 100 次炮击中，有 180～220 颗炮弹命中目标的概率.

8. 某保险公司多年的统计资料表明，在索赔户中被盗索赔户占 20%，以 X 表示在随意抽查的 100 个索赔户中因被盗向保险公司索赔的户数.

(1) 写出 X 的概率分布；

(2) 利用棣莫弗-拉普拉斯定理，求被盗索赔户不少于 14 户且不多于 30 户的概率的近似值.

9. 某商店负责供应某地区 1 000 人商品，某商品在一段时间内每人需用一件的概率为 0.6，假定在这段时间内，各人购买与否彼此无关，问商店应预备多少件时，才能以 0.997 的概率保证不会脱销(假定该商品在某一段时间内每人最少可以买一件)？

本章小结

本章主要内容为切比雪夫不等式、三个大数定律和两个中心极限定理.

基本要求：

(1) 会利用切比雪夫不等式估计事件 $\{|X-E(X)|\geqslant\varepsilon\}$ 的概率，即

$$P\{|X-E(X)|\geqslant\varepsilon\}\leqslant\frac{D(X)}{\varepsilon^2}.$$

(2) 了解大数定律主要用来描述事件发生的频率，以及大量随机试验的算术平均值具有稳定性，为用事件的频率估计概率、大量随机试验的算术平均值(经验均值)估计数学期望(理论平均值)提供了理论依据.

(3) 知道大量独立随机变量和近似服从正态分布，会利用中心极限定理计算大量独立随机变量和的概率.

数学家切比雪夫简介

切比雪夫

切比雪夫(俄文名 Пафну́тий Льво́вич Чебышёв)生于 1821 年 5 月 26 日，是俄国数学家. 他一生发表了 70 多篇科学论文，内容涉及数论、概率论、函数逼近论、积分学等方面.

1837 年，16 岁的切比雪夫进入莫斯科大学. 1865 年 9 月 30 日切比雪夫曾在莫斯科数学会上宣读了一封信，信中把自己应用连分数理论于级数展开式的工作归因于布拉什曼的启发. 在大学里，切比雪夫递交了一篇题为“方程根的计算”的论文，提出了一种建立在反函数的级数展开式基础之上的方程近似解法，因此获得该年度系

里颁发的银质奖章.

大学毕业之后,切比雪夫一边在莫斯科大学当助教,一边攻读硕士学位. 1843 年,切比雪夫通过了硕士课程的考试,并在刘维尔的《纯粹与应用数学》杂志上发表了一篇关于多重积分的文章. 1844 年,他又在格列尔的同名杂志 *Journal für die Reine und Angewandte Mathematik* 上发表了一篇讨论泰勒级数收敛性的文章.

1846 年,切比雪夫接受了彼得堡大学的助教职务,从此开始了在这所大学教书与研究的生涯. 1847 年春天,在题为"关于用对数积分"的报告中,切比雪夫彻底解决了奥斯特罗格拉茨基不久前才提出的一类代数无理函数的积分问题,他因此被提升为讲师. 1849 年 5 月 27 日,他的博士论文《论同余式》在彼得堡大学通过了答辩,并荣获彼得堡科学院的最高数学荣誉奖. 1872 年,在他到彼得堡大学任教 25 周年之际,学校授予他"功勋教授"的称号. 1882 年,切比雪夫在彼得堡大学执教 35 年后光荣退休.

1853 年,切比雪夫被选为彼得堡科学院候补院士,同时兼任应用数学部主席. 1856 年成为副院士,1859 年成为院士. 他于 1860 年、1871 年与 1873 年分别当选为法兰西科学院、柏林皇家科学院的通讯院士与意大利波隆那科学院的院士,1877 年、1880 年、1893 年分别成为伦敦皇家学会、意大利皇家科学院与瑞典皇家科学院的外籍成员. 同时,他也是全俄所有大学的荣誉成员、全俄中等教育改革委员会的成员和彼得堡炮兵科学院的荣誉院士. 他还是彼得堡和莫斯科两地数学会的热心支持者.

切比雪夫是彼得堡数学学派的奠基人和当之无愧的领袖. 他在概率论、解析数论和函数逼近论领域的开创性工作从根本上改变了法国、德国等传统数学大国的数学家们对俄国数学的看法.

切比雪大一开始就抓住了古典概率论中具有基本意义的问题,即那些"几乎一定要发生的事件"的规律——大数定律. 1846 年,切比雪夫在格列尔的杂志上发表了《概率论中基本定理的初步证明》一文,文中继而给出了泊松形式的大数定律的证明. 1866 年,切比雪夫发表了《论平均数》,进一步讨论了作为大数定律极限值的平均数问题. 1887 年,他发表了《关于概率的两个定理》,开始对随机变量和收敛到正态分布的条件,即中心极限定理进行讨论.

切比雪夫引出的一系列概念和研究课题为俄国以及苏联的数学家继承和发展马尔科夫对"矩方法"作了补充,圆满地解决了随机变量的和按正态收敛的条件问题. 近代极限理论——无穷可分分布律的研究也经伯恩斯坦、辛钦等人之手而臻于完善,成为切比雪夫所开拓的古典极限理论在 20 世纪抽枝发芽的繁茂大树.

切比雪夫终身未娶,日常生活十分简朴. 1894 年 12 月 8 日,这位令人尊敬的学者在自己的书桌前溘然长逝. 他给人类留下了一笔不可估价的遗产——一个光荣的学派. 彼得堡数学学派是伴随着切比雪夫几十年的舌耕笔耘成长起来的,它深深地扎根在大学这块沃土里,它的成员们大都重视基础理论和实际应用,善于以经典问题为突破口,并擅长运用初等工具建立高深的结果.

总习题5

一、填空题

1. 设随机变量 X 的 $E(X)=\mu, D(X)=\sigma^2$，利用切比雪夫不等式估计 $P\{|X-\mu|<3\sigma\}\geqslant$ ________.

2. 设随机变量 $X\sim U(0,1)$，用切比雪夫不等式估计 $P\left\{\left|X-\dfrac{1}{2}\right|\geqslant\dfrac{1}{\sqrt{3}}\right\}\leqslant$ ________.

3. 设随机变量 $X_1, X_2, \cdots, X_n$ 相互独立同分布于参数为 2 的指数分布，则当 $n\to\infty$ 时，$Y_n=\dfrac{1}{n}\sum\limits_{i=1}^{n}X_i^2$ 依概率收敛于________.

4. 设随机变量 $X\sim B(100, 0.8)$，由中心极限定理知 $P\{74<X\leqslant 86\}\approx$ ________. [$\Phi(1.5)=0.933\,2$]

二、选择题

1. 设 $X_1, X_2, \cdots, X_n$ 是来自总体 $N(\mu, \sigma^2)$ 的样本，对任意的 $\varepsilon>0$，样本均值 $\bar{X}$ 所满足的切比雪夫不等式为(　　).

A. $P\{|\bar{X}-n\mu|<\varepsilon\}\geqslant\dfrac{n\sigma^2}{\varepsilon^2}$　　B. $P\{|\bar{X}-\mu|<\varepsilon\}\geqslant 1-\dfrac{\sigma^2}{n\varepsilon^2}$

C. $P\{|\bar{X}-\mu|\geqslant\varepsilon\}\leqslant 1-\dfrac{\sigma^2}{n\varepsilon^2}$　　D. $P\{|\bar{X}-n\mu|\geqslant\varepsilon\}\leqslant\dfrac{n\sigma^2}{\varepsilon^2}$

2. 设 μ_n 是 n 次独立重复试验中事件 A 出现的次数，p 是事件 A 在每次试验中发生的概率，则对于任意的 $\varepsilon>0$，均有 $\lim\limits_{n\to\infty}P\left\{\left|\dfrac{\mu_n}{n}-p\right|>\varepsilon\right\}$ (　　).

A. $=0$　　B. $=1$　　C. >0　　D. 不存在

3. 设 $X_i=\begin{cases}0, & \text{事件 } A \text{ 不发生},\\ 1, & \text{事件 } A \text{ 发生},\end{cases}$ $i=1, 2, \cdots, 10\,000$，且 $P(A)=0.8$，$X_1, X_2, \cdots, X_{10\,000}$ 相互独立，令 $Y=\sum\limits_{i=1}^{10\,000}X_i$ 则由中心极限定理知 Y 近似服从的分布是(　　).

A. $N(0, 1)$　　B. $N(8\,000, 40)$

C. $N(1\,600, 8\,000)$　　D. $N(8\,000, 1\,600)$

4. 设随机变量 $X\sim N(\mu, \sigma^2)$，则随 σ 的增大，$P\{|X-\mu|<\sigma\}$ 的值(　　).

A. 单调增大　　B. 单调减小　　C. 保持不变　　D. 增减不定

5. (2020，数三)设 $X_1, X_2, \cdots, X_n$ 是来自总体 X 的样本，其中 $P\{X=0\}=P\{X=1\}=\dfrac{1}{2}$，$\Phi(x)$ 为标准正态分布函数，则利用中心极限定理可得 $P\left\{\sum\limits_{i=1}^{100}X_i\leqslant 55\right\}$ 的近似值为(　　).

A. $1-\Phi(1)$　　B. $\Phi(1)$　　C. $1-\Phi(0.2)$　　D. $\Phi(0.2)$

6. (2022，数一、三)设 $X_1, X_2, \cdots, X_n$ 独立同分布，$E(X_i^k)=\mu_k$，$i=1, 2, \cdots, n$，用切比雪夫不等式估计 $P\left\{\left|\dfrac{1}{n}\sum\limits_{i=1}^{n}X_i-\mu_1\right|\geqslant\varepsilon\right\}\leqslant$ (　　).

A. $\dfrac{\mu_4-\mu_2^2}{n\varepsilon^2}$　　B. $\dfrac{\mu_4-\mu_2^2}{\sqrt{n}\varepsilon^2}$　　C. $\dfrac{\mu_2-\mu_1^2}{n\varepsilon^2}$　　D. $\dfrac{\mu_2-\mu_1^2}{\sqrt{n}\varepsilon^2}$

三、计算题

1. 设 $X_1, X_2, \cdots, X_n$ 是来自总体 $N(\mu, \sigma^2)$ 的样本，对任意的 $\varepsilon > 0$，写出样本均值 $\bar{X}$ 所满足的切比雪夫不等式.

2. $X_1, X_2, \cdots, X_9$ 是相互独立同分布的随机变量，$E(X_i) = 1, D(X_i) = 1, i = 1, 2, \cdots, 9$，则对于 $\bar{X} = \frac{1}{n}\sum_{i=1}^{n} X_i$，写出满足的切比雪夫不等式，并估计 $P\{|\bar{X} - 1| < 4\}$.

3. 设 X_n 是 n 次独立重复试验中事件 A 出现的次数，$P(A) = p, q = 1 - p$，则对任意区间 $[a, b]$，求 $\lim_{n\to\infty} P\{a < X_n \leqslant b\}$.

4. 在 n 重伯努利试验中，若已知每次试验 A 出现的概率为 0.75，试利用切比雪夫不等式估计 n，使 A 出现的频率在 0.74 ~ 0.76 之间的概率不小于 0.90.

5. 设某产品的不合格率为 0.005，任取 10 000，求不合格品不多于 70 件的概率.

6. 计算器在进行加法时，将每个加数舍入最靠近它的整数. 设所有舍入误差是相互独立的，且在 $(-0.5, 0.5)$ 上服从均匀分布. 若将 300 个数相加，问误差总和的绝对值不超过 10 的概率是多少？

7. 某单位内部有 260 架电话分机，每个分机有 4% 的时间要用外线通话. 可以认为各个电话分机用不同外线是相互独立的. 问：总机需备多少条外线才能以 95% 的把握保证各个分机在使用外线时不必等候？

8. 已知在生产线上组装每件成品的时间 $X \sim E(\lambda)$，统计资料表明，每件成品的组装时间平均为 10 min，各件成品的组装时间是相互独立的. 求

(1) 组装 100 件成品需要 15～18 h 的概率；(2) 以 95% 的概率保证在 16 h 可以组装多少件成品？

9. 某工厂生产的零件废品率为 5%，某人要采购一批零件，他希望以 95% 的概率保证其中有 2 000 个合格品. 问他至少应购买多少零件？

10. 用棣莫弗-拉普拉斯定理证明，在伯努利试验中，若 $0 < p < 1$，则不管 k 是多大，总有 $\lim_{n\to\infty} P\{|\mu_n - np| < k\} = 0$.

第 6 章 数理统计的基本概念

前五章介绍了概率论的基本内容，从本章开始所研究的内容属于数理统计的范畴. 数理统计在自然科学、工程技术、管理科学及人文社会科学中得到越来越广泛和深刻的应用. 数理统计可以分为两大类：①试验的设计和研究，即研究如何科学地安排试验，以获取更有效的随机数据，称为**描述统计学**，如试验设计、抽样方法；②统计推断，研究如何对试验或观察得到的数据进行收集、整理及分析，由此对研究的随机现象的客观规律性作出科学、合理的估计和推断即研究，尽可能地为所关心的问题采取的决策提供依据，作出精确而可靠的结论，称为**推断统计学**，如参数估计、假设检验等.

本章介绍总体、随机样本及统计量等数理统计的一些基本概念，并着重介绍几个常用统计量及正态总体抽样分布的一些重要结论.

6.1 总体和样本

6.1.1 总体与个体

定义 6.1 研究对象的某一项或某几项数量指标值的随机试验的全部可能的观察值称为总体，每一个可能观察值称为个体.

在数理统计中，往往研究有关对象的某一项或几项数量指标. 例如研究一批灯泡的质量，尽管每个灯泡有许多特征，如颜色、大小、瓦数、寿命等，而我们关心的不是灯泡本身，而是灯泡的寿命这个数量指标，其他特性暂不考虑. 为此，考虑与这一数量指标相关联的随机试验，对这一数量指标进行试验或者观察. 如果我们想要研究一家工厂的某种产品的废品率，这种产品的全体就是总体，而每件产品则是个体. 实际上，我们真正关心的并不是总体或个体的本身，而是其某项或某几项的数量指标. 例如某家工厂的一种产品的使用寿命这样一项数量指标，因此我们应该把总体理解为研究对象上的某项或某几项数量指标的全体. 那么总体就是一堆数，这些数不一定都不相同，数目上也不一定是有限的，总体中所包含的个体的个数称为**总体容量**. 总体容量分为有限总体和无限总体. 总体容量有限的称为**有限总体**，总体容量无限的称为**无限总体**. 例如，某工厂生产的所有灯泡的寿命所构成的总体是无限总体. 在实际问题中，当总体容量很大甚至很难数清时，该总体可以看成是无限总体.

总体中的一个随机试验的观察值，看作某一随机变量 X 的值，这样，一个总体对应一个随机变量 X. 我们对总体的研究就是对一个随机变量 X 的研究，X 的分布函数和数字特征就称为**总体的分布函数和数字特征**. 下面将不区分总体与相应的随机变量，统称为总体 X. 总体按照考察数量指标的项数分为一维总体、二维总体和多维总体. 例如，研究某地区中学生的营养状况时，若关心的数量指标是身高 X 和体重 Y，则每个个体对应一个二维数组 (X, Y)，此种二维数组全体就组成二维总体，可用二维随机变量 (X, Y) 或二维联合分布函数 $F(x, y)$ 来描述. 本书主要介绍一维总体，有时也会涉及二维总体.

例 6.1　若检验一批零件是次品还是正品，以 0 表示"产品为正品"，以 1 表示"产品为次品". 设出现次品的概率为 p（常数），那么总体由一些"1"和一些"0"组成，这一总体对应于一个具有参数为 p 的(0−1)分布：

$$P\{X=x\}=p^x(1-p)^{1-x}, \quad x=0, 1,$$

也就是随机变量 X 服从 0−1 分布. 总体中的观测值是 0−1 分布随机变量的值.

6.1.2　样本

总体是一个具有确定分布的随机变量，在实际中，总体的分布一向是未知的，或只知道它具有某种形式而其中包含着未知参数，要研究总体的分布及其数字特征，常用以下两种方法.

(1) **普查**：对总体中的每个个体进行检查或观察. 例如 10 年进行一次的人口普查，但是，这样做实际上往往是不可能或不允许的，一方面是总体的容量太大，无法逐个试验；另一方面，因普查费用高，耗时长，有些试验具有破坏性也不可能逐一试验.

(2) **抽样**：抽样是经常采用的方法，它指从总体中抽取部分个体进行检查或观察，然后根据抽样观察所得到的数据对总体进行推断. 在实际应用中，抽样费用低，耗时短，故频繁使用.

从总体 X 中抽出的部分个体组成的集合称为**样本**，组成样本的个体称为**样品**，一个样本中所含样品的个数称为**样本容量**. 将样本看成是一个随机向量，从总体中抽出的样本容量为 n 的样本记为 $(X_1, X_2, \cdots, X_n)$，此时样本的观察值相应地写成 $(x_1, x_2, \cdots, x_n)$. 若 $(x_1, x_2, \cdots, x_n)$ 与 $(y_1, y_2, \cdots, y_n)$ 都是相应于样本 $(X_1, X_2, \cdots, X_n)$ 的样本值，一般来说它们是不相同的. 例如，从国产某品牌轿车中抽 100 辆进行耗油量试验，样本容量是 100，抽到的那 100 辆是随机的.

抽样的目的是对总体进行统计推断. 为了使推断结果更科学，必须考虑抽样方法，并且抽样时应避免人为干扰. 在统计学中，最常用的抽样方法——简单随机抽样，其对抽样有如下两点要求：

(1) **代表性**：样本 $(X_1, X_2, \cdots, X_n)$ 与所考察的总体具有相同的分布；

(2) **独立性**：样本 $(X_1, X_2, \cdots, X_n)$ 是相互独立的随机变量.

这样得到的样本称为**独立同分布的样本**，又称为**简单随机样本**，今后若无特殊声明，提到的样本都是简单随机样本.

对有限总体，采用有放回抽样得到的随机样本是简单随机样本，而不放回抽样不能保

证 $(X_1, X_2, \cdots, X_n)$ 的独立性. 但对无限总体而言,不放回抽样得到是简单随机样本. 当个体的总数 N 比要得到的样本容量 n 大得多时,在实际中可将不放回抽样近似地当作放回抽样来处理.

例 6.2 研究某地区 N 个农民的年收入.

在这里,总体既指 N 个农民,又指我们关心的数量指标,他们的年收入这 N 个数字. 如果我们从 N 个农民中随机地抽出 n 个农民作为调查对象,那么这 n 个农民及我们关心的数量指标,他们的年收入这 n 个数字就是样本.

假设 $(X_1, X_2, \cdots, X_n)$ 是从总体 X 中抽取的样本,在一次具体的观测或试验中,它们是一批测量值,是一些已得到的数,这就是说,样本具有数的属性. 另外,在具体的试验或观测中,受到各种随机因素的影响,在不同的观测中样本取值可能不同. 因此,当脱离特定的具体试验或观测时,我们并不知道 $(X_1, X_2, \cdots, X_n)$ 的具体取值到底是多少,因此可以把它们看成是随机变量. 样本具有二重性,即样本 $(X_1, X_2, \cdots, X_n)$ 既可以看成数,又可看成随机变量. 需要特别强调的是,以后凡是我们脱离具体的一次观测或试验来谈及样本 $(X_1, X_2, \cdots, X_n)$ 时,它们总是被看成随机变量. 对于简单随机样本,由于在相同的条件下对总体 X 进行了 n 次重复的独立观测,则可以认为所获得的样本 $(X_1, X_2, \cdots, X_n)$ 是 n 个独立且与总体 X 同样分布的随机变量.

若总体 X 的分布函数为 $F(x)$, 则简单随机抽样得到的样本容量为 n 的样本 $(X_1, X_2, \cdots, X_n)$ 的联合分布函数为

$$F(x_1, x_2, \cdots, x_n) = F(x_1) \cdot F(x_2) \cdot \cdots \cdot F(x_n) = \prod_{i=1}^{n} F(x_i).$$

若总体 X 的概率密度函数为 $f(x)$, 则简单随机抽样得到的样本容量为 n 的样本 $(X_1, X_2, \cdots, X_n)$ 的联合密度函数为

$$f(x_1, x_2, \cdots, x_n) = \prod_{i=1}^{n} f(x_i).$$

若总体 X 是离散型随机变量,总体的的分布律为

$$P\{X = x\}, \quad x = a_k, \quad k = 1, 2, \cdots,$$

则简单随机抽样得到的样本容量为 n 的样本 $(X_1, X_2, \cdots, X_n)$ 的联合分布律为

$$P\{X_1 = x_1, X_2 = x_2, \cdots, X_n = x_n\} = \prod_{i=1}^{n} P\{X_i = x_i\}.$$

例 6.3 设总体 $X \sim B(1, p)$, $(X_1, X_2, \cdots, X_n)$ 是来自总体 X 的一个样本,求 $(X_1, X_2, \cdots, X_n)$ 的联合分布律.

解 因 $X_1, X_2, \cdots, X_n$ 相互独立,且 $X_i \sim B(1, p)$, $i = 1, 2, \cdots, n$, 即 X_i 具有分布律为

$$P\{X_i = x_i\} = p^{x_i}(1-p)^{1-x_i}, \quad x_i = 0, 1, \quad i = 1, 2, \cdots, n.$$

因此 $(X_1, X_2, \cdots, X_n)$ 的联合分布律为

$$P\{X_1=x_1, X_2=x_2, \cdots, X_n=x_n\}=\prod_{i=1}^{n} P\{X_i=x_i\}$$

$$=\prod_{i=1}^{n} p^{x_i}(1-p)^{1-x_i}=p^{\sum_{i=1}^{n} x_i}(1-p)^{n-\sum_{i=1}^{n} x_i}.$$

例 6.4　设总体 $X \sim P(\lambda)$，$(X_1, X_2, \cdots, X_n)$ 为来自总体 X 的一个样本，求 $(X_1, X_2, \cdots, X_n)$ 的联合分布律.

解　因为 $X \sim P(\lambda)$，所以 $P\{X=x\}=\frac{\lambda^x}{x!}\mathrm{e}^{-\lambda}$，$x=0, 1, 2, \cdots$.

又因为 $(X_1, X_2, \cdots, X_n)$ 相互独立，且 $X_i \sim P(\lambda)$，$i=1, 2, \cdots, n$，即 X_i 具有分布律为

$$P\{X_i=x_i\}=\frac{\lambda^{x_i}}{x_i!}\mathrm{e}^{-\lambda},\quad x_i=0, 1, 2, \cdots,\quad i=1, 2, \cdots, n.$$

因此 $(X_1, X_2, \cdots, X_n)$ 的联合分布律为

$$P\{X_1=x_1, X_2=x_2, \cdots, X_n=x_n\}=\prod_{i=1}^{n} P\{X_i=x_i\}=\prod_{i=1}^{n} \frac{\lambda^{x_i}}{x_i!}\mathrm{e}^{-\lambda}=\frac{\lambda^{\sum_{i=1}^{n} x_i}}{\prod_{i=1}^{n} x_i!}\mathrm{e}^{-n\lambda}.$$

例 6.5　设总体 $X \sim N(\mu, \sigma^2)$，$(X_1, X_2, \cdots, X_n)$ 为取自总体 X 的一个样本，求 $(X_1, X_2, \cdots, X_n)$ 的联合密度函数.

解　因为 $X \sim N(\mu, \sigma^2)$，所以 $f(x)=\frac{1}{\sqrt{2\pi}\sigma}\mathrm{e}^{-\frac{(x-\mu)^2}{2\sigma^2}}$.

又因为 $(X_1, X_2, \cdots, X_n)$ 相互独立，且有 $X_i \sim N(\mu, \sigma^2)$，$i=1, 2, \cdots, n$，即 X_i 具有密度函数为

$$f(x_i)=\frac{1}{\sqrt{2\pi}\sigma}\mathrm{e}^{-\frac{(x_i-\mu)^2}{2\sigma^2}},\quad i=1, 2, \cdots, n.$$

因此 $(X_1, X_2, \cdots, X_n)$ 的联合密度函数为

$$f(x_1, x_2, \cdots, x_n)=\prod_{i=1}^{n} f(x_i)=\prod_{i=1}^{n} \frac{1}{\sqrt{2\pi}\sigma}\mathrm{e}^{-\frac{(x_i-\mu)^2}{2\sigma^2}}=\frac{1}{(\sqrt{2\pi}\sigma)^n}\mathrm{e}^{-\frac{\sum_{i=1}^{n}(x_i-\mu)^2}{2\sigma^2}}.$$

习题 6.1

1. 从一个地区随机抽取 20 名老人测量血压，测得血压(舒张压)为

75，73，80，88，75，71，99，102，89，76，
77，86，74，81，71，98，76，103，79，84.

指出其中的总体、个体、样本、样本容量.

2. 在某班级中,随机选取 10 名学生参加学校的表彰大会,指出其总体、个体、样本与样本容量.

3. 什么是简单随机样本?试举例进行说明.

4. 设总体 $X \sim B(N, p)$,求来自总体 X 的样本 $(X_1, X_2, \cdots, X_n)$ 的联合分布律.

5. 设总体 $X \sim E(\lambda)$,求来自总体 X 的样本 $(X_1, X_2, \cdots, X_n)$ 的联合密度函数.

6. 设总体 $X \sim U(0, \theta)$, $\theta > 0$,求来自总体 X 的样本 $(X_1, X_2, \cdots, X_n)$ 的联合密度函数.

6.2 统计量

事实上,抽样后得到的资料都是具体的、确定的值.例如,从某班学生中抽取 10 人测量身高,得到 10 个数,它们是样本取到的值而不是样本.我们只能观察到随机变量取的值,而见不到随机变量.总体分布决定了样本取值的概率规律,也就是样本取到样本值的规律,因而可以用样本值去推断总体.我们知道样本是总体的反映,但是样本所含的信息不能直接用于解决所要研究的问题,而需要把样本所含的信息进行数学上的加工,使其浓缩起来,从而方便有效地解决问题,这在数理统计学中往往是通过构造一个合适的依赖于样本的函数——统计量来达到.

6.2.1 统计量

定义 6.2 设 $(X_1, X_2, \cdots, X_n)$ 是来自总体 X 的一个样本,$g(X_1, X_2, \cdots, X_n)$ 是样本 $(X_1, X_2, \cdots, X_n)$ 的函数,且 $g(X_1, X_2, \cdots, X_n)$ 中不含有任何的未知参数,则称 $g(X_1, X_2, \cdots, X_n)$ 是一个**统计量**,统计量的分布称为**抽样分布**.

因为 $(X_1, X_2, \cdots, X_n)$ 都是随机变量,而统计量 $g(X_1, X_2, \cdots, X_n)$ 是随机变量的函数,因此统计量 $g(X_1, X_2, \cdots, X_n)$ 也是一个随机变量.设 $(x_1, x_2, \cdots, x_n)$ 是相应于样本 $(X_1, X_2, \cdots, X_n)$ 的样本值,则称 $g(x_1, x_2, \cdots, x_n)$ 是**统计量 $g(X_1, X_2, \cdots, X_n)$ 的观测值**.另外要注意的是,统计量中可以含有参数,但不能含有未知参数.

例 6.6 设 $(X_1, X_2, \cdots, X_n)$ 是来自总体 $X \sim N(\mu, \sigma^2)$ 的一个样本,其中 μ 已知,σ 未知,指出下列样本函数中哪些是统计量,哪些不是?

(1) $g_1(X_1, X_2, \cdots, X_n) = X_1 + 1$;

(2) $g_2(X_1, X_2, \cdots, X_n) = \max\{X_1, X_2, \cdots, X_n\}$;

(3) $g_3(X_1, X_2, \cdots, X_n) = \dfrac{1}{n}\sum_{i=1}^{n}(X_i - \mu)^2$;

(4) $g_4(X_1, X_2, \cdots, X_n) = \dfrac{1}{n}\sum_{i=1}^{n}\left(\dfrac{X_i - \mu}{\sigma}\right)^2$.

解 统计量是不含未知参数的样本函数,故(1),(2),(3)均是统计量,而(4)不是统计量,因为含有未知参数 σ.

6.2.2 常用统计量

设 $(X_1, X_2, \cdots, X_n)$ 是来自总体 X 的一个样本,$(x_1, x_2, \cdots, x_n)$ 是该样本的观察

值，定义以下统计量：

（1）样本均值：$\bar{X}=\frac{1}{n}\sum_{i=1}^{n}X_i$，它反映总体 X 数学期望的信息；

（2）样本方差：$S^2=\frac{1}{n-1}\sum_{i=1}^{n}(X_i-\bar{X})^2$，它反映总体 X 方差的信息；

（3）样本标准差：$S=\sqrt{S^2}=\sqrt{\frac{1}{n-1}\sum_{i=1}^{n}(X_i-\bar{X})^2}=\sqrt{\frac{1}{n-1}\left(\sum_{i=1}^{n}X_i^2-n\bar{X}^2\right)}$；

（4）样本 k 阶原点矩：

$$A_k=\frac{1}{n}\sum_{i=1}^{n}X_i^k,\quad k=1,\ 2,\ \cdots,$$

它反映总体 X 的 k 阶原点矩的信息，这里 $A_1=\bar{X}$，且 $\sum_{i=1}^{n}(X_i-\bar{X})=0$.

（5）样本 k 阶中心矩：

$$B_k=\frac{1}{n}\sum_{i=1}^{n}(X_i-\bar{X})^k,\quad k=1,\ 2,\ \cdots.$$

它反映总体 X 的 k 阶中心矩的信息. 这里 $B_2=A_2-A_1^2$，且 $\sum_{i=1}^{n}(X_i-\bar{X})^2=\sum_{i=1}^{n}X_i^2-n\bar{X}^2$.

它们的观察值分别为

$$\bar{x}=\frac{1}{n}\sum_{i=1}^{n}x_i;$$

$$s^2=\frac{1}{n-1}\sum_{i=1}^{n}(x_i-\bar{x})^2=\frac{1}{n-1}\left(\sum_{i=1}^{n}x_i^2-n\bar{x}^2\right);$$

$$s=\sqrt{\frac{1}{n-1}\sum_{i=1}^{n}(x_i-\bar{x})^2};$$

$$a_k=\frac{1}{n}\sum_{i=1}^{n}x_i^k,\quad k=1,\ 2,\ \cdots;$$

$$b_k=\frac{1}{n}\sum_{i=1}^{n}(x_i-\bar{x})^k,\quad k=1,\ 2,\ \cdots.$$

这些观察值仍分别称为**样本均值**、**样本方差**、**样本标准差**、**样本 k 阶原点矩**、**样本 k 阶中心矩**. 以上这些统计量统称为**样本矩**.

例 6.7　从某工厂的产品中随机抽取 5 只产品，测得其直径分别为（单位：mm）

$$97,\quad 104,\quad 102,\quad 99,\quad 103.$$

（1）写出总体、样本值、样本容量；（2）求样本观察值的均值、方差.

解　（1）总体为该工厂生产的所有产品，样本为 $(X_1,\ X_2,\ X_3,\ X_4,\ X_5)$，样本值为 $(97,\ 104,\ 102,\ 99,\ 103)$，样本容量为 5.

（2）样本均值为 $\bar{x}=\frac{1}{n}\sum_{i=1}^{n}x_i=\frac{1}{5}(97+104+102+99+103)=101$，

样本方差为 $s^2=\frac{1}{n-1}\sum_{i=1}^{n}(x_i-\bar{x})^2=\frac{1}{4}(4^2+3^2+1^2+2^2+2^2)=8.5$.

例 6.8　证明 $S^2=\frac{1}{n-1}(\sum_{i=1}^{n}X_i^2-n\bar{X}^2)$.

证明　$$S^2=\frac{1}{n-1}\sum_{i=1}^{n}(X_i-\bar{X})^2=\frac{1}{n-1}\sum_{i=1}^{n}(X_i^2-2X_i\bar{X}+\bar{X}^2)$$

$$=\frac{1}{n-1}(\sum_{i=1}^{n}X_i^2-2\bar{X}\sum_{i=1}^{n}X_i+\sum_{i=1}^{n}\bar{X}^2)=\frac{1}{n-1}(\sum_{i=1}^{n}X_i^2-2n\bar{X}\bar{X}+n\bar{X}^2)$$

$$=\frac{1}{n-1}(\sum_{i=1}^{n}X_i^2-n\bar{X}^2).$$

在第 4 章中我们定义过总体 X 的 k 阶原点矩、k 阶中心矩(假设其存在),在此分别记为 $\mu_k=E(X^k)$, $v_k=E((X-E(X))^k)$,将其统称为总体矩.

需要指明的是,由辛钦大数定律,当总体 X 的 k 阶原点矩存在时,样本的 k 阶原点矩必依概率收敛于总体的 k 阶原点矩. 这也是第 7 章所要介绍的矩法估计的理论依据. 事实上,若总体 X 的 k 阶原点矩 $\mu_k=E(X^k)$ 存在,而样本的 k 阶原点矩 $A_k=\frac{1}{n}\sum_{i=1}^{n}X_i^k$,由于 X_1, X_2, …, X_n 是独立同分布于总体 X 的分布,故 X_1^k, X_2^k, …, X_n^k 独立同分布于 X^k 的分布,由辛钦大数定律,对任意 $\varepsilon>0$,有

$$\lim_{n\to\infty}P\{|A_k-\mu_k|<\varepsilon\}=1,$$

即 A_k 依概率收敛于 μ_k.

定理 6.1　设 $(X_1, X_2, \cdots, X_n)$ 是来自总体 X 的一个样本,若 X 的二阶矩存在,且 $E(X)=\mu$, $D(X)=\sigma^2$,则

$$E(\bar{X})=E(X)=\mu,\quad D(\bar{X})=\frac{D(X)}{n}=\frac{\sigma^2}{n},\quad E(S^2)=D(X)=\sigma^2.$$

证明　由题意有 $E(X_i)=\mu$, $D(X_i)=\sigma^2$, $i=1, 2, \cdots, n$,再由期望和方差的性质,有

$$E(\bar{X})=E\left(\frac{1}{n}\sum_{i=1}^{n}X_i\right)=\frac{1}{n}\sum_{i=1}^{n}E(X_i)=\frac{1}{n}\sum_{i=1}^{n}E(X_i)=\frac{1}{n}\sum_{i=1}^{n}\mu=\frac{1}{n}\cdot n\mu=\mu,$$

$$D(\bar{X})=D\left(\frac{1}{n}\sum_{i=1}^{n}X_i\right)=\frac{1}{n^2}\sum_{i=1}^{n}D(X_i)=\frac{1}{n^2}\sum_{i=1}^{n}\sigma^2=\frac{1}{n^2}\cdot n\sigma^2=\frac{\sigma^2}{n}.$$

$$E(S^2)=E\left(\frac{1}{n-1}(\sum_{i=1}^{n}X_i^2-n\bar{X}^2)\right)=\frac{1}{n-1}[nE(X^2)-nE(\bar{X}^2)]$$

$$=\frac{n}{n-1}[E(X^2)-E(\bar{X}^2)]=\frac{n}{n-1}[D(X)+E^2(X)-(D(\bar{X})+E^2(\bar{X})]$$

$$=\frac{n}{n-1}\left(\sigma^2-\frac{\sigma^2}{n}\right)=\sigma^2.$$

例 6.9　设 $(X_1, X_2, \cdots, X_n)$ 是来自总体 X 的一个样本,在下列三种情况下,分别求

$E(\bar{X})$, $D(\bar{X})$, $E(S^2)$:

(1) $X \sim B(1, p)$; (2) $X \sim E(\lambda)$; (3) $X \sim U(-1, 1)$.

解 (1) 由于 $X \sim B(1, p)$，则 $E(X)=p$, $D(X)=p(1-p)$，由定理 6.1,有

$$E(\bar{X})=E(X)=p, \quad D(\bar{X})=\frac{D(X)}{n}=\frac{p(1-p)}{n}, \quad E(S^2)=D(X)=p(1-p).$$

(2) 由于 $X \sim E(\lambda)$，则 $E(X)=\frac{1}{\lambda}$, $D(X)=\frac{1}{\lambda^2}$，由定理 6.1,有

$$E(\bar{X})=E(X)=\frac{1}{\lambda}, \quad D(\bar{X})=\frac{D(X)}{n}=\frac{1}{n\lambda^2}, \quad E(S^2)=D(X)=\frac{1}{\lambda^2}.$$

(3) 由于 $X \sim U(-1,1)$，则 $E(X)=0$, $D(X)=\frac{1}{3}$，由定理 6.1,有

$$E(\bar{X})=E(X)=0, \quad D(\bar{X})=\frac{D(X)}{n}=\frac{1}{3n}, \quad E(S^2)=D(X)=\frac{1}{3}.$$

习题 6.2

1. 在某工厂生产的轴承中随机地选取 10 只,测得其质量(单位: kg)为

2.36, 2.42, 2.38, 2.34, 2.40, 2.42, 2.39, 2.43, 2.39, 2.37.

求样本均值、样本方差和样本标准差.

2. 设 $(X_1, X_2, \cdots, X_n)$ 是来自正态总体 $N(\mu, \sigma^2)$ 中的一个样本,其中 μ 已知, σ^2 未知,判断下列哪些是统计量.

(1) $T_1=\frac{1}{n}\sum_{i=1}^{n}(X_i-\mu)^2$;　　(2) $T_2=\frac{1}{n}\sum_{i=1}^{n}\left(\frac{X_i-\mu}{\sigma}\right)^2$;

(3) $T_1=\frac{1}{n}\sum_{i=1}^{n}(X_i-\bar{X})^2$;　　(4) $T_1=\frac{1}{n}\sum_{i=1}^{n}\left(\frac{X_i-\bar{X}}{\sigma}\right)^2$.

3. 设 $(X_1, X_2, \cdots, X_n)$ 是来自正态总体 $N(\mu, \sigma^2)$ 中的一个样本,其中 μ 未知, σ^2 已知,判断下列函数中哪些是统计量.

(1) $T_1=\frac{1}{n}\sum_{i=1}^{n}X_i$;　(2) $T_2=\frac{1}{n}\sum_{i=1}^{n}X_i-\mu$;　(3) $T_3=\max\{X_1, X_2, \cdots, X_n\}$

4. 设 $(X_1, X_2, \cdots, X_n)$ 是来自总体 X 的一个样本,在下列情况下分别求 $E(\bar{X})$, $D(\bar{X})$, $E(S^2)$.

(1) $X \sim B(m,p)$;　(2) $X \sim p(\lambda)$;　(3) $X \sim U(0, 2\theta)$.

6.3 三大抽样分布

在使用统计量进行推断时常常需要知道其分布,统计量的分布称为抽样分布. 当总体的分布函数已知时,抽样分布是确定的,然而求统计量的精确分布一般来说是困难的,但在实际问题中,大多的总体是服从正态分布的. 本节将介绍来自正态总体的几个常用统计量

的分布：χ^2 分布，t 分布，F 分布.

1. χ^2 分布

设随机变量 $(X_1, X_2, \cdots, X_n)$ 相互独立，且都服从标准正态分布 $N(0, 1)$，则称随机变量

$$\chi^2 = X_1^2 + X_2^2 + \cdots + X_n^2$$

服从**自由度为 n 的 χ^2 分布**，记为 $\chi^2 \sim \chi^2(n)$. 这里自由度 n 指的是包含的独立随机变量的个数.

$\chi^2(n)$ 分布的概率密度函数为

$$f(x)=\begin{cases}\dfrac{1}{2^{\frac{n}{2}}\Gamma\left(\dfrac{n}{2}\right)}x^{\frac{n}{2}-1}\mathrm{e}^{-\frac{x}{2}}, & x>0,\\ 0, & x\leqslant 0,\end{cases}$$

其中 $\Gamma(s)$ 是伽玛函数，$\Gamma(s)=\int_0^{+\infty}x^{s-1}\mathrm{e}^{-x}\mathrm{d}x$，$s>0$.

伽玛函数具有性质：

$$\Gamma(s+1)=s\Gamma(s),\quad \Gamma(1)=1,\quad \Gamma\left(\frac{1}{2}\right)=\sqrt{\pi},\quad \Gamma(n+1)=n!,\quad n\in\mathbf{N}.$$

$\chi^2(n)$ 分布的概率密度曲线如图 6.1 所示.

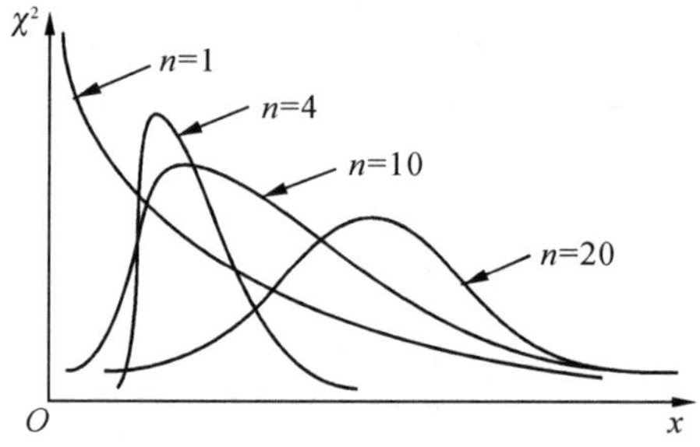

图 6.1　不同容量样本的抽样分布

$\chi^2(n)$ 分布的性质和特点如下：

(1) $\chi^2(n)$ 分布的概率密度曲线形状与 n 有关，通常为不对称的右偏分布，但随着 n 的增大而逐渐趋于对称.

(2) 若 $\chi^2 \sim \chi^2(n)$，则 $E(\chi^2)=n$，$D(\chi^2)=2n$.

这是因为 $X_i \sim N(0, 1)$，$i=1, 2, \cdots, n$，故 $E(X_i)=0$，$D(X_i)=1$，而

$$D(X_i)=E(X_i^2)-[E(X_i)]^2,$$

从而 $E(X_i^2)=1$，$D(X_i^2)=E(X_i^4)-[E(X_i^2)]^2=\dfrac{1}{\sqrt{2\pi}}\int_{-\infty}^{+\infty}x^4\mathrm{e}^{-\frac{x^2}{2}}\mathrm{d}x-1^2=3-1=2$.

再由 $X_i(i=1, 2, \cdots, n)$ 的独立性，可知 X_i^2 也是独立的 $(i=1, 2, \cdots, n)$，于是

$$E(\chi^2)=E\left(\sum_{i=1}^{n}X_i^2\right)=\sum_{i=1}^{n}E(X_i^2)=n,$$

$$D(\chi^2)=D\left(\sum_{i=1}^{n}X_i^2\right)=\sum_{i=1}^{n}D(X_i^2)=2n.$$

(3) 若 $\chi_1^2 \sim \chi^2(n_1)$，$\chi_2^2 \sim \chi^2(n_2)$，且 χ_1^2，χ_2^2 相互独立，则

$$\chi_1^2+\chi_2^2 \sim \chi^2(n_1+n_2).$$

这一结果可以推广到多个 χ^2 分布和的分布.

(4) 应用中心极限定理可得,若 $\chi^2 \sim \chi^2(n)$,则当 n 充分大时,$\dfrac{\chi^2-n}{\sqrt{2n}}$ 的分布近似服从于标准正态分布,即 $\chi^2 \sim \chi^2(n) \overset{\text{近似}}{\sim} N(n,\ 2n)$.

例 6.10　设 $(X_1,\ X_2,\ \cdots,\ X_{10})$ 是来自总体 $X \sim \chi^2(n)$ 的一个样本,求 $E(\bar{X})$,$D(\bar{X})$,$E(S^2)$.

解　由 $\chi^2(n)$ 分布的性质,$E(X)=n$,$D(X)=2n$,故有

$$E(\bar{X})=E(X)=n,\quad D(\bar{X})=\frac{D(X)}{10}=\frac{2n}{10}=\frac{n}{5},$$

而 $E(S^2)=D(X)=2n$.

例 6.11　设 $(X_1,\ X_2,\ X_3)$ 是来自总体 $X \sim N(\mu,\ \sigma^2)$ 的一个样本,求

$$\left(\frac{X_1-\mu}{\sigma}\right)^2+\left(\frac{X_2-\mu}{\sigma}\right)^2+\left(\frac{X_3-\mu}{\sigma}\right)^2$$

的分布.

解　由题意知 $X_1,\ X_2,\ X_3$ 相互独立,且 $X_i \sim N(\mu,\ \sigma^2)$,$i=1,\ 2,\ 3$,于是 $\dfrac{X_i-\mu}{\sigma}$ 也相互独立,且 $\dfrac{X_i-\mu}{\sigma} \sim N(0,\ 1)$,$i=1,\ 2,\ 3$,由 χ^2 分布的定义,得

$$\left(\frac{X_1-\mu}{\sigma}\right)^2+\left(\frac{X_2-\mu}{\sigma}\right)^2+\left(\frac{X_3-\mu}{\sigma}\right)^2 \sim \chi^2(3).$$

例 6.12　设 $(X_1,\ X_2,\ \cdots,\ X_6)$ 是来自总体 $X \sim N(0,\ 1)$ 的一个样本,且

$$Y=(X_1+X_2+X_3)^2+(X_4+X_5+X_6)^2,$$

试确定常数 C,使 CY 服从 χ^2 分布.

解　因 $(X_1,\ X_2,\ \cdots,\ X_6)$ 是来自总体 $N(0,\ 1)$ 的样本,故

$$X_1+X_2+X_3 \sim N(0,\ 3),\quad X_4+X_5+X_6 \sim N(0,\ 3),$$

且相互独立,因此

$$\frac{X_1+X_2+X_3}{\sqrt{3}} \sim N(0,\ 1),\quad \frac{X_4+X_5+X_6}{\sqrt{3}} \sim N(0,\ 1),$$

且二者相互独立,按 χ^2 分布的定义

$$\frac{(X_1+X_2+X_3)^2}{3}+\frac{(X_4+X_5+X_6)^2}{3} \sim \chi^2(2),$$

即 $\dfrac{1}{3}Y \sim \chi^2(2)$,即知 $C=\dfrac{1}{3}$.

定义 6.3　若随机变量 $\chi^2 \sim \chi^2(n)$,对于给定的正数 $\alpha(0<\alpha<1)$,称满足条件

$$P\{\chi^2 \geqslant \chi_\alpha^2(n)\} = \int_{\chi_\alpha^2(n)}^{+\infty} f(x)\mathrm{d}x = \alpha$$

的点 $\chi_\alpha^2(n)$ 为 $\chi^2(n)$ 分布的上 α 分位点,如图 6.2 所示.

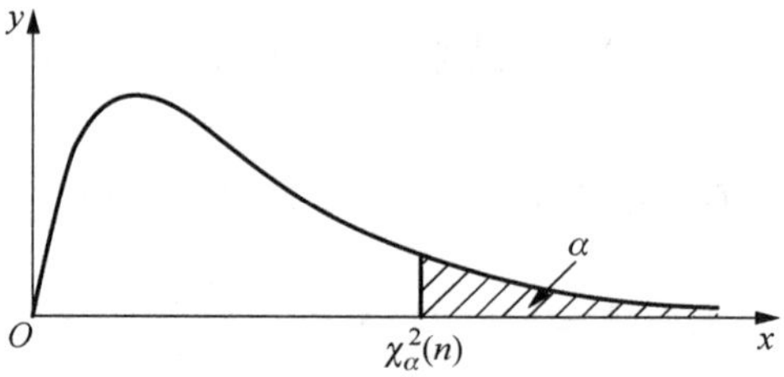

图 6.2

对于不同的 α, n, $\chi^2(n)$ 分布的上 α 分位点 $\chi_\alpha^2(n)$ 可以查表,见附表 3,如 $\chi_{0.1}^2(25)=34.382$.

例 6.13 查表求 $\chi_{0.01}^2(12)$, $\chi_{0.99}^2(12)$.

解 查表得 $\chi_{0.01}^2(12)=26.217$, $\chi_{0.99}^2(12)=3.571$.

例 6.14 设 $(X_1, X_2, \cdots, X_{16})$ 是来自总体 $X \sim N(0, 2^2)$ 的一个样本,求 $P\left\{\sum_{i=1}^{16} X_i^2 \leqslant 77.476\right\}$

解 由题意有 $\dfrac{X_i}{2} \sim N(0, 1)$, $\sum_{i=1}^{16} \dfrac{X_i^2}{2^2} \sim \chi^2(16)$,

故 $$P\left\{\sum_{i=1}^{16} X_i^2 \leqslant 77.476\right\} = P\left\{\frac{1}{4}\sum_{i=1}^{16} X_i^2 \leqslant \frac{1}{4}\times 77.476\right\} = 1 - P\left\{\frac{1}{4}\sum_{i=1}^{16} X_i^2 > 19.369\right\}.$$

查表得 $\chi_{0.25}^2(16)=19.369$, 故 $P\left\{\sum_{i=1}^{16} X_i^2 \leqslant 77.476\right\} \approx 1-0.25=0.75$.

2. t 分布

设 $X \sim N(0, 1)$, $Y \sim \chi^2(n)$, 且 X 与 Y 相互独立,则称随机变量

$$T = \frac{X}{\sqrt{\frac{Y}{n}}}$$

服从自由度为 n 的 t 分布,记为 $T \sim t(n)$.

t 分布又称为学生(**student**)分布,t 分布的概率密度函数为

$$f(t) = \frac{\Gamma\left(\frac{n+1}{2}\right)}{\sqrt{n\pi}\,\Gamma\left(\frac{n}{2}\right)}\left(1+\frac{t^2}{n}\right)^{-\frac{n+1}{2}}, \quad -\infty < t < +\infty.$$

t 分布的概率密度曲线如图 6.3 所示,t 分布与标准正态分布的比较如图 6.4 所示.

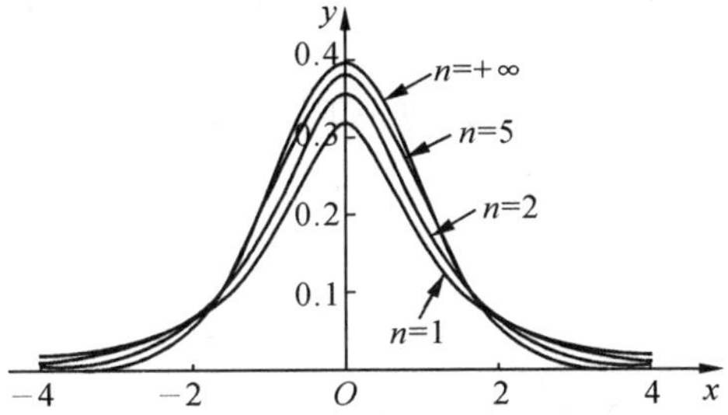

图 6.3

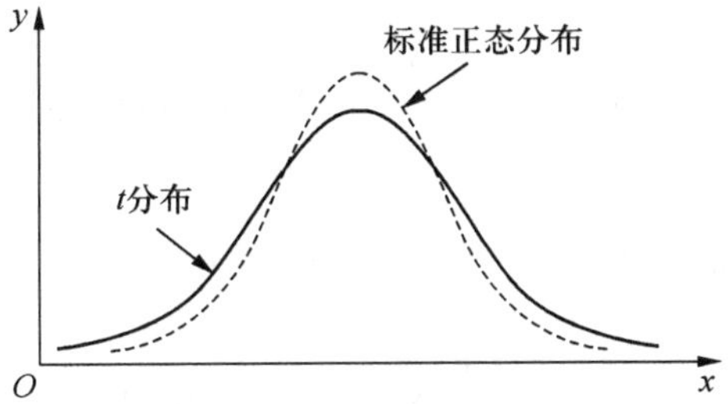

图 6.4

t 分布的性质：

(1) t 分布的密度函数 $f(t)$ 关于 $t=0$ 对称，当自由度 n 充分大时，t 分布是类似正态分布的一种对称分布，t 分布越来越接近 $N(0,1)$，但它通常比正态分布平坦和分散. 实际应用中，当 $n\geqslant 30$ 时，t 分布与 $N(0,1)$ 就非常接近；自由度为 1 的 t 分布称为柯西分布，但对较小的自由度 n，t 分布与 $N(0,1)$ 分布相差很大.

(2) t 分布一般只用于小样本问题.

(3) 若 $T\sim t(n)$，则 $E(T)=0(n>1)$，$D(T)=\dfrac{n}{n-2}(n>2)$.

定义 6.4　若随机变量 $T\sim t(n)$，对于给定的正数 $\alpha(0<\alpha<1)$，称满足条件

$$P\{T\geqslant t_\alpha(n)\}=\int_{t_\alpha(n)}^{+\infty}f(t)\mathrm{d}t=\alpha$$

的点 $t_\alpha(n)$ 为 **t 分布的上 α 分位点**，如图 6.5 所示.

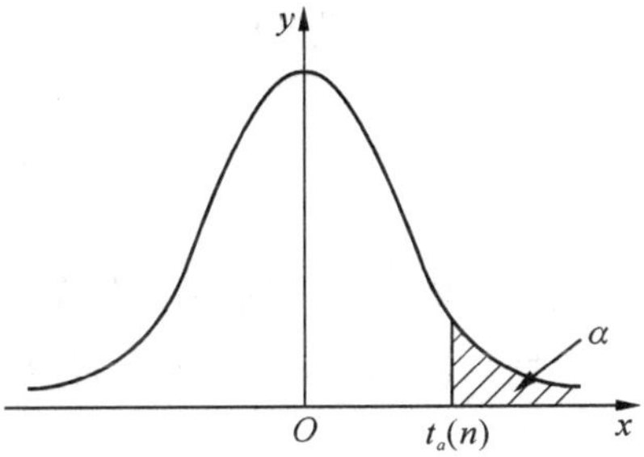

图 6.5

对于不同的 α,n，上 α 分位点 $t_\alpha(n)$ 可以查表，见附表 4，如 $t_{0.05}(9)=1.8331$. 由 t 分布上 α 分位点的定义及 $f(t)$ 关于 $t=0$ 对称，得 $t_\alpha(n)=-t_{1-\alpha}(n)$. 在 $n>45$ 时，对于常用的 α 的值，就用正态近似 $t_\alpha(n)\approx z_\alpha$.

例 6.15　查表求 $t_{0.01}(12)$，$t_{0.99}(12)$.

解　查表得

$t_{0.01}(12)=2.6810$，

$t_{0.99}(12)=-t_{0.01}(12)=-2.6810$，

例 6.16　设 X,Y 相互独立，且 $(X_1,X_2,\cdots,X_9)$ 是来自总体 $X\sim N(0,3^2)$ 的样本，$(Y_1,Y_2,\cdots,Y_9)$ 是来自总体 $Y\sim N(0,3^2)$ 的样本，则统计量

$$U=\frac{X_1+X_2+\cdots+X_9}{\sqrt{Y_1^2+Y_2^2+\cdots+Y_9^2}}$$

服从什么分布？

解　因为 $(X_1,X_2,\cdots,X_9)$ 是来自总体 $X\sim N(0,3^2)$ 的样本，则 $X_i\sim N(0,3^2)$，$i=1,2,\cdots,9$，且 $X_1,X_2,\cdots,X_9$ 相互独立. 又因为 $(Y_1,Y_2,\cdots,Y_9)$ 是来自总体的样

本 $Y \sim N(0, 3^2)$，则 $Y_i \sim N(0, 3^2)$，$i=1, 2, \cdots, 9$，且 $Y_1, Y_2, \cdots, Y_9$ 相互独立. 因此

$$X_1+X_2+\cdots+X_9 \sim N(0, 81), \quad \frac{Y_i}{3} \sim N(0, 1), \quad i=1, 2, \cdots, 9,$$

且 $\frac{Y_1}{3}, \frac{Y_2}{3}, \cdots, \frac{Y_9}{3}$ 相互独立,故

$$\frac{1}{9}\sum_{i=1}^{9} X_i \sim N(0, 1), \quad \frac{1}{9}\sum_{i=1}^{9} Y_i^2=\sum_{i=1}^{9}\left(\frac{Y_i}{3}\right)^2 \sim \chi^2(9),$$

且 $\frac{1}{9}\sum_{i=1}^{9} X_i$ 与 $\frac{1}{9}\sum_{i=1}^{9} Y_i^2$ 相互独立,

因此
$$U=\frac{X_1+X_2+\cdots+X_9}{\sqrt{Y_1^2+Y_2^2+\cdots+Y_9^2}}=\frac{\frac{1}{9}\sum_{i=1}^{9} X_i}{\sqrt{\frac{\frac{1}{9}\sum_{i=1}^{9} Y_i^2}{9}}} \sim t(9).$$

例 6.17 设 $T \sim t(10)$，求常数 c，使 $P\{T>c\}=0.95$.

解　由于 t 分布关于纵轴对称,故 $P\{T>c\}=0.95$，即

$$P\{T>-c\}=1-0.95=0.05,$$

查表可得 $t_{0.05}(10)=1.81$，因此 $-c=1.81$，即 $c=-1.81$.

例 6.18 设 $(X_1, X_2, \cdots, X_5)$ 是来自总体 $X \sim N(0, 1)$ 的样本,且

$$Y=\frac{C(X_1+X_2)}{\sqrt{X_3^2+X_4^2+X_5^2}},$$

试确定常数 C 使 Y 服从 t 分布.

解　因 $(X_1, X_2, \cdots, X_5)$ 是总体 $N(0, 1)$ 的样本,故 $X_1+X_2 \sim N(0, 2)$，即有

$$\frac{X_1+X_2}{\sqrt{2}} \sim N(0, 1).$$

而 $X_3^2+X_4^2+X_5^2 \sim \chi^2(3)$，且 $\frac{X_1+X_2}{\sqrt{2}}$ 与 $X_3^2+X_4^2+X_5^2$ 相互独立,于是

$$Y=\frac{\frac{X_1+X_2}{\sqrt{2}}}{\sqrt{\frac{X_3^2+X_4^2+X_5^2}{3}}}=\sqrt{\frac{3}{2}} \cdot \frac{X_1+X_2}{\sqrt{X_3^2+X_4^2+X_5^2}} \sim t(3),$$

因此所求的常数 $C=\sqrt{\frac{3}{2}}$.

3. *F* 分布

设 $X \sim \chi^2(n_1)$，$Y \sim \chi^2(n_2)$，且 X 与 Y 相互独立，则称随机变量

$$F = \frac{\frac{X}{n_1}}{\frac{Y}{n_2}}$$

服从第一自由度为 n_1，第二自由度为 n_2 的 F 分布，记为 $F \sim F(n_1, n_2)$.

F 分布的概率密度函数为

$$f(x) = \begin{cases} \dfrac{\Gamma\left(n_1 + \dfrac{n_2}{2}\right)}{\Gamma\left(\dfrac{n_1}{2}\right)\Gamma\left(\dfrac{n_2}{2}\right)\left(1 + \dfrac{n_1}{n_2}x\right)^{\frac{n_1+n_2}{2}}} \left(\dfrac{n_1}{n_2}\right)^{\frac{n_1}{2}} x^{\frac{n_1}{2-1}}, & x > 0, \\ 0, & x \leqslant 0. \end{cases}$$

F 分布的概率密度曲线如图 6.6 所示.

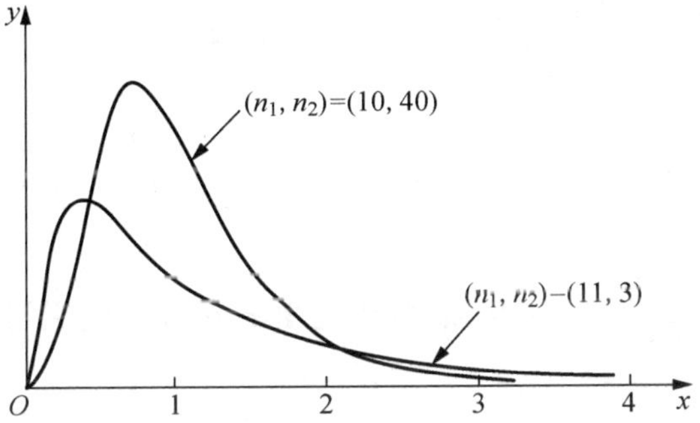

图 6.6

F 分布的性质如下：

(1) 若 $F \sim F(n_1, n_2)$，则 $\dfrac{1}{F} \sim F(n_2, n_1)$.

这是因为 $F \sim F(n_1, n_2)$，则由 F 分布的构造知，存在 $X \sim \chi^2(n_1)$，$Y \sim \chi^2(n_2)$，且 X 与 Y 相互独立，使 $F = \dfrac{\frac{X}{n_1}}{\frac{Y}{n_2}}$，故有 $\dfrac{1}{F} = \dfrac{\frac{Y}{n_2}}{\frac{X}{n_1}} \sim F(n_2, n_1)$.

(2) 若 $X \sim F(n_1, n_2)$，则

$$E(X) = \frac{n_2 - 2}{n_2}, \quad n_2 > 2,$$

$$D(X) = \frac{2n_2^2(n_1 + n_2 - 2)}{n_1(n_2 - 2)(n_2 - 4)}, \quad n_2 > 4.$$

(3) 若 $T\sim t(n)$，则 $T^2\sim F(1,n)$

这是因为 $T\sim t(n)$，则由 t 分布的构造，知存在 $X\sim N(0,1)$，$Y\sim\chi^2(n)$，且 X 与 Y 相互独立，使 $T=\dfrac{X}{\sqrt{\dfrac{Y}{n}}}$，于是 $T^2=\left(\dfrac{X}{\sqrt{\dfrac{Y}{n}}}\right)^2=\dfrac{\dfrac{X^2}{1}}{\dfrac{Y}{n}}$. 而 $X\sim N(0,1)$，得 $X^2\sim\chi^2(1)$，故由 F 分布的构造，知 $T^2\sim F(1,n)$.

例 6.19 设 (X_1,X_2) 是来自总体 $X\sim N(0,\sigma^2)$ 的一个样本，求

$$Y=\frac{(X_1+X_2)^2}{(X_1-X_2)^2}$$

的分布.

解 因为 (X_1,X_2) 是来自总体 $X\sim N(0,\sigma^2)$ 的一个样本，则 $X_i\sim N(0,\sigma^2)$，$i=1,2$，且 X_1，X_2 相互独立，则

$$X_1+X_2\sim N(0,2\sigma^2),\quad X_1-X_2\sim N(0,2\sigma^2),$$

所以 $\dfrac{X_1+X_2}{\sqrt{2}\sigma}\sim N(0,1)$，$\dfrac{X_1-X_2}{\sqrt{2}\sigma}\sim N(0,1)$，因此

$$\left(\frac{X_1+X_2}{\sqrt{2}\sigma}\right)^2\sim\chi^2(1),\quad \left(\frac{X_1-X_2}{\sqrt{2}\sigma}\right)^2\sim\chi^2(1),$$

且 $\left(\dfrac{X_1+X_2}{\sqrt{2}\sigma}\right)^2$ 与 $\left(\dfrac{X_1-X_2}{\sqrt{2}\sigma}\right)^2$ 相互独立，于是由 F 分布的定义可知

$$Y=\frac{(X_1+X_2)^2}{(X_1-X_2)^2}=\frac{\dfrac{\left(\dfrac{X_1+X_2}{\sqrt{2}\sigma}\right)^2}{1}}{\dfrac{\left(\dfrac{X_1-X_2}{\sqrt{2}\sigma}\right)^2}{1}}\sim F(1,1).$$

例 6.20 设 $(X_1,X_2,\cdots,X_{15})$ 是来自总体 $X\sim N(0,2^2)$ 的样本，求

$$Y=\frac{X_1^2+X_2^2+\cdots+X_{10}^2}{2(X_{11}^2+X_{12}^2+\cdots+X_{15}^2)}$$

的分布.

解 因为 $(X_1,X_2,\cdots,X_{15})$ 是来自总体 $X\sim N(0,2^2)$ 的样本，则 $X_i\sim N(0,2^2)$，$i=1,2,\cdots,15$，且 X_1，X_2，$\cdots$，X_{15} 相互独立，故 $\dfrac{X_i}{2}\sim N(0,1)$，$i=1,2,\cdots,15$，因此

$$\frac{1}{4}\sum_{i=1}^{10}X_i^2=\sum_{i=1}^{10}\left(\frac{X_i}{2}\right)^2\sim\chi^2(10),\quad \frac{1}{4}\sum_{i=11}^{15}X_i^2=\sum_{i=11}^{15}\left(\frac{X_i}{2}\right)^2\sim\chi^2(5),$$

且 $\frac{1}{4}\sum_{i=1}^{10}X_i^2$ 与 $\frac{1}{4}\sum_{i=11}^{15}X_i^2$ 相互独立，于是由 F 分布的定义可知

$$Y=\frac{X_1^2+X_2^2+\cdots+X_{10}^2}{2(X_{11}^2+X_{12}^2+\cdots+X_{15}^2)}=\frac{1}{2}\cdot\frac{\left(\frac{X_1}{2}\right)^2+\left(\frac{X_2}{2}\right)^2+\cdots+\left(\frac{X_{10}}{2}\right)^2}{\left(\frac{X_{11}}{2}\right)^2+\left(\frac{X_{12}}{2}\right)^2+\cdots+\left(\frac{X_{15}}{2}\right)^2}$$

$$=\frac{\frac{1}{4}\cdot\frac{\sum_{i=1}^{10}X_i^2}{10}}{\frac{1}{4}\cdot\frac{\sum_{i=11}^{15}X_i^2}{5}}\sim F(10,5).$$

定义 6.5　若随机变量 $F\sim F(n_1,n_2)$，对于给定的正数 $\alpha(0<\alpha<1)$，称满足条件

$$P\{F\geqslant F_\alpha(n_1,n_2)\}=\int_{F_\alpha(n_1,n_2)}^{+\infty}f(x)\mathrm{d}x=\alpha$$

的点 $F_\alpha(n_1,n_2)$ 为 **F 分布的上 α 分位点**，如图 6.7 所示.

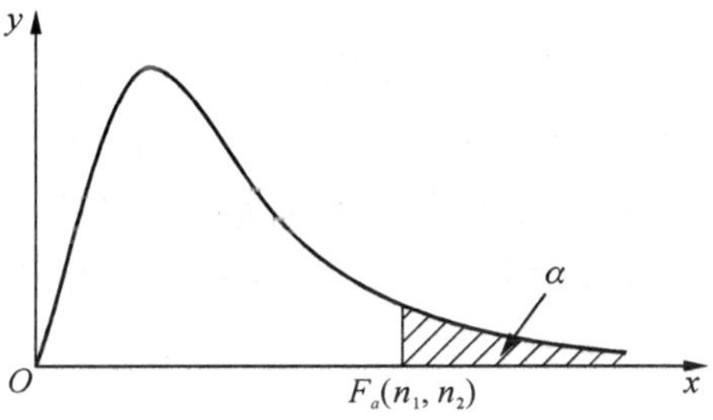

图 6.7

对于不同的 α，n_1，n_2，上 α 分位点 $F_\alpha(n_1,n_2)$ 可以查表，见附表 5，如 $F_{0.05}(9,12)=2.80$.

由 F 分布上 α 分位点的定义及 F 分布的性质，得

$$F_{1-\alpha}(n_1,n_2)=\frac{1}{F_\alpha(n_2,n_1)}.$$

事实上

$$1-\alpha=P\{F\geqslant F_{1-\alpha}(n_1,n_2)\}=P\left\{\frac{1}{F}\leqslant\frac{1}{F_{1-\alpha}(n_1,n_2)}\right\}=1-P\left\{\frac{1}{F}\geqslant\frac{1}{F_{1-\alpha}(n_1,n_2)}\right\},$$

故 $\alpha=P\left\{\frac{1}{F}\geqslant\frac{1}{F_{1-\alpha}(n_1,n_2)}\right\}$，而 $\frac{1}{F}\sim F(n_2,n_1)$，即有

$$P\left\{\frac{1}{F}\geqslant F_\alpha(n_2,n_1)\right\}=\alpha,$$

故 $F_{1-\alpha}(n_1,n_2)=\frac{1}{F_\alpha(n_2,n_1)}$.

附表 5 中所给的 α 都是很小的数，如 0.05，0.01 等，当 α 较大时，如 $\alpha=0.95$，无法在表中查出，但由上面性质就可查出. 例如 $F_{0.95}(12,9)=\frac{1}{F_{0.05}(9,12)}=\frac{1}{2.80}\approx0.357$.

习题 6.3

1. 设 (X_1, X_2, X_3, X_4) 是来自总体 $X \sim N(0, 2^2)$ 的样本,求常数 a, b, 使得

$$X = a(X_1 - 2X_2)^2 + b(3X_3 - 4X_4)^2$$

服从 χ^2 分布.

2. 设 $(X_1, X_2, \cdots, X_{10})$ 是来自总体 $X \sim N(0, 2^2)$ 的样本,求常数 a, b, c, d, 使得

$$Q = aX_1^2 + b(X_2 + X_3)^2 + c(X_4 + X_5 + X_6)^2 + d(X_7 + X_8 + X_9 + X_{10})$$

服从 χ^2 分布.

3. 设 $(X_1, X_2, \cdots, X_n)$ 是来自总体 $X \sim \chi^2(10)$ 的样本,求统计量 $Y = \sum_{i=1}^{n} X_i$ 的分布.

4. $X \sim t(n)$, 求 $\frac{1}{X^2}$ 的分布.

5. 设总体 $X \sim B(1, p)$, 其中 p 未知, 设 $(X_1, X_2, \cdots, X_n)$ 是来自总体 X 的一个样本, 求 $P\left\{\bar{X} = \frac{k}{n}\right\}$.

6.4 正态总体样本均值与方差的分布

在概率统计问题中,正态分布占据着十分重要的位置.这是因为许多量的概率分布,或者是正态分布,或者是接近于正态分布,而且正态分布有许多优良性质,便于进行较深入的理论研究.因此,我们着重讨论正态总体下的抽样分布,其中最重要的统计量自然是样本均值和样本方差.我们现在对总体为正态分布时推导样本均值和方差的分布.

定理 6.2 设 $(X_1, X_2, \cdots, X_n)$ 是来自正态总体 $X \sim N(\mu, \sigma^2)$ 的一个样本,其样本均值为 $\bar{X} = \frac{1}{n}\sum_{i=1}^{n} X_i$, 样本方差为 $S^2 = \frac{1}{n-1}\sum_{i=1}^{n}(X_i - \bar{X})^2$, 则

(1) $\bar{X} \sim N\left(\mu, \frac{\sigma^2}{n}\right)$;

(2) $\frac{\bar{X} - \mu}{\frac{\sigma}{\sqrt{n}}} \sim N(0, 1)$;

(3) $\sum_{i=1}^{n}\left(\frac{X_i - \mu}{\sigma}\right)^2 \sim \chi^2(n)$;

(4) 样本均值 $\bar{X}$ 与样本方差 S^2 相互独立;

(5) 统计量 $\chi^2 = \frac{(n-1)S^2}{\sigma^2}$ 服从自由度为 $n-1$ 的 χ^2 分布,即

$$\chi^2 = \frac{(n-1)S^2}{\sigma^2} \sim \chi^2(n-1).$$

例 6.21　已知总体 $X \sim N(\mu, \sigma^2)$，且 $(X_1, X_2, \cdots, X_{10})$ 是来自总体 X 的样本.

(1) 写出 $(X_1, X_2, \cdots, X_{10})$ 的联合概率密度函数；(2) 写出 $\bar{X}$ 的概率密度函数.

解　(1) 由题有 $X_i \sim N(\mu, \sigma^2)$，$i=1, 2, \cdots, 10$，即 $f_{X_i}(x_i)=\dfrac{1}{\sqrt{2\pi}\sigma}e^{-\frac{(x_i-\mu)^2}{2\sigma^2}}$，故 X_1，X_2，$\cdots$，X_{10} 的联合概率密度函数为

$$f(x_1, x_2, \cdots, x_n)=\prod_{i=1}^{10} f_{X_i}(x_i)=\prod_{i=1}^{10}\frac{1}{\sqrt{2\pi}\sigma}e^{-\frac{(x_i-\mu)^2}{2\sigma^2}}=\frac{1}{(2\pi\sigma^2)^5}e^{-\sum\limits_{i=1}^{10}\frac{(x_i-\mu)^2}{2\sigma^2}}.$$

(2) 由定理 6.2 知 $\bar{X} \sim N\left(\mu, \dfrac{\sigma^2}{10}\right)$，故 $\bar{X}$ 的概率密度函数为

$$f_X(x)=\frac{\sqrt{10}}{\sqrt{2\pi}\sigma}e^{-\frac{5(x-\mu)^2}{\sigma^2}}=\frac{\sqrt{5}}{\sqrt{\pi}\sigma}e^{-\frac{5(x-\mu)^2}{\sigma^2}}.$$

例 6.22　已知总体 $X \sim N(52, 6.3^2)$，且 $(X_1, X_2, \cdots, X_n)$ 是来自总体 X 的样本.

(1) 当样本容量 $n=36$ 时，求样本均值 $\bar{X}$ 落在 $(50.8, 53.8)$ 内的概率；

(2) 若要以 99.9%以上的概率保证 $|\bar{X}-52|<2$，则问样本容量至少要取多大？

解　(1) 由于 $X \sim N(52, 6.3^2)$，则 $\bar{X} \sim N\left(52, \dfrac{6.3^2}{n}\right)$，即 $\bar{X} \sim N(52, 1.05^2)$.

故所求概率为

$$\begin{aligned}P\{50.8<\bar{X}<53.8\}&=\Phi\left(\frac{53.8-52}{1.05}\right)-\Phi\left(\frac{50.8-52}{1.05}\right)=\Phi(1.7143)-\Phi(-1.1429)\\&=0.9564-(1-0.8729)=0.8293.\end{aligned}$$

(2) 设所求样本容量为 n，则 $\bar{X} \sim N\left(52, \dfrac{6.3^2}{n}\right)$，故要使

$$P\{|\bar{X}-52|<2\}=2\Phi\left(\frac{2\sqrt{n}}{6.3}\right)-1 \geqslant 99.9\%,$$

则 $\Phi\left(\dfrac{2\sqrt{n}}{6.3}\right) \geqslant 0.995$，查标准正态分布表得 $\dfrac{2\sqrt{n}}{6.3} \geqslant 2.575$，于是 $n \geqslant 65.79$，故可取 $n=66$ 可保证 $P\{|\bar{X}-52|<2\} \geqslant 99.9\%$.

例 6.23　已知总体 $X \sim N(\mu, \sigma^2)$，且 $(X_1, X_2, \cdots, X_{16})$ 是来自总体 X 的样本，这里 μ，σ^2 均未知. 求

(1) $P\left\{\dfrac{S^2}{\sigma^2} \leqslant 2.041\right\}$，其中 S^2 为样本方差；(2) $D(S^2)$.

解 (1) 因为 $\dfrac{(n-1)S^2}{\sigma^2} \sim \chi^2(n-1)$，现在 $n=16$，即有 $\dfrac{15S^2}{\sigma^2} \sim \chi^2(15)$，故有

$$p=P\left\{\frac{S^2}{\sigma^2} \leqslant 2.041\right\}=P\left\{\frac{15S^2}{\sigma^2} \leqslant 15 \times 2.041\right\}$$
$$=P\left\{\frac{15S^2}{\sigma^2} \leqslant 30.615\right\}=1-P\left\{\frac{15S^2}{\sigma^2} > 30.615\right\}.$$

查 χ^2 分布表得 $\chi^2_{0.01}(15)=30.578$，从而知 $p=1-0.01=0.99$.

(2) 由 $\dfrac{15S^2}{\sigma^2} \sim \chi^2(15)$，得

$$D\left(\frac{15S^2}{\sigma^2}\right)=2 \times 15=30,$$

即 $\dfrac{15^2}{\sigma^4}D(S^2)=30$，$D(S^2)=\dfrac{2\sigma^4}{15}$.

例 6.24 已知总体 $X \sim N(\mu, \sigma^2)$，且 $(X_1, X_2, \cdots, X_{20})$ 是来自总体 X 的样本，其样本均值为 $\bar{X}=\dfrac{1}{20}\sum\limits_{i=1}^{20} X_i$，求

(1) $P\left\{0.37\sigma^2 \leqslant \dfrac{1}{20}\sum\limits_{i=1}^{20}(X_i-\bar{X})^2 \leqslant 1.76\sigma^2\right\}$；

(2) $P\left\{0.37\sigma^2 \leqslant \dfrac{1}{20}\sum\limits_{i=1}^{20}(X_i-\mu)^2 \leqslant 1.76\sigma^2\right\}$.

解 (1) 由 $\dfrac{(n-1)S^2}{\sigma^2} \sim \chi^2(n-1)$ 知

$$\frac{(20-1)S^2}{\sigma^2}=\frac{1}{\sigma^2}\sum_{i=1}^{20}(X_i-\bar{X})^2 \sim \chi^2(19),$$

故

$$\begin{aligned}
&P\left\{0.37\sigma^2 \leqslant \frac{1}{20}\sum_{i=1}^{20}(X_i-\bar{X})^2 \leqslant 1.76\sigma^2\right\}\\
&=P\left\{7.4 \leqslant \frac{1}{\sigma^2}\sum_{i=1}^{20}(X_i-\bar{X})^2 \leqslant 35.2\right\}\\
&=P\left\{\frac{1}{\sigma^2}\sum_{i=1}^{20}(X_i-\bar{X})^2 \geqslant 7.4\right\}-P\left\{\frac{1}{\sigma^2}\sum_{i=1}^{20}(X_i-\bar{X})^2 \geqslant 35.2\right\}\\
&\approx 0.99-0.01\\
&=0.98.
\end{aligned}$$

(2) 由于 $\sum\limits_{i=1}^{20}\left(\dfrac{X_i-\mu}{\sigma}\right)^2 \sim \chi^2(20)$，故

$$P\left\{0.37\sigma^2 \leqslant \frac{1}{20}\sum_{i=1}^{20}(X_i-\mu)^2 \leqslant 1.76\sigma^2\right\}$$

$$=P\left\{7.4 \leqslant \frac{1}{\sigma^2}\sum_{i=1}^{20}(X_i-\mu)^2 \leqslant 35.2\right\}$$

$$=P\left\{\frac{1}{\sigma^2}\sum_{i=1}^{20}(X_i-\mu)^2 \geqslant 7.4\right\}-P\left\{\frac{1}{\sigma^2}\sum_{i=1}^{20}(X_i-\mu)^2 \geqslant 35.2\right\}$$

$$\approx 0.995-0.025=0.97.$$

例 6.25　已知总体 $X \sim N(\mu,4^2)$，且 $(X_1, X_2, \cdots, X_{10})$ 是来自总体 X 的样本，其中 S^2 为样本方差. 已知 $P\{S^2>a\}=0.1$，求 a 的值.

解　由题意知 $n=10, \sigma^2=4^2$，故 $\dfrac{(n-1)S^2}{\sigma^2}=\dfrac{9S^2}{4^2}\sim \chi^2(9)$.

于是
$$P\{S^2>a\}=P\left\{\frac{9S^2}{4^2}>\frac{9a}{16}\right\}=0.1.$$

因此由查 χ^2 分布表得 $\dfrac{9a}{16}=\chi^2_{0.1}(9)\approx 14.684$，故 $a=\dfrac{14.684\times 16}{9}\approx 26.105$.

由定理 6.2 和三大抽样分布，不难推出下面结论.

推论 1　设 $(X_1, X_2, \cdots, X_n)$ 是来自正态总体 $X\sim N(\mu, \sigma^2)$ 的一个样本，$\bar{X}$ 与 S^2 是样本均值与样本方差，则统计量 $T=\dfrac{\bar{X}-\mu}{\frac{S}{\sqrt{n}}}$ 服从自由度为 $n-1$ 的 t 分布，即

$$T=\frac{\bar{X}-\mu}{\frac{S}{\sqrt{n}}}\sim t(n-1).$$

证明　由定理 6.2，知统计量

$$u=\frac{\bar{X}-\mu}{\frac{\sigma}{\sqrt{n}}}\sim N(0, 1), \quad \chi^2=\frac{(n-1)S^2}{\sigma^2}\sim \chi^2(n-1),$$

且 $\bar{X}$ 与 S^2 相互独立，所以 u 与 χ^2 也相互独立，由 t 分布的定义知

$$T=\frac{u}{\sqrt{\frac{\chi^2}{n-1}}}=\frac{\frac{\bar{X}-\mu}{\frac{\sigma}{\sqrt{n}}}}{\sqrt{\frac{\frac{(n-1)S^2}{\sigma^2}}{n-1}}}=\frac{\frac{\bar{X}-\mu}{\frac{\sigma}{\sqrt{n}}}}{\frac{S}{\sigma}}=\frac{\bar{X}-\mu}{\frac{S}{\sqrt{n}}}\sim t(n-1).$$

推论 2　设 $(X_1, X_2, \cdots, X_{n_1})$ 与 $(Y_1, Y_2, \cdots, Y_{n_2})$ 是分别来自正态总体 $N(\mu_1, \sigma^2)$ 及 $N(\mu_2, \sigma^2)$ 的样本，且这两个样本相互独立，$\bar{X}$ 与 S_1^2 分别是样本 $(X_1, X_2, \cdots, X_{n_1})$ 的样本

均值与样本方差，$\bar{Y}$ 与 S_2^2 分别是样本 $(Y_1, Y_2, \cdots, Y_{n_2})$ 的样本均值与样本方差，则统计量：

$$U=\frac{(\bar{X}-\bar{Y})-(\mu_1-\mu_2)}{\sigma\sqrt{\frac{1}{n_1}+\frac{1}{n_2}}}\sim N(0, 1),$$

$$T=\frac{(\bar{X}-\bar{Y})-(\mu_1-\mu_2)}{S_w\sqrt{\frac{1}{n_1}+\frac{1}{n_2}}}\sim t(n_1+n_2-2),$$

其中 $S_w=\sqrt{\frac{(n_1-1)S_1^2+(n_2-1)S_2^2}{n_1+n_2-2}}$.

证明 由定理 6.2，$\bar{X}\sim N\left(\mu_1, \frac{\sigma^2}{n_1}\right)$，$\bar{Y}\sim N\left(\mu_2, \frac{\sigma^2}{n_2}\right)$，于是

$$E(\bar{X})=\mu_1,\quad E(\bar{Y})=\mu_2,\quad D(\bar{X})=\frac{\sigma^2}{n_1},\quad D(\bar{Y})=\frac{\sigma^2}{n_2},$$

因此

$$E(\bar{X}-\bar{Y})=E(\bar{X})-E(\bar{Y})=\mu_1-\mu_2,$$

$$D(\bar{X}-\bar{Y})=D(\bar{X})+D(\bar{Y})=\frac{\sigma^2}{n_1}+\frac{\sigma^2}{n_2}=\left(\frac{1}{n_1}+\frac{1}{n_2}\right)\sigma^2,$$

故

$$U=\frac{(\bar{X}-\bar{Y})-(\mu_1-\mu_2)}{\sigma\sqrt{\frac{1}{n_1}+\frac{1}{n_2}}}\sim N(0, 1).$$

由定理 6.2 知

$$\frac{(n_1-1)S_1^2}{\sigma^2}\sim\chi^2(n_1-1),\quad \frac{(n_2-1)S_2^2}{\sigma^2}\sim\chi^2(n_2-1).$$

因为 S_1^2 与 S_2^2 相互独立，由 χ^2 分布的可加性知

$$V=\frac{(n_1-1)S_1^2+(n_2-1)S_2^2}{\sigma^2}\sim\chi^2(n_1+n_2-2),$$

再由 U 和 V 相互独立，所以由 t 分布的定义得

$$T=\frac{U}{\sqrt{\frac{V}{n_1+n_2-2}}}=\frac{\dfrac{(\bar{X}-\bar{Y})-(\mu_1-\mu_2)}{\sigma\sqrt{\frac{1}{n_1}+\frac{1}{n_2}}}}{\sqrt{\dfrac{\frac{(n_1-1)S_1^2+(n_2-1)S_2^2}{\sigma^2}}{n_1+n_2-2}}}=\frac{\dfrac{(\bar{X}-\bar{Y})-(\mu_1-\mu_2)}{\sqrt{\frac{1}{n_1}+\frac{1}{n_2}}}}{\sqrt{\dfrac{(n_1-1)S_1^2+(n_2-1)S_2^2}{n_1+n_2-2}}}$$

$$=\frac{(\bar{X}-\bar{Y})-(\mu_1-\mu_2)}{S_w\sqrt{\frac{1}{n_1}+\frac{1}{n_2}}}\sim t(n_1+n_2-2).$$

推论 3 设 $(X_1, X_2, \cdots, X_{n_1})$ 与 $(Y_1, Y_2, \cdots, Y_{n_2})$ 是分别来自正态总体 $N(\mu_1, \sigma_1^2)$

及 $N(\mu_2, \sigma_2^2)$ 的样本,且这两个样本相互独立,S_1^2 是样本 $(X_1, X_2, \cdots, X_{n_1})$ 的样本方差,S_2^2 是样本 $(Y_1, Y_2, \cdots, Y_{n_2})$ 的样本方差,则统计量

$$F=\frac{\frac{S_1^2}{\sigma_1^2}}{\frac{S_2^2}{\sigma_2^2}}$$

服从自由度为 (n_1-1, n_2-1) 的 F 分布,即

$$F=\frac{\frac{S_1^2}{\sigma_1^2}}{\frac{S_2^2}{\sigma_2^2}}\sim F(n_1-1, n_2-1).$$

证明　由定理6.2知

$$\frac{(n_1-1)S_1^2}{\sigma_1^2}\sim\chi^2(n_1-1),\quad \frac{(n_2-1)S_1^2}{\sigma_2^2}\sim\chi^2(n_2-1).$$

由 F 分布的定义得

$$F=\frac{\frac{\frac{(n_1-1)S_1^2}{\sigma_1^2}}{n_1-1}}{\frac{\frac{(n_2-1)S_2^2}{\sigma_2^2}}{n_2-1}}=\frac{\frac{S_1^2}{\sigma_1^2}}{\frac{S_2^2}{\sigma_2^2}}\sim F(n_1-1, n_2-1).$$

例6.26　已知总体 $X\sim N(0, 1)$,$(X_1, X_2, \cdots, X_{2n})$ 是来自总体 X 的样本,求下列统计量服从的分布.

(1) $Y_1=\dfrac{\sqrt{2n-1}X_1}{\sqrt{\sum\limits_{i=2}^{2n}X_i^2}}$;　(2) $Y_2=\dfrac{(2n-3)\sum\limits_{i=1}^{3}X_i^2}{3\sum\limits_{i=4}^{2n}X_i^2}$;　(3) $Y_3=\dfrac{1}{2}\sum\limits_{i=1}^{2n}X_i^2+\sum\limits_{i=1}^{n}X_{2i-1}X_{2i}$

解　(1) $Y_1=\dfrac{\sqrt{2n-1}X_1}{\sqrt{\sum\limits_{i=2}^{2n}X_i^2}}=\dfrac{X_1}{\sqrt{\dfrac{\sum\limits_{i=2}^{2n}X_i^2}{2n-1}}}\sim\dfrac{N(0, 1)}{\sqrt{\dfrac{\chi^2(2n-1)}{2n-1}}}\sim t(2n-1).$

(2) $Y_2=\dfrac{(2n-3)\sum\limits_{i=1}^{3}X_i^2}{3\sum\limits_{i=4}^{2n}X_i^2}=\dfrac{\dfrac{\sum\limits_{i=1}^{3}X_i^2}{3}}{\dfrac{\sum\limits_{i=4}^{2n}X_i^2}{2n-3}}\sim\dfrac{\dfrac{\chi^2(3)}{3}}{\dfrac{\chi^2(2n-3)}{2n-3}}\sim F(3,2n-3).$

(3) $Y_3=\frac{1}{2}\sum_{i=1}^{2n}X_i^2+\sum_{i=1}^{n}X_{2i-1}X_{2i}$

$$=\frac{1}{2}(X_1^2+X_2^2+\cdots+X_{2n}^2)+X_1X_2+X_3X_4+\cdots+X_{2n-1}X_{2n}$$

$$=\frac{1}{2}(X_1+X_2)^2+\frac{1}{2}(X_3+X_4)^2+\cdots+\frac{1}{2}(X_{2n-1}+X_{2n})^2$$

$$=\sum_{i=1}^{n}\left(\frac{X_{2i-1}+X_{2i}}{\sqrt{2}}\right)^2\sim\sum_{i=1}^{n}[N_i(0,1)]^2\sim\chi^2(n).$$

例 6.27 已知总体 $X\sim N(\mu,\sigma^2)$，$Y\sim N(\mu,\sigma^2)$，且 $(X_1,X_2,\cdots,X_{n_1})$ 与 $(Y_1,Y_2,\cdots,Y_{n_2})$ 是分别来自总体 X 和 Y 的样本，且这两个样本相互独立. $\bar{X}$ 与 S_1^2 分别是样本 $(X_1,X_2,\cdots,X_{n_1})$ 的样本均值与样本方差，$\bar{Y}$ 与 S_2^2 分别是样本 $(Y_1,Y_2,\cdots,Y_{n_2})$ 的样本均值与样本方差，求

$$E\left(\frac{\sum_{i=1}^{n_1}(X_i-\bar{X})^2+\sum_{i=1}^{n_2}(Y_i-\bar{Y})^2}{n_1+n_2-2}\right).$$

解

$$E\left(\frac{\sum_{i=1}^{n_1}(X_i-\bar{X})^2+\sum_{i=1}^{n_2}(Y_i-\bar{Y})^2}{n_1+n_2-2}\right)=E\left(\frac{(n_1-1)S_1^2+(n_2-1)S_2^2}{n_1+n_2-2}\right)$$

$$=\frac{(n_1-1)E(S_1^2)+(n_2-1)E(S_2^2)}{n_1+n_2-2}$$

$$=\frac{(n_1-1)+(n_2-1)}{n_1+n_2-2}\sigma^2=\sigma^2.$$

习题 6.4

一、填空题

1. 若 $(X_1,X_2,\cdots,X_n)$ 是来自总体 $X\sim N(\mu,\sigma^2)$ 的一个样本，则 $\bar{X}=\frac{1}{n}\sum_{i=1}^{n}X_i$ 服从________.

2. 设 $(X_1,X_2,\cdots,X_n)$ 是来自总体 $X\sim\chi^2(10)$ 的样本，则统计量 $Y=\sum_{i=1}^{n}X_i\sim$________.

3. 设 $(X_1,X_2,\cdots,X_n)$ 是来自总体 X 的样本，总体 $X\sim U(a,b)$，则 $E\bar{X}=$________，$D\bar{X}=$________，$ES^2=$________.

4. 设 (X_1,X_2,X_3,X_4) 是来自总体 $X\sim N(0,1)$ 的样本，$X=a(X_1-2X_2)^2+b(3X_3-4X_4)^2$，则当 $a=$________，$b=$________ 时，总体服从 $\chi^2(n)$，自由度为________.

5. 设总体 X，Y 相互独立，且都服从正态分布 $N(0,3^2)$，而 $(X_1,X_2,\cdots,X_9)$ 和 $(Y_1,Y_2,\cdots,Y_9)$ 分别是来自总体 X，Y 的简单随机样本，则统计量 $T=\frac{X_1+X_2+\cdots+X_9}{\sqrt{Y_1^2+Y_2^2+\cdots+Y_9^2}}$ 服从________.

6. 设 $X \sim N(\mu, \sigma^2)$，样本容量 n，则 $\dfrac{\sum\limits_{i=1}^{n}(X_i-\bar{X})^2}{\sigma^2} \sim$ ______，$\dfrac{(n-1)S^2}{\sigma^2} \sim$ ______.

二、选择题

1. 设 $X \sim N(1, 3^2)$，$(X_1, X_2, \cdots, X_9)$ 是来自总体的样本，则(　　).

A. $\dfrac{\bar{X}-1}{3} \sim N(0, 1)$　　B. $\dfrac{\bar{X}-1}{1} \sim N(0, 1)$

C. $\dfrac{\bar{X}-1}{9} \sim N(0, 1)$　　D. $\dfrac{\bar{X}-1}{\sqrt{3}} \sim N(0, 1)$

2. 设 $(X_1, X_2, \cdots, X_n)$ 是总体 $X \sim N(0, 1)$ 的样本，$\bar{X}$,S 分别为样本的均值和样本标准差，则有(　　).

A. $n\bar{X} \sim N(0, 1)$　　B. $\bar{X} \sim N(0, 1)$　　C. $\sum\limits_{i=1}^{n} X_i^2 \sim \chi^2(n)$　　D. $\bar{X}/S \sim t(n-1)$

3. 设 $X \sim N(\mu_1, \sigma_1^2)$,$Y \sim N(\mu_2, \sigma_2^2)$，$X$，$Y$ 相互独立，$(X_1, X_2, \cdots, X_{n_1})$，$(Y_1, Y_2, \cdots, Y_{n_2})$ 分别为 X，Y 的样本，则(　　).

A. $\bar{X}-\bar{Y} \sim N(\mu_1+\mu_2, \sigma_1^2+\sigma_2^2)$　　B. $\bar{X}-\bar{Y} \sim N\left(\mu_1-\mu_2, \dfrac{\sigma_1^2}{n_1}+\dfrac{\sigma_2^2}{n_2}\right)$

C. $\bar{X}-\bar{Y} \sim N\left(\mu_1-\mu_2, \dfrac{\sigma_1^2}{n_1}-\dfrac{\sigma_2^2}{n_2}\right)$　　D. $\bar{X}-\bar{Y} \sim N\left(\mu_1-\mu_2, \sqrt{\dfrac{\sigma_1^2}{n_1}+\dfrac{\sigma_2^2}{n_2}}\right)$

4. 设 X 服从正态分布，$E(X)=-1$，$E(X^2)=4$，$\bar{X}=\dfrac{1}{n}\sum\limits_{i=1}^{n} X_i$，则 $\bar{X}$ 服从的分布是(　　).

A. $N\left(-1, \dfrac{3}{n}\right)$　　B. $N(-1, 1)$　　C. $N\left(-\dfrac{1}{n}, 4\right)$　　D. $N\left(-\dfrac{1}{n}, \dfrac{1}{n}\right)$

5. 设总体 $X \sim B(1, p)$，其中 p 未知，设 $(X_1, X_2, \cdots, X_n)$ 是来自总体 X 的一个样本，则 $P\left(X=\dfrac{k}{n}\right)=$(　　).

A. p　　B. $1-p$

C. $C_n^k p^k (1-p)^{n-k}$　　D. $C_n^k (1-p^k) p^{n-k}$

6. 设 $(X_1, X_2, \cdots, X_{10})$ 是来自总体 $X \sim N(0, 0.3^2)$ 的样本，则 $P\left\{\sum\limits_{I=1}^{10} X_i^2 > 0.437\,9\right\}=$(　　).

A. 0.9　　B. 0　　C. 0.2　　D. 0.3

三、计算题

1. 设总体 $X \sim N(60, 15^2)$，从总体中抽取容量为 100 的样本，求样本均值与总体均值之差的绝对值大于 3 的概率.

2. 设总体 $X \sim N(40, 5^2)$，(1) 抽取容量为 36 的样本，求 $P\{38 \leqslant \bar{X} \leqslant 43\}$；(2) 抽取容量为 64 的样本，求 $P\{|\bar{X}-40|<1\}$；(3) 取样本容量 n 多大时，才能使 $P\{\bar{X}-40<1\}=0.95$.

3. 设总体 $X \sim N(\mu, \sigma^2)$，μ，σ^2 均未知，已知样本容量 $n=16$，样本均值 $\bar{X}=12.5$，样本方差 $S^2=5.333$，求 $P\{|\bar{X}-40|<0.4\}$.

4. 设总体 $X \sim N(\mu, \sigma^2)$，μ，σ^2 均未知，抽取样本容量 $n=16$ 的样本，S^2 为样本方差，求

(1) $P\left\{\dfrac{S^2}{\sigma^2} \leqslant 2.040\right\}$；(2) $D(S^2)$.

5. 设总体 $X \sim N(0, 1^2)$，从总体中取一个容量为 6 的样本 $(X_1, X_2, \cdots, X_6)$，设 $Y=(X_1+X_2+$

$X_3)^2+(X_4+X_5+X_6)^2$，试确定常数 C，使随机变量 CY 服从 χ^2 分布.

6. 已知 $X \sim t(n)$，证明：$X^2 \sim F(1, n)$.

7. 从正态总体 $N(3.4, 6^2)$ 中抽取容量为 n 样本，如果要求其样本均值位于区间 $(1.4, 5.4)$ 内的概率不小于 0.95，问样本容量 n 应取多大？

8. 设 $(X_1, X_2, \cdots, X_{10})$ 是来自总体 $X \sim N(0, 0.3^2)$ 的样本，求 $P\left\{\sum_{I=1}^{10} X_i^2 > 0.4379\right\}$.

9. 设总体 $X \sim N(\mu, \sigma^2)$，已知样本容量 $n=24$，样本方差 $S^2=12.5227$，求总体标准差大于 3 的概率.

本章小结

本章介绍了数理统计的一些基本概念及必需的理论知识.

在数理统计中，我们将研究对象的全体称为总体(母体)，而把组成总体的每个成员称为个体，在实际问题中，通常研究对象的某个或某几个数值指标，因而常把总体的数值称为总体. 总体中的每一个个体是某一随机变量的取值，因此一个总体对应一个随机变量，我们将不区分总体与相应的随机变量，统称为总体 X 或总体 X 服从什么分布.

数理统计方法实质是由局部来推断整体的方法，即通过一些个体的特征来推断整体的特征，为了推断总体的性质，需进行抽样，并使推断更科学合理，我们一般都是抽取简单随机样本，即样本满足两点要求：(1)代表性：总体的每一个体有同等机会被选入样本；(2)独立性：样本 $(X_1, X_2, \cdots, X_n)$ 是相互独立的随机变量. 设总体 X 的概率密度函数(密度函数)为 $f(x)$，则样本 $(X_1, X_2, \cdots, X_n)$ 的联合概率密度函数(联合密度函数)为 $f(x_1, x_2, \cdots, x_n)=\prod_{i=1}^{n} f(x_i)$.

有了样本，一般都是把样本信息浓缩加工，这需构造不依赖于任何未知参数的样本函数——统计量，并介绍了常用的几个统计量：样本均值、样本方差、样本标准差、样本样本 k 阶(原点)矩、样本 k 阶中心矩. 必须熟悉它们的计算方法及其有关性质.

统计量也是随机变量，统计量的分布称为抽样分布，本章介绍了由正态总体导出的在统计中常用的几个抽样分布：χ^2 分布，t 分布，F 分布. 要求读者掌握它们的构造、性质及其上侧 α 分位点的查表方法，还会使用分位点，并会利用分位点表写出分位点.

利用正态分布的性质及三大抽样分布的构造，着重介绍了正态总体抽样分布. 正态总体抽样分布是统计学中最重要的一个理论结果，须弄清它的条件及结论，并能运用判断一些常用统计量的分布. 这在后面的章节中将会有着广泛的应用.

数学家辛钦简介

辛钦

辛钦(Alesandr Yakovlevich Khinchin)1894年7月19日生于莫斯科康德罗沃,1959年11月18日卒于莫斯科,是苏联数学家与数学教育家,也是现代概率论的奠基者之一.他在分析学、数论及概率论在统计力学的应用方面都有重要贡献.

辛钦1916年毕业于莫斯科大学,先后在莫斯科大学和苏联科学院斯捷克洛夫数学研究所等处工作.他1927年成为教授,1939年当选为苏联科学院通讯院士.他还是俄罗斯教育科学院院士.

辛钦的早期研究成果属于函数的度量理论,他通过引进了渐近导数的概念,研究了可测函数的结构,这些度量特征研究的思想深刻地影响了他在数论和概率论上的研究.他在数论上的成就主要是丢番图逼近论和连分数的度量理论.辛钦最早的概率论成果是伯努利试验序列的重对数律,它源于数论,是莫斯科概率学派的开端,直到现在重对数率仍然是概率论重要研究课题之一.

独立随机变量序列是概率论的重要领域,辛钦首先与柯尔莫哥洛夫讨论了随机变量级数的收敛性,还研究了分布律的算术问题和大偏差极限问题.

辛钦对统计力学的考察促使他研究现代概率论的一个重要领域——平稳过程.他提出并证明了严格平稳过程的一般遍历定理,首次给出了宽平稳过程的概念并建立了它的谱理论基础.这些直到现在仍然是平稳过程的核心内容的一部分.他还研究了概率极限理论与统计力学基础的关系.他早在1932年就发表了排队论的论文,20世纪50年代写了著名的专著.他还曾致力于信息论的数学基础的研究.

辛钦十分重视数学教育和人才的培养.在他的指导和影响下成长了一批苏联数学家.他以优美的笔调、突出论题本质的风格写了一批初级参考读物、教材以及10本篇幅不大但很引人入胜的专著,内容涉及数学分析、数论、概率极限理论、统计力学、排队论、信息论,对引导后来者进入科学殿堂和促进数学发展起了显著的作用.

总习题6

一、填空题

1. 设总体 $X \sim B(1, p)$,则来自总体 X 的样本 $(X_1, X_2, \cdots, X_n)$ 的联合分布律为________.

2. 设随机变量 $F \sim F(n_1, n_2)$,则 $\dfrac{1}{F} \sim$ ________.

3. 设 $(X_1, X_2, \cdots, X_n)$ 是来自总体 $X \sim N(\mu, \sigma^2)$ 的样本,则 $\sum\limits_{i=1}^{20} \dfrac{(X_i-\mu)^2}{\sigma^2}$ 服从参数为________的 χ^2 分布.

4. 设 $(X_1, X_2, \cdots, X_n)$ 是来自总体 $X \sim N(\mu, \sigma^2)$ 的样本,则有 $\dfrac{1}{\sigma^2}\sum\limits_{i=1}^{n}(X_i-\overline{X})^2 \sim$ ________, $\dfrac{1}{\sigma^2}\sum\limits_{i=1}^{n}(X_i-\mu)^2 \sim$ ________, $E\left(\sum\limits_{i=1}^{n}(X_i-\overline{X})^2\right) =$ ________, $D\left(\sum\limits_{i=1}^{n}(X_i-\mu)^2\right) =$ ________.

5. 当随机变量 $F \sim F(m, n)$ 时，对给定的 $\alpha(0<\alpha<1)$，$P\{F>F_{\alpha}(m, n)\}=\alpha$，若 $F \sim F(10, 5)$，则 $P\left\{F<\dfrac{1}{F_{0.95}(5, 10)}\right\}=$________.

6. 设随机变量 $X \sim N(\mu, 2^2)$，$Y \sim \chi^2(n)$，$T=\dfrac{X-\mu}{2\sqrt{Y}}\sqrt{n}$，则 T 服从自由度为________的 t 分布.

二、选择题

1. 设总体 X 的分布律为 $P\{X=1\}=p$，$P\{X=0\}=1-p$，其中 $0<p<1$，设 $(X_1, X_2, \cdots, X_n)$ 是来自总体的样本，则样本均值 $\bar{X}$ 的标准差为(　　).

A. $\sqrt{\dfrac{p(1-p)}{n}}$　　B. $\dfrac{p(1-p)}{n}$

C. $\sqrt{np(1-p)}$　　D. $np(1-p)$

2. 设随机变量 $X \sim N(0, 1)$，$Y \sim N(0, 1)$，且 X 与 Y 相互独立，则 $X^2+Y^2 \sim$(　　).

A. $N(0, 2)$　　B. $\chi^2(2)$　　C. $t(2)$　　D. $F(1, 1)$

3. 记 $F_{1-\alpha}(m, n)$ 为自由度 m 与 n 的 F 分布的 $1-\alpha$ 分位数，则有(　　).

A. $F_{\alpha}(n, m)=\dfrac{1}{F_{1-\alpha}(m, n)}$　　B. $F_{1-\alpha}(n, m)=\dfrac{1}{F_{1-\alpha}(m, n)}$

C. $F_{\alpha}(n, m)=\dfrac{1}{F_{\alpha}(m, n)}$　　D. $F_{\alpha}(n, m)=\dfrac{1}{F_{1-\alpha}(n, m)}$

4. 设 $(X_1, X_2, \cdots, X_n)$ 是来自正态总体 $X \sim N(\mu, \sigma^2)$ 的样本，记 $S^2=\dfrac{1}{n-1}\sum\limits_{i=1}^{n}(X_i-\bar{X})^2$，则下列选项中正确的是(　　).

A. $\dfrac{(n-1)S^2}{\sigma^2} \sim \chi^2(n-1)$　　B. $\dfrac{(n-1)S^2}{\sigma^2} \sim \chi^2(n)$

C. $(n-1)S^2 \sim \chi^2(n-1)$　　D. $\dfrac{S^2}{\sigma^2} \sim \chi^2(n-1)$

5. (2023，数一、三)设 $(X_1, X_2, \cdots, X_n)$ 是来自 $X \sim N(\mu_1, \sigma^2)$ 的简单随机样本，$(Y_1, Y_2, \cdots, Y_m)$ 是来自 $Y \sim N(\mu_2, 2\sigma^2)$ 的简单随机样本，且两样本相互独立，记

$$\bar{X}=\frac{1}{n}\sum_{i=1}^{n}X_i,\quad \bar{Y}=\frac{1}{m}\sum_{i=1}^{m}Y_i,\quad S_1^2=\frac{1}{n-1}\sum_{i=1}^{n}(X_i-\bar{X})^2,\quad S_2^2=\frac{1}{m-1}\sum_{i=1}^{m}(Y_i-\bar{Y})^2,$$

则(　　).

A. $\dfrac{S_1^2}{S_2^2} \sim F(n, m)$　　B. $\dfrac{S_1^2}{S_2^2} \sim F(n-1, m-1)$

C. $\dfrac{2S_1^2}{S_2^2} \sim F(n, m)$　　D. $\dfrac{2S_1^2}{S_2^2} \sim F(n-1, m-1)$

三、计算题

1. 从某工人的产品中随机抽取 5 只产品，测得其直径分别为(单位：mm)

$$13.70,\quad 13.15,\quad 13.08,\quad 13.11,\quad 13.11.$$

(1) 写出总体、样本、样本值、样本容量；(2) 求样本观测值的均值、样本方差、样本二阶中心矩.

2. 设有 N 件产品，其中有 M 件次品，其余为正品，现进行有放回抽样，定义

$$X_i=\begin{cases}1, & \text{第 } i \text{ 次取到次品}, \\ 0, & \text{第 } i \text{ 次取到正品},\end{cases}$$

求样本 $(X_1, X_2, \cdots, X_n)$ 的分布.

3. 设总体 $X \sim N(\mu, \sigma^2)$，试求来自总体 X 的样本 $X_1, X_2, \cdots, X_n$ 的联合概率密度.

4. 什么是统计量？若 (X_1, X_2) 是服从正态总体 $N(\mu, \sigma^2)$ 中抽取的样本，其中 μ 和 σ^2 均未知，判断下列哪些是统计量.

(1) $X_1 + X_2$；　(2) $X_1 + 2\mu$；　(3) $X_1^2 + X_2^2$；　(4) $\frac{1}{2}X_1 + \sigma^2$.

5. 设总体 $X \sim N(0, 1)$，$(X_1, X_2, \cdots, X_n)$ 是来自总体 X 的样本，令 $Y = a(X_1 + X_2 + X_3)^2 + b(X_4 + X_5)^2$，试求常数 a，b，使随机变量 Y 服从 χ^2 分布.

6. 已知 $X \sim t(n)$，证明：$X^2 \sim F(1, n)$

7. 设总体 $X \sim N(70, 15^2)$，从总体中抽取容量为 100 的样本，求样本均值与总体均值之差的绝对值大于 3 的概率.

8. 从正态总体 $N(4.2, 5^2)$ 中抽取样本容量为 n 的样本，若要求其样本均值位于区间 $(2.2, 6.2)$ 内的概率不小于 0.95，则样本容量 n 至少取多大？

9. 设总体 $X \sim N(\mu, 4^2)$，$(X_1, X_2, \cdots, X_{10})$ 是来自总体 X 的一个容量为 10 的简单随机样本，s^2 为其样本方差，且 $P\{S^2 > a\} = 0.1$，求 a 的值.

10. 设 $(X_1, X_2, \cdots, X_n)$ 是来自总体 X 的一个样本，在下列情况下分别求 $E(\bar{X})$，$D(\bar{X})$，$E(S^2)$.

(1) $X \sim B(1, p)$；　(2) $X \sim E(\lambda)$；　(3) $X \sim U(0, 2\theta)$.

第 7 章

参 数 估 计

本章将讨论数理统计的一个核心部分：统计推断，即依据样本中所提供的信息对总体分布的数字特征等作出统计推断. 统计推断问题可分为两类：一类是参数估计，另一类是假设检验. 本章将先介绍第一类问题，总体参数的估计. 所谓参数估计就是根据样本提供的信息对某种问题进行推断，如根据前几天的交易数据估计今天的股市行情、根据随机抽样的结果估计生产线上螺丝钉的合格率等.

在这类问题中，假定总体分布形式或分布类型已知，但其分布函数中含有未知参数. 设有一个统计总体，总体 X 的分布函数为 $F(x, \theta)$，其中 θ 为未知参数，现从该总体中抽取一个样本 $(X_1, X_2, \cdots, X_n)$，依据该样本对参数 θ 或 θ 的函数作出推断，也就对总体分布的数字特征等作出推断. 参数估计根据估计的形式分为点估计和区间估计两大类，下面将分别介绍.

7.1 参数的点估计

7.1.1 参数的点估计

设总体 X 的分布函数 $F(x, \theta)$ 的类型已知，但其中有一个或多个未知参数 θ，现在的任务是：如何根据样本提供的信息，估计未知参数 θ 的值，这样就能确定总体 X 的分布，这种问题称为参数的点估计问题.

定义 7.1 设 $(X_1, X_2, \cdots, X_n)$ 是来自总体 X 的一个样本，构造一个适当的统计量 $\hat{\theta}=\hat{\theta}(X_1, X_2, \cdots, X_n)$ 来估计总体分布中的未知参数 θ，则称 $\hat{\theta}$ 为 θ 的**点估计量**，简称**估计量**. 这种用 $\hat{\theta}(x_1, x_2, \cdots, x_n)$ 对参数 θ 作定值估计，称为参数 θ 的**点估计**.

注 估计量 $\hat{\theta}(x_1, x_2, \cdots, x_n)$ 是一个随机变量，是样本的函数，即是一个统计量. 若 $(x_1, x_2, \cdots, x_n)$ 是样本 $(X_1, X_2, \cdots, X_n)$ 的一组观察值，则称 $\hat{\theta}(x_1, x_2, \cdots, x_n)$ 是未知参数 θ 的一个点估计值，简称估计值. 估计量和估计值统称为 θ 的估计，简记为 $\hat{\theta}$. 对于样本的不同观察值，θ 的估计量 $\hat{\theta}$ 一般是不同的. 若总体 X 的分布函数中含有 k 个未知参数，则需要构造 k 个统计量分别作为 $\theta_1, \theta_2, \cdots, \theta_k$ 的估计量. 求参数的点估计量方法常用的有两种：矩估计法和极大似然估计法.

7.1.2 矩估计法

对于随机变量来说，矩是其最广泛、最常用的数字特征. 总体 X 的各阶矩一般与总体 X 的分布中所含的未知参数有关，有的甚至就等于未知参数. 由第 5 章大数定律可知，当总体 k 阶原点矩存在时，样本 k 阶原点矩依概率收敛于总体的 k 阶原点矩，这就启发我们想到用样本矩替换总体矩，进而找出未知参数的估计量.

定义 7.2 用样本 k 阶矩去估计总体 k 阶矩的方法称为**矩估计法**. 用矩估计法确定的估计量称为**矩估计量**，相应的观察值称为矩**估计值**，矩估计量与矩估计值统称为**矩估计**.

矩估计法是由英国统计学家皮尔逊于 1894 年提出的，它是基于一种简单的"替换"思想建立起来的一种估计方法. 其基本思想是用样本矩估计相应的总体矩. **矩估计法的理论背景**：设 $(X_1, X_2, \cdots, X_n)$ 是来自总体 X 的一个样本，则 $(X_1, X_2, \cdots, X_n)$ 独立同分布，且 $E(X_i)=E(X)$，因而 $(X_1^k, X_2^k, \cdots, X_n^k)$ 也独立同分布，且 $E(X_i^k)=E(X^k)$. 由大数定律知 $\frac{1}{n}\sum\limits_{i=1}^{n}X_i^k \to E(X^k)$（依概率收敛），所以对充分大的 n，有 $\frac{1}{n}\sum\limits_{i=1}^{n}X_i^k \approx E(X^k)$. 由于中心矩可用原点矩表示，因此可以只讨论原点矩.

若总体 X 的分布函数 $F(x, \theta)$ 已知，其中分布函数中含有 k 个未知参数 $\theta_1, \theta_2, \cdots, \theta_k$，$(X_1, X_2, \cdots, X_n)$ 是取自总体 X 的一个样本，设总体 X 的前 k 阶原点矩 $E(X^l)=\mu_l(\theta_1, \theta_2, \cdots, \theta_k)$，$l=1, 2, \cdots, k$ 存在，并且都是 $\theta_1, \theta_2, \cdots, \theta_k$ 的函数，样本的前 k 阶原点矩为 $A_l=\frac{1}{n}\sum\limits_{i=1}^{n}X_i^l$，$l=1, 2, \cdots, k$，则**矩估计法的具体步骤**：

令

$$\begin{cases} A_1=E(X), \\ A_2=E(X^2), \\ \quad\vdots \\ A_k=E(X^k), \end{cases} \tag{7.1}$$

这样就得到含 k 个未知参数 $\theta_1, \theta_2, \cdots, \theta_k$ 的 k 个方程，解由这 k 个方程构成的方程组，就可以得到 $\theta_1, \theta_2, \cdots, \theta_k$ 的一组解：

$$\begin{cases} \hat{\theta}_1=\hat{\theta}_1(X_1, X_2, \cdots, X_n), \\ \hat{\theta}_2=\hat{\theta}_2(X_1, X_2, \cdots, X_n), \\ \quad\vdots \\ \hat{\theta}_k=\hat{\theta}_k(X_1, X_2, \cdots, X_n). \end{cases} \tag{7.2}$$

用方程组(7.2)的 $\hat{\theta}_1, \hat{\theta}_2, \cdots, \hat{\theta}_k$ 分别作为 $\theta_1, \theta_2, \cdots, \theta_k$ 的估计量，这个估计量称为矩估计量.

例 7.1 设总体 $X \sim B(1,p)$，且 $(X_1, X_2, \cdots, X_n)$ 是来自总体 X 的一个样本，求 p 的矩估计量.

解 因为 $E(X)=p$，由矩估计法，令 $\bar{X}=E(X)$，于是 $p=\bar{X}$，所以 p 的矩估计量为

$$\hat{p}=\bar{X}=\frac{1}{n}\sum_{i=1}^{n}X_i.$$

例 7.2 设总体 $X\sim P(\lambda)$，且 $(X_1, X_2, \cdots, X_n)$ 是来自总体 X 的一个样本，求参数 X 的矩估计量.

解 因为 $E(X)=\lambda$，由矩估计法，令 $\bar{X}=E(X)$，于是 $\lambda=\bar{X}$，所以 λ 的矩估计量为

$$\hat{\lambda}=\bar{X}=\frac{1}{n}\sum_{i=1}^{n}X_i.$$

例 7.3 设总体 $X\sim B(m, p)$，其中 m 为正整数，$0<p<1$，$(X_1, X_2, \cdots, X_n)$ 是来自总体 X 的一个样本，求未知参数 m 及 p 的矩估计量.

解 因为分布中有两个未知参数，由矩估计法，令

$$\begin{cases}E(X)=\dfrac{1}{n}\displaystyle\sum_{i=1}^{n}X_i=\bar{X}=A_1,\\ E(X^2)=\dfrac{1}{n}\displaystyle\sum_{i=1}^{n}X_i^2=A_2,\end{cases}$$

于是 $$D(X)=E(X^2)-[E(X)]^2=A_2-A_1^2=B_2=\frac{n-1}{n}S^2,$$

即令

$$\begin{cases}E(X)=\bar{X},\\ D(X)=B_2=\dfrac{n-1}{n}S^2,\end{cases}$$

由于

$$\begin{cases}E(X)=mp,\\ D(X)=mp(1-p),\end{cases}$$

所以

$$\begin{cases}mp=\bar{X},\\ mp(1-p)=B_2=\dfrac{n-1}{n}S^2.\end{cases}$$

解得 m 及 p 的矩估计量分别是

$$\begin{cases}\hat{p}=\dfrac{n\bar{X}-(n-1)S^2}{n\bar{X}}=\dfrac{\bar{X}-B_2}{\bar{X}}=\dfrac{\bar{X}-\dfrac{1}{n}\displaystyle\sum_{i=1}^{n}(X_i-\bar{X})^2}{\bar{X}},\\ \hat{m}=\dfrac{n\bar{X}^2}{n\bar{X}-(n-1)S^2}=\dfrac{\bar{X}^2}{\bar{X}-B_2}=\dfrac{\bar{X}^2}{\bar{X}-\dfrac{1}{n}\displaystyle\sum_{i=1}^{n}(X_i-\bar{X})^2}.\end{cases}$$

例 7.4 设总体 $X \sim U[0,\theta]$，且 $(X_1, X_2, \cdots, X_n)$ 是来自总体 X 的一个样本，求未知参数 θ 的矩估计.

解 因为分布中有一个未知参数，由矩估计法，令 $E(X)=\bar{X}$，由于 $E(X)=\frac{\theta}{2}$，故 $\frac{\theta}{2}=\bar{X}$，由此得 θ 的矩估计量为 $\hat{\theta}=2\bar{X}$.

例 7.5 设总体 $X \sim U[a, b]$，且 $(X_1, X_2, \cdots, X_n)$ 是来自总体 X 的一个样本，求未知参数 a，b 的矩估计量.

解 因为分布中有两个未知参数，由矩估计法，令

$$\begin{cases} E(X)=\frac{1}{n}\sum_{i=1}^{n}X_i=\bar{X}=A_1, \\ E(X^2)=\frac{1}{n}\sum_{i=1}^{n}X_i^2=A_2, \end{cases}$$

于是

$$D(X)=E(X^2)-[E(X)]^2=A_2-A_1^2=B_2,$$

即令

$$\begin{cases} E(X)=\bar{X}, \\ D(X)=B_2, \end{cases}$$

由于

$$\begin{cases} E(X)=\frac{a+b}{2}, \\ D(X)=\frac{(b-a)^2}{12}, \end{cases}$$

所以

$$\begin{cases} \frac{a+b}{2}=\bar{X}, \\ \frac{(b-a)^2}{12}=B_2, \end{cases} \quad \text{即} \begin{cases} a+b=2\bar{X}, \\ b-a=2\sqrt{3B_2}. \end{cases}$$

解得 a，b 的矩估计量为

$$\begin{cases} \hat{a}=\bar{X}-\sqrt{3B_2}=\bar{X}-\sqrt{\frac{3}{n}\sum_{i=1}^{n}(X_i-\bar{X})^2}, \\ \hat{b}=\bar{X}+\sqrt{3B_2}=\bar{X}+\sqrt{\frac{3}{n}\sum_{i=1}^{n}(X_i-\bar{X})^2}. \end{cases}$$

例 7.6 设总体 $X \sim N(\mu, \sigma^2)$，其中 μ，σ^2 未知，$(X_1, X_2, \cdots, X_n)$ 是总体 X 的一个样本，试求参数 μ 和 σ^2 的矩估计量.

解 因为分布中有两个未知参数，故令

$$\begin{cases}E(X)=\frac{1}{n}\sum_{i=1}^{n}X_i,\\E(X^2)=\frac{1}{n}\sum_{i=1}^{n}X_i^2,\end{cases}$$

由于

$$\begin{cases}E(X)=\mu,\\E(X^2)=D(X)+[E(X)]^2=\sigma^2+\mu^2,\end{cases}$$

所以

$$\begin{cases}\mu=\frac{1}{n}\sum_{i=1}^{n}X_i=\bar{X},\\\sigma^2+\mu^2=\frac{1}{n}\sum_{i=1}^{n}X_i^2.\end{cases}$$

解得 μ 和 σ^2 的矩估计量为

$$\begin{cases}\hat{\mu}=\bar{X},\\\hat{\sigma}^2=\frac{1}{n}\sum_{i=1}^{n}X_i^2-\bar{X}^2=\frac{1}{n}\sum_{i=1}^{n}(X_i-\bar{X})^2.\end{cases}$$

定理 7.1(矩估计的不变估计) 设 $\hat{\theta}$ 是 θ 的矩估计，$g(\theta)$ 是 θ 的连续函数，则 $g(\theta)$ 的矩估计是 $g(\hat{\theta})$.

矩估计原理简单、使用方便，当总体分布类型未知时，仍可对总体各阶矩进行估计，而且具有一定的优良性质，因此在实际问题，特别是在教育统计问题中被广泛使用. 但在寻找参数的矩估计量时，对母体原点矩不存在的分布，如柯西分布等无法适用，它只表出母体的一些数字特征，并未涉及母体的分布，因此矩估计量实际上只集中了总体的部分信息，未能充分利用总体分布提供的信息. 这样它在体现母体分布特征上往往性质较差，只有在样本容量 n 较大时，才能保障它的优良性，因而理论上讲，矩估计是以大样本为应用对象的. 在一些情况下矩估计结果并不唯一，例如总体 $X\sim P(\lambda)$，$E(X)=\lambda$，由例 7.2 知，参数 λ 的矩估计量 $\hat{\lambda}=\bar{X}$，由于 $D(X)=\lambda$，若令 $D(X)=\frac{1}{n}\sum_{i=1}^{n}(X_i-\bar{X})^2$，则参数 λ 的矩估计量为 $\hat{\lambda}=\frac{1}{n}\sum_{i=1}^{n}(X_i-\bar{X})^2$. 又如总体 $X\sim E(\lambda)$，由于 $E(X)=\frac{1}{\lambda}$，即 $\lambda=\frac{1}{E(X)}$，故 λ 的矩估计量为 $\hat{\lambda}=\frac{1}{\bar{X}}$，另外由于 $D(X)=\frac{1}{\lambda^2}$，其反函数 $\lambda=\frac{1}{\sqrt{D(X)}}$，故 λ 的矩估计量为 $\hat{\lambda}=\frac{1}{\sqrt{\frac{1}{n}\sum_{i=1}^{n}(X_i-\bar{X})^2}}$. 这是矩估计的一个缺点，此时通常应该尽量采用低阶矩给出未知参数的估计.

7.1.3 极大似然估计法

极大似然估计法最早是由高斯提出的，后来费歇尔重新提出，并证明了这个方法的一些性质，这是目前仍被广泛应用的一种求估计的方法. 极大似然估计常用 MLE 表示，它是利用总体的分布密度或者概率分布的表达式及其样本所提供的信息求未知参数的估计量. 它是建立在极大似然原理基础上的一种统计方法.

极大似然原理的直观想法是一个随机试验如果有若干个可能的结果 A, B, C, …，若在一次试验中，结果 A 出现了，那么可以认为试验条件对 A 的出现有利，即出现的概率 $P(A)$ 较大. 对极大似然原理的直观想法可以用下面例子说明：设甲箱中有 99 只白球、1 只黑球；乙箱中有 1 只白球、99 只黑球. 现随机取出一箱，再从抽取的一箱中随机取出一球，结果是黑球，这一黑球从乙箱抽取的概率比从甲箱抽取的概率大得多，这时我们自然更多地相信这只黑球是取自乙箱的. 一般说来，事件 A 发生的概率与某一未知参数 θ 有关，θ 取值不同，则事件 A 发生的概率 $P(A\mid\theta)$ 也不同，当我们在一次试验中事件 A 发生了，则认为此时的 θ 值应是 θ 的一切可能取值中使 $P(A\mid\theta)$ 达到最大的那一个，极大似然估计法就是要选取这样的 θ 值作为参数 θ 的估计值，使所选取的样本在被选的总体中出现的可能性最大.

1. 极大似然估计法的概念

(1) 离散型总体情形

设总体 X 的分布律为 $p(x;\theta)=P\{X=x\}$，其中 θ 为未知参数，$(X_1, X_2, \cdots, X_n)$ 为来自总体 X 的样本，则样本 $(X_1, X_2, \cdots, X_n)$ 取到观察值 $(x_1, x_2, \cdots, x_n)$ 的概率为

$$L(\theta)=P\{X_1=x_1, X_2=x_2, \cdots, X_n=x_n\}=\prod_{i=1}^{n} p(x_i;\theta),$$

称 $L(\theta)$ 为 θ 的似然函数(样本的联合分布律).

(2) 连续型总体情形

设总体 X 的概率密度函数为 $f(x;\theta)$，其中 θ 为未知参数，$(X_1, X_2, \cdots, X_n)$ 为来自总体 X 的样本，此时定义函数

$$L(\theta)=f(x_1, x_2, \cdots, x_n)=\prod_{i=1}^{n} f(x_i;\theta),$$

称 $L(\theta)$ 为 θ 的似然函数(样本的联合概率密度函数).

似然函数 $L(\theta)$ 值的大小意味着该样本值出现的可能性大小. 在已得到样本值 $(x_1, x_2, \cdots, x_n)$ 的情况下，挑选参数 θ 使 $L(\theta)$ 达到最大的那个值作为 θ 的估计 $\hat{\theta}$，这种求点估计的方法称为**极大似然估计法**.

定义 7.3 若对任意给定的样本值 $(x_1, x_2, \cdots, x_n)$，存在 $\hat{\theta}=\hat{\theta}(x_1, x_2, \cdots, x_n)$，使得

$$L(\hat{\theta})=\max_{\theta} L(\theta),$$

则称 $\hat{\theta}=\hat{\theta}(x_1, x_2, \cdots, x_n)$ 为 θ 的**极大似然估计值**,称 $\hat{\theta}(X_1, X_2, \cdots, X_n)$ 为**极大似然估计量**,它们统称为 θ 的**极大似然估计**. 极大似然估计简记为 MLE 或 $\hat{\theta}$.

2. 求极大似然估计的一般方法

求 θ 的极大似然估计 $\hat{\theta}$,显然是寻找似然函数 $L(\theta)$ 的最大值点 $\hat{\theta}$. 现在的问题是如何把参数 θ 的极大似然估计 $\hat{\theta}$ 求出,更多场合是利用 $\ln L(\theta)$ 是 $L(\theta)$ 的增函数,故 $\ln L(\theta)$ 与 $L(\theta)$ 在同一点处达到最大值,于是对似然函数 $L(\theta)$ 取对数,利用微分学知识转化为求解对数似然方程 $\dfrac{\partial \ln L(\theta)}{\partial \theta_j}=0$, $j=1, 2, \cdots, k$,解此方程并对解作进一步的判断,但又由最值原理,如果最值存在,此方程组求得的驻点即为所求的最值点,就可以得到参数 θ 的极大似然估计 $\hat{\theta}(X_1, X_2, \cdots, X_n)$. 极大似然估计法一般属于这种情况,所以可以直接按上步骤求极大似然估计 $\hat{\theta}(X_1, X_2, \cdots, X_n)$.

例 7.7 设总体 $X \sim P(\lambda)$, 即

$$P\{X=x\}=\frac{\lambda^x}{x!}e^{-\lambda}, \quad x=0, 1, 2, \cdots, n,$$

其中 $(x_1, x_2, \cdots, x_n)$ 为来自总体 X 的样本 $(X_1, X_2, \cdots, X_n)$ 的观测值,求参数 λ 的极大似然估计值.

解 似然函数为

$$L(\lambda)=P\{X_1=x_1, X_2=x_2, \cdots, X_n=x_n\}=\prod_{i=1}^{n} P\{X_i=x_i\}$$

$$=\prod_{i=1}^{n}\frac{\lambda^{x_i}}{x_i!}e^{-\lambda}=\frac{\lambda^{\sum\limits_{i=1}^{n}x_i}}{\prod\limits_{i=1}^{n}x_i!}e^{-n\lambda},$$

取对数得

$$\ln L(\lambda)=\left(\sum_{i=1}^{n}x_i\right)\ln\lambda-n\lambda-\sum_{i=1}^{n}\ln(x_i!).$$

令

$$\frac{d[\ln L(\lambda)]}{d\lambda}=\frac{\sum\limits_{i=1}^{n}x_i}{\lambda}-n=0,$$

解得 $\lambda=\dfrac{1}{n}\sum\limits_{i=1}^{n}x_i=\bar{x}$,故参数 λ 的极大似然估计值为 $\hat{\lambda}=\bar{x}$.

例 7.8 设总体 $X \sim B(N, p)$, 其中 N 为正整数, $0<p<1$, 即

$$P\{X=x\}=C_N^x p^x(1-p)^{N-x}, \quad x=0, 1, 2, \cdots, N,$$

其中 $(x_1, x_2, \cdots, x_n)$ 为来自总体 X 的样本 $(X_1, X_2, \cdots, X_n)$ 的观测值,求未知参数 p 的极大似然估计量.

解 似然函数为

$$L(p)=P\{X_1=x_1,\ X_2=x_2,\ \cdots,\ X_n=x_n\}=\prod_{i=1}^{n}P\{X_i=x_i\}$$

$$=\prod_{i=1}^{n}\mathrm{C}_N^{x_i}p^{x_i}(1-p)^{N-x_i}=\left(\prod_{i=1}^{n}\mathrm{C}_N^{x_i}\right)p^{\sum\limits_{i=1}^{n}x_i}(1-p)^{nN-\sum\limits_{i=1}^{n}x_i},$$

取对数得 $\ln L(p)=\sum_{i=1}^{n}\ln \mathrm{C}_N^{x_i}+\left(\sum_{i=1}^{n}x_i\right)\ln p+\left(nN-\sum_{i=1}^{n}x_i\right)\ln(1-p).$

令
$$\frac{\mathrm{d}[\ln L(p)]}{\mathrm{d}p}=\frac{1}{p}\sum_{i=1}^{n}x_i-\frac{1}{1-p}\left(nN-\sum_{i=1}^{n}x_i\right)=0,$$

解得 $p=\dfrac{\sum\limits_{i=1}^{n}x_i}{nN}=\dfrac{\bar{x}}{N}$，故参数 p 的极大似然估计值为 $\hat{p}=\dfrac{\bar{x}}{N}$，因此参数 p 的极大似然估计量 $\hat{p}=\dfrac{\bar{X}}{N}$.

例 7.9 设总体 $X\sim E(\lambda)$，其概率密度函数为

$$f(x;\lambda)=\begin{cases}\lambda \mathrm{e}^{-\lambda x}, & x>0,\\ 0, & x\leqslant 0,\end{cases}$$

其中 λ 为未知参数,且 $\lambda>0$，$(x_1,\ x_2,\ \cdots,\ x_n)$ 为来自总体 X 的样本 $(X_1,\ X_2,\ \cdots,\ X_n)$ 的观测值,求参数 λ 的极大似然估计值.

解 当 $x_i>0$，$i=1,\ 2,\ \cdots,\ n$ 时,似然函数为

$$L(\lambda)=f(x_1,\ x_2,\ \cdots,\ x_n)=\prod_{i=1}^{n}f(x_i;\lambda)=\prod_{i=1}^{n}\lambda \mathrm{e}^{-\lambda x_i}=\lambda^n \mathrm{e}^{-\lambda\sum\limits_{i=1}^{n}x_i},$$

取对数得 $\ln L(\lambda)=n\ln\lambda-\lambda\sum_{i=1}^{n}x_i$.

令
$$\frac{\mathrm{d}[\ln L(\lambda)]}{\mathrm{d}\lambda}=\frac{n}{\lambda}-\sum_{i=1}^{n}x_i=0,$$

解得 $\lambda=\dfrac{n}{\sum\limits_{i=1}^{n}x_i}=\dfrac{1}{\bar{x}}$，故参数 λ 的极大似然估计值为 $\hat{\lambda}=\dfrac{1}{\bar{x}}$.

例 7.10 设总体 $X\sim N(\mu,\ \sigma^2)$，其概率密度函数为

$$f(x;\ \mu,\ \sigma^2)=\frac{1}{\sqrt{2\pi}\sigma}\mathrm{e}^{-\frac{(x-\mu)^2}{2\sigma^2}},\quad x\in\mathbf{R},$$

其中 μ，σ^2 均为未知参数，$(x_1,\ x_2,\ \cdots,\ x_n)$ 为来自总体 X 的样本 $(X_1,\ X_2,\ \cdots,\ X_n)$ 的观测值,求参数 μ，σ^2 的极大似然估计量.

解 似然函数为

$$L(\mu,\sigma^2)=f(x_1,x_2,\cdots,x_n)=\prod_{i=1}^{n}f(x_i;\mu,\sigma^2)$$

$$=\prod_{i=1}^{n}\frac{1}{\sqrt{2\pi}\sigma}e^{-\frac{(x_i-\mu)^2}{2\sigma^2}}=\left(\frac{1}{\sqrt{2\pi}}\right)^n\sigma^{-n}e^{-\frac{1}{2\sigma^2}\sum_{i=1}^{n}(x_i-\mu)^2},$$

取对数得

$$\ln L(\mu,\sigma^2)=-n\ln\sqrt{2\pi}-\frac{n}{2}\ln\sigma^2-\frac{1}{2\sigma^2}\sum_{i=1}^{n}(x_i-\mu)^2.$$

令

$$\begin{cases}\dfrac{\partial\ln L(\mu,\sigma^2)}{\partial\mu}=\dfrac{1}{\sigma^2}\sum\limits_{i=1}^{n}(x_i-\mu)=0,\\[2ex]\dfrac{\partial\ln L(\mu,\sigma^2)}{\partial\sigma^2}=-\dfrac{n}{2}\cdot\dfrac{1}{\sigma^2}+\dfrac{\sum\limits_{i=1}^{n}(x_i-\mu)^2}{2(\sigma^2)^2}=0,\end{cases}$$

解得 μ，σ^2 的极大似然估计值为 $\hat{\mu}=\bar{x}$，$\hat{\sigma}^2=\frac{1}{n}\sum_{i=1}^{n}(x_i-\bar{x})^2$，故 μ，σ^2 的极大似然估计量为 $\hat{\mu}=\bar{X}$，$\hat{\sigma}^2=\frac{1}{n}\sum_{i=1}^{n}(X_i-\bar{X})^2$.

综上所述，当总体为正态分布、指数分布、泊松分布、二项分布时，未知参数的矩估计和极大似然估计结果是相同的.

虽然求导函数是求极大似然估计最常用的方法，但并不是在所有场合求导都是有效的. 当在求解 $L(\theta)$ 的最大值点时，若似然函数不可微或方程组无解，则应根据定义直接寻求能使 $L(\theta)$ 达到最大值的解作为极大似然估计. 见下面的例子.

例 7.11 设总体 $X\sim U[0,\theta]$，其概率密度函数为

$$f(x;\theta)=\begin{cases}\dfrac{1}{\theta}, & 0\leqslant x\leqslant\theta,\\ 0, & \text{其他},\end{cases}$$

其中 θ 为未知参数，且 $\theta>0$，$(x_1,x_2,\cdots,x_n)$ 为来自总体 X 的样本 $(X_1,X_2,\cdots,X_n)$ 的观测值，求参数 θ 的极大似然估计值.

解 当 $0\leqslant x_1,x_2,\cdots,x_n\leqslant\theta$ 时，似然函数为

$$L(\theta)=f(x_1,x_2,\cdots,x_n)=\prod_{i=1}^{n}f(x_i;\theta)=\prod_{i=1}^{n}\frac{1}{\theta}=\frac{1}{\theta^n},$$

取对数得

$$\ln L(\theta)=-n\ln\theta.$$

令 $\frac{d[\ln L(\theta)]}{d\theta}=-\frac{n}{\theta}=0$，显然无解，故无法用微分法求极值. 于是我们由定义找 $L(\theta)$

的最大值点，由 $L(\theta)$ 的表达式，注意到当 θ 越小时，$L(\theta)=\frac{1}{\theta^n}$ 就越大，θ 满足的约束条件是

$$0 \leqslant x_1,\ x_2,\ \cdots,\ x_n \leqslant \theta, \quad 即 \quad \theta \geqslant \max\{x_1,\ x_2,\ \cdots,\ x_n\},$$

故 θ 的极大似然估计值为 $\hat{\theta}=\max\{x_1,\ x_2,\ \cdots,\ x_n\}$，这与矩估计 $\hat{\theta}=2\bar{X}$ 不同.

定理 7.2(极大似然估计的不变估计) 设 $\hat{\theta}$ 是 θ 的极大似然估计，$g(\theta)$ 是 θ 的连续函数，则 $g(\theta)$ 的极大似然估计是 $g(\hat{\theta})$.

该性质称为极大似然估计的不变性，由此可使一些复杂结构的参数的极大似然估计的获得变得更加容易.

习题 7.1

1. 设总体 X 的分布律为

X	1	2	3
P	θ^2	$2\theta(1-\theta)$	$(1-\theta)^2$

其中 θ 为未知参数，现抽得一个样本观测值为 $x_1=1,\ x_2=2,\ x_3=1$，求未知参数 θ 的矩估计值.

2. 总体 X 的密度函数为

$$f(x)=\begin{cases}\sqrt{\frac{2}{\pi}}\cdot\frac{1}{\sigma}\mathrm{e}^{-\frac{x^2}{2\sigma^2}}, & 0<x<+\infty,\\ 0, & 其他,\end{cases}$$

其中 $\sigma>0$，$(X_1,\ X_2,\ \cdots,\ X_n)$ 为来自总体 X 的样本，求未知参数 σ 的矩估计量.

3. 设 X 表示某种型号的电子元件的寿命(单位：h)，它服从指数分布：

$$X \sim f(x;\ \theta)=\begin{cases}\frac{1}{\theta}\mathrm{e}^{-\frac{x}{\theta}}, & x>0,\\ 0, & x\leqslant 0,\end{cases}$$

其中 $\theta(\theta>0)$ 为未知参数. 现得样本观测值为

168， 130， 169， 143， 174， 198， 108， 212， 252.

求未知参数 θ 的矩估计值.

4. 若总体 X 服从两点分布，其中参数 p 未知，$(x_1,\ x_2,\ \cdots,\ x_n)$ 为来自总体 X 的样本 $(X_1,\ X_2,\ \cdots,\ X_n)$ 的观测值，求 p 的极大似然估计值.

5. 设 $(X_1,\ X_2,\ \cdots,\ X_n)$ 为总体的一个样本，$(x_1,\ x_2,\ \cdots,\ x_n)$ 为相应的样本观测值. 求下列各总体的密度函数中的未知参数的极大似然估计量.

(1) $f(x)=\begin{cases}\theta c^{\theta}x^{-(\theta+1)}, & x>c,\\ 0, & x\leqslant c,\end{cases}$ 其中 $c(c>0)$ 已知，$\theta(\theta>1)$ 为未知参数.

(2) $f(x)=\begin{cases}\sqrt{\theta}x^{\sqrt{\theta}-1}, & 0<x\leqslant 1,\\ 0, & 其他,\end{cases}$ 其中 $\theta(\theta>0)$ 为未知参数.

6. 设总体 X 的概率密度函数为

$$f(x)=\begin{cases}(a+1)x^a, & 0<x<1,\\ 0, & \text{其他},\end{cases}$$

其中 a 为未知参数，$a>0$，$(x_1, x_2, \cdots, x_n)$ 为来自总体 X 的样本 $(X_1, X_2, \cdots, X_n)$ 的观测值，求未知参数 a 的矩估计值和极大似然估计值.

7. 设总体 X 的概率密度函数为

$$f(x)=\begin{cases}\theta x^{-(\theta+1)}, & x>1,\\ 0, & \text{其他},\end{cases}$$

其中 $\theta>1$ 为未知参数，$(x_1, x_2, \cdots, x_n)$ 为来自总体 X 的样本 $(X_1, X_2, \cdots, X_n)$ 的观测值，求未知参数 θ 的矩估计值 $\hat{\theta}_1$ 与极大似然估计值 $\hat{\theta}_2$.

7.2 点估计的评价标准

前面已经讨论过，对于同一个总体的未知参数，可用不同的方法对其估计，即使是同一种方法，往往可能得到不尽相同的点估计量，比如 θ 有两个点估计量 $\hat{\theta}_1$ 与 $\hat{\theta}_2$，原则上讲，任何统计量均是未知参数的估计量. 那么哪一个点估计量好？好坏的标准又是什么？因此我们需要对参数估计的优良性进行评价. 下面介绍几种常用的衡量点估计量优劣的三个标准：无偏性，有效性，相合性.

估计量是随机变量，不同的观测结果就会得到不同的参数估计值，因而一个好的估计应在多次重复试验中体现出其优良性.

1. 无偏性

定义 7.4 设 $\hat{\theta}=\hat{\theta}(X_1, X_2, \cdots, X_n)$ 是未知参数 θ 的点估计量，若 $E(\hat{\theta})=\theta$，则 $\hat{\theta}$ 是 θ 的无偏估计量，若 $\lim\limits_{n\to\infty}E(\hat{\theta})=\theta$，则称 $\hat{\theta}$ 是 θ 的渐近无偏估计量

使用无偏估计量 $\hat{\theta}$ 估计 θ 时，由于样本的随机性，$\hat{\theta}$ 与 θ 的偏差总是存在的，且时大时小，时正时负，只是把这些偏差平均起来其值为零，即当一个无偏估计量被多次重复使用时，其估计量在未知参数的真值附近摆动，并且这些估计值的平均值等于被估计参数. 在科学技术中，称 $E(\hat{\theta})-\theta$ 为用 $\hat{\theta}$ 估计 θ 时产生的系统偏差，这样在实际应用中，无偏估计保证了没有系统偏差，只有随机偏差. 另外，$\hat{\theta}$ 是 θ 的无偏估计量，一般说来，$f(\hat{\theta})$ 不是 $f(\theta)$ 的无偏估计量.

例 7.12 证明：样本均值 $\bar{X}$ 是总体均值 μ 的无偏估计量，样本方差 S^2 是总体方差 σ^2 的无偏估计量，样本二阶中心矩 $\dfrac{1}{n}\sum\limits_{i=1}^{n}(X_i-\bar{X})^2$ 是总体方差 σ^2 的渐近无偏估计量.

证明 由定理 6.1 有 $E(\bar{X})=\mu$，$D(\bar{X})=\dfrac{\sigma^2}{n}$，故样本均值 $\bar{X}$ 是总体均值 μ 的无偏估计量. 由于 $D(X_i)=D(X)=\sigma^2(i=1, 2, \cdots, n)$，于是

$$E(X_i^2)=D(X_i)+[E(X_i)]^2=\sigma^2+\mu^2,\quad i=1, 2, \cdots, n,$$

$$E(\bar{X}^2)=D(\bar{X})+[E(\bar{X})]^2=\frac{\sigma^2}{n}+\mu^2,$$

故

$$E(S^2)=E\left(\frac{1}{n-1}\sum_{i=1}^{n}(X_i-\bar{X})^2\right)=\frac{1}{n-1}E\left(\sum_{i=1}^{n}X_i^2-n\bar{X}^2\right)$$

$$=\frac{1}{n-1}\left[\sum_{i=1}^{n}E(X_i^2)-nE(\bar{X}^2)\right]=\frac{1}{n-1}\left[n(\mu^2+\sigma^2)-n\left(\mu^2+\frac{\sigma^2}{n}\right)\right]$$

$$=\frac{1}{n-1}(n-1)\sigma^2=\sigma^2.$$

所以,样本方差 S^2 是总体方差 σ^2 的无偏估计量.

由于

$$E\left(\frac{1}{n}\sum_{i=1}^{n}(X_i-\bar{X})^2\right)=E\left(\frac{n-1}{n}S^2\right)=\frac{n-1}{n}E(S^2)=\frac{n-1}{n}\sigma^2,$$

于是

$$\lim_{n\to\infty}E\left(\frac{1}{n}\sum_{i=1}^{n}(X_i-\bar{X})^2\right)=\lim_{n\to\infty}\frac{n-1}{n}\sigma^2=\sigma^2,$$

即样本二阶中心矩 $\frac{1}{n}\sum_{i=1}^{n}(X_i-\bar{X})^2$ 是总体方差 σ^2 的渐近无偏估计量,样本方差 S^2 是样本二阶中心矩 $\frac{1}{n}\sum_{i=1}^{n}(X_i-\bar{X})^2$ 的修正估计量.

例 7.13 若总体 X 的 k 阶原点矩 $\mu_k=E(X^k)(k\geqslant 1)$ 存在,设 $X_1, X_2, \cdots, X_n$ 是总体 X 的一个样本. 试证明:不论总体服从什么分布,样本 k 阶原点矩 $A_k=\frac{1}{n}\sum_{i=1}^{n}X_i^k$ 是总体的 k 阶原点矩 μ_k 的无偏估计量.

证明 $(X_1, X_2, \cdots, X_n)$ 相互独立,且与总体 X 同分布,故有

$$E(X_i^k)=E(X^k)=\mu_k,\quad k=1, 2, \cdots,$$

从而 $E(A_k)=\frac{1}{n}\sum_{i=1}^{n}E(X_i^k)=\frac{n\mu_k}{n}=\mu_k$,即说明了不论总体服从什么分布,样本 k 阶矩 $A_k=\frac{1}{n}\sum_{i=1}^{n}X_i^k$ 是总体的 k 阶矩 μ_k 的无偏估计量.

例 7.14 设 (X_1, X_2, X_3) 是来自总体 $X\sim N(\mu, \sigma^2)$ 的样本,且

$$Y=\frac{1}{3}X_1+\frac{1}{6}X_2+aX_3$$

为 μ 的无偏估计量,求 a.

解 由题意得 $E(X_1)=\mu$, $E(X_2)=\mu$, $E(X_3)=\mu$,由于

$$Y=\frac{1}{3}X_1+\frac{1}{6}X_2+aX_3$$

为 μ 的无偏估计量，于是

$$E(Y)=E\left(\frac{1}{3}X_1+\frac{1}{6}X_2+aX_3\right)=\frac{1}{3}E(X_1)+\frac{1}{6}E(X_2)+aE(X_3)$$
$$=\frac{1}{3}\mu+\frac{1}{6}\mu+a\mu=\mu,$$

从而 $a=\frac{1}{2}$.

例 7.15 设 $(X_1, X_2, \cdots, X_n)$ 是来自总体 $X\sim P(\lambda)$ 的一个样本，对任一数值 $a(0\leqslant a\leqslant 1)$，试证：$a\bar{X}+(1-a)S^2$ 是 λ 的无偏估计量.

证明 因为 $X\sim P(\lambda)$，故 $E(X)=\lambda, D(X)=\lambda$，而 $(X_1, X_2, \cdots, X_n)$ 是总体 $X\sim P(\lambda)$ 的一个样本，则

$$E(X_i)=\lambda, D(X_i)=\lambda,\quad i=1, 2, \cdots, n.$$

由例 7.12 知，样本均值 $\bar{X}$ 是总体均值的无偏估计量，样本方差 S^2 是总体方差的无偏估计量，即 $E(\bar{X})=E(X)=\lambda, E(S^2)=D(X)=\lambda$，从而有

$$E(a\bar{X}+(1-a)S^2)=E(a\bar{X})+E((1-a)S^2)=aE(\bar{X})+(1-a)E(S^2)$$
$$=a\lambda+(1-a)\lambda=\lambda,$$

即证 $a\bar{X}+(1-a)S^2$ 是 λ 的无偏估计量.

由此可见，无偏估计量不一定唯一，无偏估计量若不唯一，则有无限多个. 事实上若参数 θ 有两个无偏估计量 $\hat{\theta}_1$ 与 $\hat{\theta}_2$，则对任何满足 $\alpha_1+\alpha_2=1$ 的 α_1, α_2，估计量 $\alpha_1\hat{\theta}_1+\alpha_2\hat{\theta}_2$ 都是 θ 的无偏估计量.

可以把有偏估计量修正成无偏估计量是一种常用的方法. 一般说来，如果 $\hat{\theta}$ 是 θ 的有偏估计量，且 $E(\hat{\theta})=a+b\theta$，这里 a，b 是常数，则 $\hat{\theta}^*=\frac{\hat{\theta}-a}{b}$ 为 θ 的无偏估计量.

还要注意的是：无偏估计量不具有不变性. 若 $\hat{\theta}$ 是 θ 的无偏估计量，一般而言，$g(\hat{\theta})$ 为连续函数，则 $g(\hat{\theta})$ 不是 $g(\theta)$ 的无偏估计量. 如对泊松分布来说，$\bar{X}$ 是 λ^2 的无偏估计量，考虑 $\bar{X}^2$ 是否是 λ^2 的无偏估计量.

因为 $E(\bar{X}^2)=D(\bar{X})+E^2(\bar{X})=\frac{\lambda}{n}+\lambda^2\neq\lambda^2$，故 $\bar{X}^2$ 不是 λ^2 的无偏估计量.

在实际中，参数 θ 的无偏估计量往往不止一个，那如何进一步作出评价呢？为保证 $\hat{\theta}$ 尽可能与 θ 接近，自然要求它与参数真值之间的偏差越小越好，即无偏估计量的方差越小越有效.

2. 有效性

定义 7.5 设 $\hat{\theta}_1=\hat{\theta}_1(X_1, X_2, \cdots, X_n), \hat{\theta}_2=\hat{\theta}_2(X_1, X_2, \cdots, X_n)$ 是未知参数 θ 的无偏估计量，若 $D(\hat{\theta}_1)\leqslant D(\hat{\theta}_2)$，则称 $\hat{\boldsymbol{\theta}}_1$ **比** $\hat{\boldsymbol{\theta}}_2$ **有效.**

例 7.16 设总体 X 的期望 μ 和方差 σ^2 均存在，$(X_1, X_2, \cdots, X_n)$ 是 X 的一个样本，试证明 μ 的估计量 $\hat{\mu}_1=\frac{1}{3}(X_1+X_2+X_3)$ 比 $\hat{\mu}_2=\frac{1}{2}(X_1+X_2)$ 更有效.

证明 $E(\hat{\mu}_1)=E\left(\dfrac{X_1+X_2+X_3}{3}\right)=\dfrac{E(X_1)+E(X_2)+E(X_3)}{3}=\dfrac{1}{3}\times 3\mu=\mu$,

$$E(\hat{\mu}_2)=E\left(\frac{X_1+X_2}{2}\right)=\frac{E(X_1)+E(X_2)}{2}=\frac{1}{2}\times 2\mu=\mu,$$

故 $\hat{\mu}_1$ 与 $\hat{\mu}_2$ 都是 μ 的无偏估计量. 但是

$$D(\hat{\mu}_1)=D\left(\frac{X_1+X_2+X_3}{3}\right)=\frac{D(X_1)+D(X_2)+D(X_3)}{9}=\frac{1}{9}\times 3\sigma^2=\frac{\sigma^2}{3},$$

$$D(\hat{\mu}_2)=D\left(\frac{X_1+X_2}{2}\right)=\frac{D(X_1)+D(X_2)}{4}=\frac{1}{4}\times 2\sigma^2=\frac{\sigma^2}{2},$$

因此
$$D(\hat{\mu}_1)=\frac{\sigma^2}{3}<D(\hat{\mu}_2)=\frac{\sigma^2}{2},$$

故 μ 的估计量 $\hat{\mu}_1=\dfrac{1}{3}(X_1+X_2+X_3)$ 比 $\hat{\mu}_2=\dfrac{1}{2}(X_1+X_2)$ 更有效.

例 7.17 设总体 X 的期望 μ 和方差 σ^2 均存在,$(X_1, X_2, \cdots, X_n)$ 是 X 的一个样本,则 $\mu_1=x_1$, $\mu_2=\bar{x}$ 都是 μ 的无偏估计量,但 $D(\mu_1)=\sigma^2$, $D(\mu_2)=\dfrac{\sigma^2}{n}$,显然,只要 $n>1$, $\hat{\mu}_2$ 比 $\hat{\mu}_1$ 有效. 这表明使用全部数据相比只使用部分数据更有效.

这个例子说明,尽量用样本中所有的数据的平均去估计总体均值,这样可以提高估计的有效性.

例 7.18 设分别来自总体 $N(\mu_1, \sigma^2)$ 和 $N(\mu_2, \sigma^2)$ 中抽取容量为 n_1 和 n_2 的两个独立样本,其样本方差分别为 s_1^2, s_2^2. 试证:对任意常数 a, $b(a+b=1)$, $Z=as_1^2+bs_2^2$ 都是 σ^2 的无偏估计量,并确定常数 a, b, 使 $D(Z)$ 达到最小.

解 由例 7.12 知 $E(s_1^2)=E(s_2^2)=\sigma^2$,故

$$E(Z)=E(as_1^2+bs_2^2)=aE(s_1^2)+bE(s_2^2)=a\sigma^2+b\sigma^2=(a+b)\sigma^2=\sigma^2,$$

这证明了 $Z=as_1^2+bs_2^2$ 是 σ^2 的无偏估计量. 由已知条件有

$$\frac{(n_1-1)s_1^2}{\sigma^2}\sim\chi^2(n_1-1),\quad \frac{(n_2-1)s_1^2}{\sigma^2}\sim\chi^2(n_2-1),$$

且 s_1^2, s_2^2 独立,故 $D(s_1^2)=\dfrac{2\sigma^4}{n_1-1}$, $D(s_2^2)=\dfrac{2\sigma^4}{n_2-1}$,从而

$$D(Z)=a^2D(s_1^2)+(1-a)^2D(s_2^2)=2\left[\frac{n_1+n_2-2}{(n_1-1)(n_2-1)}a^2-\frac{2}{n_2-1}a+\frac{1}{n_2-1}\right]\sigma^4.$$

因而当 $a=\dfrac{n_1-1}{n_1+n_2-2}$ 时, $D(Z)$ 达到最小,此时 $b=\dfrac{n_2-1}{n_1+n_2-2}$,该无偏估计量为

$$\hat{\sigma}^2=\frac{\sum\limits_{i=1}^{n_1}(X_i-\bar{X})^2+\sum\limits_{i=1}^{n_2}(Y_i-\bar{Y})^2}{n_1+n_2-2}.$$

这个结果表明，对来自方差相等(不论均值是否相等)的两个正态总体的容量为 n_1 和 n_2 的样本，上述 $\hat{\sigma}^2$ 是 σ^2 的线性无偏估计类 $U=\{as_1^2+(1-a)s_2^2\}$ 中方差最小的.

一个好的估计量应是无偏的，且是具有较小方差的，随着样本容量的增大，一个好的估计量应该会越来越接近其真实值，使其偏差大的概率越来越小，由此引入一致性(相合性)标准.

3. 相合性

定义 7.6 设 $\hat{\theta}=\hat{\theta}(X_1, X_2, \cdots, X_n)$ 都是未知参数 θ 的估计量，如果对任意的 $\varepsilon>0$，都有

$$\lim_{n\to\infty}P\{|\hat{\theta}-\theta|\geqslant\varepsilon\}=0 \quad 或 \quad \lim_{n\to\infty}P\{|\hat{\theta}-\theta|<\varepsilon\}=1,$$

则称 $\hat{\theta}$ 是 θ 的**相合估计量(一致估计量)**.

相合性被认为是估计量的一个最基本的要求，这也容易理解，因为大偏差 $|\hat{\theta}_n-\theta|\geqslant\varepsilon$ 发生的可能性将随着样本容量的增大而越来越小，直至为零；另外，相合性是对于极限性质而言的，它只在样本容量较大时才起作用.

例 7.19 试证：(1) 样本均值 $\bar{X}$ 是总体均值 μ 的相合估计量.(2) 样本方差 $S^2=\frac{1}{n-1}\sum_{i=1}^{n}(X_i-\bar{X})^2$ 及样本二阶中心矩 $B_2=\frac{1}{n}\sum_{i=1}^{n}(X_i-\bar{X})^2$ 都是总体方差 σ^2 的相合估计量.

证明 (1) 样本 $(X_1, X_2, \cdots, X_n)$ 独立同分布于总体分布，故 $E(X_i)=\mu$, $i=1, 2, \cdots, n$. 根据辛钦大数定律，对 $\forall\varepsilon>0$, $\lim_{n\to\infty}P\left\{\left|\frac{1}{n}\sum_{i=1}^{n}X_i-\mu\right|<\varepsilon\right\}=1$，即证样本均值 $\bar{X}$ 是总体均值 μ 的相合估计量.

(2) $B_2=\frac{1}{n}\sum_{i=1}^{n}(X_i-\bar{X})^2=\frac{1}{n}\sum_{i=1}^{n}X_i^2-\bar{X}^2=A_2-\bar{X}^2$，由大数定律知，$A_2=\frac{1}{n}\sum_{i=1}^{n}X_i^2$ 依概率收敛于 $E(X^2)$, $\bar{X}=\frac{1}{n}\sum_{i=1}^{n}X_i$ 依概率收敛于 $E(X)$，故 $B_2=A_2-\bar{X}^2$ 依概率收敛于 $E(X^2)-E^2(X)=D(X)=\sigma^2$，所以 $B_2=\frac{1}{n}\sum_{i=1}^{n}(X_i-\bar{X})^2$ 都是总体方差 σ^2 的相合估计量.

又因为 $\lim_{n\to\infty}\frac{n}{n-1}=1$，所以 $S^2=\frac{n}{n-1}B_2$ 也是总体方差 σ^2 的相合估计量.

例 7.20 设 $(X_1, X_2, \cdots, X_n)$ 是取自总体 $X\sim N(0,\sigma^2)$ 的一个样本，其中 σ 未知，令 $\hat{\sigma}^2=\frac{1}{n}\sum_{i=1}^{n}X_i^2$，试证：$\hat{\sigma}^2$ 是 σ^2 的相合估计量.

证明 因为

$$E(\hat{\sigma}^2)=E\left(\frac{1}{n}\sum_{i=1}^{n}X_i^2\right)=\frac{1}{n}E\left(\sum_{i=1}^{n}X_i^2\right)=\sigma^2,$$

又 $\frac{1}{\sigma^2}\sum_{i=1}^{n}X_i^2\sim\chi^2(n)$，由 χ^2 分布的性质，知 $D\left(\frac{1}{\sigma^2}\sum_{i=1}^{n}X_i^2\right)=2n$，故

$$D(\hat{\sigma}^2)=D\left(\frac{1}{\sigma^2}\sum_{i=1}^{n}X_i^2\right)\cdot\frac{\sigma^4}{n^2}=\frac{2\sigma^4}{n}.$$

由切比雪夫不等式，当 $n\to\infty$ 时，对 $\forall\varepsilon>0$，有

$$P\{|\hat{\sigma}^2-\sigma^2|\geqslant\varepsilon\}\leqslant\frac{D(\hat{\sigma}^2)}{\varepsilon^2}=\frac{2\sigma^4}{n\varepsilon^2}\to 0,$$

即证 $\hat{\sigma}^2$ 是 σ^2 的相合估计量.

通过此例，我们看到要证明一个估计量具有相合性，须证明它依概率收敛，这有时很麻烦，为此，下面给出一个相合性的判定定理.

定理 7.3 设 $\hat{\theta}$ 是 θ 的无偏估计量，若 $\lim\limits_{n\to\infty}D(\hat{\theta})=0$，则 $\hat{\theta}$ 是 θ 的相合估计量.

证明 由切比雪夫不等式，对 $\forall\varepsilon>0$，$P\{|\hat{\theta}-\theta|\geqslant\varepsilon\}\leqslant\dfrac{D(\hat{\theta})}{\varepsilon^2}$，由于 $\lim\limits_{n\to\infty}D(\hat{\theta})=0$，故 $\lim\limits_{n\to\infty}P\{|\hat{\theta}-\theta|\geqslant\varepsilon\}=0$，即证 $\hat{\theta}$ 是 θ 的相合估计量.

不难证明，在大样本场合下，样本 $k(k\geqslant 1)$ 阶矩是总体的 k 阶矩的相合估计量. 即矩估计一般都具有相合性，这也是矩估计的理论依据. 由极大似然估计法得到的估计量，在一定条件下也具有相合性. 相合性只有当样本容量相当大时，才能显示出其优越性.

习题 7.2

1. 设 $(X_1, X_2, \cdots, X_n)$ 为来自总体 X 的样本，$\bar{X}$，X_i，$i=1, 2, \cdots, n$ 均为总体均值 μ 的无偏估计量，哪一个估计量更有效？

2. 设 $\hat{\theta}$ 是参数 θ 的无偏估计量，且有 $D(\hat{\theta})>0$，试证：$\hat{\theta}^2$ 不是 θ^2 的无偏估计量.

3. 设分别自总体 $N(\mu_1, \sigma^2)$ 和 $N(\mu_2, \sigma^2)$ 中抽取容量为 n_1，n_2 的两独立样本，其样本方差分别为 S_1^2，S_2^2. 试证：对于任意常数 a，$b(a+b=1)$，$Z=aS_1^2+bS_2^2$ 均是 σ^2 的无偏估计量，并确定常数 a，b，使 $D(Z)$ 达到最小.

4. 设总体 $X\sim N(\mu, 1)$，(X_1, X_2) 是 X 的一个容量为 2 的样本，试证：

$$\hat{\mu}_1=\frac{2}{3}X_1+\frac{1}{3}X_2,\quad \hat{\mu}_2=\frac{1}{2}X_1+\frac{1}{2}X_2$$

都是 μ 的无偏估计量，问 $\hat{\mu}_1$ 和 $\hat{\mu}_2$ 哪一个有效？

5. 设总体 $X\sim N(\mu, \sigma^2)$，$(X_1, X_2, \cdots, X_n)$ 为总体的样本. 证明：方差 S^2 是 σ^2 的相合估计量.

6. 设 $(X_1, X_2, \cdots, X_n)$ 是来自总体 $X\sim P(\lambda)$ 的一个样本，试求 λ^2 的无偏估计量.

7. 设总体 X 的数学期望和方差都存在，且 $E(X)=\mu$，$D(X)=\sigma^2$，(X_1, X_2) 是取自总体 X 的一个样本，试问(1) $\hat{\mu}_1=\dfrac{3}{4}X_1+\dfrac{1}{4}X_2$；(2) $\hat{\mu}_1=\dfrac{1}{2}X_1+\dfrac{1}{2}X_2$；(3) $\hat{\mu}_1=\dfrac{1}{3}X_1+\dfrac{2}{3}X_2$，对 μ 的无偏估计量哪个更有效？

8. 设总体 X 有期望 $E(X)=\mu$，方差 $D(X)=\sigma^2$，但均未知. $(X_1, X_2, \cdots, X_n)$ 是取自总体 X 的样本，$\bar{X}=\dfrac{1}{n}\sum\limits_{i=1}^{n}X_i$，$B_2=\dfrac{1}{n}\sum\limits_{i=1}^{n}(X_i-\bar{X})^2$，$S^2=\dfrac{1}{n-1}\sum\limits_{i=1}^{n}(X_i-\bar{X})^2$. 试证：$\bar{X}$ 是 μ 的无偏估计量，B_2 是 σ^2 的渐近无偏估计量，而 S^2 是 σ^2 的无偏估计量.

9. 设 $(X_1, X_2, \cdots, X_n)$ 是总体 X 的一个样本，$E(X)=\mu$，$D(X)=\sigma^2$ 存在且未知，任意正的常数 a_i，$i=1, 2, \cdots, n$ 满足 $\sum_{i=1}^{n} a_i = 1$. 试证：

(1) 估计量 $\hat{\mu}=\sum_{i=1}^{n} a_i X_i$ 总是 μ 的无偏估计量；(2) 在上述无偏估计中 $\bar{X}=\frac{1}{n}\sum_{i=1}^{n} X_i$ 最有效，并写出此时的最小方差.

10. 总体 X 的概率密度函数为

$$f(x)=\begin{cases}\frac{1}{\theta}e^{-\frac{x}{\theta}}, & x>0,\\ 0, & x\leqslant 0,\end{cases}$$

$\theta>0$ 为常数，证明：$\bar{X}$ 是 θ 的相合估计量.

7.3 参数的区间估计

前面我们已经讨论了参数的点估计，而点估计仅仅是未知参数的一个近似值，由于样本的随机性，点估计无从断定估计值是否为待估参数的真实值，即使是无偏估计和有效估计量；也不能把握估计值与参数真实值的偏离程度及估计的可靠程度；对于一个未知量除了求出它的点估计 $\hat{\theta}$ 外，我们还希望估计出一个范围，并希望知道这个范围包含参数 θ 真值的可信程度，对于 θ 的估计给定一个范围 $[\theta_1, \theta_2]$ 满足：$P\{\hat{\theta}_1\leqslant\theta\leqslant\hat{\theta}_2\}$ 应尽可能大，即可靠程度高；$\hat{\theta}_2-\hat{\theta}_1$ 应尽可能小，即精确度高. 因此，这样的范围通常以区间的形式给出，同时还给出此区间包含参数 θ 真值的可信程度. 这种形式的估计称为区间估计，这样的区间即所谓的置信区间.

7.3.1 置信区间的概念

定义 7.7 设 $(X_1, X_2, \cdots, X_n)$ 是来自总体 $X\sim f(x;\theta)$ 的一个样本，θ 为未知参数，若对给定的 $\alpha(0<\alpha<1)$，存在两个统计量

$$\hat{\theta}_1=\hat{\theta}_1(X_1, X_2, \cdots, X_n) \quad 与 \quad \hat{\theta}_2=\hat{\theta}_2(X_1, X_2, \cdots, X_n),$$

对所有 θ 可能取值均有

$$P\{\hat{\theta}_1<\theta<\hat{\theta}_2\}=1-\alpha,$$

则称随机区间 $(\hat{\theta}_1, \hat{\theta}_2)$ 为参数 θ 的**置信度为 $1-\alpha$ 的置信区间**，$\hat{\theta}_1$ 与 $\hat{\theta}_2$ 分别称为 $1-\alpha$ 的**置信下限与置信上限**，置信度 $1-\alpha$ 也称为**置信水平或置信概率**，α 称为**显著性水平**.

参数 θ 是一个常数，没有随机性，而区间 $(\hat{\theta}_1, \hat{\theta}_2)$ 是随机的，置信水平 $1-\alpha$ 的含义是：随机区间 $(\hat{\theta}_1, \hat{\theta}_2)$ 以 $1-\alpha$ 的概率包含着待估参数 θ 的真实值，而不能说参数 θ 以 $1-\alpha$ 的概率落入随机区间 $(\hat{\theta}_1, \hat{\theta}_2)$. 进一步阐述是：当取得一组样本观察值后，将其代入 $\hat{\theta}_1$ 与 $\hat{\theta}_2$ 的表达式，可得估计值 $\hat{\theta}_1(x_1, x_2, \cdots, x_n)$ 与 $\hat{\theta}_2(x_1, x_2, \cdots, x_n)$，这样得到一个置信区间 $(\hat{\theta}_1(x_1, x_2, \cdots, x_n), \hat{\theta}_2(x_1, x_2, \cdots, x_n))$，这样每个样本值确定一个区间，此时已不

是随机区间，这个区间可能包含真实值 θ 也可能不包含真实值 θ，按大数定律，在多次观察和试验中，在这样多的取样中，大约有 $100(1-\alpha)\%$ 的区间包含未知参数 θ 的真实值.

区间估计的两个要求：

(1) $P\{\hat{\theta}_1<\theta<\hat{\theta}_2\}$ 要尽可能大，即要求估计结果尽可能可靠；$1-\alpha$ 反映了区间的可靠度.

(2) 估计的精度尽可能高，即要求区间长度 $\hat{\theta}_2-\hat{\theta}_1$ 尽可能短. 随机区间 $(\hat{\theta}_1, \hat{\theta}_2)$ 的长度为 $\hat{\theta}_2-\hat{\theta}_1$，而 $\hat{\theta}_2-\hat{\theta}_1$ 是随机变量，反映了区间的精度.

希望可靠度与精度均高，而可靠度与精度是一对矛盾. 可靠度 $1-\alpha$ 越大，置信区间 $(\hat{\theta}_1, \hat{\theta}_2)$ 包含 θ 的真值的概率就越大，但区间 $(\hat{\theta}_1, \hat{\theta}_2)$ 的长度就越大，对未知参数 θ 的估计精度就越差. 反之，对参数 θ 的估计精度越高，置信区间 $(\hat{\theta}_1, \hat{\theta}_2)$ 长度就越小，$(\hat{\theta}_1, \hat{\theta}_2)$ 包含 θ 的真值的概率就越低，可靠度 $1-\alpha$ 越小. 在实际应用中，在可靠程度能接受的前提下，尽可能提高精度.

例 7.21 设 $(X_1, X_2, \cdots, X_n)$ 是来自总体 $X\sim N(\mu, \sigma^2)$ 的一个样本，σ^2 为已知，μ 为未知，求 μ 的置信水平为 $1-\alpha$ 的置信区间.

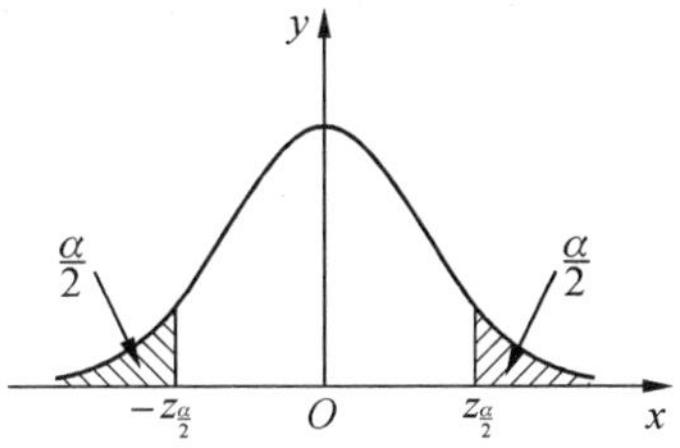

图 7.1

解 我们知道 $\bar{X}$ 是 μ 的无偏估计量，且有 $\dfrac{\bar{X}-\mu}{\frac{\sigma}{\sqrt{n}}}\sim N(0, 1)$，而 $N(0, 1)$ 不依赖于任何未知参数. 对于给定的 α，查标准正态分布表可得临界值 $z_{\frac{\alpha}{2}}$，使得(图 7.1)

$$P\left\{\left|\frac{\bar{X}-\mu}{\frac{\sigma}{\sqrt{n}}}\right|<z_{\frac{\alpha}{2}}\right\}=1-\alpha,$$

即
$$P\left\{\bar{X}-\frac{\sigma}{\sqrt{n}}z_{\frac{\alpha}{2}}<\mu<\bar{X}+\frac{\sigma}{\sqrt{n}}z_{\frac{\alpha}{2}}\right\}=1-\alpha,$$

这样得到了 μ 的一个置信水平为 $1-\alpha$ 的置信区间

$$\left(\bar{X}-\frac{\sigma}{\sqrt{n}}z_{\frac{\alpha}{2}},\ \bar{X}+\frac{\sigma}{\sqrt{n}}z_{\frac{\alpha}{2}}\right).$$

当然，μ 的置信水平为 $1-\alpha$ 的置信区间并不是唯一的. 刚才取分点时，是按对称来取的，也可以不对称地来取，但在保证可靠度的条件下应尽可能提高精度，故像标准正态分布这种单峰且对称的概率密度图形，对称来取分点则区间长度为最短，可以提高估计的精度.

通过上例可看到寻求置信区间的基本思想：在点估计的基础上，构造合适的统计量，并针对给定的置信度导出置信区间. 寻求参数 θ 置信区间的一般步骤：

(1) 选取未知参数 θ 的某个较优估计量 $\hat{\theta}$；

(2) 围绕 $\hat{\theta}$ 构造一个依赖于样本与参数 θ 的函数 $Z=Z(X_1, X_2, \cdots, X_n; \theta)$；

(3) 对给定的 $\alpha(0<\alpha<1)$，确定分位点 a，b，使得

$$P\{a<Z(X_1, X_2, \cdots, X_n; \theta)<b\}=1-\alpha;$$

(4) 由 $a<Z(X_1, X_2, \cdots, X_n; \theta)<b$，得到等价形式

$$(\hat{\theta}_1(x_1, x_2, \cdots, x_n)<\theta<\hat{\theta}_2(x_1, x_2, \cdots, x_n)),$$

则 $(\hat{\theta}_1, \hat{\theta}_2)$ 是参数 θ 的一个置信度为 $1-\alpha$ 的置信区间.

7.3.2 单个正态总体参数的置信区间

由于大多情况下，我们遇到的是总体是服从正态分布或近似正态分布，下面讨论单个正态总体 $N(\mu, \sigma^2)$ 的参数的区间估计问题.

1. 均值 μ 的置信区间

均值 μ 的置信区间要分 σ^2 已知和未知两种情况，下面分别讨论.

(1) σ^2 为已知

由例 7.21 采用样本函数 $Z=\dfrac{\bar{X}-\mu}{\dfrac{\sigma}{\sqrt{n}}}\sim N(0, 1)$，已经得到 μ 的置信水平为 $1-\alpha$ 的置信区间

$$\left(\bar{X}-\frac{\sigma}{\sqrt{n}}z_{\frac{\alpha}{2}}, \bar{X}+\frac{\sigma}{\sqrt{n}}z_{\frac{\alpha}{2}}\right).$$

例 7.22 某包糖机某日开工包了 12 包糖，称得质量(单位：g)分别为

506， 500， 495， 488， 504， 486， 505， 513， 521， 520， 512， 485.

假设质量 $X\sim N(\mu, 10^2)$，试求糖包的平均质量 μ 的置信度为 95%的置信区间.

解 此题 σ^2 已知，μ 的置信水平为 $1-\alpha$ 的置信区间为

$$\left(\bar{X}-\frac{\sigma}{\sqrt{n}}z_{\frac{\alpha}{2}}, \bar{X}+\frac{\sigma}{\sqrt{n}}z_{\frac{\alpha}{2}}\right).$$

由题意有 $\sigma=10$，$n=12$，$\bar{x}=502.92$，$\alpha=0.05$，查标准正态分布表得 $z_{\frac{\alpha}{2}}=z_{0.025}=1.96$，于是

$$\bar{x}-\frac{\sigma}{\sqrt{n}}z_{\frac{\alpha}{2}}=502.92-\frac{10}{\sqrt{12}}\times 1.96=497.26,$$

$$\bar{x}+\frac{\sigma}{\sqrt{n}}z_{\frac{\alpha}{2}}=502.92+\frac{10}{\sqrt{12}}\times 1.96=508.58,$$

故糖包的平均质量 μ 的置信度为 95%的置信区间 (497.26, 508.58).

例 7.23 设总体 $X\sim N(\mu, 8)$ μ 为未知参数，$(X_1, X_2, \cdots, X_{36})$ 是取自总体 X 的样本，如果以区间 $(\bar{X}-1, \bar{X}+1)$ 作为 μ 的置信区间，那么置信度是多少?

解 由于$\sigma^2=8$，故

$$\frac{\bar{X}-\mu}{\frac{\sigma}{\sqrt{n}}}=\frac{\bar{X}-\mu}{\frac{\sqrt{2}}{3}}\sim N(0,1),$$

依题意$P\{\bar{X}-1<\mu<\bar{X}+1\}=1-\alpha$，即

$$P\{\mu-1<\bar{X}<\mu+1\}=\Phi\left(\frac{3}{\sqrt{2}}\right)-\Phi\left(\frac{-3}{\sqrt{2}}\right)=2\Phi\left(\frac{3}{\sqrt{2}}\right)-1$$
$$=2\Phi(2.121)-1=0.966=1-\alpha,$$

所求的置信度为96.6%.

例7.24 设总体$X\sim N(\mu,1)$为得到μ的置信水平为0.95的置信区间长度不超过1.2，样本容量n为多大？

解 由题设条件知μ的置信水平为0.95的置信区间为

$$\left(\bar{X}-\frac{\sigma}{\sqrt{n}}z_{\frac{\alpha}{2}},\ \bar{X}+\frac{\sigma}{\sqrt{n}}z_{\frac{\alpha}{2}}\right),\quad 即\quad \left(\bar{X}-\frac{1}{\sqrt{n}}z_{\frac{\alpha}{2}},\ \bar{X}+\frac{1}{\sqrt{n}}z_{\frac{\alpha}{2}}\right),$$

其区间长度为$\frac{2}{\sqrt{n}}z_{\frac{\alpha}{2}}$，仅依赖于样本容量$n$而与样本具体取值无关.

现要求

$$\frac{2}{\sqrt{n}}z_{\frac{\alpha}{2}}\leqslant 1.2,$$

查标准正态分布表得$z_{\frac{\alpha}{2}}=z_{0.025}=1.96$，从而$\frac{2}{\sqrt{n}}\times 1.96\leqslant 1.2$，即

$$n\geqslant\left(\frac{5}{3}\right)^2\times 1.96^2=10.67\approx 11,$$

故样本容量$n\geqslant 11$时才能使得μ的置信水平为0.95的置信区间长度不超过1.2.

(2) σ^2为未知

因其中含未知参数σ. 考虑到S^2是σ^2的无偏估计量，由第6章正态总体统计量的分布可知

$$t=\frac{\bar{X}-\mu}{\frac{S}{\sqrt{n}}}\sim t(n-1),$$

且右边的分布$t(n-1)$不依赖于任何未知参数. 对于给定的α，查t分布表可得临界值$t_{\frac{\alpha}{2}}(n-1)$，使(图7.2)

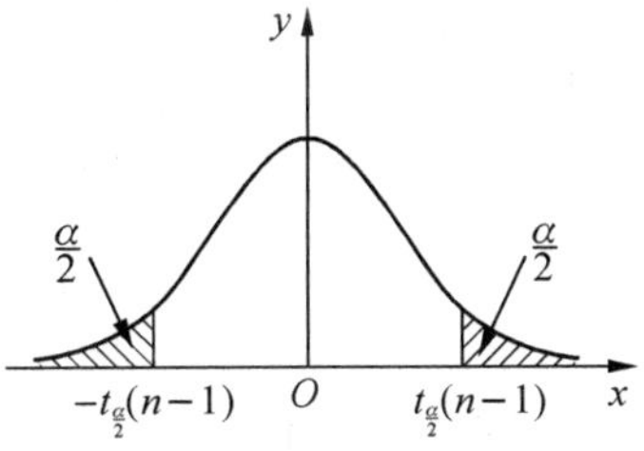

图7.2

$$P\left\{\left|\frac{\bar{X}-\mu}{\frac{S}{\sqrt{n}}}\right|<t_{\frac{\alpha}{2}}(n-1)\right\}=1-\alpha,$$

即

$$P\left\{\bar{X}-\frac{S}{\sqrt{n}}t_{\frac{\alpha}{2}}(n-1)<\mu<\bar{X}+\frac{S}{\sqrt{n}}t_{\frac{\alpha}{2}}(n-1)\right\}=1-\alpha.$$

这样就得到了 μ 的一个置信水平为 $1-\alpha$ 的置信区间

$$\left(\bar{X}-\frac{S}{\sqrt{n}}t_{\frac{\alpha}{2}}(n-1),\ \bar{X}+\frac{S}{\sqrt{n}}t_{\frac{\alpha}{2}}(n-1)\right).$$

例 7.25 某车间生产钢珠，从某天产品里随机抽取 12 个，测得直径为(单位：μm)

506, 500, 495, 488, 504, 486, 505, 513, 521, 520, 512, 485.

从长期实践知道，钢珠直径 X 服从正态分布 $N(\mu,\sigma^2)$，试求钢珠的平均直径 μ 的置信度为 95%的置信区间.

解 由于 σ^2 未知，故钢珠的平均直径 μ 的置信水平为 $1-\alpha$ 的置信区间

$$\left(\bar{X}-\frac{S}{\sqrt{n}}t_{\frac{\alpha}{2}}(n-1),\ \bar{X}+\frac{S}{\sqrt{n}}t_{\frac{\alpha}{2}}(n-1)\right),$$

由题意有 $n=12$，$\alpha=0.05$，$\bar{x}=502.92$，$s=12.35$，查 t 分布表可知

$$t_{\frac{\alpha}{2}}(n-1)=t_{0.025}(11)=2.201,$$

于是

$$\bar{x}-\frac{S}{\sqrt{n}}t_{\frac{\alpha}{2}}(n-1)=502.92-\frac{12.35}{\sqrt{12}}\times 2.201=495.07,$$

$$\bar{x}+\frac{S}{\sqrt{n}}t_{\frac{\alpha}{2}}(n-1)=502.92-\frac{12.35}{\sqrt{12}}\times 2.201=510.77.$$

故钢珠的平均直径 μ 的置信度为 95%的置信区间为 (495.07, 510.77).

例 7.26 现随机地抽取 12 只轮胎试用，测得它们的寿命(单位：万 km)为

4.68, 4.85, 4.32, 4.85, 4.61, 5.02, 5.20, 4.60, 4.58, 4.72, 4.38, 4.70.

假设轮胎的寿命 X 服从正态分布 $N(\mu,\sigma^2)$，求轮胎的平均寿命置信水平为 $1-\alpha$ 的置信区间.

解 由于 σ^2 未知，故轮胎的平均寿命 μ 的置信水平为 $1-\alpha$ 的置信区间

$$\left(\bar{X}-\frac{S}{\sqrt{n}}t_{\frac{\alpha}{2}}(n-1),\ \bar{X}+\frac{S}{\sqrt{n}}t_{\frac{\alpha}{2}}(n-1)\right),$$

经计算得 $\bar{x}=4.7092$，$s^2=0.615$，取 $\alpha=0.05$，查 t 分布表知 $t_{\frac{\alpha}{2}}(n-1)=t_{0.025}(11)=2.201$，于是

$$\bar{x}-\frac{S}{\sqrt{n}}t_{\frac{\alpha}{2}}(n-1)=4.7092-\frac{\sqrt{0.0615}}{\sqrt{12}}\times 2.201=4.5516,$$

$$\bar{x}+\frac{S}{\sqrt{n}}t_{\frac{\alpha}{2}}(n-1)=4.7092+\frac{\sqrt{0.0615}}{\sqrt{12}}\times 2.201=4.8668.$$

故轮胎的平均寿命置信水平为 0.95 的置信区间为 (4.551 6, 4.866 8).

在实际问题中,由于轮胎的使用寿命越长越好,因此可以只求平均寿命的置信下限,也即构造置信下限,由于

$$P\left\{\frac{(\bar{X}-\mu)}{\frac{s}{\sqrt{n}}}<t_{\alpha}(n-1)\right\}=1-\alpha,$$

即
$$P\left\{\mu>\bar{X}-\frac{s}{\sqrt{n}}t_{\alpha}(n-1)\right\}=1-\alpha.$$

这样就得到 μ 置信水平为 $1-\alpha$ 的置信区间

$$\left(\bar{X}-\frac{s}{\sqrt{n}}t_{\alpha}(n-1), +\infty\right).$$

μ 置信水平为 $1-\alpha$ 的置信下限为 $\bar{X}-\frac{s}{\sqrt{n}}t_{\alpha}(n-1)$,当置信水平为 0.95,$\alpha=0.05$,查 t 分布表得 $t_{\alpha}(n-1)=t_{0.05}(11)=1.795\,9$,代入计算可得平均寿命 μ 的置信水平为 0.95 的置信下限为 4.580 6(万 km).

2. 方差 σ^2 的置信区间

方差 σ^2 的置信区间要分 μ 已知和未知两种情况,下面分别讨论.

(1) μ 为已知

构造样本函数 $\chi^2=\frac{\sum_{i=1}^{n}(X_i-\mu)^2}{\sigma^2}$,则 $\chi^2=\frac{\sum_{i=1}^{n}(X_i-\mu)^2}{\sigma^2}\sim\chi^2(n)$,并且此式右端的分布不依赖于任何未知参数,顺便指出在密度函数不对称即偏态分布时,寻找平均长度最短区间很难实现,一般都是用等尾置信区间,如 χ^2 分布和 F 分布.习惯上在分布两侧各截面积为 $\frac{\alpha}{2}$ 的部分,即取对称的分位点 $\chi^2_{1-\frac{\alpha}{2}}(n)$,$\chi^2_{\frac{\alpha}{2}}(n)$ 来确定置信区间(图 7.3).于是有

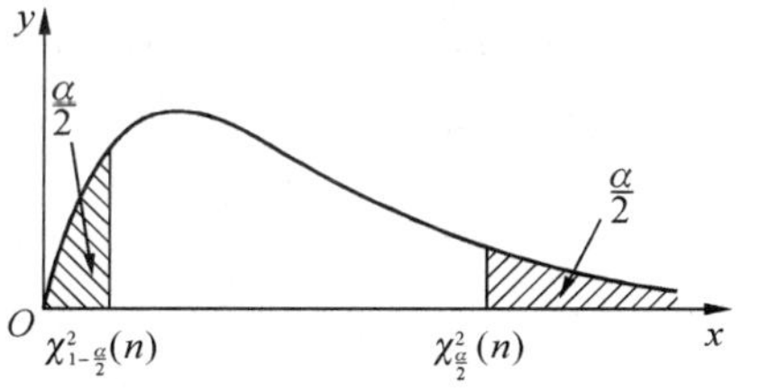

图 7.3

$$P\left\{\chi^2_{1-\frac{\alpha}{2}}(n)<\frac{\sum_{i=1}^{n}(X_i-\mu)^2}{\sigma^2}<\chi^2_{\frac{\alpha}{2}}(n)\right\}=1-\alpha,$$

即
$$P\left\{\frac{\sum_{i=1}^{n}(X_i-\mu)^2}{\chi^2_{\frac{\alpha}{2}}(n)}<\sigma^2<\frac{\sum_{i=1}^{n}(X_i-\mu)^2}{\chi^2_{1-\frac{\alpha}{2}}(n)}\right\}=1-\alpha.$$

这就得到方差 σ^2 的置信水平为 $1-\alpha$ 的置信区间

$$\left(\frac{\sum_{i=1}^{n}(X_i-\mu)^2}{\chi^2_{\frac{\alpha}{2}}(n)}, \frac{\sum_{i=1}^{n}(X_i-\mu)^2}{\chi^2_{1-\frac{\alpha}{2}}(n)}\right).$$

例 7.27 某汽车租赁公司随机记录了 12 名顾客每次租赁行驶的平均路程(单位：km)分别为

506， 500， 495， 488， 504， 486， 505， 513， 521， 520， 512， 485.

假设每次租赁行驶的路程 X 服从正态分布 $N(500, \sigma^2)$，试求全年租赁汽车每次行驶路程方差 σ^2 的置信度为 95%的置信区间.

解 由于 μ 已知,故每次行驶路程方差 σ^2 的置信水平为 $1-\alpha$ 的置信区间为

$$\left(\frac{\sum_{i=1}^{n}(X_i-\mu)^2}{\chi^2_{\frac{\alpha}{2}}(n)}, \frac{\sum_{i=1}^{n}(X_i-\mu)^2}{\chi^2_{1-\frac{\alpha}{2}}(n)}\right),$$

由题意有 $n=12$，$\mu=500$，$\alpha=0.05$，查 χ^2 分布表可知

$$\chi^2_{\frac{\alpha}{2}}(n)=\chi^2_{0.025}(12)=23.337, \quad \chi^2_{1-\frac{\alpha}{2}}(n)=\chi^2_{0.975}(12)=4.404,$$

于是

$$\frac{\sum_{i=1}^{n}(X_i-\mu)^2}{\chi^2_{\frac{\alpha}{2}}(n)}=\frac{1\,821}{23.337}=78.03, \quad \frac{\sum_{i=1}^{n}(X_i-\mu)^2}{\chi^2_{1-\frac{\alpha}{2}}(n)}=\frac{1\,821}{4.404}=413.49,$$

故总体方差 σ^2 的置信度为 95%的置信区间为 (78.03，413.49).

(2) μ 未知

考虑到 S^2 是 σ^2 的无偏估计量,由第 6 章正态总体统计量的分布可知

$$\chi^2=\frac{(n-1)S^2}{\sigma^2}\sim\chi^2(n-1),$$

且 $\chi^2(n-1)$ 分布不依赖于任何未知参数. 对于给定的 α，查 χ^2 分布表可得临界值 $\chi^2_{1-\frac{\alpha}{2}}(n-1)$，$\chi^2_{\frac{\alpha}{2}}(n-1)$ (图 7.4),使得

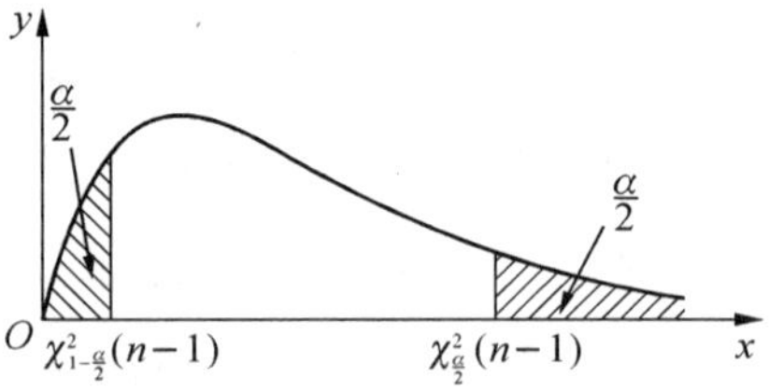

图 7.4

$$P\left\{\chi^2_{1-\frac{\alpha}{2}}(n-1)<\frac{(n-1)S^2}{\sigma^2}<\chi^2_{\frac{\alpha}{2}}(n-1)\right\}=1-\alpha,$$

即

$$P\left\{\frac{(n-1)S^2}{\chi^2_{\frac{\alpha}{2}}(n-1)}<\sigma^2<\frac{(n-1)S^2}{\chi^2_{1-\frac{\alpha}{2}}(n-1)}\right\}=1-\alpha.$$

这样得到 σ^2 的置信水平为 $1-\alpha$ 的置信区间

$$\left(\frac{(n-1)S^2}{\chi^2_{\frac{\alpha}{2}}(n-1)},\ \frac{(n-1)S^2}{\chi^2_{1-\frac{\alpha}{2}}(n-1)}\right).$$

例 7.28 某厂生产一批金属材料,今从这批金属材料中随机抽取 12 个试件测得它们的抗热温度(单位:℃)分别为

506, 500, 495, 488, 504, 486, 505, 513, 521, 520, 512, 485.

假设抗热温度 X 服从正态分布 $N(\mu, \sigma^2)$,试求抗热温度方差 σ^2 的置信度为 95% 的置信区间.

解 由于 μ 未知,故 σ^2 的置信水平为 $1-\alpha$ 的置信区间为

$$\left(\frac{(n-1)S^2}{\chi^2_{\frac{\alpha}{2}}(n-1)},\ \frac{(n-1)S^2}{\chi^2_{1-\frac{\alpha}{2}}(n-1)}\right),$$

由题意有 $n=12$, $\alpha=0.05$, $s=12.35$,查 χ^2 分布表可知

$$\chi^2_{\frac{\alpha}{2}}(n-1)=\chi^2_{0.025}(11)=21.920,\quad \chi^2_{1-\frac{\alpha}{2}}(n-1)=\chi^2_{0.975}(11)=3.816,$$

于是

$$\frac{(n-1)S^2}{\chi^2_{\frac{\alpha}{2}}(n-1)}=\frac{11\times 12.35^2}{21.920}=76.54,\quad \frac{(n-1)S^2}{\chi^2_{1-\frac{\alpha}{2}}(n-1)}=\frac{11\times 12.35^2}{3.816}=439.66,$$

故热温度方差 σ^2 的置信度为 95% 的置信区间为 (76.54, 439.66).

7.3.3 两个正态总体 $N(\mu_1, \sigma_1^2)$, $N(\mu_2, \sigma_2^2)$ 参数的置信区间

在实际中常遇到下面的问题,已知产品的某一质量指标服从正态分布,但由于原料、设备条件、操作人员的不同,工艺过程改变等因素,引起总体均值或总体方差有所改变,我们需要知道这些变化有多大,这就需要考虑两个正态总体均值差、方差比的估计问题.

设已给定置信水平为 $1-\alpha$, $(X_1, X_2, \cdots, X_{n_1})$ 是来自总体 $X\sim N(\mu_1, \sigma_1^2)$ 的样本, $(Y_1, Y_2, \cdots, Y_{n_2})$ 是来自总体 $Y\sim N(\mu_2, \sigma_2^2)$ 的样本,这两个样本相互独立. 且设 $\overline{X}$, $\overline{Y}$ 分别为两个总体的样本均值, S_1^2, S_2^2 分别为两个总体的样本方差.

1. 两个正态总体均值之差 $\mu_1-\mu_2$ 的置信区间

(1) σ_1^2, σ_2^2 均为已知

因 $\overline{X}$, $\overline{Y}$ 分别为 μ_1, μ_2 的无偏估计量,故 $\overline{X}-\overline{Y}$ 是 $\mu_1-\mu_2$ 的无偏估计量. 由 $\overline{X}$, $\overline{Y}$ 的独立性以及 $\overline{X}\sim N\left(\mu_1, \frac{\sigma_1^2}{n_1}\right)$, $\overline{Y}\sim N\left(\mu_2, \frac{\sigma_2^2}{n_2}\right)$,构造样本函数

$$\overline{X}-\overline{Y}\sim N\left(\mu_1-\mu_2, \frac{\sigma_1^2}{n_1}+\frac{\sigma_2^2}{n_2}\right)$$

或
$$\frac{(\bar{X}-\bar{Y})-(\mu_1-\mu_2)}{\sqrt{\frac{\sigma_1^2}{n_1}+\frac{\sigma_2^2}{n_2}}}\sim N(0,1).$$

这样得到 $\mu_1-\mu_2$ 的置信水平为 $1-\alpha$ 的置信区间为

$$\left((\bar{X}-\bar{Y})-z_{\frac{\alpha}{2}}\sqrt{\frac{\sigma_1^2}{n_1}+\frac{\sigma_2^2}{n_2}},\ (\bar{X}-\bar{Y})+z_{\frac{\alpha}{2}}\sqrt{\frac{\sigma_1^2}{n_1}+\frac{\sigma_2^2}{n_2}}\right).$$

例 7.29 设从总体 $X\sim N(\mu_1,\sigma_1^2)$ 和总体 $Y\sim N(\mu_2,\sigma_2^2)$ 中分别抽取容量为 $n_1=10$，$n_2=15$ 的独立样本，可计算得 $\bar{x}=82$，$\bar{y}=76$，若已知 $\sigma_1^2=64$，$\sigma_2^2=49$，求 $\mu_1-\mu_2$ 的置信水平为 95%的置信区间.

解 当 σ_1^2，σ_2^2 均为已知时，$\mu_1-\mu_2$ 的 $1-\alpha$ 的置信区间为

$$\left((\bar{X}-\bar{Y})-z_{\frac{\alpha}{2}}\sqrt{\frac{\sigma_1^2}{n_1}+\frac{\sigma_2^2}{n_2}},\ (\bar{X}-\bar{Y})+z_{\frac{\alpha}{2}}\sqrt{\frac{\sigma_1^2}{n_1}+\frac{\sigma_2^2}{n_2}}\right).$$

经计算 $\bar{x}-\bar{y}=6$，查标准正态分布表得 $z_{\frac{\alpha}{2}}=1.96$，因而 $\mu_1-\mu_2$ 的置信度为 95%的置信区间为

$$\left(6-1.96\times\sqrt{\frac{64}{10}+\frac{49}{15}},\ 6+1.96\times\sqrt{\frac{64}{10}+\frac{49}{15}}\right)=(-0.0939,\ 12.0939).$$

(2) σ_1^2，σ_2^2 均为未知且相等，即 $\sigma_1^2=\sigma_2^2=\sigma^2$

由第 6 章正态总体统计量的分布可知

$$t=\frac{(\bar{X}-\bar{Y})-(\mu_1-\mu_2)}{S_\omega\sqrt{\frac{1}{n_1}+\frac{1}{n_2}}}\sim t(n_1+n_2-2),$$

从而可得 $\mu_1-\mu_2$ 的置信水平为 $1-\alpha$ 的置信区间为

$$\left(\bar{X}-\bar{Y}-t_{\frac{\alpha}{2}}(n_1+n_2-2)S_\omega\sqrt{\frac{1}{n_1}+\frac{1}{n_2}},\ \bar{X}-\bar{Y}+t_{\frac{\alpha}{2}}(n_1+n_2-2)S_\omega\sqrt{\frac{1}{n_1}+\frac{1}{n_2}}\right),$$

式中 $S_\omega^2=\dfrac{(n_1-1)S_1^2+(n_2-1)S_2^2}{n_1+n_2-2}$，$S_\omega=\sqrt{S_\omega^2}$，

例 7.30 设从总体 $X\sim N(\mu_1,\sigma_1^2)$ 和总体 $Y\sim N(\mu_2,\sigma_2^2)$ 中分别抽取容量为 $n_1=10$，$n_2=15$ 的独立样本，可计算得 $\bar{x}=82$，$s_1^2=56.5$，$\bar{y}=76$，$s_2^2=52.4$. 若 σ_1^2，σ_2^2 均未知，且 $\sigma_1^2=\sigma_2^2$，求 $\mu_1-\mu_2$ 的置信度为 95%的置信区间.

解 当 σ_1^2，σ_2^2 均未知，且当 $\sigma_1^2=\sigma_2^2$ 时，$\mu_1-\mu_2$ 的置信水平为 $1-\alpha$ 置信区间为

$$\left(\bar{X}-\bar{Y}-t_{\frac{\alpha}{2}}(n_1+n_2-2)S_\omega\sqrt{\frac{1}{n_1}+\frac{1}{n_2}},\ \bar{X}-\bar{Y}+t_{\frac{\alpha}{2}}(n_1+n_2-2)S_\omega\sqrt{\frac{1}{n_1}+\frac{1}{n_2}}\right),$$

式中 $s_w^2=\dfrac{(n_1-1)s_1^2+(n_2-1)s_2^2}{n_1+n_2-2}=\dfrac{9\times 56.5+14\times 52.4}{23}=54.0043$，$t_{0.025}(23)=2.0687$，故

$$\bar{X}-\bar{Y}-t_{\frac{\alpha}{2}}(n_1+n_2-2)S_w\sqrt{\frac{1}{n_1}+\frac{1}{n_2}}=82-76-2.0687\times\sqrt{54.0043}\times\sqrt{\frac{1}{10}+\frac{1}{15}}$$
$$=-0.2063,$$

$$\bar{X}-\bar{Y}+t_{\frac{\alpha}{2}}(n_1+n_2-2)S_w\sqrt{\frac{1}{n_1}+\frac{1}{n_2}}=82-76+2.0687\times\sqrt{54.0043}\times\sqrt{\frac{1}{10}+\frac{1}{15}}$$
$$=12.2063,$$

因而 $\mu_1-\mu_2$ 的置信度为 95%的置信区间为 $(-0.2063, 12.2063)$.

2. 两个正态总体方差比$\dfrac{\sigma_1^2}{\sigma_2^2}$的置信区间

仅讨论总体均值 μ_1，μ_2 为未知的情况，由第 6 章正态总体统计量的分布可知

$$F=\frac{\dfrac{S_1^2}{S_2^2}}{\dfrac{\sigma_1^2}{\sigma_2^2}}\sim F(n_1-1, n_2-1),$$

且分布 $F(n_1-1, n_2-1)$ 不依赖于任何未知参数，对于给定的 α，查 F 分布表可得临界值 $F_{1-\frac{\alpha}{2}}(n_1-1, n_2-1)$，$F_{\frac{\alpha}{2}}(n_1-1, n_2-1)$，使得

$$P\left\{F_{1-\frac{\alpha}{2}}(n_1-1, n_2-1)<\frac{\dfrac{S_1^2}{S_2^2}}{\dfrac{\sigma_1^2}{\sigma_2^2}}<F_{\frac{\alpha}{2}}(n_1-1, n_2-1)\right\}=1-\alpha,$$

即

$$P\left\{\frac{S_1^2}{S_2^2}\cdot\frac{1}{F_{\frac{\alpha}{2}}(n_1-1, n_2-1)}<\frac{\sigma_1^2}{\sigma_2^2}<\frac{S_1^2}{S_2^2}\cdot\frac{1}{F_{1-\frac{\alpha}{2}}(n_1-1, n_2-1)}\right\}=1-\alpha.$$

这就得到 $\dfrac{\sigma_1^2}{\sigma_2^2}$ 的一个置信水平为 $1-\alpha$ 的置信区间为

$$\left(\frac{S_1^2}{S_2^2}\cdot\frac{1}{F_{\frac{\alpha}{2}}(n_1-1, n_2-1)}, \frac{S_1^2}{S_2^2}\cdot\frac{1}{F_{1-\frac{\alpha}{2}}(n_1-1, n_2-1)}\right).$$

例 7.31 设从总体 $X\sim N(\mu_1, \sigma_1^2)$ 和总体 $Y\sim N(\mu_2, \sigma_2^2)$ 中分别抽取容量为 $n_1=10$，$n_2=15$ 的独立样本，可计算得 $\bar{x}=82$，$s_1^2=56.5$，$\bar{y}=76$，$s_2^2=52.4$. 求 $\dfrac{\sigma_1^2}{\sigma_2^2}$ 的置信度为

95%的置信区间.

解 由题意知 $\dfrac{\sigma_1^2}{\sigma_2^2}$ 的置信水平为 $1-\alpha$ 的置信区间为

$$\left(\frac{S_1^2}{S_2^2}\cdot\frac{1}{F_{\frac{\alpha}{2}}(n_1-1,\ n_2-1)},\ \frac{S_1^2}{S_2^2}\cdot\frac{1}{F_{1-\frac{\alpha}{2}}(n_1-1,\ n_2-1)}\right),$$

查 F 分布表得 $F_{0.025}(9\ ,14)=3.21$，$F_{0.975}(9,\ 14)=\dfrac{1}{F_{0.025}(14,\ 9)}=\dfrac{1}{3.80}$,于是

$$\frac{S_1^2}{S_2^2}\cdot\frac{1}{F_{\frac{\alpha}{2}}(n_1-1,\ n_2-1)}=\frac{56.5}{52.4}\times\frac{1}{3.21}=0.335\,9,$$

$$\frac{S_1^2}{S_2^2}\cdot\frac{1}{F_{1-\frac{\alpha}{2}}(n_1-1,\ n_2-1)}=\frac{56.5}{52.4}\times 3.80=4.097\,3,$$

因而 $\dfrac{\sigma_1^2}{\sigma_2^2}$ 的置信度为95%的置信区间为 $(0.335\,9,\ 4.097\,3)$.

例 7.32 假设人体身高服从正态分布.今抽测甲,乙两地区18—25岁女青年身高数据如下:甲地区抽取10名,样本均值为1.64 m,样本标准差为0.2 m;乙地区抽取10名,样本均值为1.62 m,样本标准差为0.4 m,求

(1) 两正态总体方差比的置信度为95%的置信区间;

(2) 两正态总体均值差的置信度为95%的置信区间.

解 设 $x_1,\ x_2,\ \cdots,\ x_{10}$ 为甲地抽取的女青年身高，$y_1,\ y_2,\ \cdots,\ y_{10}$ 为乙地抽取的女青年身高,由题设条件，$\bar{x}=1.64$，$s_1=0.2$，$\bar{y}=1.62$，$s_2=0.4$.

(1) $\dfrac{\sigma_{甲}^2}{\sigma_{乙}^2}$ 的置信水平为 $1-\alpha$ 的置信区间为

$$\left(\frac{S_1^2}{S_2^2}\ \frac{1}{F_{\frac{\alpha}{2}}(n_1-1,\ n_2-1)},\frac{S_1^2}{S_2^2}\ \frac{1}{F_{1-\frac{\alpha}{2}}(n_1-1,\ n_2-1)}\right),$$

此处 $\alpha=0.05$，$m=n=10$，查表得 $F_{0.025}(9,\ 9)=4.03$，$F_{0.975}=\dfrac{1}{F_{0.025}(9,\ 9)}=\dfrac{1}{4.03}$，由此，$\dfrac{\sigma_{甲}^2}{\sigma_{乙}^2}$ 的置信度为95%的置信区间为

$$\left(\frac{0.2^2}{0.4^2}\times\frac{1}{4.03},\ \frac{0.2^2}{0.4^2}\times 4.03\right)=(0.062\,0,\ 1.007\,5).$$

(2) 由(1)，$\dfrac{\sigma_{甲}^2}{\sigma_{乙}^2}$ 的置信度为95%的置信区间包含1,因此有一定理由假定两个正态总体的方差相等,此时正态总体均值差的置信水平为 $1-\alpha$ 的置信区间为

$$\left(\overline{X}-\overline{Y}-t_{\frac{\alpha}{2}}(n_1+n_2-2)S_\omega\sqrt{\frac{1}{n_1}+\frac{1}{n_2}},\ \overline{X}-\overline{Y}+t_{\frac{\alpha}{2}}(n_1+n_2-2)S_\omega\sqrt{\frac{1}{n_1}+\frac{1}{n_2}}\right),$$

式中

$$s_w^2=\frac{(m-1)s_1^2+(n-1)s_2^2}{m+n-2}=\frac{9\times0.2^2+9\times0.4^2}{10+10-2}=\frac{1.8}{18}=0.1,$$

查 t 分布表得 $t_{0.025}(18)=2.1009$，故两正态总体均值差的置信度为 95% 的置信区间为

$$\left(1.64-1.62-2.1009\times\sqrt{0.1}\times\sqrt{\frac{10+10}{10\times10}},\ 1.64-1.62+2.1009\times\sqrt{0.1}\times\sqrt{\frac{10+10}{10\times10}}\right)=$$

$(-0.2771,\ 0.3171)$.

习题 7.3

1. 某批轮胎寿命(单位：km) $X\sim N(\mu,\ 4\,000^2)$，从中随机抽取 100 只轮胎，其平均寿命为 32 000 km，求轮胎平均寿命的区间估计. $(\alpha=0.05)$

2. 某药品每片中有效成分含量 X(单位：mg)服从正态分布 $N(\mu,\ 0.3^2)$. 现从该药品中任意抽取 8 片进行检验，测得其有效成分含量为

26.2， 24.1， 26.3， 25.7， 27.0， 25.1， 26.8， 25.6.

分别计算该药品有效成分含量均值 μ 的置信度为 0.9 及 0.95 的置信区间.

3. 随机地从一批钉子中抽取 16 枚，测得它们的直径 x_i，$i=1,2,\cdots$ (单位：cm)，并求得其样本均值 $\overline{X}=\frac{1}{16}\sum_{i=1}^{16}X_i=2.215$，样本方差 $S^2=\frac{1}{15}\sum_{i=1}^{16}(X_i-\overline{X})^2=0.017\,13^2$，已知 $t_{0.1}(15)=1.753$，$t_{0.1}(16)=1.746$，设钉子的直径分布为正态分布，试求总体均值的置信度为 0.90 的置信区间.

4. 已知某市新生婴儿体重 X(单位：kg)服从正态分布 $N(\mu,\sigma^2)$. 其中 μ，σ^2 均未知，试用该市新生婴儿体重的样本：

3.5， 2.9， 3.1， 4.2， 2.8， 3.2.

求该市新生婴儿平均体重 μ 的置信度为 0.95 的置信区间.

5. 自动包装机包装某食品，每袋净重 $X\sim N(\mu,\sigma^2)$. 现随机抽取 9 袋，测得每袋净重(单位：g)为

43.5， 45.4， 45.1， 45.3， 45.5， 45.7， 45.4， 45.3， 45.6.

求总体方差 σ^2 的置信度为 95% 的置信区间.

6. 在一批钢丝中，随机抽取 16 根，测得抗拉强度的样本均值 $\bar{x}=560$，样本方差 $s^2=9.6$，现认为抗拉强度服从 $N(\mu,\sigma^2)$. 求置信度为 95% 时，总体方差的 σ^2 的置信区间.

7. 某厂生产的零件重量服从正态分布 $N(\mu,\sigma^2)$，现从该厂生产的零件中抽取 9 个，测得其 $s^2=0.0325$，试求置信度为 95% 时，总体方差的 σ^2 的置信区间.

8. 欲比较甲、乙两种棉花品种的优劣，现假设用它们纺出的棉纱强度分别服从 $N(\mu_1,\ 2.18^2)$ 和 $N(\mu_2,\ 1.76^2)$，试验者从这两种棉花中分别抽取 $(X_1,X_2,\cdots,X_{200})$ 和 $(Y_1,Y_2,\cdots,Y_{100})$，其均值 $\overline{X}=5.32$，$\overline{Y}=5.76$，求 $\mu_1-\mu_2$ 的置信度为 95% 的置信区间.

9. 某公司利用两条生产线生产灌装矿泉水,现从生产线上随机抽取样本 $(X_1, X_2, \cdots, X_{12})$ 和 $(Y_1, Y_2, \cdots, Y_{17})$,它们是每瓶矿泉水的体积(单位:mL),其均值 $\bar{X}=501.1$, $\bar{Y}=499.7$,样本方差 $S_1^2=2.4$, $S_2^2=4.7$,假设这两条生产线灌装的矿泉水的体积分别服从 $N(\mu_1, \sigma^2)$ 和 $N(\mu_2, \sigma^2)$,求 $\mu_1-\mu_2$ 的置信度为 95%的置信区间.

10. 设从总体 $X \sim N(\mu_1, 64)$ 和总体 $Y \sim N(\mu_2, 36)$ 中分别抽取容量为 $n_1=75$, $n_2=50$ 的独立样本,可计算得 $\bar{x}=82$, $\bar{y}=76$,求 $\mu_1-\mu_2$ 的置信度为 95%的置信区间.

11. 从两正态总体 X,Y 中分别抽取容量为 16 和 10 的样本,测得 $\sum_{i=1}^{16}(x_i-\bar{x})^2=380$, $\sum_{i=1}^{10}(y_i-\bar{y})^2=180$,试求方差比 $\dfrac{\sigma_X^2}{\sigma_Y^2}$ 的置信度为 95%的置信区间.

12. 两台机床加工同种零件,从两台车床加工的零件中分别抽取 8 个和 9 个测量其直径,计算得 $\bar{x}_1=15.05$, $s_1^2=0.0457$, $\bar{x}_2=14.9$, $s_2^2=0.0575$,假定零件直径服从正态分布,试求零件的直径的方差比 $\dfrac{\sigma_1^2}{\sigma_2^2}$ 的置信度为 90%的置信区间. 如果(1)两台车床加工零件的直径的均值分别是 $\mu_1=15.0$, $\mu_2=14.9$;(2) μ_1, μ_2 均未知.

本章小结

本章讨论了数理统计的基本问题:统计推断之参数估计,参数估计包含了点估计和区间估计两大部分内容.

点估计着重介绍了两种常用的估计方法:矩估计法和极大似然估计法.矩估计在理论上的依据是大数定律,其基本思想是用样本矩估计相应的总体矩,用样本矩的连续函数来估计相应的总体矩的连续函数,从而得出参数估计;而极大似然估计的理论依据是极大似然原理,一次试验中,事件发生了,说明该事件的概率是最大的,其基本思想是:先求出似然函数,然后其取得最大值时,求含参数的估值,从而得到极大似然估计.

不同的估计方法得到的未知参数的估计通常是不一样的,为了衡量估计的好坏,提出了三条衡量估计量好坏的标准:无偏性,有效性,相合性.其中,相合性是估计的一个基本要求,但在实际应用中,相合性要求样本容量很大,这有时很难做到,但无偏性和有效性是经常被用到的,具体以哪条标准为主来衡量估计量的好坏要具体问题具体分析.

由于点估计不能反映估计近似值的精确度,又不能反映这个近似值的误差范围,于是统计学家提出了区间估计.区间估计是求未知参数的置信区间,但构造置信区间须注意两条原则:精度和可靠度,可靠度与精度是一对矛盾,一般是在保证可靠度的条件下尽可能提高精度.最后针对正态总体讨论了未知参数的置信区间问题.

数学家高斯简介

高斯

高斯(Johann Carl Friedrich Gauss,1777 年 4 月 30 日—1855 年 2 月 23 日),出生于布伦瑞克,毕业于哥廷根大学,德国数学家,近代数学奠基者之一,享有“数学王子”的美誉.

高斯 1792 年进入布伦瑞克学院,开始对高等数学作研究,独立发现了二项式定理的一般形式、数论上的“二次互反律”、质数分布定理及算术几何平均.1796 年高斯得到了一个数学史上非常重要的结果“正十七边形尺规作图之理论与方法”;1801 年出版《算术研究》,奠定了近代数论的基础;1804 年被选为英国皇家学会会员;1807 年成为哥廷根大学教授和哥廷根天文台台长;1818 年担任丹麦政府的科学顾问,同年,担任德国汉诺威政府的科学顾问;1827 年出版《曲面的一般研究》,全面系统地阐述了空间曲面的微积分几何学;1820—1830 年间,发明了日观测仪;1833 年构造了世界第一个电报机;1840 年与韦伯一同画出世界上第一张地球磁场图.1855 年 2 月 23 日高斯在哥廷根去世.

17 岁的高斯发现了质数分布定理和最小二乘法.通过对足够多的测量数据的处理后,可以得到一个新的、概率性质的测量结果.在这些基础之上,高斯随后专注于曲面与曲线的计算,并成功得到高斯钟形曲线(正态分布曲线),其函数被命名为标准正态分布(或高斯分布),并在概率计算中大量使用.次年,他证明出仅用尺规便可以构造出 17 边形,并为流传了 2000 年的欧氏几何提供了自古希腊时代以来的第一次重要补充.高斯总结了复数的应用,并且严格证明了每一个 n 阶的代数方程必有 n 个实数或者复数解.他在自己的第一本著作《算术研究》中,做出了二次互反律的证明,成为数论继续发展的重要基础.在这部著作的第一章,他导出了三角形全等定理的概念.高斯在最小二乘法基础上创立的测量平差理论的帮助下,测算天体的运行轨迹.他用这种方法,测算出了小行星谷神星的运行轨迹.谷神星于 1801 年被意大利天文学家皮亚齐发现,但他因病耽误了观测,从而失去了这颗小行星的轨迹.皮亚齐以希腊神话中的“丰收女神”(Ceres)对它命名,称其为谷神星(Planetoiden Ceres),并将自己以前观测的数据发表出来,希望全球的天文学家一起寻找.高斯通过以前 3 次的观测数据,计算出了谷神星的运行轨迹.奥地利天文学家海因里希·奥伯斯(Heinrich Olbers)根据高斯计算出的轨道成功地发现了谷神星.高斯将这种方法发表在其著作《天体运动论》(*Theoria Motus Corporum Coelestium in Sectionibus Conicis Solem Ambientium*)中.

总习题 7

1. 随机地取出 8 个零件,测得它们的直径为(单位: mm)

74.001, 74.005, 74.003, 74.000, 73.998, 74.006, 74.002, 74.001.

试求总体均值 μ 与方差 σ^2 的矩估计.

2. 设 $(X_1, X_2, \cdots, X_n)$ 是来自总体 $X \sim P(\lambda)$ 的一个样本,其中 λ 为未知,求 λ 的矩估计与极大似然估计,如得到一样本观测值

X	0	1	2	3	4
频数	17	20	10	2	1

求 λ 的矩估计值与极大似然估计值.

3. 对某型号的 20 辆汽车记录其每加仑汽油的行驶里程(单位：km)，观测数据如下：

29.8， 27.6， 28.3， 27.9， 30.1， 28.7， 29.9， 28.0， 27.9， 28.7，
28.4， 27.2， 29.5， 28.5， 28.0， 30.0， 9.1， 29.8， 29.6， 26.9.

给出总体均值、方差估计.

4. 设 $(X_1, X_2, \cdots, X_n)$ 是来自总体 X 的一个样本，X 的概率密度函数为

$$f(x)=\begin{cases}\theta x^{\theta-1}, & 0<x<1,\\ 0, & \text{其他},\end{cases}$$

其中 $\theta>0$ 是未知参数，求 θ 的矩估计和极大似然估计.

5. (2019，数三)设 $(X_1, X_2, \cdots, X_n)$ 是来自总体 X 的一个样本，总体 X 的概率密度函数为

$$f(x, \sigma^2)=\begin{cases}\dfrac{A}{\sigma}e^{-\frac{(x-\mu)^2}{2\sigma^2}}, & x\geqslant\mu,\\ 0, & x<\mu,\end{cases}$$

其中 μ 是已知参数，$\sigma>0$ 是未知参数.

求(1) A 的值；(2) σ^2 的极大似然估计量.

6. (2022，数一、三)设 $(X_1, X_2, \cdots, X_n)$ 是来自均值为 θ 的指数分布总体 X 的样本，$(Y_1, Y_2, \cdots, Y_m)$ 是来自均值为 2θ 的指数分布总体 Y 的样本，且两样本独立，其中 $\theta>0$ 是未知参数. 利用样本 $(X_1, X_2, \cdots, X_n)$，$(Y_1, Y_2, \cdots, Y_m)$，求

(1) θ 的极大似然估计量 $\hat{\theta}$；(2) $D(\hat{\theta})$.

7. 设总体 X 服从二点分布，$X=\begin{cases}1, & \text{若 } A \text{ 发生},\\ 0, & \text{若 } A \text{ 不发生},\end{cases}$ 设 $p(A)=p$，$0<p<1$，p 为未知，$(X_1, X_2, \cdots, X_n)$ 是样本，证明：$\dfrac{1}{n}\sum\limits_{i=1}^{n}(1-X_i)$ 是 $1-p$ 的无偏估计量.

8. 设总体 X 服从区间 $[-\theta, \theta]$ 上的均匀分布，其中 $\theta>0$ 为未知参数，又 $(X_1, X_2, \cdots, X_n)$ 为样本，证明：$\hat{\theta}^2=\dfrac{3}{n}\sum\limits_{i=1}^{n}X_i^2$ 是 θ^2 的无偏估计量.

9. 设总体 X 的均值 μ 与方差均为未知参数，(X_1, X_2) 为样本. 证明：$\dfrac{1}{2}(X_1-X_2)^2$ 为 σ^2 的无偏估计量.

10. 设 (X_1, X_2, X_3) 是来自总体 X 的一个样本，证明：$\mu_1=\dfrac{1}{6}X_1+\dfrac{1}{3}X_2+\dfrac{1}{2}X_3$，$\mu_2=\dfrac{2}{5}X_1+\dfrac{1}{5}X_2+\dfrac{2}{5}X_3$，都是总体均值的无偏估计量，并进一步判断哪一个估计更有效.

11. 设 $(X_1, X_2, \cdots, X_n)$ 是来自总体 X 的一个样本，若 $\mu=\sum\limits_{i=1}^{n}c_iX_i$，求

(1) 系数 c_i 应该满足何条件，可使 μ 成为总体均值的一个无偏估计量？

(2) 系数 c_i 应该满足何条件,可使 μ 成为总体均值的一个最有效估计量?

12. 设 $(X_1, X_2, \cdots, X_n)$ 是来自总体 $X \sim N(0, \sigma^2)$ 的一个样本,其中 $\sigma^2 > 0$ 为未知,令 $\sigma^2 > 0$, $\hat{\sigma}^2 = \sum_{i=1}^{n} X_i^2$,试证: $\hat{\sigma}^2$ 是 σ^2 的相合估计量.

13. (2024,数一、三)设总体 X 服从 $[0, \theta]$ 上的均匀分布,其中 $\theta > 0$ 为未知,$(X_1, X_2, \cdots, X_n)$ 是来自总体 X 的样本,记 $X(n) = \max\{X_1, X_2, \cdots X_n\}$, $T_c = cX(n)$.

(1) 求 c,使得 T_c 是θ 的无偏估计量;(2) 记 $h(c) = E(T_c - \theta)^2$,求 c 使得$h(c)$ 最小.

14. 设某地区幼儿园的幼儿身高服从正态分布 $N(\mu, 7^2)$,现从该地区一幼儿园大班中抽查了 9 名幼儿,测得身高(单位: cm)为

115, 110, 120, 131, 115, 109, 115, 115, 105.

在 $\alpha = 0.05$ 下,求大班幼儿园身高均值 μ 的置信区间.

15. 某旅行团到某地旅游归来后,随机调查了 16 名游客的购物消费情况,得知平均消费额为 120 元,标准差为 15 元,设游客的消费额非常正态分布 $N(\mu, \sigma^2)$,求游客平均消费额在置信度为 95%的置信区间.

16. 设炮弹发射的速度服从正态分布 $N(\mu, \sigma^2)$,随机抽取 9 枚炮弹试验,测得样本方差 $s^2 = 11$,求炮弹发射的速度 σ^2 的置信度为 90%的置信区间.

第 8 章 假设检验

假设检验是统计推断的另一个基本问题,在数理统计的理论研究和实际应用中都占有重要地位. 所谓**假设检验**,就是对总体的分布或分布的参数提出某种假设,并利用样本对假设的正确性作出检验. 对总体分布中未知参数的假设检验称为**参数假设检验**,而对未知分布函数的类型或其某些特征提出的假设称为**非参数假设检验**. 本章主要介绍假设检验的基本思想和常用的检验方法,重点解决正态总体参数的假设检验问题.

8.1 假设检验的基本思想

本节将讨论假设检验的几个基本概念. 所谓统计假设检验,就是对总体的分布类型或分布中某些未知参数作某种假设,然后由抽取的样本所提供的信息对假设的正确性进行判断的过程. 现以实例说明假设检验的基本思想和概念.

8.1.1 统计假设和假设检验

从数理统计的角度来看,许多实际问题都可以作为假设检验问题来处理,那么,什么是假设检验问题? 解决这类问题的基本思路是什么? 为了回答这些问题,我们先看几个例子.

例 8.1 将一枚硬币随机抛掷 200 次,发现有 97 次正面朝上, 103 次反面朝上. 问用此硬币打赌是否公平?

分析 在这个问题中,我们所关心的是: 随机抛落时,该枚硬币正面朝上的概率与反面朝上的概率是否相等. 若设其正面朝上的概率为 p, 则本题的任务就是根据实验结果来判断 $p=0.5$ 和 $p\neq 0.5$ 哪一个成立. 这里 $p=0.5$ 和 $p\neq 0.5$ 就称为统计假设. 对于解决本问题,我们的思路是: 正常情况下,真硬币是均匀的,而我们又不应该轻易怀疑一枚硬币是假币,所以我们首先谨慎地假设 $p=0.5$, 并称其为原假设或零假设,记为 H_0; 而 $p\neq 0.5$ 是零假设 $p=0.5$ 不成立时必定选择的结论,故称之为备择假设,记为 H_1. 于是我们根据样本提供的信息判定零假设 $p=0.5$ 是否成立,这个过程就是假设检验.

例 8.2 某工厂生产一种电子元件,在正常生产情况下,电子元件的使用寿命(单位: h) $X\sim N(2\,500,\ 120^2)$. 某日从该工厂生产的一批电子元件中随机抽取 16 个,测得样本均值为 $\bar{x}=2\,435$ h,假定电子元件寿命的方差不变,能否认为该日生产的这批电子元件寿命均

值 $\mu=2\ 500$ h?

分析 本例中我们关心的是该日生产的这批电子元件的寿命均值 μ 是否为 2 500 h，本题的任务就是根据试验结果来判断 $\mu=2\ 500$ 和 $\mu\neq 2\ 500$ 哪一个成立，这里 $\mu=2\ 500$ 和 $\mu\neq 2\ 500$ 就称为统计假设. 我们选 $\mu=2\ 500$ 为零假设，记为 H_0；$\mu\neq 2\ 500$ 为备择假设，记为 H_1. 于是我们的任务就是根据样本提供的信息来检验统计假设，这个过程就是假设检验.

在例 8.1、例 8.2 中，总体分布的形式是已知的，统计假设是对总体分布中的未知参数作的，这种仅涉及总体分布之未知参数的统计假设称为参数假设. 我们知道，参数估计的主要任务是回答"总体分布中的参数等于何值"的问题，而参数假设检验的主要任务则是判定"总体分布中的参数是否等于某个或某些特定值"，从逻辑上看，这两类问题的实质似乎是一样的，但从数理统计的角度来看，这却是两类不同的统计推断问题. 事实上，假设检验有它独特的思想和推理过程.

8.1.2 假设检验的基本思想与推理方法

下面通过对上述例 8.2 的具体解法进一步说明假设检验的基本思想与推理方法.

考虑上述例 8.2，已知 $X\sim N(\mu,\sigma^2)$，且 $\sigma=\sigma_0=120$，要求检验下面的假设：

$$H_0: \mu=\mu_0=2\ 500;\quad H_1: \mu\neq\mu_0.$$

检验的目的就是要在原假设 H_0 与备择假设 H_1 之间选择其中之一，若认为原假设 H_0 是正确的，则接受 H_0；若认为原假设 H_0 是不正确的，则拒绝 H_0，而接受备择假设接受 H_1. 我们考虑：由于样本均值 $\overline{X}$ 是总体均值 μ 的无偏估计，所以样本均值的观察值大小在一定程度上反映了总体均值 μ 的大小. 从抽样检查的结果知，样本均值 $\bar{x}=2\ 435$ h，而不等于 $\mu_0=2\ 500$，对于样本均值 $\overline{X}$ 与假设的总体均值 μ_0 之间的差异可以有两种不同的解释：

(1) 原假设 H_0 是正确的，即总体均值 $\mu=\mu_0=2\ 500$，由于抽样的随机性，样本均值 $\overline{X}$ 是总体均值 μ_0 之间出现某些差异是完全可能的.

(2) 原假设 H_0 是不正确的，即总体均值 $\mu\neq\mu_0$，因而样本均值 $\overline{X}$ 与总体均值 μ_0 之间的差异不是随机的，而是存在实质性的差异，或者说，存在显著性差异.

上述两种解释，哪一种比较合理呢?

易知，如果 H_0 为真，即 $\mu=\mu_0=2\ 500$，那么，样本均值 $\overline{X}$ 与总体均值 $\mu_0=2\ 500$ 之间的偏差就不会太大，或者说，样本均值 $\overline{X}$ 与总体均值 μ_0 的偏差 $|\overline{X}-\mu_0|$ 较大的可能性就较小. 如果 $|\overline{X}-\mu_0|$ 的值太大，以至于成了小概率事件，我们就有理由怀疑 H_0 的正确性而拒绝 H_0. 那么，现在样本均值 $\bar{x}=2\ 435$ 与总体均值 $\mu_0=2\ 500$ 的差 $|\bar{x}-\mu_0|=565$ 算不算大呢? 在零假设成立的条件下，样本均值 $\overline{X}$ 与总体均值 μ_0 的偏差超过 565 的概率是否足够小呢?

为了回答这些问题，首先应确定一个我们认为是足够小的临界概率 α，称为**显著性水平**. 那么多大的概率认为是足够小呢? 通常 α 取 0.05 或 0.01. 然后，在 α 的值取定的条件下，确定临界值 δ_α，使原假设 H_0 成立的条件下 $P\{|\overline{X}-\mu_0|>\delta_\alpha\}=\alpha$. 最后看现在所得的 $|\overline{X}-\mu_0|$ 的值是否达到或超过上述临界值 δ_α，如果是，就拒绝 H_0；否则，就不能拒绝 H_0，因而可以考虑接受 H_0. 至于临界值 δ_α 的确定，因为当 H_0 为真时，统计量 $U=\dfrac{\overline{X}-\mu_0}{\dfrac{\sigma_0}{\sqrt{n}}}\sim$

$N(0, 1)$，所以有

$$P\{|U|>z_{\frac{\alpha}{2}}\}=P\left\{\frac{|\bar{X}-\mu_0|}{\frac{\sigma_0}{\sqrt{n}}}>z_{\frac{\alpha}{2}}\right\}=P\left\{|\bar{X}-\mu_0|>\frac{z_{\frac{\alpha}{2}}\sigma_0}{\sqrt{n}}\right\}=\alpha,$$

由此得到临界值 $\delta_\alpha=\frac{z_{\frac{\alpha}{2}}\sigma_0}{\sqrt{n}}$. 为了方便起见，不妨就用统计量 u 的临界值 $z_{\frac{\alpha}{2}}$ 取代上述的临界值 δ_α，于是当观察值 $\frac{|\bar{X}-\mu_0|}{\frac{\sigma_0}{\sqrt{n}}}>z_{\frac{\alpha}{2}}$ 时，就拒绝 H_0；当观察值 $\frac{|\bar{X}-\mu_0|}{\frac{\sigma_0}{\sqrt{n}}}\leqslant z_{\frac{\alpha}{2}}$ 时，就接受 H_0. 例如，取显著性水平 $\alpha=0.05$，则 $z_{\frac{\alpha}{2}}=z_{0.025}=1.96$，从而有

$$P\{|U|>1.96\}=P\left\{\frac{|\bar{X}-\mu_0|}{\frac{\sigma_0}{\sqrt{n}}}>1.96\right\}=0.05.$$

因为 $\alpha=0.05$ 很小，所以认为是小概率事件. 根据小概率事件的实际不可能性原理，在原假设 H_0 成立的条件下，认为这样的事件实际是不可能发生的. 现在抽样计算的结果

$$|u|=\frac{|2\,435-2\,500|}{\frac{120}{4}}=2.17>1.96,$$

即上述小概率事件竟然发生了，因此，应当拒绝原假设 H_0，接受备择假设 H_1. 所以我们认为样本均值 $\bar{X}$ 与总体均值 μ_0 之间有显著性差异，即认为该日生产的这批电子元件寿命均值 $\mu\neq 2\,500$ h.

由上例可见，假设检验中使用的推理方法可以说是一种“反正法”. 事实上，为了检验原假设是否成立，我们先假定原假设 H_0 成立，然后构造一个事件 A，如上例中

$$A=\left\{\frac{|\bar{X}-\mu_0|}{\frac{\sigma_0}{\sqrt{n}}}>z_{\frac{\alpha}{2}}\right\},$$

它在 H_0 为真时是小概率事件，如 $P(A|H_0)=0.05$. 最后视为所得样本为一次试验的结果，看看在这一次试验中事件 A 是否发生，事件 A 发生表明一个小概率事件在一次试验中就发生了，这是“不合理”的现象，为了消除这种不合理性，我们只能认为事实上事件 A 很可能不是小概率事件，亦即认为 H_0 很可能不成立，从而拒绝 H_0；反之，若事件 A 没有在一次试验中发生，则没有什么“不合理”的现象发生，因而也就没有理由拒绝 H_0，这样就可以考虑接受 H_0. 但是注意，这种“反证法”与我们在纯数学中使用的反证法不能完全等同，因为

这里所谓的"不合理"现象并不是逻辑推理中出现的矛盾，而仅仅是根据小概率事件的实际不可能性原理来推断的.

应当指出，上例中的结论是在显著性水平 $\alpha=0.05$ 的情况下作出的. 若改取显著性水平 $\alpha=0.01$，则 $z_{\frac{\alpha}{2}}=z_{0.005}=2.58$，从而有

$$P\{|U|>2.58\}=P\left\{\frac{|\bar{X}-\mu_0|}{\frac{\sigma_0}{n}}>2.58\right\}=0.01,$$

根据抽样计算的结果是

$$|u|=\frac{|2\,435-2\,500|}{\frac{120}{6}}=2.17<2.58,$$

即小概率事件没有发生，所以没有理由拒绝 H_0，即可以认为该日生产的这批电子元件寿命均值 $\mu=2\,500$ h.

由此可见，假设检验的结论与选取的显著性水平 α 有密切的关系，因此，必须说明假设检验的结论是在怎样的显著性水平 α 下作出的.

8.1.3 双边假设检验与单边假设检验

对于上述假设例 8.2，我们是用样本计算的统计量

$$U=\frac{\bar{X}-\mu_0}{\frac{\sigma_0}{\sqrt{n}}}$$

的值来作检验的，这种统计量称为**检验统计量**. 当检验统计量 u 的观测值的绝对值不小于临界值 $z_{\frac{\alpha}{2}}$，即 u 的观测值落在区间 $(-\infty, -z_{\frac{\alpha}{2}})$ 或 $(z_{\frac{\alpha}{2}}, +\infty)$ 内时，拒绝原假设 H_0，通常称这样的区间为**关于原假设 H_0 的拒绝域**（简称**拒绝域**）；当检验统计量的观测值的绝对值小于临界值 $u_{\frac{\alpha}{2}}$，即 u 的观测值落在区间 $[-z_{\frac{\alpha}{2}}, z_{\frac{\alpha}{2}}]$ 内时，接受原假设 H_0，称这样的区间为**关于原假设 H_0 的接受域**（简称**接受域**）. 例 8.2 的备择假设 H_1 表明，u 可能大于 μ_0，也可能小于 μ_0，称为**双边备择假设**. 备择假设为双边备择假设的假设检验问题称为**双边假设检验问题**. 由例 8.2 可以看出，双边假设检验问题的拒绝域位于接受域的两边.

除了双边假设检验外，根据实际问题的特点，有时还需要用到单边假设检验. 以例 8.2 来说，实际上我们关心的是电子元件的寿命均值 μ 不应太低，所以把问题改为"是否可以认为该日生产的这批电子元件的寿命均值 μ 不小于 2 500 h?"似乎更为合理. 这其实就是要求检验作如下的假设：

$$H_0: \mu\geqslant\mu_0=2\,500; \quad H_1: \mu<\mu_0.$$

由于这里零假设比较复杂，需要分别进行讨论.

(1) 若 $\mu=\mu_0$，则对于给定的显著性水平 α，有

$$P\{U<-z_\alpha\}=P\left\{\frac{\bar{X}-\mu_0}{\frac{\sigma_0}{\sqrt{n}}}<-z_\alpha\right\}=\alpha.$$

(2) 若 $\mu>\mu_0$，则因为 μ 是总体均值，所以对于给定的显著性水平 α，有

$$P\left\{\frac{\bar{X}-\mu}{\frac{\sigma_0}{\sqrt{n}}}<-z_\alpha\right\}=\alpha.$$

注意到，当 $\mu>\mu_0$ 时，有 $\frac{\bar{X}-\mu}{\frac{\sigma_0}{\sqrt{n}}}<\frac{\bar{X}-\mu_0}{\frac{\sigma_0}{\sqrt{n}}}$，记

$$A=\left\{\frac{\bar{X}-\mu_0}{\frac{\sigma_0}{\sqrt{n}}}<-z_\alpha\right\},\quad B=\left\{\frac{\bar{X}-\mu}{\frac{\sigma_0}{\sqrt{n}}}<-z_\alpha\right\},$$

则易知 $A\subset B$，由概率的性质可知 $P(A)<P(B)$，即

$$P\{U<-z_\alpha\}=P\left\{\frac{\bar{X}-\mu_0}{\frac{\sigma_0}{\sqrt{n}}}<-z_\alpha\right\}<P\left\{\frac{\bar{X}-\mu}{\frac{\sigma_0}{\sqrt{n}}}<-z_\alpha\right\}=\alpha.$$

综合上面的讨论可知，在原假设 $H_0:\mu\geqslant\mu_0=2\,500$ 成立的条件下，$P\{U<-z_\alpha\}\leqslant\alpha$，所以事件 $\{U<-z_\alpha\}$ 是小概率事件. 若抽样检查的结果表明，统计量 U 的观察值小于 $-z_\alpha$，则拒绝 H_0 而接受备择假设 H_1，即认为 $\mu<\mu_0$；相反，若统计量 U 的观察值不小于 $-z_\alpha$，则接受 H_0，即认为 $\mu\geqslant\mu_0$.

对于假设例 8.2 取显著性水平 $\alpha=0.05$，则 $z_\alpha=z_{0.05}=1.645$，因统计量 U 的观察值

$$u=\frac{2\,435-2\,500}{\frac{120}{16}}=-2.17<-1.645,$$

所以应当拒绝 H_0 而接受备择假设 H_1，即认为该日生产的这批电子元件的寿命均值 μ 显著地小于 2 500 h.

例 8.2 中的原假设 H_0 比较复杂，我们考虑下面比较简单的假设：

$$H_0:\mu=\mu_0=2\,500;\quad H_1:\mu<\mu_0.$$

例如，已知某工厂在正常情况下生产的电子元件的寿命均值$\mu=2\,500$ h，若某日生产发生异常情况，可能影响产品的质量，则需要检验该日生产的这批元件的寿命均值μ是否有所降低，即需要检验上述的假设. 由上面的讨论易知，这两个假设虽然不同，但检验时选用的统计量及其分布是相同的. 对于给定的显著性水平α，拒绝域也是相同的，从而检验的结论（拒绝或接受原假设H_0）也是相同的. 从这种意义上来说，这两个假设可认为是"等价的".

上述关于假设的检验中，若统计量U的观测值落在区间$(-\infty, -z_\alpha)$，则拒绝原假设H_0. 因为拒绝域位于一边，所以称这类假设检验为**单边假设检验**. 按照拒绝域位于左边或右边，单边假设检验又可以分为**左边假设检验**或**右边假设检验**. 显然上述两个假设的检验都是左边假设检验. 而关于假设

$$H_0: \mu=\mu_0; \quad H_1: \mu>\mu_0$$

或

$$H_0: \mu\geqslant\mu_0; \quad H_1: \mu>\mu_0$$

的检验都是右边假设检验.

8.1.4 假设检验的一般步骤

从上面的讨论可知，假设检验一般可以按下述步骤进行.

(1) 根据实际问题提出原假设H_0与备择假设H_1，即说明需要检验的假设的具体内容，这里要求原假设H_0与备择假设H_1有且仅有一个为真.

(2) 选取适当的检验统计量，并在原假设H_0成立的条件下确定该统计量的分布.

(3) 按问题的具体要求，选取适当的显著性水平α，并根据统计量的分布表，查表确定对应于α的临界值，从而得到对原假设H_0的拒绝域.

(4) 根据样本观测值计算统计量的观测值，并与临界值或拒绝域进行比较，从而对拒绝或接受原假设H_0作出判断.

8.1.5 假设检验可能犯的两类错误

正如前面已经指出的，假设检验的依据是小概率事件的实际不可能性原理，即认为小概率事件在一次试验中是不可能发生的，如果发生了则认为是"不合理"的，即"出现矛盾". 然而由于小概率事件A，无论其概率多么小，还是可能发生的，所以利用上述方法进行假设检验，可能作出错误的判断. 另外，作假设检验的现实依据是样本，因而我们得到的信息是受到限制的，这也有可能导致最终作出错误的判断. 无论是接受还是拒绝原假设，我们的判断都有可能犯错误，作假设检验可能犯的错误有如下两种情况.

(1) 原假设H_0实际是正确的，但是却被错误地拒绝了，这时就犯了"弃真"的错误，通常称为**第一类错误**. 由于仅当小概率事件A发生时才可能拒绝H_0，所以犯第一类错误的概率就是条件概率$P(A\,|\,H_0)$，犯第一类错误的概率记为α，即

$$P\{\text{拒绝 } H_0 \,|\, H_0 \text{ 为真}\}=\alpha.$$

(2) 原假设H_0实际是不正确的，但是却被错误地接受了，这时就犯了"取伪"的错误，通常称为**第二类错误**，犯第二类错误的概率记为β，即

$$P\{接受 H_0 \mid H_0 不真\}=\beta.$$

为明确起见,对犯两类错误见表 8-1.

表 8-1 **犯两类错误**

状态	检验结果	
	接受 H_0	拒绝 H_0
H_0 为真	正确	第一类错误
H_0 不真	第二类错误	正确

我们当然希望犯这两类错误的概率越小越好,但是在样本容量 n 固定时,要使犯两类错误的概率都尽可能同时减少是不可能的. 减少其中一个,另外一个往往将会增大. 两类错误的几何意义如图 8.1 所示.

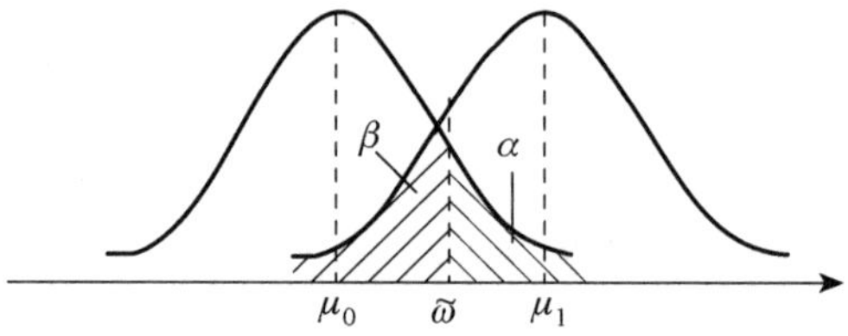

图 8.1

因此,要使 α 减少,则临界值 $\bar{\omega}$ 右移,此时 β 增大;要使 β 减少,则临界值 $\bar{\omega}$ 左移,此时 α 增大.

由此可见,在样本容量 n 一定时,α 与 β 相互制约,无法使它们同时都很小. 一般说来,通过增大样本容量 n 可以使 α 与 β 同时减小. 不过样本容量的无限增大又是不切实际的,基于这种情况,统计学家内曼(Neyman)和小皮尔逊(Pearson)提出这样的假设检验理论的一个原则:我们对犯第一类错误的概率 α 加以控制,一般取 0.05, 0.025, 0.01,再适当增大样本容量 n,使犯第二类错误的概率 β 尽量小,这种统计假设检验称为显著性检验.

习题 8.1

一、选择题

1. 假设检验的基本思想可以用(　　)来解释.

A. 中心极限定理　　B. 置信区间　　C. 小概率原理　　D. 正态分布的性质

2. 在假设检验中,原假设 H_0,备择假设 H_1,则称(　　)为犯第二类错误.

A. H_0 为真,接受 H_1　　B. H_0 为真,拒绝 H_1

C. H_0 不真,接受 H_0　　D. H_0 不真,拒绝 H_0

3. 一种零件的标准长度为 5 cm,要检验某天生产的零件是否符合标准要求,建立的原假设和备选假设为(　　).

A. $H_0: \mu=5$; $H_1: \mu\neq 5$　　B. $H_0: \mu\neq 5$; $H_1: \mu>5$

C. $H_0: \mu\leqslant 5$; $H_1: \mu>5$　　D. $H_0: \mu\geqslant 5$; $H_1: \mu<5$

4. 在假设检验中,原假设和备择假设(　　).

A. 都有可能成立　　B. 都有可能不成立

C. 只有一个成立而且必有一个成立　　D. 原假设一定成立,备选假设不一定成立

5. 在假设检验中,显著性水平 α 是(　　).

A. 原假设为真时被拒绝的概率　　B. 原假设为真时被接受的概率

C. 原假设为伪时被拒绝的概率　　D. 原假设为伪时被接受的概率

6. (2021,数一、三)设 $(X_1, X_2, \cdots, X_n)$ 是来自总体 $X \sim N(\mu, 4)$ 的一个简单随机样本,考虑假设检验问题: $H_0: \mu \leqslant 5$; $H_1: \mu > 5$. $\Phi(x)$ 为标准正态分布函数,若该检验问题的拒绝域为 $W = \{\bar{X} \geqslant 11\}$,其中 $\bar{X} = \frac{1}{16}\sum_{i=1}^{16} X_i$,则当 $\mu = 11.5$ 时,该检验犯第二类错误的概率为(　　).

A. $1-\Phi(0.5)$　　B. $1-\Phi(1)$　　C. $1-\Phi(1.5)$　　D. $1-\Phi(2)$

二、简答题

1. 简述区间估计与假设检验的区别和联系.
2. 假设检验的基本思想是什么?
3. 简述显著性检验的一般步骤.
4. 如何理解原假设和备择假设的含义和对应关系.
5. 使用显著性检验结论时应注意的问题.
6. 显著性检验中存在哪些局限性?
7. 简述第一类错误和第二类错误概率 α 和 β 的关系.

8.2 单个正态总体参数的假设检验

正态分布是自然界中比较普遍常见的分布,本节讨论正态总体均值与方差的假设检验问题.

设总体 $X \sim N(\mu, \sigma^2)$, $(X_1, X_2, \cdots, X_n)$ 是来自总体的样本容量为 n 的一个样本,而样本均值与样本方差分别是 $\bar{X} = \frac{1}{n}\sum_{i=1}^{n} X_i$, $S^2 = \frac{1}{n-1}\sum_{i=1}^{n}(X_i - \bar{X})^2$.

8.2.1 单个正态总体 $X \sim N(\mu, \sigma^2)$ 均值 μ 的假设检验

1. 方差 σ^2 已知时,关于均值 μ 的假设检验

当方差 σ^2 已知时,对均值 μ 可提出各种形式的统计假设,其检验统计量均为 $U = \dfrac{\bar{X}-\mu_0}{\frac{\sigma}{\sqrt{n}}} \sim N(0, 1)$. 当方差 σ^2 已知时,关于均值 μ 的各种不同的假设检验问题的原假设 H_0、备择假设 H_1,以及在显著性水平 α 下关于原假设 H_0 的拒绝域见表 8-2.

表 8-2

原假设 H_0	备择假设 H_1	检验统计量	方差已知,$\sigma^2=\sigma_0^2$,在显著性水平 α 下的拒绝域
$\mu=\mu_0$	$\mu \neq \mu_0$	$U=\dfrac{\bar{X}-\mu_0}{\frac{\sigma}{\sqrt{n}}} \sim N(0, 1)$	$\lvert U\rvert > z_{\frac{\alpha}{2}}$
$\mu=\mu_0(\mu \leqslant \mu_0)$	$\mu > \mu_0$		$U > z_\alpha$
$\mu=\mu_0(\mu \geqslant \mu_0)$	$\mu < \mu_0$		$U < -z_\alpha$

例 8.3 某厂生产日光灯管使用时间服从正态分布,以往经验表明,灯管平均使用时间

为 1 600 h,标准差为 70 h. 在最近生产的灯管中随机抽取了 55 件进行测试,测得平均使用时间为 1 520 h. 在显著性水平 $\alpha=0.05$ 下,判断新生产的灯管质量是否有显著变化.

解 (1) 作原假设与备择假设:$H_0: \mu=1\,600$; $H_1: \mu\neq 1\,600$.

(2) 构造检验统计量:在 H_0 成立的条件下,取统计量 $U=\dfrac{\bar{X}-\mu_0}{\dfrac{\sigma}{\sqrt{n}}}\sim N(0, 1)$.

(3) 查表得临界值,得 H_0 的拒绝域:在显著性水平 $\alpha=0.05$ 下,分位点为 $z_{\frac{\alpha}{2}}=z_{0.025}=1.96$, H_0 的拒绝域为 $|U|>z_{\frac{\alpha}{2}}=1.96$.

(4) 计算:由题知 $n=55$, $\bar{x}=1\,520$, $\sigma=70$, 得统计量 U 的观测值为

$$u=\frac{\bar{x}-\mu_0}{\dfrac{\sigma}{\sqrt{n}}}=\frac{1\,520-1\,600}{\dfrac{70}{\sqrt{55}}}=-8.48.$$

显然 $|u|=8.48>1.96$,落在拒绝域内,故在显著性水平 $\alpha=0.05$ 下拒绝原假设 H_0,即样本数据表明日光灯管的质量有显著性改变.

例 8.4 要求一种元件的平均使用寿命不得小于 1 000 h,从一批这种元件中随机抽取 25 件,测得其寿命的平均值为 950 h. 已知该种元件寿命服从均值为 μ、标准差为 $\sigma=100$ h 的正态分布. 试在显著性水平 $\alpha=0.05$ 下判断这批元件是否合格?

解 (1) 作原假设与备择假设 $H_0: \mu\geqslant 1\,000$; $H_1: \mu<1\,000$.

(2) 构造检验统计量:显然它与检验 $H_0: \mu=1\,000$ 时的结论是一样的,在 H_0 成立的条件下,取统计量 $U=\dfrac{\bar{X}-\mu_0}{\dfrac{\sigma}{\sqrt{n}}}\sim N(0, 1)$.

(3) 查表得临界值,得 H_0 的拒绝域:在显著性水平 $\alpha=0.05$ 下,分位点为 $z_\alpha=z_{0.05}=1.645$,因为是左单边检验,H_0 的拒绝域为 $U<-z_\alpha=-1.645$.

(4) 计算:由题知 $n=25$, $\bar{x}=950$, $\sigma=100$, 得统计量 U 的观测值为

$$u=\frac{950-1\,000}{\dfrac{100}{\sqrt{25}}}\leqslant -2.5<-1.645.$$

落在拒绝域内,故在显著性水平 $\alpha=0.05$ 下拒绝原假设 H_0,认为这批元件不合格.

例 8.5 已知某正态总体的方差 $\sigma^2=49$,抽测 24 个样本观测值的平均值为 $\bar{x}=55.8$,在显著性水平 $\alpha=0.05$ 下判断总体均值 $\mu\leqslant 55$ 是否成立?

解 (1) 作原假设与备择假设 $H_0: \mu\leqslant 55$; $H_1: \mu>55$.

(2) 构造检验统计量:显然它与检验 $H_0: \mu=55$ 时的结论是一样的,在 H_0 成立的条件下,取统计量 $U=\dfrac{\bar{X}-\mu_0}{\dfrac{\sigma}{\sqrt{n}}}\sim N(0, 1)$.

(3) 查表得临界值,得 H_0 的拒绝域:在显著性水平 $\alpha=0.05$ 下,分位点为 $z_\alpha=z_{0.05}=1.645$,因为是右单边检验,所以 H_0 的拒绝域为 $U>z_\alpha=1.645$.

(4) 计算:由题知 $n=24$, $\bar{x}=55.8$, $\sigma=7$,得统计量 U 的观测值为

$$u=\frac{\bar{x}-\mu_0}{\frac{\sigma}{\sqrt{n}}}=\frac{55.8-55}{\frac{7}{\sqrt{24}}}=0.56<1.64.$$

没有落在拒绝域内,故在显著性水平 $\alpha=0.05$ 下接受原假设 H_0,认为总体均值 $\mu\leqslant 55$ 是成立的.

2. 方差 σ^2 未知时,关于均值 μ 的假设检验

当方差 σ^2 未知时,现在不能再利用 $U=\frac{\bar{X}-\mu_0}{\frac{\sigma}{\sqrt{n}}}$ 作为检验统计量了.注意到当 H_0: $\mu=\mu_0$ 成立时,$T=\frac{\bar{X}-\mu_0}{\frac{S}{\sqrt{n}}}\sim t(n-1)$,故构造 $T=\frac{\bar{X}-\mu_0}{\frac{S}{\sqrt{n}}}$ 作检验统计量.当方差 σ^2 未知时,关于均值 μ 的各种不同的假设检验问题的原假设 H_0、备择假设 H_1,以及在显著性水平 α 下,关于原假设 H_0 的拒绝域见表 8-3.

表 8-3

原假设 H_0	备择假设 H_1	检验统计量	方差 σ^2 未知,在显著性水平 α 下的拒绝域
$\mu=\mu_0$	$\mu\neq\mu_0$	$T=\frac{\bar{X}-\mu_0}{\frac{S}{\sqrt{n}}}\sim l(n-1)$	$\lvert T\rvert>t_{\frac{\alpha}{2}}(n-1)$
$\mu=\mu_0(\mu\leqslant\mu_0)$	$\mu>\mu_0$		$T>t_\alpha(n-1)$
$\mu=\mu_0(\mu\geqslant\mu_0)$	$\mu<\mu_0$		$T<-t_\alpha(n-1)$

例 8.6 某批矿砂的 5 个样品中的镍含量,经测定为

$$3.25\%,\quad 3.27\%,\quad 3.24\%,\quad 3.26\%,\quad 3.24\%.$$

设测定值总体服从正态分布 $N(\mu,\sigma^2)$,参数 μ, σ^2 均未知,问在显著性水平 $\alpha=0.01$ 下能否接受假设这批矿砂的镍含量的均值为 3.25%?

解 (1) 作原假设与备择假设:H_0: $\mu=3.25$; H_1: $\mu\neq 3.25$.

(2) 构造检验统计量:在 H_0 成立的条件下,因方差 σ^2 未知,取统计量

$$T=\frac{\bar{X}-\mu_0}{\frac{S}{\sqrt{n}}}\sim t(n-1).$$

(3) 查表得临界值,得 H_0 的拒绝域:在显著性水平 $\alpha=0.01$ 下,由于 $n=5$,查表得分位点为

$$t_{\frac{\alpha}{2}}(n-1)=t_{0.005}(4)=4.6041,$$

H_0 的拒绝域为 $|T|>t_{\frac{\alpha}{2}}(n-1)=4.6041$.

(4) 计算：由题知 $n=5$，$\bar{x}=3.252$，$s=0.013$，得统计量 T 的观测值为

$$|t|=\left|\frac{3.252-3.25}{\frac{0.013}{\sqrt{5}}}\right|=0.344<4.6041.$$

没有落在拒绝域内，故在显著性水平 $\alpha=0.01$ 下接受原假设 H_0，即认为这批矿砂镍含量的均值为 3.25%.

例 8.7 下面列出的是某工厂随机选取的 20 个部件的装配时间(单位：min)为

9.8，10.4，10.6，9.6，9.7，9.9，10.9，11.1，9.6，10.2，
10.3，9.6，9.9，11.2，10.6，9.8，10.5，10.1，10.5，9.7.

设装配时间的总体服从正态分布 $N(\mu,\sigma^2)$，参数 μ，σ^2 均未知，在显著性水平 $\alpha=0.05$ 下是否可以认为装配时间的均值显著大于 10?

解 (1) 作原假设与备择假设：$H_0:\mu\leqslant 10$；$H_1:\mu>10$.

(2) 构造检验统计量：在 H_0 成立的条件下，因方差 σ^2 未知，取统计量

$$T=\frac{\bar{X}-\mu_0}{\frac{S}{\sqrt{n}}}\sim t(n-1).$$

(3) 查表得临界值，得 H_0 的拒绝域：在显著性水平 $\alpha=0.05$ 下，由于 $n=20$，查表得分位点为

$$t_{\alpha}(n-1)=t_{0.05}(19)=1.7291.$$

因为是右单边检验，所以 H_0 的拒绝域为 $T>t_{\alpha}(n-1)=1.7291$.

(4) 计算：由题知 $n=20$，$\bar{x}=10.2$，$s=0.509$，得统计量 T 的观测值为

$$t=\frac{\bar{x}-\mu_0}{\frac{s}{\sqrt{n}}}=\frac{10.2-10}{\frac{0.509}{\sqrt{20}}}=1.754>1.7291.$$

落在拒绝域内，故在显著性水平 $\alpha=0.05$ 下拒绝原假设 H_0，即认为装配时间的均值显著大于 10.

例 8.8 按规定 100 g 罐头番茄汁中的平均维生素 C 含量不得少于 21 mg/g. 现从工厂的产品中抽取 17 个罐头，其中 100 g 番茄汁中测得维生素 C 含量(单位：mg/g)为

16，25，21，20，23，21，19，15，13，23，17，20，29，18，22，16，22.

设维生素含量服从正态分布 $N(\mu,\sigma^2)$，参数 μ，σ^2 均未知，问这批罐头是否符合要求？($\alpha=0.05$)

解 (1) 作原假设与备择假设：$H_0:\mu \geqslant 21$；$H_1:\mu < 21$.

(2) 构造检验统计量：在 H_0 成立的条件下，因方差 σ^2 未知，取统计量

$$T=\frac{\bar{X}-\mu_0}{\frac{S}{\sqrt{n}}} \sim t(n-1).$$

(3) 查表得临界值，得 H_0 的拒绝域：在显著性水平 $\alpha=0.05$ 下，由于 $n=17$，查表得分位点为

$$t_\alpha(n-1)=t_{0.05}(16)=1.7459.$$

因为是左单边检验，所以 H_0 的拒绝域为 $T<-t_\alpha(n-1)=-1.7459$.

(4) 计算：由题知 $n=17$，$\bar{x}=20$，$s=3.984$，得统计量 T 的观测值为

$$t=\frac{\bar{x}-\mu_0}{\frac{s}{\sqrt{n}}}=\frac{20-21}{\frac{3.984}{\sqrt{17}}}=-1.035>-1.7459.$$

没有落在拒绝域内，故在显著性水平 $\alpha=0.05$ 下接受原假设 H_0，即认为这批罐头是符合规定要求的.

8.2.2 单个正态总体方差 σ^2 的假设检验

在 $H_0:\sigma^2=\sigma_0^2$ 成立，当 μ 已知时，由第 6 章正态总体的抽样分布知

$$\chi^2=\frac{\sum_{i=1}^{n}(X_i-\mu)^2}{\sigma_0^2} \sim \chi^2(n).$$

当 μ 未知时，由第 6 章正态总体的抽样分布知

$$\chi^2=\frac{(n-1)S^2}{\sigma_0^2}=\frac{\sum_{i=1}^{n}(X_i-\bar{X})^2}{\sigma_0^2} \sim \chi^2(n-1).$$

当 μ 已知和未知时，关于均值 σ^2 的各种不同的假设检验问题的原假设 H_0、备择假设 H_1，以及在显著性水平 α 下，关于原假设 H_0 的拒绝域见表 8-4.

表 8-4

原假设 H_0	备择假设 H_1	均值 μ 已知，在显著性水平 α 下的拒绝域	均值 μ 未知，在显著性水平 α 下拒绝域
$\sigma^2=\sigma_0^2$	$\sigma^2 \neq \sigma_0^2$	$\chi^2<\chi^2_{1-\frac{\alpha}{2}}(n)$ 或 $\chi^2>\chi^2_{\frac{\alpha}{2}}(n)$	$\chi^2<\chi^2_{1-\frac{\alpha}{2}}(n-1)$ 或 $\chi^2>\chi^2_{\frac{\alpha}{2}}(n-1)$

（续表）

原假设 H_0	备择假设 H_1	均值 μ 已知，在显著性水平 α 下的拒绝域	均值 μ 未知，在显著性水平 α 下拒绝域
$\sigma^2=\sigma_0^2(\sigma^2\leqslant\sigma_0^2)$	$\sigma^2>\sigma_0^2$	$\chi^2>\chi_\alpha^2(n)$	$\chi^2>\chi_\alpha^2(n-1)$
$\sigma^2=\sigma_0^2(\sigma^2\geqslant\sigma_0^2)$	$\sigma^2<\sigma_0^2$	$\chi^2<\chi_{1-\alpha}^2(n)$	$\chi^2<\chi_{1-\alpha}^2(n-1)$

例 8.9 某厂生产的一种电池，其寿命长期以来服从方差 $\sigma^2=5\,000(\mathrm{h}^2)$ 的正态分布，现有一批这种电池，从生产的情况来看，寿命的波动性有所改变，现随机抽取 26 只电池，测得其寿命的样本方差 $s^2=9\,200(\mathrm{h}^2)$，问根据这一数据能否推断这批电池寿命的波动性较以往是否有显著性的变化？（$\alpha=0.02$）

解 （1）作原假设与备择假设 H_0：$\sigma^2=\sigma_0^2=5\,000$；$H_1$：$\sigma^2\neq5\,000$.

（2）构造检验统计量：在 H_0 成立的条件下，因总体均值 μ 未知，取统计量

$$\chi^2=\frac{(n-1)S^2}{\sigma_0^2}\sim\chi^2(n-1).$$

（3）查表得临界值，得 H_0 的拒绝域：在显著性水平 $\alpha=0.02$ 下，由于 $n=26$，查表得分位点为

$$\chi_{1-\frac{\alpha}{2}}^2(n-1)=\chi_{0.99}^2(25)=11.524,\quad \chi_{\frac{\alpha}{2}}^2(n-1)=\chi_{0.01}^2(25)=44.314.$$

H_0 的拒绝域为 $\chi^2<\chi_{1-\frac{\alpha}{2}}^2(n-1)=11.524$ 或 $\chi^2>\chi_{\frac{\alpha}{2}}^2(n-1)=44.314$.

（4）计算：由题知 $n=26$，$\sigma_0^2=5\,000$，$s^2=9\,200$，得统计量 χ^2 的观测值为

$$\chi^2=\frac{(n-1)s^2}{\sigma_0^2}=\frac{(26-1)\times9\,200}{5\,000}=46>\chi_{0.01}^2(25)=44.314.$$

落在拒绝域内，故在显著性水平 $\alpha=0.02$ 下拒绝原假设 H_0，即认为这批电池寿命的波动性较以往有显著性的变化.

例 8.10 某种导线，要求其电阻的标准不得超过 $0.005\,\Omega$，今在生产的一批导线中取样品 9 根，测得 $s=0.007\,\Omega$，设总体为正态分布，问在显著性水平 $\alpha=0.05$ 下，能否认为这批导线的标准差显著性地偏大？

解 （1）作原假设与备择假设 H_0：$\sigma^2\leqslant\sigma_0^2=0.005^2$；$H_1$：$\sigma^2>0.005^2$.

（2）构造检验统计量：在 H_0 成立的条件下，因总体均值 μ 未知，取统计量

$$\chi^2=\frac{(n-1)S^2}{{\sigma_0}^2}\sim\chi^2(n-1).$$

（3）查表得临界值，得 H_0 的拒绝域：在显著性水平 $\alpha=0.05$ 下，由于 $n=9$，查表得分位点为

$$\chi_\alpha^2(n-1)=\chi_{0.05}^2(8)=15.507.$$

因为是右单边检验，所以 H_0 的拒绝域为 $\chi^2 > \chi^2_\alpha(n-1) = 15.507$.

(4) 计算：由题知 $n=9$，$\sigma_0^2 = 0.005^2$，$s^2 = 0.007^2$，得统计量 χ^2 的观测值为

$$\chi^2 = \frac{(n-1)s^2}{\sigma_0^2} = \frac{(9-1)\times 0.007^2}{0.005^2} = 15.68 > \chi^2_{0.05}(8) = 15.507.$$

落在拒绝域内，故在显著性水平 $\alpha = 0.05$ 下拒绝原假设 H_0，即认为这批导线的标准差显著性地偏大.

习题 8.2

1. 在显著性水平 $\alpha = 0.05$ 下，对正态总体期望 μ 进行假设 $H_0: \mu = \mu_0$ 的检验，若经检验接受原假设，问在显著性水平 $\alpha = 0.01$ 下，下面结论正确的是(　　).

A. 接受 H_0　　B. 拒绝 H_0

C. 可能接受也可能拒绝 H_0　　D. 不接受也不拒绝 H_0

2. 设总体 $X \sim N(\mu, \sigma^2)$，μ 已知，$\sigma^2 > 0$ 为未知. $(X_1, X_2, \cdots, X_n)$ 为来自 X 的一组样本，问检验假设 $H_0: \sigma^2 \leqslant \sigma_0^2$；$H_1: \sigma^2 > \sigma_0^2$ 的拒绝域为(　　).

A. $Z = \dfrac{\bar{X} - \mu}{\dfrac{\sigma_0^2}{\sqrt{n}}} > z_\alpha$　　B. $\chi^2 = \dfrac{\sum\limits_{i=1}^{n}(X_i - \bar{X})^2}{\sigma_0^2} \geqslant \chi^2_\alpha(n-1)$

C. $\chi^2 = \dfrac{\sum\limits_{i=1}^{n}(X_i - \bar{X})^2}{\sigma_0^2} \geqslant \chi^2_\alpha(n)$　　D. $\chi^2 = \dfrac{\sum\limits_{i=1}^{n}(X_i - \mu)^2}{\sigma_0^2} \geqslant \chi^2_\alpha(n)$

3. 在假设检验中，记 H_0 为待检验原假设，则称(　　)为第一类错误.

A. H_0 为真，接受 H_0　　B. H_0 不真，拒绝 H_0

C. H_0 为真，拒绝 H_0　　D. H_0 不真，接受 H_0

4. 化工厂用自动打包机包装化肥，某日测得 9 包化肥的质量(单位：kg)为

49.7，　49.8，　50.3，　50.5，　49.7，　50.1，　49.9，　50.5，　50.4.

已知打包质量服从正态分布，是否可认为每包平均质量为 50 kg? ($\alpha = 0.05$)

5. 某台机器加工零件，规定零件长度为 100 cm，标准差不得超过 2 cm，每天定时检查及其运行情况，某月抽取零件 10 个，测得平均长度 $\bar{X} = 101$ cm，标准差 $S = 2$ cm. 设加工零件长度服从正态分布. 问该机器工作是否正常? ($\alpha = 0.05$)

[提示：设零件长度 $X \sim N(\mu, \sigma^2)$ 先检验假设 $H_0: \mu = \mu_0 = 100$；后检验假设 $H_0: \sigma^2 \leqslant \sigma_0^2 = 2^2$]

6. 一种元件，要求其使用寿命不低于 1 000 h. 现从一批这种元件中随机抽取 25 件，测得其平均寿命为 950 h. 已知该种元件寿命服从标准差 $\sigma = 100$ h 的正态分布，试在显著性水平 $\alpha = 0.01$ 下确定这批元件是否合格?

7. 面粉加工厂用自动打包机打包，每袋面粉标准质量为 50 kg. 每天开工后需要检验一次打包机工作是否正常，某时开工后测得 10 袋面粉，其质量(单位：kg)为

50.8，　48.9，　49.3，　49.6，　50.4，　51.3，　48.2，　51.7，　49.1，　47.6.

已知每袋面粉质量服从正态分布，问：该日打包机工作是否正常? ($\alpha = 0.05$)

8. 某机床厂加工一种零件，根据经检知道，该厂加工零件的椭圆度渐近服从正态分布，其总体均值为

0.075 mm，总体标准差为 0.014 mm. 今另换一种新机床进行加工，取 400 个零件进行检验，测得椭圆度均值为 0.071 mm. 问：新机床加工零件的椭圆度总体均值与以前有无显著差别？($\alpha=0.05$)

9. 一个汽车轮胎制造商声称，他所生产的轮胎平均寿命在一定的汽车质量和正常行驶条件下大于 40 000 km，对一个由 15 个轮胎组成的随机样本作了试验，得到了平均值和标准差分别为 42 000 km 和 3 000 km. 假定轮胎寿命的公里数近似服从正态分布，我们能否从这些数据得出结论，该制造商的声称是可信的？($\alpha=0.05$)

10. 某地区为了使干部年轻化，对现任职的处级以上干部的年龄进行抽样调查. 在过去的 10 年里，处级以上干部的平均年龄为 48 岁，标准差为 5 岁(看作总体的均值和标准差). 问

(1) 过去 10 年里，95%的处级以上干部的年龄在什么范围内？

(2) 最近调整了干部班子后，随机抽取 100 名处级以上干部，他们的平均年龄为 42 岁，问：处级以上干部的平均年龄是否有明显下降？($\alpha=0.01$)

11. 某市调查职工平均每天用于家务劳动的时间，该市统计局主持这项调查的人认为职工用于家务劳动的时间不超过 2 h. 随机抽取 400 名职工进行调查的结果为 $\bar{x}=1.8$ h，$s^2=1.44$. 问：调查结果是否支持调查主持人的看法？($\alpha=0.05$)

12. 有一个组织在其成员中提倡通过自修提高水平，目前正考虑帮助成员中没有高中毕业者通过自修达到高中毕业的水平. 该组织的会长认为成员中未读完高中的人少于 25%，并且想通过适当的假设检验来支持这一看法. 他从该组织成员中抽选 200 人组成一个随机样本，发现其中有 42 人没有高中毕业. 试问这些数据是否支持会长的看法？($\alpha=0.05$)

8.3 两个正态总体参数的假设检验

前面讨论了单个正态总体参数的假设检验，本节讨论两个正态总体参数的假设检验问题. 设两正态总体 $X\sim N(\mu_1,\sigma_1^2)$，$Y\sim N(\mu_2,\sigma_2^2)$，$(X_1,X_2,\cdots,X_{n_1})$ 是来自总体 X 的样本容量为 n_1 的一个样本，$(Y_1,Y_2,\cdots,Y_{n_2})$ 是来自总体 Y 的样本容量为 n_2 的一个样本，X 与 Y 相互独立，而

$$\bar{X}=\frac{1}{n}\sum_{i=1}^{n}X_i,\quad S_1^2=\frac{1}{n_1-1}\sum_{i=1}^{n_1}(X_i-\bar{X})^2,\quad \bar{Y}=\frac{1}{n}\sum_{i=1}^{n}Y_i,\quad S_2^2=\frac{1}{n_2-1}\sum_{i=1}^{n_2}(Y_i-\bar{Y})^2$$

分别表示两样本均值与相应的样本方差.

8.3.1 两个正态总体均值的假设检验

1. 在总体方差 σ_1^2 与 σ_2^2 已知条件下，关于均值 $\mu_1=\mu_2$ 的假设检验

对均值可提出各种形式的统计假设，其统计推断方法都很类似. 这里详细介绍双侧检验问题，然后给出两个正态总体方差已知时均值的假设检验表. 现在来求双侧检验问题

$$H_0:\mu_1=\mu_2;\quad H_1:\mu_1\neq\mu_2.$$

由于 $\bar{X}\sim N\left(\mu_1,\dfrac{\sigma_1^2}{n_1}\right)$，$\bar{Y}\sim N\left(\mu_2,\dfrac{\sigma_2^2}{n_2}\right)$，所以 $\bar{X}-\bar{Y}\sim N\left(\mu_1-\mu_2,\dfrac{\sigma_1^2}{n_1}+\dfrac{\sigma_2^2}{n_2}\right)$，于是

$$U=\frac{\bar{X}-\bar{Y}-(\mu_1-\mu_2)}{\sqrt{\frac{\sigma_1^2}{n_1}+\frac{\sigma_2^2}{n_2}}}\sim N(0,\ 1).$$

按照前面给定的假设检验的步骤：

(1) 作原假设与备择假设：H_0：$\mu_1=\mu_2$；H_1：$\mu_1\neq\mu_2$.

(2) 构造检验统计量：在原假设 H_0 成立时，取统计量

$$U=\frac{\bar{X}-\bar{Y}}{\sqrt{\frac{\sigma_1^2}{n_1}+\frac{\sigma_2^2}{n_2}}}\sim N(0,\ 1).$$

(3) 查表得临界值，得 H_0 的拒绝域：在显著性水平 α 下，$P\{|U|>z_{\frac{\alpha}{2}}\}=\alpha$，其中分位点为 $z_{\frac{\alpha}{2}}$，查正态分布表，可得 H_0 的拒绝域为 $|U|>z_{\frac{\alpha}{2}}$.

(4) 根据样本观测值计算统计量的值下结论. 由样本观测值计算出统计量 U 的观测值 $u=\frac{\bar{x}-\bar{y}}{\sqrt{\frac{\sigma_1^2}{n_1}+\frac{\sigma_2^2}{n_2}}}$，若 $|u|>z_{\frac{\alpha}{2}}$，则拒绝原假设 H_0，接受 H_1，认为两总体均值 $\mu_1\neq\mu_2$；否则，接受原假设 H_0，认为 $\mu_1=\mu_2$. 当方差 σ_1^2，σ_2^2 已知时，关于均值 μ_1，μ_2 的各种不同的假设检验问题的原假设 H_0、备择假设 H_1、检验统计量，以及在显著性水平 α 下关于原假设 H_0 的拒绝域见表 8-5.

表 8-5

原假设 H_0	备择假设 H_1	检验统计量	方差 σ_1^2，σ_2^2 已知，在显著性水平 α 下的拒绝域
$\mu_1=\mu_2$	$\mu\neq\mu_2$	$U=\frac{\bar{X}-\bar{Y}}{\sqrt{\frac{\sigma_1^2}{n_1}}+\sqrt{\frac{\sigma_2^2}{n_2}}}$	$\|U\|>z_{\frac{\alpha}{2}}$
$\mu_1=\mu_2(\mu_1\leqslant\mu_2)$	$\mu_1>\mu_2$		$U>z_\alpha$
$\mu_1=\mu_2(\mu_1\geqslant\mu_2)$	$\mu_1<\mu_2$		$U<-z_\alpha$

例 8.11 甲、乙两苗圃培育同一种树苗，甲苗圃所育树苗的苗高 $X\sim N(\mu_1,\ 0.21^2)$，乙苗圃所育树苗的苗高 $Y\sim N(\mu_2,\ 0.25^2)$，现从甲乙两苗圃各取 9 株，测得苗高为

甲：0.20，0.30，0.40，0.50，0.60，0.70，0.80，0.90，1.00；

乙：0.10，0.21，0.52，0.32，0.78，0.59，0.68，0.77，0.87.

在显著性水平 $\alpha=0.05$ 下推断甲、乙两苗圃所育该树的平均苗高有无显著差异？

解 由题 $X\sim N(\mu_1,\ 0.21^2)$，$Y\sim N(\mu_2,\ 0.25^2)$，要考察是否有 $\mu_1=\mu_2$.

(1) 作原假设与备择假设 H_0：$\mu_1=\mu_2$；H_1：$\mu_1\neq\mu_2$.

(2) 构造检验统计量：在 H_0 成立的条件下，取统计量

$$U=\frac{\bar{X}-\bar{Y}}{\sqrt{\frac{\sigma_1^2}{n_1}+\frac{\sigma_2^2}{n_2}}}\sim N(0,\ 1).$$

(3) 查表得临界值,得 H_0 的拒绝域：在显著性水平 $\alpha=0.05$ 下,分位点为 $z_{\frac{\alpha}{2}}=z_{0.025}=1.96$，$H_0$ 的拒绝域为 $|U|>z_{\frac{\alpha}{2}}=1.96$.

(4) 计算：由题知 $n_1=9$，$n_2=9$，$\bar{x}=0.6$，$\bar{y}=0.54$，$\sigma_1^2=0.21$，$\sigma_2^2=0.25$，得统计量 U 的观测值为

$$u=\frac{\bar{x}-\bar{y}}{\sqrt{\frac{\sigma_1^2}{n_1}+\frac{\sigma_2^2}{n_2}}}=\frac{0.6-0.54}{\sqrt{\frac{0.21}{9}+\frac{0.25}{9}}}=0.5577.$$

显然 $|u|=0.5577<1.96$，落在拒绝域外,故在显著性水平 $\alpha=0.05$ 下接受原假设 H_0，即认为甲乙两苗圃所育该树的平均苗高无显著差异.

2. 在总体方差 σ_1^2 与 σ_2^2 未知,且 $\sigma_1^2=\sigma_2^2$ 时,关于均值 $\mu_1=\mu_2$ 假设检验

对均值可提出各种形式的统计假设,其统计推断方法都很类似. 这里详细介绍双侧检验问题,然后给出两个正态总体方差未知相等时均值的假设检验表. 现在来求双侧检验问题

$$H_0: \mu_1=\mu_2;\quad H_1: \mu_1\neq\mu_2.$$

由于

$$T=\frac{\bar{X}-\bar{Y}-(\mu_1-\mu_2)}{S_w\sqrt{\frac{1}{n_1}+\frac{1}{n_2}}}\sim t(n_1+n_2-2),$$

其中

$$S_w=\sqrt{\frac{(n_1-1)S_1^2+(n_2-1)S_2^2}{n_1+n_2-2}}.$$

按照前面给定的假设检验的步骤：

(1) 作原假设与备择假设：$H_0: \mu_1=\mu_2$，$H_1: \mu_1\neq\mu_2$.

(2) 构造统计量：在原假设 H_0 成立时,取统计量

$$T=\frac{\bar{X}-\bar{Y}}{S_w\sqrt{\frac{1}{n_1}+\frac{1}{n_2}}}\sim t(n_1+n_2-2).$$

(3) 查表得临界值,得 H_0 的拒绝域：在显著性水平 α 下,查 t 分布表,得分位点 $t_{\frac{\alpha}{2}}(n_1+n_2-2)$，可得 H_0 的拒绝域为 $|T|>t_{\frac{\alpha}{2}}(n_1+n_2-2)$.

(4) 根据样本观测值计算统计量的值下结论. 由样本观测值计算出统计量 T 的观测值 $t=\frac{\bar{x}-\bar{y}}{s_w\sqrt{\frac{1}{n_1}+\frac{1}{n_2}}}$，若 $|t|>t_{\frac{\alpha}{2}}(n_1+n_2-2)$，则拒绝原假设 H_0，接受 H_1，认为两总体均值 $\mu_1\neq\mu_2$；否则,接受原假设 H_0，认为 $\mu_1=\mu_2$. 当方差 σ_1^2，σ_2^2 未知,且 $\sigma_1^2=\sigma_2^2$ 时,关于均值

μ_1，μ_2 的各种不同的假设检验问题的原假设 H_0、备择假设 H_1、检验统计量，以及在显著性水平 α 下关于原假设 H_0 的拒绝域见表 8-6.

表 8-6

原假设 H_0	备择假设 H_1	检验统计量	方差未知但 $\sigma_1^2=\sigma_2^2$，在显著性水平 α 下的拒绝域
$\mu_1=\mu_2$	$\mu\neq\mu_2$	$T=\dfrac{\bar{X}-\bar{Y}}{S_w\sqrt{\dfrac{1}{n_1}+\dfrac{1}{n_2}}}$	$\|T\|>t_{\frac{\alpha}{2}}(n_1+n_2-2)$
$\mu_1=\mu_2(\mu_1\leqslant\mu_2)$	$\mu_1>\mu_2$		$T>t_\alpha(n_1+n_2-2)$
$\mu_1=\mu_2(\mu_1\geqslant\mu_2)$	$\mu_1<\mu_2$		$T<-t_\alpha(n_1+n_2-2)$

例 8.12 两位文学家马克·吐温(Mark Twain)的 8 篇小品文和斯诺德格拉斯(Snodgrass)的 10 篇小品文中由 3 个字母组成的单词比例见表 8-7.

表 8-7

马克·吐温	0.225	0.262	0.217	0.240	0.230	0.229	0.235	0.217	—	—
斯诺德格拉斯	0.209	0.205	0.196	0.210	0.202	0.207	0.224	0.223	0.220	0.201

设两组数据分别来自正态总体，且两总体方差相等，但参数均未知，两样本相互独立. 在显著性水平 $\alpha=0.05$ 下推断两位作家所写的小品文中包含由 3 个字母组成的单词的平均比例是否显著的差异?

解 按题意，总体 $X\sim N(\mu_1,\sigma_1^2)$，$Y\sim N(\mu_2,\sigma_2^2)$，两总体方差 σ_1^2，σ_2^2 均未知，且 $\sigma_1^2=\sigma_2^2$，两样本相互独立时，要考察是否有 $\mu_1=\mu_2$.

(1) 作原假设与备择假设 $H_0: \mu_1=\mu_2$; $H_1: \mu_1\neq\mu_2$.

(2) 构造检验统计量：在 H_0 成立的条件下，取统计量

$$T=\frac{\bar{X}-\bar{Y}}{S_w\sqrt{\dfrac{1}{n_1}+\dfrac{1}{n_2}}}\sim t(n_1+n_2-2).$$

(3) 查表得临界值，得 H_0 的拒绝域：在显著性水平 $\alpha=0.05$ 下，$n_1=8$，$n_2=10$，分位点为 $t_{\frac{\alpha}{2}}(n_1+n_2-2)=t_{0.025}(16)=2.1199$，$H_0$ 的拒绝域为

$$|T|>t_{\frac{\alpha}{2}}(n_1+n_2-2)=2.1199.$$

(4) 计算：由题知 $n_1=8$，$n_2=10$，$\bar{x}=0.2319$，$\bar{y}=0.2097$，$s_w^2=0.012^2$，得统计量 T 的观测值为

$$|t|=\left|\frac{0.2319-0.2097}{0.012\times\sqrt{\dfrac{1}{8}+\dfrac{1}{10}}}\right|=3.900>2.1199.$$

落在拒绝域内，故在显著性水平 $\alpha=0.05$ 下拒绝原假设 H_0，即认为两位作家所写的小品文中包含由 3 个字母组成的单词的平均比例有显著的差异.

例 8.13 在平炉上进行一项试验以确定改变操作方法的建议是否会增加钢的得率，试验是在同一只平炉上进行的. 每炼一炉钢时除操作方法外，其他条件都尽可能做到相同. 先采用标准方法炼一炉钢，然后用建议的新方法炼一炉，以后交替进行，各炼了 10 炉，其钢的得率分别为

标准方法：78.1，72.4，76.2，74.3，77.4，78.4，76.0，75.5，76.7，77.3；

新方法：79.1，81.0，77.3，79.1，80.0，78.1，79.1，77.3，80.2，82.1.

设这两个样本相互独立，且分别来自正态分布 $N(\mu_1, \sigma^2)$ 和 $N(\mu_2, \sigma^2)$，μ_1，μ_2，σ^2 均未知，在显著性水平 $\alpha=0.05$ 下推断建议的新操作方法能否提高平均得率？

解 (1) 作原假设与备择假设 $H_0: \mu_1 \geqslant \mu_2$；$H_1: \mu_1 < \mu_2$.

(2) 构造检验统计量：在 H_0 成立的条件下，取统计量

$$T=\frac{\bar{X}-\bar{Y}}{S_w\sqrt{\frac{1}{n_1}+\frac{1}{n_2}}} \sim t(n_1+n_2-2).$$

(3) 查表得临界值，得 H_0 的拒绝域：在显著性水平 $\alpha=0.05$ 下，$n_1=10$，$n_2=10$，分位点为 $t_\alpha(n_1+n_2-2)=t_{0.05}(18)=1.7341$，因为是左单边检验，所以 H_0 的拒绝域为

$$T<-t_\alpha(n_1+n_2-2)=-1.7341.$$

(4) 计算：由题知 $n_1=10$，$\bar{x}=76.23$，$s_1^2=3.325$，$n_2=10$，$\bar{y}=79.43$，$s_2^2=2.225$，则

$$s_w^2=\frac{(n_1-1)s_1^2+(n_2-1)s_2^2}{n_1+n_2-2}=2.775.$$

得统计量 T 的观测值为

$$t=\frac{\bar{x}-\bar{y}}{s_w\sqrt{\frac{1}{n_1}+\frac{1}{n_2}}}=\frac{76.23-79.43}{\sqrt{2.775}\sqrt{\frac{1}{10}+\frac{1}{10}}}=-4.295<-t_{0.05}(18)=-1.7341.$$

落在拒绝域内，故在显著性水平 $\alpha=0.05$ 下拒绝原假设 H_0，可以认为建议的新操作方法能提高平均得率，即新操作方法较原来的方法更优.

8.3.2 两个正态总体方差的假设检验

设总体 $X \sim N(\mu_1, \sigma_1^2)$，$Y \sim N(\mu_2, \sigma_2^2)$，且设两总体独立，从两个总体中分别抽取简单样本 $(X_1, X_2, \cdots, X_{n_1})$ 及 $(Y_1, Y_2, \cdots, Y_{n_2})$，样本均值与样本方差分别是

$$\bar{X}=\frac{1}{n_1}\sum_{i=1}^{n_1}X_i,\quad S_1^2=\frac{1}{n_1-1}\sum_{i=1}^{n_1}(X_i-\bar{X})^2,\quad \bar{Y}=\frac{1}{n_2}\sum_{i=1}^{n_2}Y_i,\quad S_2^2=\frac{1}{n_2-1}\sum_{i=1}^{n_1}(Y_i-\bar{Y})^2.$$

在总体均值 μ_1 与 μ_2 未知条件下，关于方差 σ_1^2 和 σ_2^2 的假设检验如下.

对方差可提出各种形式的统计假设，其统计推断方法都很类似. 这里详细介绍双侧检验问题，然后给出两个正态总体均值未知时方差的假设检验表. 现在来求双侧检验问题

$$H_0: \sigma_1^2=\sigma_2^2;\quad H_1: \sigma_1^2 \neq \sigma_2^2.$$

由于

$$F=\frac{\dfrac{S_1^2}{\sigma_1^2}}{\dfrac{S_2^2}{\sigma_2^2}}\sim F(n_1-1,\ n_2-1).$$

按照前面给定的假设检验的步骤：

(1) 提出假设 H_0：$\sigma_1^2=\sigma_2^2$；H_1：$\sigma_1^2\neq\sigma_2^2$.

(2) 选取检验统计量，在 H_0 成立的条件下，取统计量

$$F=\frac{S_1^2}{S_2^2}\sim F(n_1-1,\ n_2-1).$$

(3) 对给定显著性水平 α，查 F 分布的 α 分位数表确定分位点

$$F_{1-\frac{\alpha}{2}}(n_1-1,n_2-1) \quad 和 \quad F_{\frac{\alpha}{2}}(n_1-1,n_2-1),$$

使

$$P\{F<F_{1-\frac{\alpha}{2}}(n_1-1,\ n_2-1)\}=P\{F>F_{\frac{\alpha}{2}}(n_1-1,\ n_2-1)\}=\frac{\alpha}{2}$$

或 $\quad P\{F<F_{1-\frac{\alpha}{2}}(n_1-1,\ n_2-1)$

或 $\quad F>F_{\frac{\alpha}{2}}(n_1-1,\ n_2-1)\}=\alpha$,

则拒绝域为 $F<F_{1-\frac{\alpha}{2}}(n_1-1,\ n_2-1)$ 或 $F>F_{\frac{\alpha}{2}}(n_1-1,\ n_2-1)$，如图 8.2 所示.

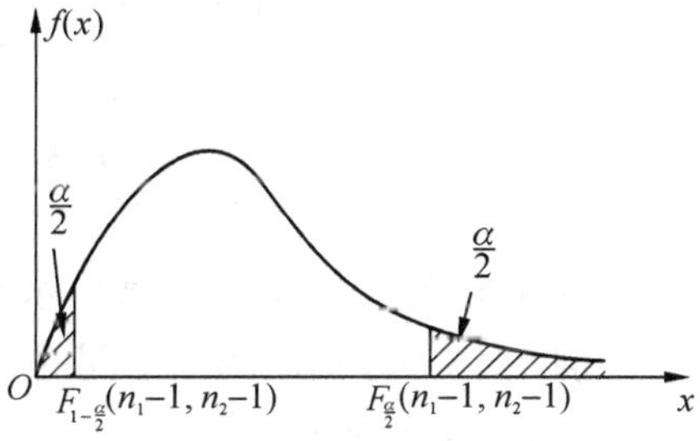

图 8.2

(4) 计算检验统计量 $F=\dfrac{S_1^2}{S_2^2}$ 的观测值 $f=\dfrac{s_1^2}{s_2^2}$，并作出决策.

如果 $f<F_{1-\frac{\alpha}{2}}(n_1-1,n_2-1)$ 或 $f>F_{\frac{\alpha}{2}}(n_1-1,n_2-1)$，则拒绝原假设 H_0，接受 H_1，认为总体方差不等 $\sigma_1^2\neq\sigma_2^2$；如果 $F_{1-\frac{\alpha}{2}}(n_1-1,\ n_2-1)<f<F_{\frac{\alpha}{2}}(n_1-1,\ n_2-1)$，则接受原假设 H_0，接受 H_1，认为总体方差 $\sigma_1^2=\sigma_2^2$. 当均值 μ_1，μ_2 均未知时，关于方差 σ_1^2，σ_2^2 的各种不同的假设检验问题的原假设 H_0、备择假设 H_1、检验统计量，以及在显著性水平 α 下关于原假设 H_0 的拒绝域见表 8-8.

表 8-8

原假设 H_0	备择假设 H_1	检验统计量	均值 μ_1，μ_2 未知条件下，在显著性水平 α 下的拒绝域
$\sigma_1^2=\sigma_2^2$	$\sigma_1^2\neq\sigma_2^2$	$F=\dfrac{S_1^2}{S_2^2}\sim F(n_1-1,\ n_2-1)$	$F<F_{1-\frac{\alpha}{2}}(n_1-1,\ n_2-1)$ 或 $F>F_{\frac{\alpha}{2}}(n_1-1,\ n_2-1)$
$\sigma_1^2=\sigma_2^2(\sigma_1^2\leqslant\sigma_2^2)$	$\sigma_1^2>\sigma_2^2$		$F>F_{\alpha}(n_1-1,\ n_2-1)$
$\sigma_1^2=\sigma_2^2(\sigma_1^2\geqslant\sigma_2^2)$	$\sigma_1^2<\sigma_2^2$		$F<F_{1-\alpha}(n_1-1,\ n_2-1)$

例 8.14 有两台机器生产金属部件,分别在两台机器生产的部件中各取一容量 $n_1=60$, $n_2=40$ 的样本,测得部件质量的样本方差分别为 $S_1^2=15.46$, $S_2^2=9.66$. 设两样本独立,两总体分别服从 $N(\mu_1, \sigma_1^2)$ 和 $N(\mu_2, \sigma_2^2)$ 分布,试在显著性水平 $\alpha=0.05$ 下推断 $\sigma_1^2 \leqslant \sigma_2^2$ 是否成立?

解 (1) 提出假设 $H_0: \sigma_1^2 \leqslant \sigma_2^2$; $H_1: \sigma_1^2 > \sigma_2^2$.

(2) 选取检验统计量,在 H_0 成立的条件下,取统计量

$$F=\frac{S_1^2}{S_2^2} \sim F(n_1-1, n_2-1).$$

(3) 查表得临界值,得 H_0 的拒绝域:在显著性水平 $\alpha=0.05$ 下,$n_1=60$,$n_2=40$,查 F 分布的 α 分位数表确定分位点

$$F_\alpha(n_1-1, n_2-1)=F_{0.05}(60-1,40-1)=F_{0.05}(59,39) \approx 1.64.$$

因为是右单边检验,所以 H_0 的拒绝域为

$$F > F_\alpha(n_1-1, n_2-1) \approx 1.64.$$

(4) 计算:由题知 $s_1^2=15.46$, $s_2^2=9.66$,检验统计量 $F=\dfrac{S_1^2}{S_2^2}$ 的观测值为

$$f=\frac{s_1^2}{s_2^2}=\frac{15.46}{9.66} \approx 1.60 < 1.64.$$

落在拒绝域外,故在显著性水平 $\alpha=0.05$ 下接受原假设 H_0,即认为 $\sigma_1^2 \leqslant \sigma_2^2$ 成立.

例 8.15 分别用两个不同的计算机系统检索 10 个资料,测得平均检索时间及方差(单位:s)为 $\bar{x}=3.097$, $\bar{y}=3.179$, $s_1^2=2.67$, $s_2^2=1.21$. 假定检索时间服从正态分布,在显著性水平 $\alpha=0.05$ 下推断这两系统检索资料有无明显差别?

解 根据题中条件,首先检验 $H_0: \sigma_1^2=\sigma_2^2$; $H_1: \sigma_1^2 \neq \sigma_2^2$.

(1) 提出假设 $H_0: \sigma_1^2=\sigma_2^2$; $H_1: \sigma_1^2 \neq \sigma_2^2$.

(2) 选取检验统计量,在 H_0 成立的条件下,取统计量

$$F=\frac{S_1^2}{S_2^2} \sim F(n_1-1, n_2-1).$$

(3) 查表得临界值,得 H_0 的拒绝域:在显著性水平 $\alpha=0.05$ 下,$n_1=10$,$n_2=10$,查 F 分布的 α 分位数表确定分位点

$$F_{\frac{\alpha}{2}}(n_1-1, n_2-1)=F_{0.025}(9,9)=4.03,$$

$$F_{1-\frac{\alpha}{2}}(n_1-1, n_2-1)=F_{0.975}(9,9)=0.248.$$

H_0 的拒绝域为

$$F < F_{1-\frac{\alpha}{2}}(n_1-1, n_2-1)=0.248 \quad 或 \quad F > F_{\frac{\alpha}{2}}(n_1-1, n_2-1)=4.03.$$

(4) 计算：由题知 $s_1^2=2.67$，$s_2^2=1.21$，检验统计量 $F=\dfrac{S_1^2}{S_2^2}$ 的观测值为

$$0.248<f=\frac{s_1^2}{s_2^2}=\frac{2.67}{1.21}\approx 2.12<4.03.$$

落在拒绝域外，故在显著性水平 $\alpha=0.05$ 下接受原假设 H_0，即认为 $\sigma_1^2=\sigma_2^2$，再验证 H_0：$\mu_1=\mu_2$；H_1：$\mu_1\neq\mu_2$.

(1) 作原假设与备择假设 H_0：$\mu_1=\mu_2$；H_1：$\mu_1\neq\mu_2$.

(2) 构造检验统计量：在 H_0 成立的条件下，取统计量

$$T=\frac{\bar{X}-\bar{Y}}{S_w\sqrt{\dfrac{1}{n_1}+\dfrac{1}{n_2}}}\sim t(n_1+n_2-2).$$

(3) 查表得临界值，得 H_0 的拒绝域：在显著性水平 $\alpha=0.05$ 下，$n_1=10$，$n_2=10$，分位点为 $t_{\frac{\alpha}{2}}(n_1+n_2-2)=t_{0.025}(18)=2.101$，$H_0$ 的拒绝域为

$$|T|>t_{\frac{\alpha}{2}}(n_1+n_2-2)=2.101.$$

(4) 计算：由题知 $n_1=10$，$\bar{x}=3.097$，$s_1^2=2.67$，$n_2=10$，$\bar{y}=3.197$，$s_2^2=1.21$，则

$$s_w^2=\frac{(n_1-1)s_1^2+(n_2-1)s_2^2}{n_1+n_2-2}=\frac{9\times 2.67+9\times 1.21}{18}=1.94,$$

得统计量 T 的观测值为

$$|t|=\frac{|x-y|}{s_w\sqrt{\dfrac{1}{n_1}+\dfrac{1}{n_2}}}=\frac{|3.097-2.197|}{\sqrt{1.94}\times\sqrt{\dfrac{1}{10}+\dfrac{1}{10}}}\approx 1.44<2.101.$$

落在拒绝域外，故在显著性水平 $\alpha=0.05$ 下接受原假设 H_0，即认为 $\mu_1=\mu_2$.

因此可以认为两系统检索资料时间无明显差别.

习题 8.3

1. 冶炼某种金属有两种方法，现各随取一个样本，得产品种杂质含量(单位：g)为

甲：26.9，22.8，25.7，23.0，22.3，24.2，26.1，26.4，27.2，30.2，24.5，29.5，25.1；

乙：22.6，22.5，20.6，23.5，24.3，21.9，20.6，23.2，23.4.

已知产品杂质含量服从正态分布，问

(1) 所含产品杂质方差是否相等？(2) 甲种冶炼方法所生产产品杂质含量是否不大于乙种方法？

2. 设甲、乙两厂生产同样的灯泡，其寿命 X，Y 分别服从正态分布 $N(\mu_1,\sigma_1^2)$ $N(\mu_2,\sigma_2^2)$，已知它们寿命的标准差分别为 84 h 和 96 h，现从两厂生产的灯泡中各取 60 只，测得平均寿命甲厂为 1 295 h，乙厂为 1 230 h，能否认为两厂生产的灯泡寿命无显著差异？($\alpha=0.05$)

3. 一药厂生产一种新的止痛片，厂房希望验证服用新药后至开始起作用的时间间隔较原有止痛片至少缩短一半，因此厂方提出需检验假设 H_0：$\mu_1\geqslant 2\mu_2$；H_1：$\mu_1<2\mu_2$，此处 μ_1，μ_2 分别是服用原有止痛片

和服用新止痛片后至起作用的时间间隔的总体的均值. 设两总体均为正态分布且方差分别为 σ_1^2，σ_2^2，现分别在两总体中取样本 $(X_1, X_2, \cdots, X_{n_1})$ 和 $(Y_1, Y_2, \cdots, Y_{n_2})$，设两个样本独立. 试给出上述假设 H_0 的拒绝域，取显著性水平为 α.

4. 某地某年高考后随机抽得 15 名男生、12 名女生的物理考试成绩为

男生：49， 48， 47， 53， 51， 43， 39， 57， 56， 46， 42， 44， 55， 44， 40；

女生：46， 40， 47， 51， 43， 36， 43， 38， 48， 54， 48， 34.

从这 27 名学生的成绩能说明这个地区男女生的物理考试成绩不相上下吗？($\alpha = 0.05$)

5. 设有种植玉米的甲、乙两个农业试验区，各分为 10 个小区，各小区的面积相同，除甲区各小区增施磷肥外，其他试验条件均相同，两个试验区的玉米产量(单位：kg)为(假设玉米产量服从正态分布，且有相同的方差)

甲区：65， 60， 62， 57， 58， 63， 60， 57， 60， 58；

乙区：59， 56， 56， 58， 57， 57， 55， 60， 57， 55.

试统计推断增施磷肥是否对玉米产量有影响？($\alpha = 0.05$)

6. 甲、乙两机床加工同一种零件，抽样测量其产品的数据(单位：mm)，经计算得

甲机床：$n_1 = 80$，$\bar{x} = 33.75$，$s_1 = 0.1$；

乙机床：$n_2 = 100$，$\bar{y} = 34.15$，$s_2 = 0.15$.

问：在 $\alpha = 0.01$ 下，两机床加工的产品尺寸有无显著差异？

7. 两台机床加工同种零件，分别从两台车床加工的零件中抽取 6 个和 9 个测量其直径，并计算得 $s_1^2 = 0.345$，$s_2^2 = 0.375$. 假定零件直径服从正态分布，试比较两台车床加工精度有无显著差异？($\alpha = 0.10$)

8. 甲、乙两厂生产同一种电阻，现从甲、乙两厂的产品中分别随机抽取 12 个和 10 个样品，测得它们的电阻值后，计算出样本方差分别为 $s_1^2 = 1.40$，$s_2^2 = 4.38$. 假设电阻值服从正态分布，在显著性水平 $\alpha = 0.10$ 下，是否可以认为两厂生产的电阻值的方差相等？

9. 为比较甲、乙两种安眠药的疗效，将 20 名患者分成两组，每组 10 人，如服药后延长的睡眠时间分别服从正态分布，其数据为(单位：h)

甲：5.5， 4.6， 4.4， 3.4， 1.9， 1.6， 1.1， 0.8， 0.1， −0.1；

乙：3.7， 3.4， 2.0， 2.0， 0.8， 0.7， 0， −0.1， −0.2， −1.6.

问：在显著性水平 $\alpha = 0.05$ 下两种药的疗效有无显著差别？

本章小结

本章讨论了数理统计的基本问题：统计推断之假设检验，假设检验是数理统计中根据一定假设条件由样本推断总体的一种方法. 具体做法是：根据问题的需要对所研究的总体作某种假设，在原假设成立时，选取合适的统计量，并根据预先给定的显著性水平，确定拒绝域. 由实际得到的样本观测值，计算检验统计量的观测值，作出拒绝或接受原假设的判断. 本章分别讨论了单个正态总体和两个正态总体的总体均值与方差的假设检验问题.

单个正态总体的均值与方差的假设检验表见表 8-9.

表 8-9

原假设 H_0	备择假设 H_1	检验统计量	H_0 为真时统计量的分布	在显著性水平 α 下的拒绝域
$\mu=\mu_0$	$\mu\neq\mu_0$	$U=\dfrac{\overline{X}-\mu_0}{\frac{\sigma}{\sqrt{n}}}$ (σ 已知)	$N(0,1)$	$\lvert U\rvert>z_{\frac{\alpha}{2}}$
$\mu\leqslant\mu_0$	$\mu>\mu_0$			$U>z_\alpha$
$\mu\geqslant\mu_0$	$\mu<\mu_0$			$U<-z_\alpha$
$\mu=\mu_0$	$\mu\neq\mu_0$	$T=\dfrac{\overline{X}-\mu_0}{\frac{S}{\sqrt{n}}}$ (σ 未知)	$t(n-1)$	$\lvert T\rvert>t_{\frac{\alpha}{2}}(n-1)$
$\mu\leqslant\mu_0$	$\mu>\mu_0$			$T>t_\alpha(n-1)$
$\mu\geqslant\mu_0$	$\mu<\mu_0$			$T<-t_\alpha(n-1)$
$\sigma^2=\sigma_0^2$	$\sigma^2\neq\sigma_0^2$	$\chi^2=\dfrac{\sum\limits_{i=1}^{n}(X_i-\mu)^2}{\sigma_0^2}$ (μ 已知)	$\chi^2(n)$	$\chi^2<\chi^2_{1-\frac{\alpha}{2}}(n)$ 或 $\chi^2>\chi^2_{\frac{\alpha}{2}}(n)$
$\sigma^2\leqslant\sigma_0^2$	$\sigma^2>\sigma_0^2$			$\chi^2>\chi^2_\alpha(n)$
$\sigma^2\geqslant\sigma_0^2$	$\sigma^2<\sigma_0^2$			$\chi^2<\chi^2_{1-\alpha}(n)$
$\sigma^2=\sigma_0^2$	$\sigma^2\neq\sigma_0^2$	$\chi^2=\dfrac{(n-1)S^2}{\sigma_0^2}$ (μ 未知)	$\chi^2(n-1)$	$\chi^2<\chi^2_{1-\frac{\alpha}{2}}(n-1)$ 或 $\chi^2>\chi^2_{\frac{\alpha}{2}}(n-1)$
$\sigma^2\leqslant\sigma_0^2$	$\sigma^2>\sigma_0^2$			$\chi^2>\chi^2_\alpha(n-1)$
$\sigma^2\geqslant\sigma_0^2$	$\sigma^2<\sigma_0^2$			$\chi^2<\chi^2_{1-\alpha}(n-1)$

两个正态总体的均值与方差的假设检验见表 8-10.

表 8-10

原假设 H_0	备择假设 H_1	检验统计量	H_0 为真时，统计量的分布	均值 μ_1,μ_2 未知条件下，在显著性水平 α 下的拒绝域
$\mu_1=\mu_2$	$\mu_1\neq\mu_2$	$U=\dfrac{\overline{X}-\overline{Y}}{\sqrt{\frac{\sigma_1^2}{n_1}+\frac{\sigma_2^2}{n_2}}}$ (σ_1^2,σ_2^2 均已知)	$N(0,1)$	$\lvert U\rvert>z_{\frac{\alpha}{2}}$
$\mu_1\leqslant\mu_2$	$\mu_1>\mu_2$			$U>z_\alpha$
$\mu_1\geqslant\mu_2$	$\mu_1<\mu_2$			$U<-z_\alpha$
$\mu_1=\mu_2$	$\mu_1\neq\mu_2$	$T=\dfrac{\overline{X}-\overline{Y}}{S_w\sqrt{\frac{1}{n_1}+\frac{1}{n_2}}}$ (σ_1^2,σ_2^2 均未知，且 $\sigma_1^2=\sigma_2^2$)	$t(n_1+n_2-2)$	$\lvert T\rvert>t_{\frac{\alpha}{2}}(n_1+n_2-2)$
$\mu_1\leqslant\mu_2$	$\mu_1>\mu_2$			$T>t_\alpha(n_1+n_2-2)$
$\mu_1\geqslant\mu_2$	$\mu_1<\mu_2$			$T<-t_\alpha(n_1+n_2-2)$

（续表）

原假设 H_0	备择假设 H_1	检验统计量	H_0 为真时，统计量的分布	均值 μ_1,μ_2 未知条件下，在显著性水平 α 下的拒绝域
$\sigma_1^2=\sigma_2^2$	$\sigma_1^2\neq\sigma_2^2$	$F=\dfrac{S_1^2}{S_2^2}$	$F(n_1-1,\ n_2-1)$	$F<F_{1-\frac{\alpha}{2}}(n_1-1,\ n_2-1)$ 或 $F>F_{\frac{\alpha}{2}}(n_1-1,\ n_2-1)$
$\sigma_1^2\leqslant\sigma_2^2$	$\sigma_1^2>\sigma_2^2$			$F>F_{\alpha}(n_1-1,\ n_2-1)$
$\sigma_1^2\geqslant\sigma_2^2$	$\sigma_1^2<\sigma_2^2$			$F<F_{1-\alpha}(n_1-1,\ n_2-1)$

数学家皮尔逊简介

皮尔逊

皮尔逊(Karl Pearson)1857 年 3 月 27 日生于伦敦，1936 年 4 月 27 日卒于萨里，是 20 世纪之交罕见的百科全书式的学者，是英国著名的统计学家、生物统计学家、应用数学家，又是名副其实的历史学家、科学哲学家、伦理学家、民俗学家、人类学家、宗教学家、优生学家、弹性和工程问题专家、头骨测量学家，也是精力充沛的社会活动家、律师、自由思想者、教育改革家、社会主义者、妇女解放的鼓吹者、婚姻和性问题的研究者，亦是受欢迎的教师、编辑、文学作品和人物传记的作者，还是一位身体力行的社会改革家.

皮尔逊 1875 年获剑桥大学皇家学院奖学金，进入剑桥大学学习，1879 年毕业，并获优等生称号. 在校期间，他除主修数学外，还学习法律，于 1881 年取得律师资格. 随后他又到德国海德堡大学、柏林大学继续深造，1882 年获硕士学位，不久又获博士学位；1884 年任伦敦大学学院戈德斯米德应用数学与力学教授. 1890—1900 年间，皮尔逊在高尔顿的指点下，研讨生物进化、返祖、遗传、自然选择、随机交配等问题. 1911 年皮尔逊应高尔顿的要求，辞去应用数学与力学教授的职位，应聘为优生学教授，并任生物统计系主任.

皮尔逊把数学运用于遗传和进化的随机过程，首创次数分布表与次数分布图，提出一系列次数曲线；推导出 χ^2 分布，提出 χ^2 检验，用以检验观测值与期望值之间的差异显著性；发展了回归和相关理论；为大样本理论奠定了基础. 皮尔逊的科学道路，是从数学研究开始，继之以哲学和法律学，进而研究生物学与遗传学，集大成于统计学.

1914 年第一次世界大战开始后，皮尔逊的研究转向用统计来处理和完成大量与战争有关的特殊计算工作，为反法西斯战争服务. 在这期间，他编辑发行了一些计算用表，以便利统计人员. 战争结束后，他又立即回到各种统计理论方面的研究. 1921—1933 年，他在伦敦大学学院应用统计系讲授 17、18 世纪统计学史. 1936 年 4 月 27 日皮尔逊在英格兰萨里郡的科尔德哈伯去世.

皮尔逊的成就和贡献，受到了统计学家们的推崇，使整个一代的西方统计学家在他的影响下成长起来. 皮尔逊于 1896 年被选为皇家学会会员，他还被选为“高尔登优生学教授”，是爱丁堡皇家学会的名誉会员、巴黎人类学会和苏联人类学会的会员.

皮尔逊1900年主持创办了著名的《生物统计学》杂志，他还曾担任《优生学记事》的编辑．他的主要著作有《科学的基本原理》《对进化论的数学贡献》《统计学家和生物统计学家用表》《死的可能性和进化论的其他研究》《F．高尔顿的生活、书信和工作》等．皮尔逊建立了世界上第一个数理统计实验室，吸引了大批训练有素的数理学家到这个实验室去做研究工作，培养了许多杰出的数理统计学家，推动了这个学科的发展．

总习题8

一、选择题

1. 关于检验水平 α 的设定，下列叙述错误的是（　　）．

A. α 的选取本质上是个实际问题，而非数学问题

B. 在检验实施之前，α 应是事先给定的，不可擅自改动

C. α 即为检验结果犯第一类错误的最大概率

D. 为了得到所希望的结论，可随时对 α 的值进行修正

2. 将由显著性水平所规定的拒绝域平分为两部分，置于概率分布的两边，每边占显著性水平的二分之一，这是（　　）．

A. 单侧检验　　B. 双侧检验　　C. 右侧检验　　D. 左侧检验

3. 关于检验的拒绝域 w，置信水平 α，及所谓的"小概率事件"，下列叙述错误的是（　　）．

A. α 的值即是对究竟多大概率才算"小"概率的量化描述

B. 事件 $\{(X_1, X_2, \cdots, X_n) \in W \mid H_0$ 为真$\}$ 即为一个小概率事件

C. 设 w 是样本空间的某个子集，指事件 $\{(X_1, X_2, \cdots, X_n) \in W \mid H_0$ 为真$\}$

D. 确定恰当的 w 是任何检验的本质问题

4. 设总体 $X \sim N(\mu, \sigma^2)$，σ^2 未知，通过样本 $(X_1, X_2, \cdots, X_n)$ 检验假设 $H_0: \mu = \mu_0$，此问题的拒绝域形式为（　　）．

A. $\left\{\dfrac{\bar{X}-100}{\dfrac{S}{\sqrt{n}}} > C\right\}$　　B. $\left\{\dfrac{\bar{X}-100}{\dfrac{S}{\sqrt{n}}} < C\right\}$　　C. $\left\{\left|\dfrac{\bar{X}-100}{\dfrac{S}{\sqrt{10}}}\right| > C\right\}$　　D. $\{\bar{X} > C\}$

5. 设 $(X_1, X_2, \cdots, X_n)$ 为来自总体 $N(\mu, \sigma^2)$ 的样本，若 μ 未知，$H_0: \sigma^2 \leqslant 100$；$H_1: \sigma^2 > 100$，$\alpha = 0.05$，关于此检验问题，下列不正确的是（　　）．

A. 检验统计量为 $\dfrac{\sum\limits_{i=1}^{n}(X_i - \bar{X})^2}{100}$　　B. 在 H_0 成立时，$\dfrac{(n-1)S^2}{100} \sim x^2(n-1)$

C. 拒绝域不是双侧的　　D. 拒绝域可以形如 $\left\{\sum\limits_{i=1}^{n}(X_i - \bar{X})^2 > k\right\}$

6. 设总体服从正态分布 $X \sim N(\mu, 3^2)$，$(x_1, x_2, \cdots, x_n)$ 是 X 的一组样本，在显著性水平 $\alpha = 0.05$ 下，假设"总体均值等于75"拒绝域为 $w = \{x_1, x_2, \cdots, x_n: \bar{x} < 74.02 \cup \bar{x} > 75.98\}$，则样本容量 $n =$（　　）．

A. 36　　B. 64　　C. 25　　D. 81

7. 在显著性水平 $\alpha = 0.05$ 下，对正态总体期望 μ 进行假设 $H_0: \mu = \mu_0$ 的检验，若经检验原假设被接

受，问在水平 $\alpha=0.01$ 下，下面结论正确的是(　　).

A. 接受 H_0　　B. 拒绝 H_0

C. 可能接受也可能拒绝 H_0　　D. 不接受也不拒绝 H_0

二、填空题

1. 为了校正试用的普通天平，把在该天平上称量为 100 g 的 10 个试样在计量标准天平上进行称量，得到结果为

$$99.3,\quad 98.7,\quad 100.5,\quad 101.2,\quad 98.3,\quad 99.7,\quad 99.5,\quad 102.1,\quad 100.5,\quad 99.2.$$

假设在天平上称量的结果服从正态分布，为检验普通天平与标准天平有无显著差异，H_0 为________.

2. 设样本 $(X_1, X_2, \cdots, X_{25})$ 来自总体 $N(\mu, 9)$，μ 未知，对于检验 $H_0: \mu=\mu_0 \leftrightarrow H_1: \mu=\mu_0$，取拒绝域形如 $|\bar{X}-\mu_0| \geqslant k$，若取 $\alpha=0.05$，则 k 值为________.

3. 设 $(x_1, x_2, \cdots, x_n)$ 是正态总体 $X \sim N(\mu, \sigma^2)$ 的一组样本. 现在需要在显著性水平 $\alpha=0.05$ 下检验假设 $H_0: \sigma^2=\sigma_0^2$. 如果已知常数 μ，则 H_0 的拒绝域 $w_1=$ ________；如果未知常数 u，则 H_0 的拒绝域 $w_2=$ ________.

4. 在一个假设检验问题中令 H_0 是原假设，H_1 时备择假设，则犯第一类错误的概率 $\alpha=P$ ________，犯第二类错误的概率 $\beta=P$ ________.

三、计算题

1. 假设某产品的质量服从正态分布，现在从一批产品中随机抽取 16 件，测得平均质量为 820 g，标准差为 60 g，试以显著性水平 $\alpha=0.01$ 与 $\alpha=0.05$，分别检验这批产品的平均质量是否是 800 g?

2. 某牌号彩电规定无故障时间为 10 000 h，厂家采取改进措施，现在从新批量彩电中抽取 100 台，测得平均无故障时间为 10 150 h，标准差为 500 h，能否据此判断该彩电无故障时间有显著增加?($\alpha=0.01$)

3. 医院从 2008 年元旦出生的新生儿中随机抽取了 50 名，测量他们的平均体重为 3 300 g，而 2007 年元旦时抽取的 50 名新生儿的平均体重是 3 200 g. 现假设根据以往的调查，新生儿体重的标准差是 65 g. 试问：在 $\alpha=0.05$ 的显著性水平下检验新生儿体重在这两年中是否有显著的变化?

4. 某种导线要求其平均拉力强度为 1 200 kg，一批产品在出厂时抽取了 100 个样本，测试结果 $\bar{x}=1\,150$ kg，$s=230$ kg，若以 $\alpha=0.01$ 能否认为这批产品的平均拉力强度低于 1 200 kg?

5. 某市全部职工中，平常订阅某种报纸的占 40%，最近从订阅率来看似乎出现减少的现象，随机抽 200 户职工家庭进行调查，有 76 户职工订阅该报纸，问报纸的订阅率是否显著降低?($\alpha=0.05$)

6. 冶炼某种金属有两种方法，现各随取一个样本，得产品种杂质含量(单位：g)如下：

甲：26.9，22.8，25.7，23.0，22.3，24.2，26.1，26.4，27.2，30.2，24.5，29.5，25.1；

乙：22.6，22.5，20.6，23.5，24.3，21.9，20.6，23.2，23.4.

已知产品杂质含量服从正态分布，问

(1) 所含产品杂质方差是否相等? (2) 甲种冶炼方法所生产产品杂质含量是否不大于乙种方法?

附表 1　泊松分布表

$$P\{X \geqslant m\} = \sum_{k=m}^{\infty} \frac{\lambda^k e^{-\lambda}}{k!}$$

m \ λ	0.1	0.2	0.3	0.4	0.5	0.6	0.7	0.8
0	1.000 000	1.000 000	1.000 000	1.000 000	1.000 000	1.000 000	1.000 000	1.000 000
1	0.095 163	0.181 269	0.259 182	0.329 680	0.393 469	0.451 188	0.503 415	0.550 671
2	0.004 679	0.017 523	0.036 936	0.061 552	0.090 204	0.121 901	0.155 805	0.191 208
3	0.000 155	0.001 148	0.003 599	0.007 926	0.014 388	0.023 115	0.034 142	0.047 423
4	0.000 004	0.000 057	0.000 266	0.000 776	0.001 752	0.003 358	0.005 753	0.009 080
5		0.000 002	0.000 016	0.000 061	0.000 172	0.000 394	0.000 786	0.001 411
6			0.000 001	0.000 004	0.000 014	0.000 039	0.000 090	0.000 184
7					0.000 001	0.000 003	0.000 009	0.000 021
8							0.000 001	0.000 002

m \ λ	0.9	1.0	1.5	2.0	2.5	3.0	3.5	4.0
0	1.000 000	1.000 000	1.000 000	1.000 000	1.000 000	1.000 000	1.000 000	1.000 000
1	0.593 430	0.632 121	0.776 870	0.864 665	0.917 915	0.950 213	0.969 803	0.981 684
2	0.227 518	0.264 241	0.442 175	0.593 994	0.712 703	0.800 852	0.864 112	0.908 422
3	0.062 857	0.080 301	0.191 153	0.323 324	0.456 187	0.576 810	0.679 153	0.761 897
4	0.013 459	0.018 988	0.065 642	0.142 877	0.242 424	0.352 768	0.463 367	0.566 530
5	0.002 344	0.003 660	0.018 576	0.052 653	0.108 822	0.184 737	0.274 555	0.371 163
6	0.000 343	0.000 594	0.004 456	0.016 564	0.042 021	0.083 918	0.142 386	0.214 870
7	0.000 043	0.000 083	0.000 926	0.004 534	0.014 187	0.033 509	0.065 288	0.110 674
8	0.000 005	0.000 010	0.000 170	0.001 097	0.004 247	0.011 905	0.026 739	0.051 134
9		0.000 001	0.000 028	0.000 237	0.001 140	0.003 803	0.009 874	0.021 363
10			0.000 004	0.000 046	0.000 277	0.001 102	0.003 315	0.008 132
11			0.000 001	0.000 008	0.000 062	0.000 292	0.001 019	0.002 840
12				0.000 001	0.000 013	0.000 071	0.000 289	0.000 915
13					0.000 002	0.000 016	0.000 076	0.000 274
14						0.000 003	0.000 019	0.000 076
15						0.000 001	0.000 004	0.000 020
16							0.000 001	0.000 005
17								0.000 001

m \ λ	4.5	5.0	5.5	6.0	6.5	7.0	7.5	8.0
0	1.000 000	1.000 000	1.000 000	1.000 000	1.000 000	1.000 000	1.000 000	1.000 000
1	0.988 891	0.993 262	0.995 913	0.997 521	0.998 497	0.999 088	0.999 447	0.999 665
2	0.938 901	0.959 572	0.973 436	0.982 649	0.988 724	0.992 705	0.995 299	0.996 981
3	0.826 422	0.875 348	0.911 624	0.938 031	0.956 964	0.970 364	0.979 743	0.986 246
4	0.657 704	0.734 974	0.798 301	0.848 796	0.888 150	0.918 235	0.940 855	0.957 620
5	0.467 896	0.559 507	0.642 482	0.714 943	0.776 328	0.827 008	0.867 938	0.900 368
6	0.297 070	0.384 039	0.471 081	0.554 320	0.630 959	0.699 292	0.758 564	0.808 764
7	0.168 949	0.237 817	0.313 964	0.393 697	0.473 476	0.550 289	0.621 845	0.686 626
8	0.086 586	0.133 372	0.190 515	0.256 020	0.327 242	0.401 286	0.475 361	0.547 039
9	0.040 257	0.068 094	0.105 643	0.152 763	0.208 427	0.270 909	0.338 033	0.407 453
10	0.017 093	0.031 828	0.053 777	0.083 924	0.122 616	0.169 504	0.223 592	0.283 376
11	0.006 669	0.013 695	0.025 251	0.042 621	0.066 839	0.098 521	0.137 762	0.184 114
12	0.002 404	0.005 453	0.010 988	0.020 092	0.033 880	0.053 350	0.079 241	0.111 924
13	0.000 805	0.002 019	0.004 451	0.008 827	0.016 027	0.027 000	0.042 666	0.063 797
14	0.000 252	0.000 698	0.001 685	0.003 628	0.007 100	0.012 811	0.021 565	0.034 181
15	0.000 074	0.000 226	0.000 599	0.001 400	0.002 956	0.005 717	0.010 260	0.017 257
16	0.000 020	0.000 069	0.000 200	0.000 509	0.001 160	0.002 407	0.004 608	0.008 231
17	0.000 005	0.000 020	0.000 063	0.000 175	0.000 430	0.000 958	0.001 959	0.003 718
18	0.000 001	0.000 005	0.000 019	0.000 057	0.000 151	0.000 362	0.000 790	0.001 594
19		0.000 001	0.000 005	0.000 018	0.000 051	0.000 130	0.000 303	0.000 650
20			0.000 001	0.000 005	0.000 016	0.000 044	0.000 111	0.000 253
21				0.000 001	0.000 005	0.000 014	0.000 039	0.000 094
22					0.000 001	0.000 005	0.000 013	0.000 033
23						0.000 001	0.000 004	0.000 011
24							0.000 001	0.000 004
25								0.000 001

m \ λ	8.5	9.0	9.5	10.0	m \ λ	20.0	m \ λ	30.0
0	1.000 000	1.000 000	1.000 000	1.000 000	3	1.000 000	7	1.000 000
1	0.999 797	0.999 877	0.999 925	0.999 955	4	0.999 997	8	0.999 999
2	0.998 067	0.998 766	0.999 214	0.999 501	5	0.999 983	9	0.999 998
3	0.990 717	0.993 768	0.995 836	0.997 231	6	0.999 928	10	0.999 993
4	0.969 891	0.978 774	0.985 140	0.989 664	7	0.999 745	11	0.999 978
5	0.925 636	0.945 036	0.959 737	0.970 747	8	0.999 221	12	0.999 936
6	0.850 403	0.884 309	0.911 472	0.932 914	9	0.997 913	13	0.999 832
7	0.743 822	0.793 219	0.835 051	0.869 859	10	0.995 005	14	0.999 593
8	0.614 403	0.676 103	0.731 337	0.779 779	11	0.989 188	15	0.999 079
9	0.476 895	0.544 347	0.608 177	0.667 180	12	0.978 613	16	0.998 053
10	0.347 026	0.412 592	0.478 174	0.542 070	13	0.960 988	17	0.996 127
11	0.236 638	0.294 012	0.354 672	0.416 960	14	0.933 872	18	0.992 730
12	0.151 338	0.196 992	0.248 010	0.303 224	15	0.895 136	19	0.987 067
13	0.090 917	0.124 227	0.163 570	0.208 444	16	0.843 487	20	0.978 127
14	0.051 411	0.073 851	0.101 864	0.135 536	17	0.778 926	21	0.964 715
15	0.027 425	0.041 466	0.059 992	0.083 458	18	0.702 972	22	0.945 557
16	0.013 833	0.022 036	0.033 473	0.048 740	19	0.618 578	23	0.919 431
17	0.006 613	0.011 106	0.017 727	0.027 042	20	0.529 743	24	0.885 354
18	0.003 002	0.005 320	0.008 928	0.014 278	21	0.440 907	25	0.842 758
19	0.001 297	0.002 426	0.004 284	0.007 187	22	0.356 302	26	0.791 643
20	0.000 535	0.001 056	0.001 962	0.003 454	23	0.279 389	27	0.732 663
21	0.000 211	0.000 439	0.000 859	0.001 588	24	0.212 507	28	0.667 131
22	0.000 079	0.000 175	0.000 361	0.000 700	25	0.156 773	29	0.596 918
23	0.000 029	0.000 067	0.000 145	0.000 296	26	0.112 185	30	0.524 283
24	0.000 010	0.000 025	0.000 056	0.000 120	27	0.077 887	31	0.451 648
25	0.000 003	0.000 009	0.000 021	0.000 047	28	0.052 481	32	0.381 357
26	0.000 001	0.000 003	0.000 007	0.000 018	29	0.034 334	33	0.315 459
27		0.000 001	0.000 003	0.000 006	30	0.021 818	34	0.255 551
28			0.000 001	0.000 002	31	0.013 475	35	0.202 692
29				0.000 001	32	0.008 092	36	0.157 383
					33	0.004 727	37	0.119 627
					34	0.002 688	38	0.089 013
					35	0.001 489	39	0.064 844
					36	0.000 804	40	0.046 253
					37	0.000 423	41	0.032 310
					38	0.000 217	42	0.022 107
					39	0.000 109	43	0.014 820
					40	0.000 053	44	0.009 735
					41	0.000 025	45	0.006 269
					42	0.000 012	46	0.003 958
					43	0.000 005	47	0.002 450
					44	0.000 002	48	0.001 488
					45	0.000 001	49	0.000 887
							50	0.000 519

附表 2　标准正态分布函数数值表

$$\Phi(z)=P\{Z \leqslant z\}=\int_{-\infty}^{z} \frac{1}{\sqrt{2\pi}} e^{-\frac{x^2}{2}} dx$$

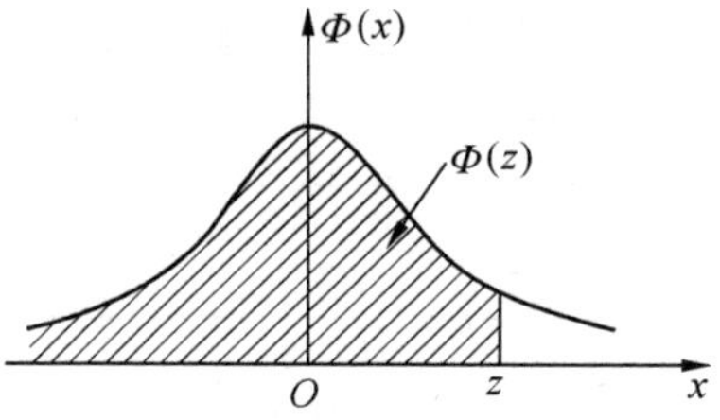

z	0.00	0.01	0.02	0.03	0.04	0.05	0.06	0.07	0.08	0.09
0.0	0.500 0	0.504 0	0.508 0	0.512 0	0.516 0	0.519 9	0.523 9	0.527 9	0.531 9	0.535 9
0.1	0.539 8	0.543 8	0.547 8	0.551 7	0.555 7	0.559 6	0.563 6	0.567 5	0.571 4	0.575 3
0.2	0.579 3	0.583 2	0.587 1	0.591 0	0.594 8	0.598 7	0.602 6	0.606 4	0.610 3	0.614 1
0.3	0.617 9	0.621 7	0.625 5	0.629 3	0.633 1	0.636 8	0.640 6	0.644 3	0.648 0	0.651 7
0.4	0.655 4	0.659 1	0.662 8	0.666 4	0.670 0	0.673 6	0.677 2	0.680 8	0.684 4	0.687 9
0.5	0.691 5	0.695 0	0.698 5	0.701 9	0.705 4	0.708 8	0.712 3	0.715 7	0.719 0	0.722 4
0.6	0.725 7	0.729 1	0.732 4	0.735 7	0.738 9	0.742 2	0.745 4	0.748 6	0.751 7	0.754 9
0.7	0.758 0	0.761 1	0.764 2	0.767 3	0.770 4	0.773 4	0.776 4	0.779 4	0.782 3	0.785 2
0.8	0.788 1	0.791 0	0.793 9	0.796 7	0.799 5	0.802 3	0.805 1	0.807 8	0.810 6	0.813 3
0.9	0.815 9	0.818 6	0.821 2	0.823 8	0.826 4	0.828 9	0.831 5	0.834 0	0.836 5	0.838 9
1.0	0.841 3	0.843 8	0.846 1	0.848 5	0.850 8	0.853 1	0.855 4	0.857 7	0.859 9	0.862 1
1.1	0.864 3	0.866 5	0.868 6	0.870 8	0.872 9	0.874 9	0.877 0	0.879 0	0.881 0	0.883 0
1.2	0.884 9	0.886 9	0.888 8	0.890 7	0.892 5	0.894 4	0.896 2	0.898 0	0.899 7	0.901 5
1.3	0.903 2	0.904 9	0.906 6	0.908 2	0.909 9	0.911 5	0.913 1	0.914 7	0.916 2	0.917 7
1.4	0.919 2	0.920 7	0.922 2	0.923 6	0.925 1	0.926 5	0.927 9	0.929 2	0.930 6	0.931 9
1.5	0.933 2	0.934 5	0.935 7	0.937 0	0.938 2	0.939 4	0.940 6	0.941 8	0.942 9	0.944 1
1.6	0.945 2	0.946 3	0.947 4	0.948 4	0.949 5	0.950 5	0.951 5	0.952 5	0.953 5	0.954 5
1.7	0.955 4	0.956 4	0.957 3	0.958 2	0.959 1	0.959 9	0.960 8	0.961 6	0.962 5	0.963 3
1.8	0.964 1	0.964 9	0.965 6	0.966 4	0.967 1	0.967 8	0.968 6	0.969 3	0.969 9	0.970 6
1.9	0.971 3	0.971 9	0.972 6	0.973 2	0.973 8	0.974 4	0.975 0	0.975 6	0.976 1	0.976 7
2.0	0.977 2	0.977 8	0.978 3	0.978 8	0.979 3	0.979 8	0.980 3	0.980 8	0.981 2	0.981 7
2.1	0.982 1	0.982 6	0.983 0	0.983 4	0.983 8	0.984 2	0.984 6	0.985 0	0.985 4	0.985 7
2.2	0.986 1	0.986 4	0.986 8	0.987 1	0.987 5	0.987 8	0.988 1	0.988 4	0.988 7	0.989 0

（续表）

z	0.00	0.01	0.02	0.03	0.04	0.05	0.06	0.07	0.08	0.09
2.3	0.989 3	0.989 6	0.989 8	0.990 1	0.990 4	0.990 6	0.990 9	0.991 1	0.991 3	0.991 6
2.4	0.991 8	0.992 0	0.992 2	0.992 5	0.992 7	0.992 9	0.993 1	0.993 2	0.993 4	0.993 6
2.5	0.993 8	0.994 0	0.994 1	0.994 3	0.994 5	0.994 6	0.994 8	0.994 9	0.995 1	0.995 2
2.6	0.995 3	0.995 5	0.995 6	0.995 7	0.995 9	0.996 0	0.996 1	0.996 2	0.996 3	0.996 4
2.7	0.996 5	0.996 6	0.996 7	0.996 8	0.996 9	0.997 0	0.997 1	0.997 2	0.997 3	0.997 4
2.8	0.997 4	0.997 5	0.997 6	0.997 7	0.997 7	0.997 8	0.997 9	0.997 9	0.998 0	0.998 1
2.9	0.998 1	0.998 2	0.998 2	0.998 3	0.998 4	0.998 4	0.998 5	0.998 5	0.998 6	0.998 6
3.0	0.998 7	0.998 7	0.998 7	0.998 8	0.998 8	0.998 9	0.998 9	0.998 9	0.999 0	0.999 0
3.1	0.999 0	0.999 1	0.999 1	0.999 1	0.999 2	0.999 2	0.999 2	0.999 2	0.999 3	0.999 3
3.2	0.999 3	0.999 3	0.999 4	0.999 4	0.999 4	0.999 4	0.999 4	0.999 5	0.999 5	0.999 5
3.3	0.999 5	0.999 5	0.999 5	0.999 6	0.999 6	0.999 6	0.999 6	0.999 6	0.999 6	0.999 7
3.4	0.999 7	0.999 7	0.999 7	0.999 7	0.999 7	0.999 7	0.999 7	0.999 7	0.999 7	0.999 8
3.5	0.999 8	0.999 8	0.999 8	0.999 8	0.999 8	0.999 8	0.999 8	0.999 8	0.999 8	0.999 8
3.6	0.999 8	0.999 8	0.999 9	0.999 9	0.999 9	0.999 9	0.999 9	0.999 9	0.999 9	0.999 9
3.7	0.999 9	0.999 9	0.999 9	0.999 9	0.999 9	0.999 9	0.999 9	0.999 9	0.999 9	0.999 9
3.8	0.999 9	0.999 9	0.999 9	0.999 9	0.999 9	0.999 9	0.999 9	0.999 9	0.999 9	0.999 9
3.9	1.000 0	1.000 0	1.000 0	1.000 0	1.000 0	1.000 0	1.000 0	1.000 0	1.000 0	1.000 0
4.0	1.000 0	1.000 0	1.000 0	1.000 0	1.000 0	1.000 0	1.000 0	1.000 0	1.000 0	1.000 0

附表3 χ^2 分布 α 分位数表

$$P\{\chi^2 > \chi^2_\alpha(n)\} = \alpha$$

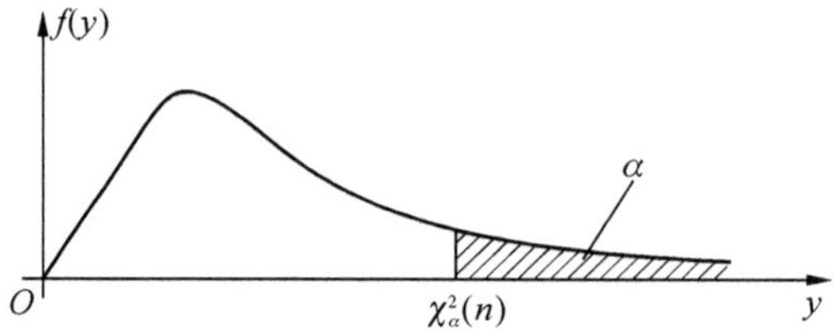

n \ α	0.995	0.990	0.975	0.950	0.900	0.100	0.050	0.025	0.010	0.005
1	0.000	0.000	0.001	0.004	0.016	2.706	3.842	5.024	6.635	7.879
2	0.010	0.020	0.051	0.103	0.211	4.605	5.992	7.378	9.210	10.597
3	0.072	0.115	0.216	0.352	0.584	6.251	7.815	9.348	11.345	12.838
4	0.207	0.297	0.484	0.711	1.064	7.779	9.488	11.143	13.277	14.860
5	0.412	0.554	0.831	1.146	1.610	9.236	11.071	12.833	15.086	16.750
6	0.676	0.872	1.237	1.635	2.204	10.645	12.592	14.449	16.812	18.548
7	0.989	1.239	1.690	2.167	2.833	12.017	14.067	16.013	18.475	20.278
8	1.344	1.647	2.180	2.733	3.490	13.362	15.507	17.535	20.090	21.955
9	1.735	2.088	2.700	3.325	4.168	14.684	16.919	19.023	21.666	23.589
10	2.156	2.558	3.247	3.940	4.865	15.987	18.307	20.483	23.209	25.188
11	2.603	3.054	3.816	4.575	5.578	17.275	19.675	21.920	24.725	26.757
12	3.074	3.571	4.404	5.226	6.304	18.549	21.026	23.337	26.217	28.300
13	3.565	4.107	5.009	5.892	7.042	19.812	22.362	24.736	27.688	29.820
14	4.075	4.660	5.629	6.571	7.790	21.064	23.685	26.119	29.141	31.319
15	4.601	5.229	6.262	7.261	8.547	22.307	24.996	27.488	30.578	32.801
16	5.142	5.812	6.908	7.962	9.312	23.542	26.296	28.845	32.000	34.267
17	5.697	6.408	7.564	8.672	10.085	24.769	27.587	30.191	33.409	35.719
18	6.265	7.015	8.231	9.391	10.865	25.989	28.869	31.526	34.805	37.157
19	6.844	7.633	8.907	10.117	11.651	27.204	30.144	32.852	36.191	38.582
20	7.434	8.260	9.591	10.851	12.443	28.412	31.410	34.170	37.566	39.997
21	8.034	8.897	10.283	11.591	13.240	29.615	32.671	35.479	38.932	41.401
22	8.643	9.543	10.982	12.338	14.042	30.813	33.924	36.781	40.289	42.796
23	9.260	10.196	11.689	13.091	14.848	32.007	35.173	38.076	41.638	44.181

（续表）

n \ α	0.995	0.990	0.975	0.950	0.900	0.100	0.050	0.025	0.010	0.005
24	9.886	10.856	12.401	13.848	15.659	33.196	36.415	39.364	42.980	45.559
25	10.520	11.524	13.120	14.611	16.473	34.382	37.653	40.647	44.314	46.928
26	11.160	12.198	13.844	15.379	17.292	35.563	38.885	41.923	45.642	48.290
27	11.808	12.879	14.573	16.151	18.114	36.741	40.113	43.195	46.963	49.645
28	12.461	13.565	15.308	16.928	18.939	37.916	41.337	44.461	48.278	50.993
29	13.121	14.257	16.047	17.708	19.768	39.088	42.557	45.722	49.588	52.336
30	13.787	14.954	16.791	18.493	20.599	40.256	43.773	46.979	50.892	53.672
31	14.458	15.656	17.539	19.281	21.434	41.422	44.985	48.232	52.191	55.003
32	15.134	16.362	18.291	20.072	22.271	42.585	46.194	49.480	53.486	56.328
33	15.815	17.074	19.047	20.867	23.110	43.745	47.400	50.725	54.776	57.648
34	16.501	17.789	19.806	21.664	23.952	44.903	48.602	51.966	56.061	58.964
35	17.192	18.509	20.569	22.465	24.797	46.059	49.802	53.203	57.342	60.275
36	17.887	19.233	21.336	23.269	25.643	47.212	50.999	54.437	58.619	61.581
37	18.586	19.960	22.106	24.075	26.492	48.363	52.192	55.668	59.893	62.883
38	19.289	20.691	22.879	24.884	27.343	49.513	53.384	56.896	61.162	64.181
39	19.996	21.426	23.654	25.695	28.196	50.660	54.572	58.120	62.428	65.476
40	20.707	22.164	24.433	26.509	29.051	51.805	55.759	59.342	63.691	66.766
41	21.421	22.906	25.215	27.326	29.907	52.949	56.942	60.561	64.950	68.053
42	22.139	23.650	25.999	28.144	30.765	54.090	58.124	61.777	66.206	69.336
43	22.860	24.398	26.785	28.965	31.626	55.230	59.304	62.990	67.459	70.616
44	23.584	25.148	27.575	29.788	32.487	56.369	60.481	64.202	68.710	71.893
45	24.311	25.901	28.366	30.612	33.350	57.505	61.656	65.410	69.957	73.166
46	25.041	26.657	29.160	31.439	34.215	58.641	62.830	66.617	71.201	74.437
47	25.775	27.416	29.956	32.268	35.081	59.774	64.001	67.821	72.443	75.704
48	26.511	28.177	30.755	33.098	35.949	60.907	65.171	69.023	73.683	76.969
49	27.249	28.941	31.555	33.930	36.818	62.038	66.339	70.222	74.920	78.231
50	27.991	29.707	32.357	34.764	37.689	63.167	67.505	71.420	76.154	79.490

附表 4　t 分布 α 分位数表

$$P\{T > t_{\alpha}(n)\} = \alpha$$

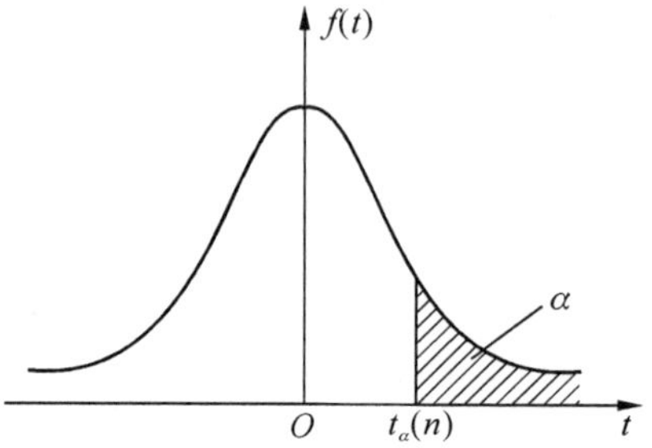

n \ α	0.1	0.05	0.025	0.01	0.005	0.001	0.000 5
1	3.077 7	6.313 8	12.706 2	31.820 5	63.656 7	318.308 8	636.619 2
2	1.885 6	2.920 0	4.302 7	6.964 6	9.924 8	22.327 1	31.599 1
3	1.637 7	2.353 4	3.182 4	4.540 7	5.840 9	10.214 5	12.924 0
4	1.533 2	2.131 8	2.776 4	3.746 9	4.604 1	7.173 2	8.610 3
5	1.475 9	2.015 0	2.570 6	3.364 9	4.032 1	5.893 4	6.868 8
6	1.439 8	1.943 2	2.446 9	3.142 7	3.707 4	5.207 6	5.958 8
7	1.414 9	1.894 6	2.364 6	2.998 0	3.499 5	4.785 3	5.407 9
8	1.396 8	1.859 5	2.306 0	2.896 5	3.355 4	4.500 8	5.041 3
9	1.383 0	1.833 1	2.262 2	2.821 4	3.249 8	4.296 8	4.780 9
10	1.372 2	1.812 5	2.228 1	2.763 8	3.169 3	4.143 7	4.586 9
11	1.363 4	1.795 9	2.201 0	2.718 1	3.105 8	4.024 7	4.437 0
12	1.356 2	1.782 3	2.178 8	2.681 0	3.054 5	3.929 6	4.317 8
13	1.350 2	1.770 9	2.160 4	2.650 3	3.012 3	3.852 0	4.220 8
14	1.345 0	1.761 3	2.144 8	2.624 5	2.976 8	3.787 4	4.140 5
15	1.340 6	1.753 1	2.131 4	2.602 5	2.946 7	3.732 8	4.072 8
16	1.336 8	1.745 9	2.119 9	2.583 5	2.920 8	3.686 2	4.015 0
17	1.333 4	1.739 6	2.109 8	2.566 9	2.898 2	3.645 8	3.965 1
18	1.330 4	1.734 1	2.100 9	2.552 4	2.878 4	3.610 5	3.921 6
19	1.327 7	1.729 1	2.093 0	2.539 5	2.860 9	3.579 4	3.883 4
20	1.325 3	1.724 7	2.086 0	2.528 0	2.845 3	3.551 8	3.849 5
21	1.323 2	1.720 7	2.079 6	2.517 6	2.831 4	3.527 2	3.819 3

（续表）

n \ α	0.1	0.05	0.025	0.01	0.005	0.001	0.000 5
22	1.321 2	1.717 1	2.073 9	2.508 3	2.818 8	3.505 0	3.792 1
23	1.319 5	1.713 9	2.068 7	2.499 9	2.807 3	3.485 0	3.767 6
24	1.317 8	1.710 9	2.063 9	2.492 2	2.796 9	3.466 8	3.745 4
25	1.316 3	1.708 1	2.059 5	2.485 1	2.787 4	3.450 2	3.725 1
26	1.315 0	1.705 6	2.055 5	2.478 6	2.778 7	3.435 0	3.706 6
27	1.313 7	1.703 3	2.051 8	2.472 7	2.770 7	3.421 0	3.689 6
28	1.312 5	1.701 1	2.048 4	2.467 1	2.763 3	3.408 2	3.673 9
29	1.311 4	1.699 1	2.045 2	2.462 0	2.756 4	3.396 2	3.659 4
30	1.310 4	1.697 3	2.042 3	2.457 3	2.750 0	3.385 2	3.646 0
31	1.309 5	1.695 5	2.039 5	2.452 8	2.744 0	3.374 9	3.633 5
32	1.308 6	1.693 9	2.036 9	2.448 7	2.738 5	3.365 3	3.621 8
33	1.307 7	1.692 4	2.034 5	2.444 8	2.733 3	3.356 3	3.610 9
34	1.307 0	1.690 9	2.032 2	2.441 1	2.728 4	3.347 9	3.600 7
35	1.306 2	1.689 6	2.030 1	2.437 7	2.723 8	3.340 0	3.591 1
36	1.305 5	1.688 3	2.028 1	2.434 5	2.719 5	3.332 6	3.582 1
37	1.304 9	1.687 1	2.026 2	2.431 4	2.715 4	3.325 6	3.573 7
38	1.304 2	1.686 0	2.024 4	2.428 6	2.711 6	3.319 0	3.565 7
39	1.303 6	1.684 9	2.022 7	2.425 8	2.707 9	3.312 8	3.558 1
40	1.303 1	1.683 9	2.021 1	2.423 3	2.704 5	3.306 9	3.551 0
60	1.295 8	1.670 6	2.000 3	2.390 1	2.660 3	3.231 7	3.460 2
80	1.292 2	1.664 1	1.990 1	2.373 9	2.638 7	3.195 3	3.416 3
100	1.290 1	1.660 2	1.984 0	2.364 2	2.625 9	3.173 7	3.390 5

附表 5　F 分布 α 分位数表

$$P\{F > F_\alpha(n_1, n_2)\} = \alpha$$

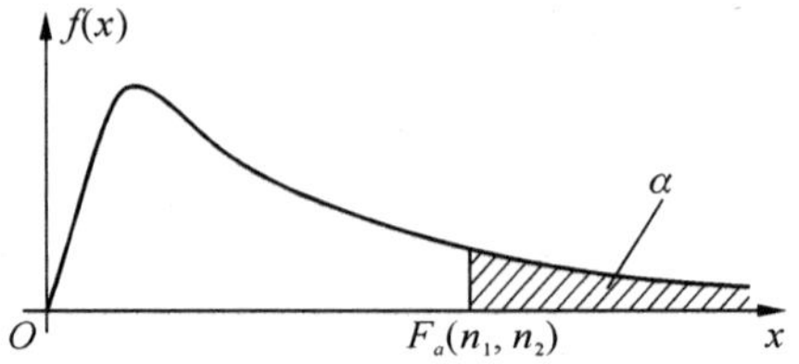

$\alpha=0.1$

n_2 \ n_1	1	2	3	4	5	6	7	8	9	10
1	39.86	49.50	53.59	55.83	57.24	58.20	58.91	59.44	59.86	60.19
2	8.53	9.00	9.16	9.24	9.29	9.33	9.35	9.37	9.38	9.39
3	5.54	5.46	5.39	5.34	5.31	5.28	5.27	5.25	5.24	5.23
4	4.54	4.32	4.19	4.11	4.05	4.01	3.98	3.95	3.94	3.92
5	4.06	3.78	3.62	3.52	3.45	3.40	3.37	3.34	3.32	3.30
6	3.78	3.46	3.29	3.18	3.11	3.05	3.01	2.98	2.96	2.94
7	3.59	3.26	3.07	2.96	2.88	2.83	2.78	2.75	2.72	2.70
8	3.46	3.11	2.92	2.81	2.73	2.67	2.62	2.59	2.56	2.54
9	3.36	3.01	2.81	2.69	2.61	2.55	2.51	2.47	2.44	2.42
10	3.29	2.92	2.73	2.61	2.52	2.46	2.41	2.38	2.35	2.32
11	3.23	2.86	2.66	2.54	2.45	2.39	2.34	2.30	2.27	2.25
12	3.18	2.81	2.61	2.48	2.39	2.33	2.28	2.24	2.21	2.19
13	3.14	2.76	2.56	2.43	2.35	2.28	2.23	2.20	2.16	2.14
14	3.10	2.73	2.52	2.39	2.31	2.24	2.19	2.15	2.12	2.10
15	3.07	2.70	2.49	2.36	2.27	2.21	2.16	2.12	2.09	2.06
16	3.05	2.67	2.46	2.33	2.24	2.18	2.13	2.09	2.06	2.03
17	3.03	2.64	2.44	2.31	2.22	2.15	2.10	2.06	2.03	2.00
18	3.01	2.62	2.42	2.29	2.20	2.13	2.08	2.04	2.00	1.98
19	2.99	2.61	2.40	2.27	2.18	2.11	2.06	2.02	1.98	1.96
20	2.97	2.59	2.38	2.25	2.16	2.09	2.04	2.00	1.96	1.94
21	2.96	2.57	2.36	2.23	2.14	2.08	2.02	1.98	1.95	1.92
22	2.95	2.56	2.35	2.22	2.13	2.06	2.01	1.97	1.93	1.90
23	2.94	2.55	2.34	2.21	2.11	2.05	1.99	1.95	1.92	1.89
24	2.93	2.54	2.33	2.19	2.10	2.04	1.98	1.94	1.91	1.88
25	2.92	2.53	2.32	2.18	2.09	2.02	1.97	1.93	1.89	1.87
26	2.91	2.52	2.31	2.17	2.08	2.01	1.96	1.92	1.88	1.86
27	2.90	2.51	2.30	2.17	2.07	2.00	1.95	1.91	1.87	1.85
28	2.89	2.50	2.29	2.16	2.06	2.00	1.94	1.90	1.87	1.84
29	2.89	2.50	2.28	2.15	2.06	1.99	1.93	1.89	1.86	1.83
30	2.88	2.49	2.28	2.14	2.05	1.98	1.93	1.88	1.85	1.82
40	2.84	2.44	2.23	2.09	2.00	1.93	1.87	1.83	1.79	1.76
50	2.81	2.41	2.20	2.06	1.97	1.90	1.84	1.80	1.76	1.73
60	2.79	2.39	2.18	2.04	1.95	1.87	1.82	1.77	1.74	1.71
70	2.78	2.38	2.16	2.03	1.93	1.86	1.80	1.76	1.72	1.69
80	2.77	2.37	2.15	2.02	1.92	1.85	1.79	1.75	1.71	1.68
100	2.76	2.36	2.14	2.00	1.91	1.83	1.78	1.73	1.69	1.66
120	2.75	2.35	2.13	1.99	1.90	1.82	1.77	1.72	1.68	1.65
140	2.74	2.34	2.12	1.99	1.89	1.82	1.76	1.71	1.68	1.64
160	2.74	2.34	2.12	1.98	1.88	1.81	1.75	1.71	1.67	1.64
180	2.73	2.33	2.11	1.98	1.88	1.81	1.75	1.70	1.67	1.63

$\alpha=0.1$

n_2 \ n_1	11	12	15	20	25	30	40	60	120	200
1	60.47	60.71	61.22	61.74	62.05	62.26	62.53	62.79	63.06	63.17
2	9.40	9.41	9.42	9.44	9.45	9.46	9.47	9.47	9.48	9.49
3	5.22	5.22	5.20	5.18	5.17	5.17	5.16	5.15	5.14	5.14
4	3.91	3.90	3.87	3.84	3.83	3.82	3.80	3.79	3.78	3.77
5	3.28	3.27	3.24	3.21	3.19	3.17	3.16	3.14	3.12	3.12
6	2.92	2.90	2.87	2.84	2.81	2.80	2.78	2.76	2.74	2.73
7	2.68	2.67	2.63	2.59	2.57	2.56	2.54	2.51	2.49	2.48
8	2.52	2.50	2.46	2.42	2.40	2.38	2.36	2.34	2.32	2.31
9	2.40	2.38	2.34	2.30	2.27	2.25	2.23	2.21	2.18	2.17
10	2.30	2.28	2.24	2.20	2.17	2.16	2.13	2.11	2.08	2.07
11	2.23	2.21	2.17	2.12	2.10	2.08	2.05	2.03	2.00	1.99
12	2.17	2.15	2.10	2.06	2.03	2.01	1.99	1.96	1.93	1.92
13	2.12	2.10	2.05	2.01	1.98	1.96	1.93	1.90	1.88	1.86
14	2.07	2.05	2.01	1.96	1.93	1.91	1.89	1.86	1.83	1.82
15	2.04	2.02	1.97	1.92	1.89	1.87	1.85	1.82	1.79	1.77
16	2.01	1.99	1.94	1.89	1.86	1.84	1.81	1.78	1.75	1.74
17	1.98	1.96	1.91	1.86	1.83	1.81	1.78	1.75	1.72	1.71
18	1.95	1.93	1.89	1.84	1.80	1.78	1.75	1.72	1.69	1.68
19	1.93	1.91	1.86	1.81	1.78	1.76	1.73	1.70	1.67	1.65
20	1.91	1.89	1.84	1.79	1.76	1.74	1.71	1.68	1.64	1.63
21	1.90	1.87	1.83	1.78	1.74	1.72	1.69	1.66	1.62	1.61
22	1.88	1.86	1.81	1.76	1.73	1.70	1.67	1.64	1.60	1.59
23	1.87	1.84	1.80	1.74	1.71	1.69	1.66	1.62	1.59	1.57
24	1.85	1.83	1.78	1.73	1.70	1.67	1.64	1.61	1.57	1.56
25	1.84	1.82	1.77	1.72	1.68	1.66	1.63	1.59	1.56	1.54
26	1.83	1.81	1.76	1.71	1.67	1.65	1.61	1.58	1.54	1.53
27	1.82	1.80	1.75	1.70	1.66	1.64	1.60	1.57	1.53	1.52
28	1.81	1.79	1.74	1.69	1.65	1.63	1.59	1.56	1.52	1.50
29	1.80	1.78	1.73	1.68	1.64	1.62	1.58	1.55	1.51	1.49
30	1.79	1.77	1.72	1.67	1.63	1.61	1.57	1.54	1.50	1.48
40	1.74	1.71	1.66	1.61	1.57	1.54	1.51	1.47	1.42	1.41
50	1.70	1.68	1.63	1.57	1.53	1.50	1.46	1.42	1.38	1.36
60	1.68	1.66	1.60	1.54	1.50	1.48	1.44	1.40	1.35	1.33
70	1.66	1.64	1.59	1.53	1.49	1.46	1.42	1.37	1.32	1.30
80	1.65	1.63	1.57	1.51	1.47	1.44	1.40	1.36	1.31	1.28
100	1.64	1.61	1.56	1.49	1.45	1.42	1.38	1.34	1.28	1.26
120	1.63	1.60	1.55	1.48	1.44	1.41	1.37	1.32	1.26	1.24
140	1.62	1.59	1.54	1.47	1.43	1.40	1.36	1.31	1.25	1.22
160	1.61	1.59	1.53	1.47	1.42	1.39	1.35	1.30	1.24	1.21
180	1.61	1.58	1.53	1.46	1.42	1.39	1.34	1.29	1.23	1.21

$\alpha=0.05$

n_2 \ n_1	1	2	3	4	5	6	7	8	9	10
1	161.45	199.50	215.71	224.58	230.16	233.99	236.77	238.88	240.54	241.88
2	18.51	19.00	19.16	19.25	19.30	19.33	19.35	19.37	19.38	19.40
3	10.13	9.55	9.28	9.12	9.01	8.94	8.89	8.85	8.81	8.79
4	7.71	6.94	6.59	6.39	6.26	6.16	6.09	6.04	6.00	5.96
5	6.61	5.79	5.41	5.19	5.05	4.95	4.88	4.82	4.77	4.74
6	5.99	5.14	4.76	4.53	4.39	4.28	4.21	4.15	4.10	4.06
7	5.59	4.74	4.35	4.12	3.97	3.87	3.79	3.73	3.68	3.64
8	5.32	4.46	4.07	3.84	3.69	3.58	3.50	3.44	3.39	3.35
9	5.12	4.26	3.86	3.63	3.48	3.37	3.29	3.23	3.18	3.14
10	4.96	4.10	3.71	3.48	3.33	3.22	3.14	3.07	3.02	2.98
11	4.84	3.98	3.59	3.36	3.20	3.09	3.01	2.95	2.90	2.85
12	4.75	3.89	3.49	3.26	3.11	3.00	2.91	2.85	2.80	2.75
13	4.67	3.81	3.41	3.18	3.03	2.92	2.83	2.77	2.71	2.67
14	4.60	3.74	3.34	3.11	2.96	2.85	2.76	2.70	2.65	2.60
15	4.54	3.68	3.29	3.06	2.90	2.79	2.71	2.64	2.59	2.54
16	4.49	3.63	3.24	3.01	2.85	2.74	2.66	2.59	2.54	2.49
17	4.45	3.59	3.20	2.96	2.81	2.70	2.61	2.55	2.49	2.45
18	4.41	3.55	3.16	2.93	2.77	2.66	2.58	2.51	2.46	2.41
19	4.38	3.52	3.13	2.90	2.74	2.63	2.54	2.48	2.42	2.38
20	4.35	3.49	3.10	2.87	2.71	2.60	2.51	2.45	2.39	2.35
21	4.32	3.47	3.07	2.84	2.68	2.57	2.49	2.42	2.37	2.32
22	4.30	3.44	3.05	2.82	2.66	2.55	2.46	2.40	2.34	2.30
23	4.28	3.42	3.03	2.80	2.64	2.53	2.44	2.37	2.32	2.27
24	4.26	3.40	3.01	2.78	2.62	2.51	2.42	2.36	2.30	2.25
25	4.24	3.39	2.99	2.76	2.60	2.49	2.40	2.34	2.28	2.24
26	4.23	3.37	2.98	2.74	2.59	2.47	2.39	2.32	2.27	2.22
27	4.21	3.35	2.96	2.73	2.57	2.46	2.37	2.31	2.25	2.20
28	4.20	3.34	2.95	2.71	2.56	2.45	2.36	2.29	2.24	2.19
29	4.18	3.33	2.93	2.70	2.55	2.43	2.35	2.28	2.22	2.18
30	4.17	3.32	2.92	2.69	2.53	2.42	2.33	2.27	2.21	2.16
40	4.08	3.23	2.84	2.61	2.45	2.34	2.25	2.18	2.12	2.08
50	4.03	3.18	2.79	2.56	2.40	2.29	2.20	2.13	2.07	2.03
60	4.00	3.15	2.76	2.53	2.37	2.25	2.17	2.10	2.04	1.99
70	3.98	3.13	2.74	2.50	2.35	2.23	2.14	2.07	2.02	1.97
80	3.96	3.11	2.72	2.49	2.33	2.21	2.13	2.06	2.00	1.95
100	3.94	3.09	2.70	2.46	2.31	2.19	2.10	2.03	1.97	1.93
120	3.92	3.07	2.68	2.45	2.29	2.18	2.09	2.02	1.96	1.91
140	3.91	3.06	2.67	2.44	2.28	2.16	2.08	2.01	1.95	1.90
160	3.90	3.05	2.66	2.43	2.27	2.16	2.07	2.00	1.94	1.89
180	3.89	3.05	2.65	2.42	2.26	2.15	2.06	1.99	1.93	1.88

$\alpha = 0.05$

n_2 \ n_1	11	12	15	20	25	30	40	60	120	200
1	242.98	243.91	245.95	248.01	249.26	250.10	251.14	252.20	253.25	253.68
2	19.41	19.41	19.43	19.45	19.46	19.46	19.47	19.48	19.49	19.49
3	8.76	8.74	8.70	8.66	8.63	8.62	8.59	8.57	8.55	8.54
4	5.94	5.91	5.86	5.80	5.77	5.75	5.72	5.69	5.66	5.65
5	4.70	4.68	4.62	4.56	4.52	4.50	4.46	4.43	4.40	4.39
6	4.03	4.00	3.94	3.87	3.83	3.81	3.77	3.74	3.70	3.69
7	3.60	3.57	3.51	3.44	3.40	3.38	3.34	3.30	3.27	3.25
8	3.31	3.28	3.22	3.15	3.11	3.08	3.04	3.01	2.97	2.95
9	3.10	3.07	3.01	2.94	2.89	2.86	2.83	2.79	2.75	2.73
10	2.94	2.91	2.85	2.77	2.73	2.70	2.66	2.62	2.58	2.56
11	2.82	2.79	2.72	2.65	2.60	2.57	2.53	2.49	2.45	2.43
12	2.72	2.69	2.62	2.54	2.50	2.47	2.43	2.38	2.34	2.32
13	2.63	2.60	2.53	2.46	2.41	2.38	2.34	2.30	2.25	2.23
14	2.57	2.53	2.46	2.39	2.34	2.31	2.27	2.22	2.18	2.16
15	2.51	2.48	2.40	2.33	2.28	2.25	2.20	2.16	2.11	2.10
16	2.46	2.42	2.35	2.28	2.23	2.19	2.15	2.11	2.06	2.04
17	2.41	2.38	2.31	2.23	2.18	2.15	2.10	2.06	2.01	1.99
18	2.37	2.34	2.27	2.19	2.14	2.11	2.06	2.02	1.97	1.95
19	2.34	2.31	2.23	2.16	2.11	2.07	2.03	1.98	1.93	1.91
20	2.31	2.28	2.20	2.12	2.07	2.04	1.99	1.95	1.90	1.88
21	2.28	2.25	2.18	2.10	2.05	2.01	1.96	1.92	1.87	1.84
22	2.26	2.23	2.15	2.07	2.02	1.98	1.94	1.89	1.84	1.82
23	2.24	2.20	2.13	2.05	2.00	1.96	1.91	1.86	1.81	1.79
24	2.22	2.18	2.11	2.03	1.98	1.94	1.89	1.84	1.79	1.77
25	2.20	2.16	2.09	2.01	1.96	1.92	1.87	1.82	1.77	1.75
26	2.18	2.15	2.07	1.99	1.94	1.90	1.85	1.80	1.75	1.73
27	2.17	2.13	2.06	1.97	1.92	1.88	1.84	1.79	1.73	1.71
28	2.15	2.12	2.04	1.96	1.91	1.87	1.82	1.77	1.71	1.69
29	2.14	2.10	2.03	1.94	1.89	1.85	1.81	1.75	1.70	1.67
30	2.13	2.09	2.01	1.93	1.88	1.84	1.79	1.74	1.68	1.66
40	2.04	2.00	1.92	1.84	1.78	1.74	1.69	1.64	1.58	1.55
50	1.99	1.95	1.87	1.78	1.73	1.69	1.63	1.58	1.51	1.48
60	1.95	1.92	1.84	1.75	1.69	1.65	1.59	1.53	1.47	1.44
70	1.93	1.89	1.81	1.72	1.66	1.62	1.57	1.50	1.44	1.40
80	1.91	1.88	1.79	1.70	1.64	1.60	1.54	1.48	1.41	1.38
100	1.89	1.85	1.77	1.68	1.62	1.57	1.52	1.45	1.38	1.34
120	1.87	1.83	1.75	1.66	1.60	1.55	1.50	1.43	1.35	1.32
140	1.86	1.82	1.74	1.65	1.58	1.54	1.48	1.41	1.33	1.30
160	1.85	1.81	1.73	1.64	1.58	1.53	1.47	1.40	1.32	1.28
180	1.84	1.81	1.72	1.63	1.57	1.52	1.46	1.39	1.31	1.27

$\alpha=0.025$

n_2 \ n_1	1	2	3	4	5	6	7	8	9	10
1	647.79	799.50	864.16	899.58	921.85	937.11	948.22	956.66	963.28	968.63
2	38.51	39.00	39.17	39.25	39.30	39.33	39.36	39.37	39.39	39.40
3	17.44	16.04	15.44	15.10	14.88	14.73	14.62	14.54	14.47	14.42
4	12.22	10.65	9.98	9.60	9.36	9.20	9.07	8.98	8.90	8.84
5	10.01	8.43	7.76	7.39	7.15	6.98	6.85	6.76	6.68	6.62
6	8.81	7.26	6.60	6.23	5.99	5.82	5.70	5.60	5.52	5.46
7	8.07	6.54	5.89	5.52	5.29	5.12	4.99	4.90	4.82	4.76
8	7.57	6.06	5.42	5.05	4.82	4.65	4.53	4.43	4.36	4.30
9	7.21	5.71	5.08	4.72	4.48	4.32	4.20	4.10	4.03	3.96
10	6.94	5.46	4.83	4.47	4.24	4.07	3.95	3.85	3.78	3.72
11	6.72	5.26	4.63	4.28	4.04	3.88	3.76	3.66	3.59	3.53
12	6.55	5.10	4.47	4.12	3.89	3.73	3.61	3.51	3.44	3.37
13	6.41	4.97	4.35	4.00	3.77	3.60	3.48	3.39	3.31	3.25
14	6.30	4.86	4.24	3.89	3.66	3.50	3.38	3.29	3.21	3.15
15	6.20	4.77	4.15	3.80	3.58	3.41	3.29	3.20	3.12	3.06
16	6.12	4.69	4.08	3.73	3.50	3.34	3.22	3.12	3.05	2.99
17	6.04	4.62	4.01	3.66	3.44	3.28	3.16	3.06	2.98	2.92
18	5.98	4.56	3.95	3.61	3.38	3.22	3.10	3.01	2.93	2.87
19	5.92	4.51	3.90	3.56	3.33	3.17	3.05	2.96	2.88	2.82
20	5.87	4.46	3.86	3.51	3.29	3.13	3.01	2.91	2.84	2.77
21	5.83	4.42	3.82	3.48	3.25	3.09	2.97	2.87	2.80	2.73
22	5.79	4.38	3.78	3.44	3.22	3.05	2.93	2.84	2.76	2.70
23	5.75	4.35	3.75	3.41	3.18	3.02	2.90	2.81	2.73	2.67
24	5.72	4.32	3.72	3.38	3.15	2.99	2.87	2.78	2.70	2.64
25	5.69	4.29	3.69	3.35	3.13	2.97	2.85	2.75	2.68	2.61
26	5.66	4.27	3.67	3.33	3.10	2.94	2.82	2.73	2.65	2.59
27	5.63	4.24	3.65	3.31	3.08	2.92	2.80	2.71	2.63	2.57
28	5.61	4.22	3.63	3.29	3.06	2.90	2.78	2.69	2.61	2.55
29	5.59	4.20	3.61	3.27	3.04	2.88	2.76	2.67	2.59	2.53
30	5.57	4.18	3.59	3.25	3.03	2.87	2.75	2.65	2.57	2.51
40	5.42	4.05	3.46	3.13	2.90	2.74	2.62	2.53	2.45	2.39
50	5.34	3.97	3.39	3.05	2.83	2.67	2.55	2.46	2.38	2.32
60	5.29	3.93	3.34	3.01	2.79	2.63	2.51	2.41	2.33	2.27
70	5.25	3.89	3.31	2.97	2.75	2.59	2.47	2.38	2.30	2.24
80	5.22	3.86	3.28	2.95	2.73	2.57	2.45	2.35	2.28	2.21
100	5.18	3.83	3.25	2.92	2.70	2.54	2.42	2.32	2.24	2.18
120	5.15	3.80	3.23	2.89	2.67	2.52	2.39	2.30	2.22	2.16
140	5.13	3.79	3.21	2.88	2.66	2.50	2.38	2.28	2.21	2.14
160	5.12	3.78	3.20	2.87	2.65	2.49	2.37	2.27	2.19	2.13
180	5.11	3.77	3.19	2.86	2.64	2.48	2.36	2.26	2.19	2.12

$\alpha=0.025$

n_2 \ n_1	11	12	15	20	25	30	40	60	120	200
1	973.03	976.71	984.87	993.10	998.08	1 001.41	1 005.60	1 009.80	1 014.02	1 015.71
2	39.41	39.41	39.43	39.45	39.46	39.46	39.47	39.48	39.49	39.49
3	14.37	14.34	14.25	14.17	14.12	14.08	14.04	13.99	13.95	13.93
4	8.79	8.75	8.66	8.56	8.50	8.46	8.41	8.36	8.31	8.29
5	6.57	6.52	6.43	6.33	6.27	6.23	6.18	6.12	6.07	6.05
6	5.41	5.37	5.27	5.17	5.11	5.07	5.01	4.96	4.90	4.88
7	4.71	4.67	4.57	4.47	4.40	4.36	4.31	4.25	4.20	4.18
8	4.24	4.20	4.10	4.00	3.94	3.89	3.84	3.78	3.73	3.70
9	3.91	3.87	3.77	3.67	3.60	3.56	3.51	3.45	3.39	3.37
10	3.66	3.62	3.52	3.42	3.35	3.31	3.26	3.20	3.14	3.12
11	3.47	3.43	3.33	3.23	3.16	3.12	3.06	3.00	2.94	2.92
12	3.32	3.28	3.18	3.07	3.01	2.96	2.91	2.85	2.79	2.76
13	3.20	3.15	3.05	2.95	2.88	2.84	2.78	2.72	2.66	2.63
14	3.09	3.05	2.95	2.84	2.78	2.73	2.67	2.61	2.55	2.53
15	3.01	2.96	2.86	2.76	2.69	2.64	2.59	2.52	2.46	2.44
16	2.93	2.89	2.79	2.68	2.61	2.57	2.51	2.45	2.38	2.36
17	2.87	2.82	2.72	2.62	2.55	2.50	2.44	2.38	2.32	2.29
18	2.81	2.77	2.67	2.56	2.49	2.44	2.38	2.32	2.26	2.23
19	2.76	2.72	2.62	2.51	2.44	2.39	2.33	2.27	2.20	2.18
20	2.72	2.68	2.57	2.46	2.40	2.35	2.29	2.22	2.16	2.13
21	2.68	2.64	2.53	2.42	2.36	2.31	2.25	2.18	2.11	2.09
22	2.65	2.60	2.50	2.39	2.32	2.27	2.21	2.14	2.08	2.05
23	2.62	2.57	2.47	2.36	2.29	2.24	2.18	2.11	2.04	2.01
24	2.59	2.54	2.44	2.33	2.26	2.21	2.15	2.08	2.01	1.98
25	2.56	2.51	2.41	2.30	2.23	2.18	2.12	2.05	1.98	1.95
26	2.54	2.49	2.39	2.28	2.21	2.16	2.09	2.03	1.95	1.92
27	2.51	2.47	2.36	2.25	2.18	2.13	2.07	2.00	1.93	1.90
28	2.49	2.45	2.34	2.23	2.16	2.11	2.05	1.98	1.91	1.88
29	2.48	2.43	2.32	2.21	2.14	2.09	2.03	1.96	1.89	1.86
30	2.46	2.41	2.31	2.20	2.12	2.07	2.01	1.94	1.87	1.84
40	2.33	2.29	2.18	2.07	1.99	1.94	1.88	1.80	1.72	1.69
50	2.26	2.22	2.11	1.99	1.92	1.87	1.80	1.72	1.64	1.60
60	2.22	2.17	2.06	1.94	1.87	1.82	1.74	1.67	1.58	1.54
70	2.18	2.14	2.03	1.91	1.83	1.78	1.71	1.63	1.54	1.50
80	2.16	2.11	2.00	1.88	1.81	1.75	1.68	1.60	1.51	1.47
100	2.12	2.08	1.97	1.85	1.77	1.71	1.64	1.56	1.46	1.42
120	2.10	2.05	1.94	1.82	1.75	1.69	1.61	1.53	1.43	1.39
140	2.09	2.04	1.93	1.81	1.73	1.67	1.60	1.51	1.41	1.36
160	2.07	2.03	1.92	1.80	1.72	1.66	1.58	1.50	1.39	1.35
180	2.07	2.02	1.91	1.79	1.71	1.65	1.57	1.48	1.38	1.33

$\alpha=0.01$

n_2 \ n_1	1	2	3	4	5	6	7	8	9	10
1	4 052	4 999	5 403	5 625	5 764	5 859	5 928	5 981	6 022	6 056
2	98.50	99.00	99.17	99.25	99.30	99.33	99.36	99.37	99.39	99.40
3	34.12	30.82	29.46	28.71	28.24	27.91	27.67	27.49	27.35	27.23
4	21.20	18.00	16.69	15.98	15.52	15.21	14.98	14.80	14.66	14.55
5	16.26	13.27	12.06	11.39	10.97	10.67	10.46	10.29	10.16	10.05
6	13.75	10.92	9.78	9.15	8.75	8.47	8.26	8.10	7.98	7.87
7	12.25	9.55	8.45	7.85	7.46	7.19	6.99	6.84	6.72	6.62
8	11.26	8.65	7.59	7.01	6.63	6.37	6.18	6.03	5.91	5.81
9	10.56	8.02	6.99	6.42	6.06	5.80	5.61	5.47	5.35	5.26
10	10.04	7.56	6.55	5.99	5.64	5.39	5.20	5.06	4.94	4.85
11	9.65	7.21	6.22	5.67	5.32	5.07	4.89	4.74	4.63	4.54
12	9.33	6.93	5.95	5.41	5.06	4.82	4.64	4.50	4.39	4.30
13	9.07	6.70	5.74	5.21	4.86	4.62	4.44	4.30	4.19	4.10
14	8.86	6.51	5.56	5.04	4.69	4.46	4.28	4.14	4.03	3.94
15	8.68	6.36	5.42	4.89	4.56	4.32	4.14	4.00	3.89	3.80
16	8.53	6.23	5.29	4.77	4.44	4.20	4.03	3.89	3.78	3.69
17	8.40	6.11	5.18	4.67	4.34	4.10	3.93	3.79	3.68	3.59
18	8.29	6.01	5.09	4.58	4.25	4.01	3.84	3.71	3.60	3.51
19	8.18	5.93	5.01	4.50	4.17	3.94	3.77	3.63	3.52	3.43
20	8.10	5.85	4.94	4.43	4.10	3.87	3.70	3.56	3.46	3.37
21	8.02	5.78	4.87	4.37	4.04	3.81	3.64	3.51	3.40	3.31
22	7.95	5.72	4.82	4.31	3.99	3.76	3.59	3.45	3.35	3.26
23	7.88	5.66	4.76	4.26	3.94	3.71	3.54	3.41	3.30	3.21
24	7.82	5.61	4.72	4.22	3.90	3.67	3.50	3.36	3.26	3.17
25	7.77	5.57	4.68	4.18	3.85	3.63	3.46	3.32	3.22	3.13
26	7.72	5.53	4.64	4.14	3.82	3.59	3.42	3.29	3.18	3.09
27	7.68	5.49	4.60	4.11	3.78	3.56	3.39	3.26	3.15	3.06
28	7.64	5.45	4.57	4.07	3.75	3.53	3.36	3.23	3.12	3.03
29	7.60	5.42	4.54	4.04	3.73	3.50	3.33	3.20	3.09	3.00
30	7.56	5.39	4.51	4.02	3.70	3.47	3.30	3.17	3.07	2.98
40	7.31	5.18	4.31	3.83	3.51	3.29	3.12	2.99	2.89	2.80
50	7.17	5.06	4.20	3.72	3.41	3.19	3.02	2.89	2.78	2.70
60	7.08	4.98	4.13	3.65	3.34	3.12	2.95	2.82	2.72	2.63
70	7.01	4.92	4.07	3.60	3.29	3.07	2.91	2.78	2.67	2.59
80	6.96	4.88	4.04	3.56	3.26	3.04	2.87	2.74	2.64	2.55
100	6.90	4.82	3.98	3.51	3.21	2.99	2.82	2.69	2.59	2.50
120	6.85	4.79	3.95	3.48	3.17	2.96	2.79	2.66	2.56	2.47
140	6.82	4.76	3.92	3.46	3.15	2.93	2.77	2.64	2.54	2.45
160	6.80	4.74	3.91	3.44	3.13	2.92	2.75	2.62	2.52	2.43
180	6.78	4.73	3.89	3.43	3.12	2.90	2.74	2.61	2.51	2.42

$\alpha=0.01$

n_2 \ n_1	11	12	15	20	25	30	40	60	120	200
1	6 083	6 106	6 157	6 209	6 240	6 261	6 287	6 313	6 339	6 350
2	99.41	99.42	99.43	99.45	99.46	99.47	99.47	99.48	99.49	99.49
3	27.13	27.05	26.87	26.69	26.58	26.50	26.41	26.32	26.22	26.18
4	14.45	14.37	14.20	14.02	13.91	13.84	13.75	13.65	13.56	13.52
5	9.96	9.89	9.72	9.55	9.45	9.38	9.29	9.20	9.11	9.08
6	7.79	7.72	7.56	7.40	7.30	7.23	7.14	7.06	6.97	6.93
7	6.54	6.47	6.31	6.16	6.06	5.99	5.91	5.82	5.74	5.70
8	5.73	5.67	5.52	5.36	5.26	5.20	5.12	5.03	4.95	4.91
9	5.18	5.11	4.96	4.81	4.71	4.65	4.57	4.48	4.40	4.36
10	4.77	4.71	4.56	4.41	4.31	4.25	4.17	4.08	4.00	3.96
11	4.46	4.40	4.25	4.10	4.01	3.94	3.86	3.78	3.69	3.66
12	4.22	4.16	4.01	3.86	3.76	3.70	3.62	3.54	3.45	3.41
13	4.02	3.96	3.82	3.66	3.57	3.51	3.43	3.34	3.25	3.22
14	3.86	3.80	3.66	3.51	3.41	3.35	3.27	3.18	3.09	3.06
15	3.73	3.67	3.52	3.37	3.28	3.21	3.13	3.05	2.96	2.92
16	3.62	3.55	3.41	3.26	3.16	3.10	3.02	2.93	2.84	2.81
17	3.52	3.46	3.31	3.16	3.07	3.00	2.92	2.83	2.75	2.71
18	3.43	3.37	3.23	3.08	2.98	2.92	2.84	2.75	2.66	2.62
19	3.36	3.30	3.15	3.00	2.91	2.84	2.76	2.67	2.58	2.55
20	3.29	3.23	3.09	2.94	2.84	2.78	2.69	2.61	2.52	2.48
21	3.24	3.17	3.03	2.88	2.79	2.72	2.64	2.55	2.46	2.42
22	3.18	3.12	2.98	2.83	2.73	2.67	2.58	2.50	2.40	2.36
23	3.14	3.07	2.93	2.78	2.69	2.62	2.54	2.45	2.35	2.32
24	3.09	3.03	2.89	2.74	2.64	2.58	2.49	2.40	2.31	2.27
25	3.06	2.99	2.85	2.70	2.60	2.54	2.45	2.36	2.27	2.23
26	3.02	2.96	2.81	2.66	2.57	2.50	2.42	2.33	2.23	2.19
27	2.99	2.93	2.78	2.63	2.54	2.47	2.38	2.29	2.20	2.16
28	2.96	2.90	2.75	2.60	2.51	2.44	2.35	2.26	2.17	2.13
29	2.93	2.87	2.73	2.57	2.48	2.41	2.33	2.23	2.14	2.10
30	2.91	2.84	2.70	2.55	2.45	2.39	2.30	2.21	2.11	2.07
40	2.73	2.66	2.52	2.37	2.27	2.20	2.11	2.02	1.92	1.87
50	2.63	2.56	2.42	2.27	2.17	2.10	2.01	1.91	1.80	1.76
60	2.56	2.50	2.35	2.20	2.10	2.03	1.94	1.84	1.73	1.68
70	2.51	2.45	2.31	2.15	2.05	1.98	1.89	1.78	1.67	1.62
80	2.48	2.42	2.27	2.12	2.01	1.94	1.85	1.75	1.63	1.58
100	2.43	2.37	2.22	2.07	1.97	1.89	1.80	1.69	1.57	1.52
120	2.40	2.34	2.19	2.03	1.93	1.86	1.76	1.66	1.53	1.48
140	2.38	2.31	2.17	2.01	1.91	1.84	1.74	1.63	1.50	1.45
160	2.36	2.30	2.15	1.99	1.89	1.82	1.72	1.61	1.48	1.42
180	2.35	2.28	2.14	1.98	1.88	1.81	1.71	1.60	1.47	1.41

$\alpha=0.005$

n_2 \ n_1	1	2	3	4	5	6	7	8	9	10
1	16 211	19 999	21 615	22 500	23 056	23 437	23 715	23 925	24 091	24224
2	198.50	199.00	199.17	199.25	199.30	199.33	199.36	199.37	199.39	199.40
3	55.55	49.80	47.47	46.19	45.39	44.84	44.43	44.13	43.88	43.69
4	31.33	26.28	24.26	23.15	22.46	21.97	21.62	21.35	21.14	20.97
5	22.78	18.31	16.53	15.56	14.94	14.51	14.20	13.96	13.77	13.62
6	18.63	14.54	12.92	12.03	11.46	11.07	10.79	10.57	10.39	10.25
7	16.24	12.40	10.88	10.05	9.52	9.16	8.89	8.68	8.51	8.38
8	14.69	11.04	9.60	8.81	8.30	7.95	7.69	7.50	7.34	7.21
9	13.61	10.11	8.72	7.96	7.47	7.13	6.88	6.69	6.54	6.42
10	12.83	9.43	8.08	7.34	6.87	6.54	6.30	6.12	5.97	5.85
11	12.23	8.91	7.60	6.88	6.42	6.10	5.86	5.68	5.54	5.42
12	11.75	8.51	7.23	6.52	6.07	5.76	5.52	5.35	5.20	5.09
13	11.37	8.19	6.93	6.23	5.79	5.48	5.25	5.08	4.94	4.82
14	11.06	7.92	6.68	6.00	5.56	5.26	5.03	4.86	4.72	4.60
15	10.80	7.70	6.48	5.80	5.37	5.07	4.85	4.67	4.54	4.42
16	10.58	7.51	6.30	5.64	5.21	4.91	4.69	4.52	4.38	4.27
17	10.38	7.35	6.16	5.50	5.07	4.78	4.56	4.39	4.25	4.14
18	10.22	7.21	6.03	5.37	4.96	4.66	4.44	4.28	4.14	4.03
19	10.07	7.09	5.92	5.27	4.85	4.56	4.34	4.18	4.04	3.93
20	9.94	6.99	5.82	5.17	4.76	4.47	4.26	4.09	3.96	3.85
21	9.83	6.89	5.73	5.09	4.68	4.39	4.18	4.01	3.88	3.77
22	9.73	6.81	5.65	5.02	4.61	4.32	4.11	3.94	3.81	3.70
23	9.63	6.73	5.58	4.95	4.54	4.26	4.05	3.88	3.75	3.64
24	9.55	6.66	5.52	4.89	4.49	4.20	3.99	3.83	3.69	3.59
25	9.48	6.60	5.46	4.84	4.43	4.15	3.94	3.78	3.64	3.54
26	9.41	6.54	5.41	4.79	4.38	4.10	3.89	3.73	3.60	3.49
27	9.34	6.49	5.36	4.74	4.34	4.06	3.85	3.69	3.56	3.45
28	9.28	6.44	5.32	4.70	4.30	4.02	3.81	3.65	3.52	3.41
29	9.23	6.40	5.28	4.66	4.26	3.98	3.77	3.61	3.48	3.38
30	9.18	6.35	5.24	4.62	4.23	3.95	3.74	3.58	3.45	3.34
40	8.83	6.07	4.98	4.37	3.99	3.71	3.51	3.35	3.22	3.12
50	8.63	5.90	4.83	4.23	3.85	3.58	3.38	3.22	3.09	2.99
60	8.49	5.79	4.73	4.14	3.76	3.49	3.29	3.13	3.01	2.90
70	8.40	5.72	4.66	4.08	3.70	3.43	3.23	3.08	2.95	2.85
80	8.33	5.67	4.61	4.03	3.65	3.39	3.19	3.03	2.91	2.80
100	8.24	5.59	4.54	3.96	3.59	3.33	3.13	2.97	2.85	2.74
120	8.18	5.54	4.50	3.92	3.55	3.28	3.09	2.93	2.81	2.71
140	8.14	5.50	4.47	3.89	3.52	3.26	3.06	2.91	2.78	2.68
160	8.10	5.48	4.44	3.87	3.50	3.24	3.04	2.88	2.76	2.66
180	8.08	5.46	4.42	3.85	3.48	3.22	3.02	2.87	2.74	2.64

$\alpha=0.005$

n_2 \ n_1	11	12	15	20	25	30	40	60	120	200
1	24 334	24 426	24 630	24 836	24 960	25 044	25 148	25 253	25 359	25 401
2	199.41	199.42	199.43	199.45	199.46	199.47	199.47	199.48	199.49	199.49
3	43.52	43.39	43.08	42.78	42.59	42.47	42.31	42.15	41.99	41.93
4	20.82	20.70	20.44	20.17	20.00	19.89	19.75	19.61	19.47	19.41
5	13.49	13.38	13.15	12.90	12.76	12.66	12.53	12.40	12.27	12.22
6	10.13	10.03	9.81	9.59	9.45	9.36	9.24	9.12	9.00	8.95
7	8.27	8.18	7.97	7.75	7.62	7.53	7.42	7.31	7.19	7.15
8	7.10	7.01	6.81	6.61	6.48	6.40	6.29	6.18	6.06	6.02
9	6.31	6.23	6.03	5.83	5.71	5.62	5.52	5.41	5.30	5.26
10	5.75	5.66	5.47	5.27	5.15	5.07	4.97	4.86	4.75	4.71
11	5.32	5.24	5.05	4.86	4.74	4.65	4.55	4.45	4.34	4.29
12	4.99	4.91	4.72	4.53	4.41	4.33	4.23	4.12	4.01	3.97
13	4.72	4.64	4.46	4.27	4.15	4.07	3.97	3.87	3.76	3.71
14	4.51	4.43	4.25	4.06	3.94	3.86	3.76	3.66	3.55	3.50
15	4.33	4.25	4.07	3.88	3.77	3.69	3.58	3.48	3.37	3.33
16	4.18	4.10	3.92	3.73	3.62	3.54	3.44	3.33	3.22	3.18
17	4.05	3.97	3.79	3.61	3.49	3.41	3.31	3.21	3.10	3.05
18	3.94	3.86	3.68	3.50	3.38	3.30	3.20	3.10	2.99	2.94
19	3.84	3.76	3.59	3.40	3.29	3.21	3.11	3.00	2.89	2.85
20	3.76	3.68	3.50	3.32	3.20	3.12	3.02	2.92	2.81	2.76
21	3.68	3.60	3.43	3.24	3.13	3.05	2.95	2.84	2.73	2.68
22	3.61	3.54	3.36	3.18	3.06	2.98	2.88	2.77	2.66	2.62
23	3.55	3.47	3.30	3.12	3.00	2.92	2.82	2.71	2.60	2.56
24	3.50	3.42	3.25	3.06	2.95	2.87	2.77	2.66	2.55	2.50
25	3.45	3.37	3.20	3.01	2.90	2.82	2.72	2.61	2.50	2.45
26	3.40	3.33	3.15	2.97	2.85	2.77	2.67	2.56	2.45	2.40
27	3.36	3.28	3.11	2.93	2.81	2.73	2.63	2.52	2.41	2.36
28	3.32	3.25	3.07	2.89	2.77	2.69	2.59	2.48	2.37	2.32
29	3.29	3.21	3.04	2.86	2.74	2.66	2.56	2.45	2.33	2.29
30	3.25	3.18	3.01	2.82	2.71	2.63	2.52	2.42	2.30	2.25
40	3.03	2.95	2.78	2.60	2.48	2.40	2.30	2.18	2.06	2.01
50	2.90	2.82	2.65	2.47	2.35	2.27	2.16	2.05	1.93	1.87
60	2.82	2.74	2.57	2.39	2.27	2.19	2.08	1.96	1.83	1.78
70	2.76	2.68	2.51	2.33	2.21	2.13	2.02	1.90	1.77	1.71
80	2.72	2.64	2.47	2.29	2.17	2.08	1.97	1.85	1.72	1.66
100	2.66	2.58	2.41	2.23	2.11	2.02	1.91	1.79	1.65	1.59
120	2.62	2.54	2.37	2.19	2.07	1.98	1.87	1.75	1.61	1.54
140	2.59	2.52	2.35	2.16	2.04	1.96	1.84	1.72	1.57	1.51
160	2.57	2.50	2.33	2.14	2.02	1.93	1.82	1.69	1.55	1.48
180	2.56	2.48	2.31	2.12	2.00	1.92	1.80	1.68	1.53	1.46

习题答案

第1章

习题 1.1

1. (1) $\Omega=\{(男,男),(男,女),(女,男),(女,女)\}$,

$A=\{(男,女),(女,男),(女,女)\}$;

(2) $\Omega=\{0,\ 1,\ 2,\ \cdots\}$, $A=\{0,\ 1,\ 2,\ 3,\ 4\}$;

(3) $\Omega=\{x \mid x\geqslant 0,\ x\in \mathbf{R}\}$, $A=\{x \mid 1\,000\leqslant x\leqslant 2\,000,\ x\in \mathbf{R}\}$.

2. (1) $AB\bar{C}$; (2) $(A\cup B)\bar{C}$; (3) $ABC\cup \bar{A}\bar{B}\bar{C}$; (4) $\bar{A}\bar{B}\bar{C}\cup A\bar{B}\bar{C}\cup \bar{A}B\bar{C}\cup \bar{A}\bar{B}C$;

(5) $AB\bar{C}\cup A\bar{B}C\cup \bar{A}BC$; (6) $AB\bar{C}\cup A\bar{B}C\cup \bar{A}BC\cup ABC$, 简记为 AB∪AC∪BC;

(7) $\bar{A}\bar{B}\bar{C}\cup A\bar{B}\bar{C}\cup \bar{A}B\bar{C}\cup \bar{A}\bar{B}C\cup AB\bar{C}\cup A\bar{B}C\cup \bar{A}BC$, 简记为 $\overline{ABC}$.

3. $AB\cup AC\cup BC=AB\Omega\cup A\Omega C\cup \Omega BC=AB(C\cup \bar{C})\cup A(B\cup \bar{B})C\cup (A\cup \bar{A})BC$

$=AB\bar{C}\cup A\bar{B}C\cup \bar{A}BC\cup ABC$.

4. (1) $A\cup (B-A)\cup (C-A-B)$;

(2) $(B-A-C)\cup (AB-ABC)\cup (BC-ABC)$;

(3) $C\cup (AB-ABC)$.

习题 1.2

1. (1) $\frac{3}{7}$; (2) $\frac{4}{7}$. **2.** (1) $\frac{5}{42}$; (2) $\frac{1}{28}$. **3.** (1) $\frac{15}{28}$; (2) $\frac{5}{14}$; (3) $\frac{3}{28}$; (4) $\frac{13}{28}$.

4. (1) $\frac{1}{6}$; (2) $\frac{1}{2}$; (3) $\frac{1}{3}$; (4) $\frac{1}{5}$. **5.** $\frac{5}{6}$. **6.** $1-\frac{A_{365}^{n}}{365^{n}}$.

7. $\frac{C_{13}^{1}C_{4}^{2}C_{12}^{3}C_{4}^{1}C_{4}^{1}C_{4}^{1}}{C_{52}^{5}}\approx 0.423$, $\frac{C_{13}^{2}C_{4}^{2}C_{4}^{2}C_{11}^{1}C_{4}^{1}}{C_{52}^{5}}\approx 0.047\,5$, $\frac{C_{9}^{1}C_{4}^{1}}{C_{52}^{5}}\approx 0.000\,014$.

8. (1) $\frac{A_{a}^{1}A_{a+b-1}^{k-1}}{A_{a+b}^{k}}=\frac{a}{a+b}$; (2) $\frac{A_{a}^{1}A_{b}^{k-1}}{A_{a+b}^{k}}$. **9.** $\frac{2}{5}$. **10.** $\frac{5}{9}$.

11. 0.2, 0.4, 0.9, 0.3, 0.1, 0.1, 0.7, 0.5. **12.** 0.7. **13.** 0.7.

习题 1.3

1. 0.4. **2.** $\frac{1}{3}$. **3.** 0.25. **4.** 0.7, 0.25. **5.** $\frac{19}{58}$. **6.** (1) 0.988; (2) 0.829. **7.** $\frac{3}{70}$.

8. 设 A_1 表示"从甲袋放入乙袋的是白球", A_2 表示"从甲袋放入乙袋的是红球", A_1, A_2 是样本空间 Ω 的一个划分, B 表示"从乙袋中任取一球是红球", 则由全概率公式, 得

$$P(B)=P(A_1)P(B \mid A_1)+P(A_2)P(B \mid A_2)=\frac{2}{3}\times\frac{1}{2}+\frac{1}{3}\times\frac{3}{4}=\frac{7}{12}.$$

9. $\frac{20}{21}$.

10. 设 $A_0=\{$每箱含有 0 个坏果$\}$，$A_1=\{$每箱含有 1 个坏果$\}$，$B=\{$顾客买下该箱水果$\}$，显然事件 A_0，A_1 构成一个完备事件组，且

$$P(A_0)=0.8,\ P(A_1)=0.2,\ P(B\mid A_0)=\frac{C_{20}^4}{C_{20}^4}=1,\ P(B\mid A_1)=\frac{C_{19}^4}{C_{19}^4}=\frac{4}{5}.$$

(1) 由全概率公式得

$$P(B)=P(A_0)P(B\mid A_0)+P(A_1)P(B\mid A_1)=0.8\times1+0.2\times\frac{4}{5}=0.96.$$

(2) 由贝叶斯公式得

$$P(A_0\mid B)=\frac{P(A_0B)}{P(B)}=\frac{P(A_0)P(B\mid A_0)}{P(B)}=\frac{0.8\times1}{0.96}\approx0.83.$$

习题 1.4

1. 略. **2.** $\frac{1}{2}$，$\frac{1}{2}$. **3.** 0.6. **4.** $\frac{1}{4}$. **5.** (1) 0.56； (2) 0.24； (3) 0.94.

6. 设 $A_i=\{$第 i 台机床需要人工看管$\}$，$i=1,2,3$，则 $P(A_1)=0.9$，$P(A_2)=0.8$，$P(A_3)=0.7$，且 A_1，A_2，A_3 相互独立，所以

(1) $P(\bar{A}_1\bar{A}_2\bar{A}_3)=P(\bar{A}_1)P(\bar{A}_2)P(\bar{A}_3)=0.1\times0.2\times0.3=0.006$；

(2) $P(\bar{A}_1\cup\bar{A}_2\cup\bar{A}_3)=P(\overline{A_1A_2A_3})=1-P(A_1A_2A_3)=1-P(A_1)P(A_2)P(A_3)$
$=1-0.9\times0.8\times0.7=0.496.$

7. (1) 0.153 6； (2) 0.998 4.

8. $C_5^3\times0.3^3\times0.7^2+C_5^4\times0.3^4\times0.7^1+C_5^5\times0.3^5\times0.7^0\approx0.163.$

9. 甲获胜概率为 $C_4^2\times\left(\frac{1}{2}\right)^2\times\left(\frac{1}{2}\right)^2+C_4^3\times\left(\frac{1}{2}\right)^3\times\left(\frac{1}{2}\right)^1+C_4^4\times\left(\frac{1}{2}\right)^4\times\left(\frac{1}{2}\right)^0=\frac{11}{16}$，乙获胜概率为 $\frac{5}{16}$，最终甲、乙按 11 : 5 的比例分配.

10. 略.

总习题 1

一、填空题

1. $\frac{3}{5}$. **2.** $\frac{2}{5}$. **3.** (1) 0.3；(2) 0.5. **4.** 0.6. **5.** $\frac{1}{6}$. **6.** 0.5. **7.** 0.58. **8.** 0.75. **9.** $\frac{3}{7}$.

10. $1-(1-p)^n$；$(1-p)^n+np(1-p)^{n-1}$. **11.** $\frac{1}{3}$. **12.** $\frac{5}{8}$.

二、选择题

1. C. **2.** B. **3.** D. **4.** A. **5.** B. **6.** C. **7.** C. **8.** C. **9.** D. **10.** C. **11.** D. **12.** C.
13. D. **14.** D.

三、计算题

1. $\frac{5}{6}$. **2.** $\frac{53}{120}$. **3.** (1) 0.8，0.7； (2) 0.2； (3) 0.3； (4) 0.1； (5) 0.

4. (1) $\frac{1}{2}$，$\frac{1}{5}$； (2) $\frac{3}{10}$，0； (3) $\frac{2}{5}$，$\frac{1}{10}$. **5.** (1) $B\subset A$，0.6； (2) $\bar{A}\subset B$，0.3.

6. (1) $\frac{5}{8}$； (2) $\frac{3}{8}$. **7.** (1) 0.027； (2) 0.296. **8.** 0.004 5，0.000 125.

9. 0.923. **10.** 0.936. **11.** 0.595. **12.** (1) $\frac{7}{15}$； (2) $\frac{5}{7}$.

13. 设 A 表示“仪器需进一步调试”，B 表示“仪器能出厂”，则 $\bar{A}$ 表示“仪器能直接出厂”，AB 表示“仪器需进一步调试且能出厂”.

根据题意：$B=\bar{A}+AB$，$P(A)=0.3$，$P(\bar{A})=0.7$，$P(B\mid A)=0.8$，每台仪器能出厂的概率为

$$P(B)=P(\bar{A})+P(AB)=P(\bar{A})+P(A)P(B\mid A)=0.7+0.3\times 0.8=0.94.$$

(1) $\alpha=P_n(n)=C_n^n\times 0.94^n(1-0.94)^0=0.94^n$；

(2) $\beta=P_n(n-2)=C_n^{n-2}\times 0.94^{n-2}(1-0.94)^2$；

(3) $\theta=1-P_n(n-1)-P_n(n)=1-n\times 0.94^{n-1}\times 0.06-0.94^n$.

第2章

习题 2.1

1. C. **2.** 0.6，0.75，0.5. **3.** $a=\frac{1}{2}$，$b=\frac{1}{\pi}$，$\frac{1}{2}$. **4.** $F(x)=\begin{cases}0, & x<0,\\ 0.1, & 0\leqslant x<1,\\ 0.7, & 1\leqslant x<2,\\ 1, & x\geqslant 2.\end{cases}$

习题 2.2

1. 不是.

2. $F(x)=\begin{cases}0, & x<-1,\\ \frac{1}{8}, & -1\leqslant x<0,\\ \frac{1}{4}, & 0\leqslant x<1,\\ \frac{1}{2}, & 1\leqslant x<2,\\ 1, & 2\leqslant x,\end{cases}$ $\frac{1}{4}$，0，$\frac{1}{4}$.

3.

X	3	4	5
P	0.1	0.3	0.6

4. (1)

X	0	1	2	3	4
P	0.202 6	0.450 8	0.281 7	0.057 8	0.003 1

(2)

X	0	1	2	3	4	5	6
P	0.262 1	0.393 2	0.245 8	0.081 9	0.015 4	0.001 5	0.000 1

5. $\frac{15}{64}$. **6.** $\frac{2}{3}e^{-2}$. **7.** (1) 0.029 771; (2) 0.002 84. **8.** (1) 0.815 3; (2) 6.

习题 2.3

1. $\frac{1}{\pi}$, $\frac{2}{3}$. **2.** $F(x)=\begin{cases}0, & x<0,\\ \frac{1}{2}x^2, & 0\leqslant x<1,\\ -\frac{1}{2}x^2+2x-1, & 1\leqslant x<2,\\ 1, & x\geqslant 2.\end{cases}$

3. (1) $A=\frac{1}{2}$; (2) $F(x)=\begin{cases}\frac{1}{2}e^{x}, & x<0,\\ 1-\frac{1}{2}e^{-x}, & x\geqslant 0;\end{cases}$ (3) $P\{0<X<1\}=\frac{1}{2}(1-e^{-1})$.

4. (1) $\lambda=1$; (2) $f(x)=\begin{cases}xe^{-x}, & x>0,\\ 0, & x\leqslant 0;\end{cases}$ (3) $P\{X\leqslant 1\}=1-2e^{-1}$, $P\{X>2\}=3e^{-2}$.

5. $\frac{4}{5}$. **6.** $1-e^{-\frac{1}{2}}$.

7. $P\{Y=k\}=C_5^k(e^{-2})^k(1-e^{-2})^{5-k}, k=0,1,2,3,4,5$; $P\{Y\geqslant 1\}=1-(1-e^{-2})^5$. **8.** $x>1.65$.

9. (1) $P\{2<X\leqslant 5\}=0.532\,8$, $P\{-4<X\leqslant 10\}=0.999\,6$, $P\{|X|>2\}=0.697\,7$, $P\{X>3\}=0.5$;
(2) $c=3$.

10. $d<3.3$. **11.** (1) 0.158 7; (2) 0.819 0. **12.** (1) 0.831 4; (2) 0.573; (3) 0.995.

习题 2.4

1. (1)

Y	0	1.5	2	4	6
P	$\frac{1}{8}$	$\frac{1}{4}$	$\frac{1}{8}$	$\frac{1}{6}$	$\frac{1}{3}$

(2)

Z	0	0.25	4	16
P	$\frac{1}{8}$	$\frac{1}{4}$	$\frac{7}{24}$	$\frac{1}{3}$

2. $f_Y(y)=\begin{cases}0, & y\leqslant 0,\\ \frac{1}{\sqrt{2\pi y}}e^{-\frac{y}{2}}, & y>0.\end{cases}$ **3.** $f_Y(y)=\begin{cases}\frac{3}{4}(y-1)(3-y), & 1<y<3,\\ 0, & \text{其他}.\end{cases}$

4. $f_Y(y)=\begin{cases}e^{-y}, & y>0,\\ 0, & y\leqslant 0.\end{cases}$ **5.** $f_Y(y)=\begin{cases}1, & 0\leqslant y\leqslant 1,\\ 0, & \text{其他}.\end{cases}$ **6.** $f_Y(y)=\begin{cases}\frac{\lambda}{y^{\lambda+1}}, & y>1,\\ 0, & y\leqslant 1.\end{cases}$

总习题 2

一、填空题

1. 2.　**2.** $\frac{8}{27}$.　**3.** $F(x)=\begin{cases}\frac{1}{2}e^{x}, & x<0,\\ 1-\frac{1}{2}e^{-x}, & x\geqslant 0.\end{cases}$　**4.** 4.　**5.** 1，$\frac{1}{2}$.　**6.** $\frac{9}{64}$.　**7.** [1，3].

8. 0.987 6.　**9.** 0.2.　**10.** 6.5.　**11.** $f_Y(y)=\frac{1}{2\sqrt{2\pi}}e^{-\frac{(y-1)^2}{8}}$.

12. $f_Y(y)=\begin{cases}\frac{1}{4}y^{-\frac{1}{2}}, & 0<y<4,\\ 0, & 其他.\end{cases}$　**13.** $\frac{2}{3}$.

二、选择题

1. C.　**2.** A.　**3.** B.　**4.** A.　**5.** B.　**6.** C.　**7.** B.　**8.** C.　**9.** A.　**10.** D.

三、计算题

1. $F(x)=\begin{cases}0, & x<1,\\ 0.2, & 1\leqslant x<2,\\ 0.5, & 2\leqslant x<3,\\ 1, & 3\leqslant x.\end{cases}$　**2.** $F(x)=\begin{cases}0, & x<-1,\\ \frac{5}{16}(x+1)+\frac{1}{18}, & -1\leqslant x<1,\\ 1, & x\geqslant 1.\end{cases}$　**3.** $\frac{20}{27}$.　**4.** $1-e^{-1}$.

5. 0.682.　**6.** 0.064；0.009.　**7.** 0.96，0.87.　**8.** (1) $F(t)=\begin{cases}1-e^{-\lambda t}, & t>0,\\ 0, & t\leqslant 0;\end{cases}$ (2) $Q=e^{-8\lambda}$.

9. $P\{Y=k\}=C_n^k 0.01^k 0.99^{n-k}\ (k=0,1,\cdots,n)$.　**10.** $\frac{3(1-y^2)}{\pi[1+(1-y)^6]}$.

11. $f_Y(y)=\begin{cases}\frac{1}{y^2}, & 当\ y\geqslant 1,\\ 0, & 其他.\end{cases}$　**12.** $F_Y(y)=\begin{cases}0, & y<0,\\ y, & 0\leqslant y\leqslant 1,\\ 1, & y>1.\end{cases}$

第3章

习题 3.1

1. 0.25，0.6，0.45，0.75.

2. 联合分布律为

$X \backslash Y$	1	2	3	$p_{i\cdot}$
1	0	$\frac{1}{6}$	$\frac{1}{12}$	$\frac{1}{4}$
2	$\frac{1}{6}$	$\frac{1}{6}$	$\frac{1}{6}$	$\frac{1}{2}$
3	$\frac{1}{12}$	$\frac{1}{6}$	0	$\frac{1}{4}$
$p_{\cdot j}$	$\frac{1}{4}$	$\frac{1}{2}$	$\frac{1}{4}$	

边缘分布律为

X	1	2	3
P	$\frac{1}{4}$	$\frac{1}{2}$	$\frac{1}{4}$

Y	1	2	3
P	$\frac{1}{4}$	$\frac{1}{2}$	$\frac{1}{4}$

3. 有放回：联合分布律为

X \ Y	0	1	$p_{i\cdot}$
0	$\frac{16}{25}$	$\frac{4}{25}$	$\frac{4}{5}$
1	$\frac{4}{25}$	$\frac{1}{25}$	$\frac{1}{5}$
$p_{\cdot j}$	$\frac{4}{5}$	$\frac{1}{5}$	

边缘分布律为

X	0	1
P	$\frac{4}{5}$	$\frac{1}{5}$

Y	0	1
P	$\frac{4}{5}$	$\frac{1}{5}$

不放回：联合分布律为

X \ Y	0	1	$p_{i\cdot}$
0	$\frac{28}{45}$	$\frac{8}{45}$	$\frac{4}{5}$
1	$\frac{8}{45}$	$\frac{1}{45}$	$\frac{1}{5}$
$p_{\cdot j}$	$\frac{4}{5}$	$\frac{1}{5}$	

边缘分布律为

X	0	1
P	$\frac{4}{5}$	$\frac{1}{5}$

Y	0	1
P	$\frac{4}{5}$	$\frac{1}{5}$

4. (1) $A=2$； (2) $F(x,y)=\begin{cases}(1-e^{-x})(1-e^{-2y}), & x>0, y>0,\\ 0, & \text{其他};\end{cases}$

(3) $P\{0\leqslant X\leqslant 1, 0\leqslant Y\leqslant 2\}=(1-e^{-1})(1-e^{-4})$；

(4) $f_X(x)=\begin{cases}e^{-x}, & x>0,\\ 0, & x\leqslant 0,\end{cases}$ $f_Y(y)=\begin{cases}2e^{-2y}, & y>0,\\ 0, & y\leqslant 0.\end{cases}$

5. $\frac{3}{4}$. **6.** $f_X(x)=\begin{cases}8x+4, & -\frac{1}{2}\leqslant x\leqslant 0,\\ 0, & \text{其他};\end{cases}$ $f_Y(y)=\begin{cases}2-2y, & 0\leqslant y\leqslant 1,\\ 0, & \text{其他}.\end{cases}$

7. $f_X(x)=\begin{cases}\dfrac{2\sqrt{R^2-x^2}}{\pi R^2}, & -R\leqslant x\leqslant R,\\ 0, & \text{其他};\end{cases}$ $f_Y(y)=\begin{cases}\dfrac{2\sqrt{R^2-y^2}}{\pi R^2}, & -R\leqslant y\leqslant R,\\ 0, & \text{其他}.\end{cases}$

8. (1) $c=\dfrac{21}{4}$; (2) $f_X(x)=\begin{cases}\dfrac{21}{8}x^2(1-x^4), & -1\leqslant x\leqslant 1,\\ 0, & \text{其他},\end{cases}$ $f_Y(y)=\begin{cases}\dfrac{7}{2}y^{\frac{5}{2}}, & 0\leqslant y\leqslant 1,\\ 0, & \text{其他}.\end{cases}$

9. $f_X(x)=\begin{cases}\dfrac{3}{2}-x, & 0\leqslant x\leqslant 1,\\ 0, & \text{其他},\end{cases}$ $f_Y(y)=\begin{cases}\dfrac{3}{2}-y, & 0\leqslant y\leqslant 1,\\ 0, & \text{其他}.\end{cases}$

10. (1) $f_X(x)=\begin{cases}4x(1-x^2), & 0\leqslant x\leqslant 1,\\ 0, & \text{其他},\end{cases}$ $f_Y(y)=\begin{cases}4y^3, & 0\leqslant y\leqslant 1,\\ 0, & \text{其他};\end{cases}$ (2) $\dfrac{7}{16}$.

习题 3.2

1.

j	1	2	3
$P\{Y=j\mid X=1\}$	$\frac{1}{13}$	$\frac{3}{13}$	$\frac{9}{13}$
$P\{Y=j\mid X=2\}$	$\frac{4}{24}$	$\frac{7}{24}$	$\frac{13}{24}$
$P\{Y=j\mid X=3\}$	$\frac{3}{29}$	$\frac{9}{29}$	$\frac{17}{29}$
$P\{Y=j\mid X=4\}$	$\frac{2}{34}$	$\frac{1}{34}$	$\frac{31}{34}$

i	1	2	3	4
$P\{X=i\mid Y=1\}$	$\frac{1}{10}$	$\frac{4}{10}$	$\frac{3}{10}$	$\frac{2}{10}$
$P\{X=i\mid Y=2\}$	$\frac{3}{20}$	$\frac{7}{20}$	$\frac{9}{20}$	$\frac{1}{20}$
$P\{X=i\mid Y=3\}$	$\frac{9}{70}$	$\frac{13}{70}$	$\frac{17}{70}$	$\frac{31}{70}$

2. 当 $0<y<1$ 时,有

$$f_{X\mid Y}(x\mid y)=\frac{f(x,y)}{f_Y(y)}=\begin{cases}\dfrac{2(1-x-y)}{(1-y)^2}, & 0<x<1-y,\\ 0, & \text{其他};\end{cases}$$

当 $0<x<1$ 时,有

$$f_{Y\mid X}(y\mid x)=\frac{f(x,y)}{f_X(x)}=\begin{cases}\dfrac{6y(1-x-y)}{(1-x)^3}, & 0<y<1-x,\\ 0, & \text{其他}.\end{cases}$$

3. $\dfrac{47}{64}$.

习题 3.3

1. $a=\frac{2}{9}$, $b=\frac{1}{9}$.

2. (X,Y) 的联合分布律为

X \ Y	−1	1	2
0	0.06	0.06	0.18
1	0.14	0.14	0.42

所求概率为 $P\{X\leqslant Y\}=0.8$.

3. X 与 Y 相互独立.

4. $f(x,y)=\begin{cases}25e^{-5y}, & 0\leqslant x\leqslant 0.2, y>0,\\ 0, & \text{其他},\end{cases}$ 所求概率为 $P\{X\geqslant Y\}=e^{-1}$.

5. X 与 Y 相互独立. **6.** $k=24$, X 与 Y 不相互独立.

习题 3.4

1. Z_1, Z_2, Z_3, Z_4 的分布律分别为

$Z_1=X+Y$	2	3	4	5
P	$\frac{1}{4}$	$\frac{3}{8}$	$\frac{1}{4}$	$\frac{1}{8}$

$Z_2=XY$	1	2	3	6
P	$\frac{1}{4}$	$\frac{3}{8}$	$\frac{1}{4}$	$\frac{1}{8}$

$Z_3=\max\{X,Y\}$	1	2	3
P	$\frac{1}{4}$	$\frac{3}{8}$	$\frac{3}{8}$

$Z_4=\min\{X,Y\}$	1	2
P	$\frac{7}{8}$	$\frac{1}{8}$

2. $P\{Z=k\}=C_2^k\left(\frac{1}{4}\right)^k\left(\frac{3}{4}\right)^{2-k}$, $k=0,1,2$.

3. $X+Y$ 的分布律为

$X+Y$	0	1	2	3
P	$\frac{3}{16}$	$\frac{7}{16}$	$\frac{5}{16}$	$\frac{1}{16}$

XY 的分布律为

XY	0	1	2
P	$\frac{13}{16}$	$\frac{1}{8}$	$\frac{1}{16}$

4. $f_Z(z)=\begin{cases} z, & 0\leqslant z<1, \\ 2-z, & 1\leqslant z<2, \\ 0, & \text{其他}. \end{cases}$

5. (1) $f_U(u)=\begin{cases} 2e^{-u}-2e^{-2u}, & u>0, \\ 0, & u\leqslant 0; \end{cases}$ (2) $f_V(v)=\begin{cases} 2e^{-2v}, & v>0, \\ 0, & v\leqslant 0. \end{cases}$

总习题 3

一. 填空题

1. $\frac{1}{6}$. **2.** $\frac{1}{9}$.

3.

Z_1	-1	1
P	$\frac{1}{16}$	$\frac{15}{16}$

Z_2	-1	1
P	$\frac{7}{16}$	$\frac{9}{16}$

4. $\frac{1}{4}$. **5.** $\frac{1}{4}$. **6.** $a=\frac{5}{3}$ 或 $\frac{7}{3}$. **7.** $a=0.4$, $b=0.1$. **8.** $\frac{1}{3}$.

二、选择题

1. D. **2.** B. **3.** B. **4.** A. **5.** A. **6.** B. **7.** A. **8.** B. **9.** B. **10.** D.

三、解答题

1. (1) $a=0.2$, $b=0.1$, $c=0.1$;

(2) Z 的分布律为

Z	-2	-1	0	1	2
P	0.2	0.1	0.3	0.3	0.1

(3) $P\{X=Z\}=0.2$.

2. (1)

$X \backslash Y$	0	1
-1	$\frac{1}{4}$	0
0	0	$\frac{1}{2}$
1	$\frac{1}{4}$	0

(2) 略.

3. (1) $f_Y(y)=F'_Y(y)=\begin{cases}\dfrac{3}{8\sqrt{y}}, & 0<y<1,\\ \dfrac{1}{8\sqrt{y}}, & 1\leqslant y<4,\\ 0, & \text{其他};\end{cases}$ (2) $F\left(-\dfrac{1}{2}, 4\right)=\dfrac{1}{4}$.

4. $f_U(u)=0.3f_Y(u-1)+0.7f_Y(u-2)$.

5. (1) $f_X(x)=\begin{cases}\displaystyle\int_0^{2x}1\mathrm{d}y=2x, & 0<x<1,\\ 0, & \text{其他},\end{cases}$ $f_Y(y)=\begin{cases}\displaystyle\int_{\frac{y}{2}}^{1}1\mathrm{d}x=1-\dfrac{y}{2}, & 0<y<2,\\ 0, & \text{其他};\end{cases}$

(2) $f_Z(z)=\begin{cases}1-\dfrac{z}{2}, & 0\leqslant z<2,\\ 0, & \text{其他};\end{cases}$ (3) $P\left\{Y\leqslant\dfrac{1}{2}\,\middle|\,X\leqslant\dfrac{1}{2}\right\}=\dfrac{3}{4}$.

6. (1) $f(x,y)=\begin{cases}\dfrac{1}{x}, & 0<y<x<1,\\ 0, & \text{其他};\end{cases}$ (2) $f_Y(y)=\begin{cases}-\ln y, & 0<y<1,\\ 0, & \text{其他};\end{cases}$ (3) $1-\ln 2$.

7. (1) 不相互独立； (2) $1-2\mathrm{e}^{-\frac{1}{2}}+\mathrm{e}^{-1}$.

8. $f_Z(z)=\begin{cases}z^2, & 0\leqslant z<1,\\ 2z-z^2, & 1\leqslant z<2,\\ 0, & \text{其他}.\end{cases}$

9. (1) (X_1, Y) 的分布函数为

$$\begin{aligned}F(x,y)&=P\{X_1\leqslant x, Y\leqslant y\}=P\{X_3=0, X_1\leqslant x, Y\leqslant y\}+P\{X_3=1, X_1\leqslant x, Y\leqslant y\}\\&=P\{X_3=0, X_1\leqslant x, X_2\leqslant y\}+P\{X_3=1, X_1\leqslant x, X_1\leqslant y\}\\&=P\{X_3=0\}P\{X_1\leqslant x\}P\{X_2\leqslant y\}+P\{X_3=1\}P\{X_1\leqslant x, X_1\leqslant y\}\\&=\frac{1}{2}P\{X_1\leqslant x\}P\{X_2\leqslant y\}+\frac{1}{2}P\{X_1\leqslant x, X_1\leqslant y\}.\end{aligned}$$

当 $x\leqslant y$ 时，

$$\begin{aligned}F(x,y)&=\frac{1}{2}P\{X_1\leqslant x\}P\{X_2\leqslant y\}+\frac{1}{2}P\{X_1\leqslant x, X_1\leqslant y\}\\&=\frac{1}{2}\Phi(x)\Phi(y)+\frac{1}{2}\Phi(x);\end{aligned}$$

当 $x>y$ 时，

$$F(x,y)=\frac{1}{2}P\{X_1\leqslant x\}P\{X_2\leqslant y\}+\frac{1}{2}P\{X_1\leqslant x, X_1\leqslant y\}=\frac{1}{2}\Phi(x)\Phi(y)+\frac{1}{2}\Phi(y),$$

所以 $F(x,y)=\begin{cases}\dfrac{1}{2}\Phi(x)\Phi(y)+\dfrac{1}{2}\Phi(x), & x\leqslant y,\\ \dfrac{1}{2}\Phi(x)\Phi(y)+\dfrac{1}{2}\Phi(y), & x>y.\end{cases}$

(2)
$$\begin{aligned}F(y)&=P\{Y\leqslant y\}=P\{X_3=0, Y\leqslant y\}+P\{X_3=1, Y\leqslant y\}\\&=P\{X_3=0, X_3X_1+(1-X_3)X_2\leqslant y\}+P\{X_3=1, X_3X_1+(1-X_3)X_2\leqslant y\}\\&=P\{X_3=0, X_2\leqslant y\}+P\{X_3=1, X_1\leqslant y\}\\&=P\{X_3=0\}P\{X_2\leqslant y\}+P\{X_3=1\}P\{X_1\leqslant y\}\\&=\frac{1}{2}\Phi(y)+\frac{1}{2}\Phi(y)=\Phi(y),\end{aligned}$$

所以随机变量 Y 服从标准正态分布.

第4章

习题 4.1

1. 0，2，3.　**2.** 0.32.　**3.** 4.5.　**4.** 0.　**5.** $c=3$，$\alpha=2$.　**6.** 2，$\frac{1}{3}$.　**7.** 2，$\frac{1}{3}$，$\frac{1}{6}$.

8. 0.4，2.3，0.9.　**9.** $\frac{1}{2}$，1，$\frac{3}{2}$，$\frac{1}{2}$.　**10.** 21.　**11.** 3 500.

习题 4.2

1. 2.　**2.** 2，2.　**3.** 0.45.　**4.** 2.　**5.** 3，192.　**6.** 0.24，0.71.　**7.** $\frac{1}{12}$，1.

习题 4.3

1. 4，18，6，1.　**2.** 7.4，25.6.　**3.** 44.　**4.** -0.02，-0.0484.　**5.** 0，0.　**6.** $-\frac{1}{2}$.

7. (1) $\rho=\frac{1}{2}$；　(2) $D(r_P)=13x^2-6x+9$；　(3) $x=\frac{3}{13}$，$0\leqslant x\leqslant\frac{6}{13}$.

总习题 4

一、填空题

1. 1，$\frac{1}{2}$.　**2.** 4.　**3.** $\frac{4}{3}$.　**4.** 18.4.　**5.** $\sqrt{\frac{2}{\pi}}$.　**6.** $\frac{1}{e}$.　**7.** $\frac{8}{9}$.　**8.** -0.02.　**9.** 6.　**10.** $\frac{2}{3}$.

11. $\frac{2}{\pi}$.　**12.** $\frac{1}{5}$.　**13.** $-\frac{1}{3}$.

二、选择题

1. C.　**2.** B.　**3.** B.　**4.** A.　**5.** C.　**6.** C.　**7.** B.　**8.** D.　**9.** B.　**10.** A.　**11.** A.　**12.** D.

13. A.　**14.** D.

三、解答题

1. (1) $E(Z)=\frac{1}{3}$，$D(Z)=3$；　(2) $\rho_{XZ}=0$.　**2.** 14 167.　**3.** $\mu=11-\frac{1}{2}\ln\frac{25}{21}$.　**4.** 5.2.

5. (1) $f_1(x)=\frac{1}{\sqrt{2\pi}}e^{-\frac{x^2}{2}}$，$f_2(y)=\frac{1}{\sqrt{2\pi}}e^{-\frac{y^2}{2}}$，$\rho_{XY}=0$；　(2) 不独立.

6. (1)

X \ Y	-1	1
-1	$\frac{1}{4}$	0
1	$\frac{1}{2}$	$\frac{1}{4}$

(2) 2.

7. (1)

$X \backslash Y$	0	1
0	$\frac{2}{3}$	$\frac{1}{12}$
1	$\frac{1}{6}$	$\frac{1}{12}$

(2) $\frac{\sqrt{15}}{15}$;

(3)

Z	0	1	2
P	$\frac{2}{3}$	$\frac{1}{4}$	$\frac{1}{12}$

8. (1) $1-\frac{1}{n}$; (2) $-\frac{1}{n}$; (3) $\frac{1}{2}$.

9. $E(X)=\int_{-\infty}^{+\infty}xf(x)\mathrm{d}x=\int_0^2\frac{1}{2}x^2\mathrm{d}x=\frac{4}{3}$, $F(x)=\begin{cases}0, & x<0,\\ \frac{x^2}{4}, & 0\leqslant x<2,\\ 1, & x\geqslant 2,\end{cases}$ $F(X)=\begin{cases}0, & X<0,\\ \frac{X^2}{4}, & 0\leqslant X<2,\\ 1, & X\geqslant 2,\end{cases}$

$$\begin{aligned}&P\{F(X)>E(X)-1\}=P\left\{F(X)>\frac{1}{3}\right\}\\&=P\left\{F(X)>\frac{1}{3}, X<0\right\}+P\left\{F(X)>\frac{1}{3}, 0\leqslant X<2\right\}+P\left\{F(X)>\frac{1}{3}, X\geqslant 2\right\}\\&=P\left\{0>\frac{1}{3}, X<0\right\}+P\left\{\frac{X^2}{4}>\frac{1}{3}, 0\leqslant X<2\right\}+P\left\{1>\frac{1}{3}, X\geqslant 2\right\}\\&=P\left\{\frac{2}{\sqrt{3}}\leqslant X<2\right\}+P\{X\geqslant 2\}=P\left\{\frac{2}{\sqrt{3}}\leqslant X<2\right\}=\int_{\frac{2}{\sqrt{3}}}^2\frac{x}{2}\mathrm{d}x=\frac{2}{3}.\end{aligned}$$

10. (1) $$\begin{aligned}F_Z(z)&=P\{Z\leqslant z\}=P\{XY\leqslant z\}=P\{XY\leqslant z, Y=-1\}+P\{XY\leqslant z, Y=1\}\\&=P\{-X\leqslant z\}P\{Y=-1\}+P\{X\leqslant z\}P\{Y=1\}=pP\{X\geqslant -z\}+(1-p)P\{X\leqslant z\}\\&=p(1-F_X(-z))+(1-p)F_X(z).\end{aligned}$$

因为 $f_X(z)=\begin{cases}\mathrm{e}^{-z}, & z>0,\\ 0, & \text{其他},\end{cases}$ 则 $f_X(-z)=\begin{cases}\mathrm{e}^{z}, & z<0,\\ 0, & \text{其他},\end{cases}$

所以

$$f_Z(z)=[F_Z(z)]'=pf_Z(-z)+(1-p)f_Z(z)=\begin{cases}(1-p)\mathrm{e}^{-z}, & z>0,\\ p\mathrm{e}^{z}, & z<0,\\ 0, & z=0.\end{cases}$$

(2) 因为 X 与 Z 不相关,则 $\mathrm{Cov}(X, Z)=\mathrm{Cov}(X, XY)=0$, 而

$$\begin{aligned}\mathrm{Cov}(X, XY)&=E(X^2Y)-E^2(X)E(Y)=E(X^2)E(Y)-E^2(X)E(Y)\\&=D(X)E(Y)=E(Y)=1-2p,\end{aligned}$$

由 $1-2p=0$, 可知当 $p=\frac{1}{2}$ 时, X 与 Z 不相关.

(3) 因为

$$\begin{aligned}P\{X>1,\ Z<1\}&=P\{X>1,\ XY<1\}\\&=P\{X>1,\ Y=-1\}+P\{X>1,\ Y=1\}\\&=P\{X>1,\ Y=-1\}+P\{X>1,\ X<1\}\\&=P\{X>1,\ Y=-1\}=P\{X>1\}P\{Y=-1\}\\&=p\mathrm{e}^{-1},\end{aligned}$$

而 $P\{X>1\}=\mathrm{e}^{-1}$,

$$\begin{aligned}P\{Z<1\}&=P\{XY<1\}=P\{XY<1,\ Y=-1\}+P\{XY<1,\ Y=1\}\\&=P\{X>-1,\ Y=-1\}+P\{X<1,\ Y=1\}\\&=P\{X>-1\}P\{Y=-1\}+P\{X<1\}P\{Y=1\}\\&=p+(1-p)\mathrm{e}^{-1},\end{aligned}$$

所以 $P\{X>1,\ Z<1\}\neq P\{X>1\}P\{Z<1\}$,故 X 与 Z 不相互独立.

11. (1) 由题意知 $X\sim U(0,\ 1)$,则 $f_X(x)=\begin{cases}1, & 0<x<1,\\0, & \text{其他}.\end{cases}$

(2) 由 $Y=2-X$,得 $Z=\dfrac{2-X}{X}$,先求 Z 的分布函数

$$F_Z(z)=P\{Z\leqslant z\}=P\left\{\frac{2-X}{X}\leqslant z\right\}=P\left\{\frac{2}{X}-1\leqslant z\right\}=P\left\{X\geqslant\frac{2}{z+1}\right\}.$$

当 $z<1$ 时,$F_Z(z)=\int_{\frac{2}{z+1}}^{+\infty}0\mathrm{d}x=0$;

当 $z\geqslant 1$ 时,$F_Z(z)=\int_{\frac{2}{z+1}}^{+\infty}f_X(x)\mathrm{d}x=\int_{\frac{2}{z+1}}^{1}1\mathrm{d}x=1-\dfrac{2}{z+1}$;

所以 $f_Z(z)=[F_Z(z)]'=\begin{cases}\dfrac{2}{(z+1)^2}, & z\geqslant 1,\\0, & z<1.\end{cases}$

(3) $E\left(\dfrac{X}{Y}\right)=E\left(\dfrac{X}{2-X}\right)=\int_{-\infty}^{+\infty}\dfrac{x}{2-x}f_X(x)\mathrm{d}x=\int_0^1\dfrac{x}{2-x}\cdot 1\mathrm{d}x=2\ln 2-1.$

12. (1) $E(X)=\int_{-\infty}^{+\infty}\int_{-\infty}^{+\infty}xf(x,\ y)\mathrm{d}x\mathrm{d}y=\iint\limits_{x^2+y^2\leqslant 1}x\cdot\dfrac{2}{\pi}(x^2+y^2)\mathrm{d}x\mathrm{d}y=0,$

$E(Y)=\int_{-\infty}^{+\infty}\int_{-\infty}^{+\infty}yf(x,\ y)\mathrm{d}x\mathrm{d}y=\iint\limits_{x^2+y^2\leqslant 1}y\cdot\dfrac{2}{\pi}(x^2+y^2)\mathrm{d}x\mathrm{d}y=0,$

$E(XY)=\int_{-\infty}^{+\infty}\int_{-\infty}^{+\infty}xyf(x,\ y)\mathrm{d}x\mathrm{d}y=\iint\limits_{x^2+y^2\leqslant 1}xy\cdot\dfrac{2}{\pi}(x^2+y^2)\mathrm{d}x\mathrm{d}y=0,$

所以 $\mathrm{Cov}(X,Y)=E(XY)-E(X)E(Y)=0.$

(2)

$$f_X(x)=\int_{-\infty}^{+\infty}f(x,\ y)\mathrm{d}y=\begin{cases}\int_{-\sqrt{1-x^2}}^{\sqrt{1-x^2}}\dfrac{2}{\pi}(x^2+y^2)\mathrm{d}y, & -1\leqslant x\leqslant 1,\\0, & \text{其他}\end{cases}$$

$$=\begin{cases}\dfrac{4}{3\pi}(1+2x^2)\sqrt{1-x^2} & -1\leqslant x\leqslant 1,\\0, & \text{其他};\end{cases}$$

$$f_Y(y)=\int_{-\infty}^{+\infty} f(x,y)\mathrm{d}x=\begin{cases}\int_{-\sqrt{1-y^2}}^{\sqrt{1-y^2}} \dfrac{2}{\pi}(x^2+y^2)\mathrm{d}x, & -1\leqslant y\leqslant 1,\\ 0, & \text{其他}\end{cases}$$

$$=\begin{cases}\dfrac{4}{3\pi}(1+2y^2)\sqrt{1-y^2} & -1\leqslant y\leqslant 1,\\ 0, & \text{其他},\end{cases}$$

所以 $f(x,y)\neq f_X(x)f_Y(y)$，故 X 与 Y 不独立.

(3) 先求分布函数 $F_Z(z)=P\{Z\leqslant z\}=P\{X^2+Y^2\leqslant z\}$.

当 $z<0$ 时，$F_Z(z)=0$；

当 $0\leqslant z<1$ 时，

$$F_Z(z)=P\{X^2+Y^2\leqslant z\}=\iint\limits_{x^2+y^2\leqslant z}\frac{2}{\pi}(x^2+y^2)\mathrm{d}x\mathrm{d}y$$

$$=\frac{2}{\pi}\int_0^{2\pi}\mathrm{d}\theta\int_0^{\sqrt{z}} r^3\mathrm{d}r=z^2;$$

当 $z\geqslant 1$ 时，$F_Z(z)=1$.

所以 $f_Z(z)=[F_Z(z)]'=\begin{cases}2z, & 0<z<1,\\ 0, & \text{其他}.\end{cases}$

13. (1)

$$F_X(x)=\int_{-\infty}^{x} f(t)\mathrm{d}t=\int_{-\infty}^{x}\frac{\mathrm{e}^t}{(1+\mathrm{e}^t)^2}\mathrm{d}t=\int_{-\infty}^{x}\frac{\mathrm{d}(1+\mathrm{e}^t)}{(1+\mathrm{e}^t)^2}$$

$$=-\frac{1}{1+\mathrm{e}^t}\bigg|_{-\infty}^{x}=1-\frac{1}{1+\mathrm{e}^x}=\frac{\mathrm{e}^x}{1+\mathrm{e}^x},\ x\in\mathbf{R}.$$

(2) 由于 $y=\mathrm{e}^x$ 在 $(-\infty,+\infty)$ 内严格单调递增且可导，当 $y>0$ 时，其反函数为 $x=h(y)=\ln y$，且 $h'(y)=\dfrac{1}{y}$，则 $Y=\mathrm{e}^X$ 的概率密度函数为

$$f_Y(y)=f_X(h(y))|h'(y)|=f_X(\ln y)\cdot\frac{1}{y}=\frac{1}{(1+y)^2},\ y>0.$$

(3)

$$E(Y)=\int_{-\infty}^{+\infty} yf_Y(y)\mathrm{d}y=\int_0^{+\infty}\frac{y}{(1+y)^2}\mathrm{d}y=\int_0^{+\infty}\frac{y+1-1}{(1+y)^2}\mathrm{d}y$$

$$=\ln(1+y)\bigg|_0^{+\infty}+\frac{1}{1+y}\bigg|_0^{+\infty}=+\infty,$$

该反常积分发散，所以 Y 的期望不存在.

第5章

习题 5.1

1. $\dfrac{2}{45}$.　**2.** $P\{|X-Y|\geqslant 6\}\leqslant\dfrac{D(X-Y)}{6^2}=\dfrac{3}{36}=\dfrac{1}{12}$.　**3.** $p>\dfrac{39}{40}$.　**4.** $n\geqslant 18\,750$.　**5.** 略.　**6.** 是.

7. $\bar{x}_n \xrightarrow{P} \dfrac{a+b}{2}$. 8. 当 n 很大时，$\lambda \approx \bar{x} = \dfrac{1}{n}\sum_{i=1}^{n} x_i$. 9. 可以.

习题 5.2

1. 0.022 8. 2. 0.863 4，0.136 6. 3. 69. 4. $\Phi(2.5)=0.993\,8$. 5. $2\Phi(4.36)-1=0.999$.
6. (1) $1-\Phi(1.147)=0.125\,7$； (2) $\Phi(2.5)=0.993\,8$. 7. $\Phi(1.33)-\Phi(-1.33)=0.816\,4$.
8. $X \sim B(100, 0.2)$，X 的分布律为 $P\{X=k\}=C_{100}^{k}(0.2)^k(0.8)^{100-k}$，$k=0, 1, 2, \cdots, 100$.

9. 643.

总习题 5

一、填空题

1. $\dfrac{2}{3}$. 2. $\dfrac{1}{4}$. 3. $\dfrac{1}{2}$. 4. 0.866 4.

二、选择题

1. B. 2. A. 3. D. 4. C. 5. B. 6. C.

三、计算题

1. $\forall \varepsilon > 0$，$P\{|\bar{X}-\mu| \geqslant \varepsilon\} \leqslant \dfrac{\sigma^2}{n\varepsilon^2}$.

2. $\forall \varepsilon > 0$，$P\{|\bar{X}-1| \geqslant \varepsilon\} \leqslant \dfrac{1}{n\varepsilon^2}$，$P\{|\bar{X}-1| < 4\} \leqslant 1-\dfrac{1}{16n}$.

3. $\displaystyle\int_{\frac{a-np}{\sqrt{npq}}}^{\frac{b-np}{\sqrt{npq}}} \frac{1}{\sqrt{2\pi}} e^{-\frac{t^2}{2}} dt$. 4. 18 750. 5. 0.998. 6. 0.954 4. 7. 16.

8. (1) 0.629 4； (2) 81. 9. 2 123. 10. 略.

第 6 章

习题 6.1

1. 总体是该地区所有老人的血压，个体是该地区每个老人的血压，样本是抽取的 20 名老人的血压，样本容量是 20.
2. 总体是该班级的所有学生，个体是该班级的每一个学生，样本是抽取的 10 学生，样本容量是 10.

3. 略. 4. $\left(\prod_{i=1}^{n} C_N^{x_i}\right) p^{\sum_{i=1}^{n} x_i} (1-p)^{nN-\sum_{i=1}^{n} x_i}$.

5. $f(x_1, x_2, \cdots, x_n) = \begin{cases} \lambda^n e^{-\lambda \sum_{i=1}^{n} x_i}, & x_1, x_2, \cdots, x_n \geqslant 0, \\ 0, & \text{其他}. \end{cases}$

6. $f(x_1, x_2, \cdots, x_n) = \begin{cases} \theta^{-n}, & 0 < x_1, x_2, \cdots, x_n < \theta, \\ 0, & \text{其他}. \end{cases}$

习题 6.2

1. 2.39，0.000 822 2，0.028 67. 2. (1)，(3). 3. (1)，(3).

4. (1) $E(\bar{X})=mp$, $D(\bar{X})=\dfrac{mp(1-p)}{n}$, $E(S^2)=mp(1-p)$;

(2) $E(\bar{X})=\lambda$, $D(\bar{X})=\dfrac{\lambda}{n}$, $E(S^2)=\lambda$;

(3) $E(\bar{X})=\theta$, $D(\bar{X})=\dfrac{\theta^2}{3n}$, $E(S^2)=\dfrac{\theta^2}{3}$.

习题 6.3

1. $a=\dfrac{1}{20}$, $b=\dfrac{1}{100}$. 2. $a=\dfrac{1}{4}$, $b=\dfrac{1}{8}$, $c=\dfrac{1}{12}$, $d=\dfrac{1}{16}$. 3. $X\sim\chi^2(10n)$. 4. $F(n, 1)$.

5. $C_n^k p^k(1-p)^{n-k}$.

习题 6.4

一、填空题

1. $\bar{X}\sim N\left(\mu, \dfrac{\sigma^2}{n}\right)$. 2. $Y=\sum_{i=1}^{n}X_i\sim\chi^2(10n)$.

3. $E\bar{X}=\dfrac{1}{2}(a+b)$, $D\bar{X}=\dfrac{1}{12n}(b-a)^2$, $ES^2=\dfrac{1}{12}(b-a)^2$. 4. $a=\dfrac{1}{5}$, $b=\dfrac{1}{25}$, $X\sim\chi^2(2)$.

5. 自由度为 9 的 t 分布. 6. $\chi^2(n-1)$, $\chi^2(n-1)$.

二、选择题

1. B. 2. C. 3. B. 4. A. 5. C. 6. A.

三、计算题

1. 0.045 6. 2. (1) 0.991 6; (2) 0.890 4; (3) 96. 3. 0.5. 4. (1) 0.99; (2) $\dfrac{2\sigma^2}{15}$. 5. $\dfrac{1}{3}$.

6. 略. 7. 35. 8. 0.9. 9. 0.9.

总习题 6

一、填空题

1. $p^{\sum_{i=1}^{n}x_i}(1-p)^{n-\sum_{i=1}^{n}x_i}$. 2. $F(n_2, n_1)$. 3. 20. 4. $\chi^2(n-1)$; $\chi^2(n)$; $(n-1)\sigma^2$; $2n\sigma^4$.

5. 0.95. 6. n.

二、选择题

1. A. 2. B. 3. A. 4. A. 5. D.

三、计算题

1. (1) 总体是所有工人生产的产品,样本为 X_1, X_2. …, X_5,样本值为 13.70, 13.15, 13.08, 13.11, 13.11,样本容量为 $n=5$; (2) 13.23, 0.069 5, 0.055 7.

2. $P(x_1, x_2, \cdots, x_n)=\left(\dfrac{m}{N}\right)^{\sum_{i=1}^{n}x_i}\left(1-\dfrac{m}{N}\right)^{n-\sum_{i=1}^{n}x_i}$.

3. $f(x_1, x_2, \cdots, x_n)=\left(\dfrac{1}{\sqrt{2\pi}\sigma}\right)^n e^{-\frac{\sum_{i=1}^{n}(x_i-\mu)^2}{2\sigma^2}}$.

4. (1),(3).

5. $a=\frac{1}{3}$, $b=\frac{1}{2}$.　**6.** 略.　**7.** 0.045 6.　**8.** 25.　**9.** 26.105.

10. (1) p, $\frac{pq}{n}$, pq;　(2) $\frac{1}{\lambda}$, $\frac{1}{n\lambda^2}$, $\frac{1}{\lambda^2}$;　(3) θ, $\frac{\theta^2}{3n}$, $\frac{\theta^3}{3}$.

第7章

习题 7.1

1. $\hat{\theta}=\frac{5}{6}$.　**2.** $\hat{\sigma}=\sqrt{\frac{\pi}{2}}\bar{x}$.　**3.** $\hat{\theta}=172.7$.　**4.** $\hat{p}=\bar{x}$.

5. (1) $\hat{\theta}=\dfrac{1}{\frac{1}{n}\sum\limits_{i=1}^{n}\ln x_i-\ln c}$;　(2) $\hat{\theta}\left(\dfrac{n}{\sum\limits_{i=1}^{n}\ln x_i}\right)^2$.

6. 参数 a 的矩估计值 $\hat{a}=\frac{2\bar{x}-1}{1-\bar{x}}$,参数 a 的极大似然估计值 $\hat{a}=-\left(1+\dfrac{n}{\sum\limits_{i=1}^{n}\ln x_i}\right)$.

7. 参数 θ 的矩估计值 $\hat{\theta}_1=\frac{\bar{x}}{\bar{x}-1}$,参数 θ 的极大似然估计值 $\hat{\theta}_2=\dfrac{n}{\sum\limits_{i=1}^{n}\ln x_i}$.

习题 7.2

1. $\bar{X}$, $X_i(i=1,2,\cdots,n)$ 为 μ 的无偏估计量,$\bar{X}$ 较 $X_i(i=1,2,\cdots,n)$ 更有效.

2. 略.　**3.** $a=\frac{n_1-1}{n_1+n_2-2}$, $b=\frac{n_2-1}{n_1+n_2-2}$.

4. $\hat{\mu}_2$ 较 $\hat{\mu}_1$ 有效.　**5.** 略.　**6.** λ^2 的无偏估计量为 $\hat{\lambda}^2=\bar{x}^2-\frac{1}{n}\bar{x}$.

7. (2) 对 μ 的无偏估计量更有效.

8. 略.　**9.** (1) 略;　(2) $D(\bar{X})=\frac{\sigma^2}{n}$.　**10.** 略.

习题 7.3

1. 轮胎平均寿命的区间估计为(31 216, 32 784).

2. 该药品有效成分含量均值 μ 的置信度为 0.9 的置信区间为(25.68, 26.02),置信度为 0.95 的置信区间为(25.64, 26.06).

3. 总体均值的置信水平为 0.90 的置信区间为(2.207 5, 2.222 5).

4. 该市新生婴儿平均体重 μ 的置信度为 0.95 的置信区间为(2.744 8, 3.815 2).

5. 总体方差 σ^2 的置信水平为 95%的置信区间为(0.014 8, 0.119 3).

6. 总体方差 σ^2 的置信水平为 95%置信区间为(5.238 6, 22.995 8).

7. 总体方差 σ^2 的置信水平为 95%置信区间为(0.014 8, 0.119 3).

8. $\mu_1-\mu_2$ 的置信水平为 95%置信区间为(−0.899, 0.019).

9. $\mu_1-\mu_2$ 的置信水平为 95%置信区间为(−0.101, 2.901).

10. $\mu_1-\mu_2$ 的置信水平为 95%的置信区间为(3.42, 8.58).

11. 方差比 $\dfrac{\sigma_X^2}{\sigma_Y^2}$ 的置信水平为 95%的置信区间为(0.34, 3.95).

12. (1) 零件的直径的方差比 $\dfrac{\sigma_1^2}{\sigma_2^2}$ 的置信水平为 90%的置信区间为 (0.257, 2.819); (2) 零件的直径的方差比 $\dfrac{\sigma_1^2}{\sigma_2^2}$ 的置信水平为 90%的置信区间为 (0.227. 2.966).

总习题 7

1. 总体均值的矩估计值 $\hat{\mu}=74.002$，方差的矩估计值 $\hat{\sigma}^2=0.000\,006\,9$.

2. λ 的矩估计值与极大似然估计值均为 $\hat{\lambda}_1=\hat{\lambda}_2=1$.

3. 总体均值、方差估计值分别为 28.695，0.918 5.

4. 参数 θ 的矩估计值 $\hat{\theta}=\dfrac{\bar{x}}{1-\bar{x}}$，参数 θ 的极大似然估计值 $\hat{\theta}=-\dfrac{n}{\sum\limits_{i=1}^{n}\ln x_i}$.

5. (1) 由 $\int_{-\infty}^{+\infty}f(x)\mathrm{d}x=1$，得 $\int_{\mu}^{+\infty}\dfrac{A}{\sigma}\mathrm{e}^{-\frac{(x-\mu)^2}{2\sigma^2}}\mathrm{d}x=1$，令 $\dfrac{x-\mu}{\sigma}=t$，则 $\int_{\mu}^{+\infty}\dfrac{A}{\sigma}\mathrm{e}^{-\frac{(x-\mu)^2}{2\sigma^2}}\mathrm{d}x=A\int_0^{+\infty}\mathrm{e}^{-\frac{t^2}{2}}\mathrm{d}t$，

由于 $\int_{-\infty}^{+\infty}\dfrac{1}{\sqrt{2\pi}}\mathrm{e}^{-\frac{t^2}{2}}\mathrm{d}t=1$，得 $\int_0^{+\infty}\mathrm{e}^{-\frac{t^2}{2}}\mathrm{d}t=\dfrac{\sqrt{2\pi}}{2}$，

所以 $\int_{\mu}^{+\infty}\dfrac{A}{\sigma}\mathrm{e}^{-\frac{(x-\mu)^2}{2\sigma^2}}\mathrm{d}x=A\int_0^{+\infty}\mathrm{e}^{-\frac{t^2}{2}}\mathrm{d}t=\dfrac{\sqrt{2\pi}}{2}A=1$，故 $A=\sqrt{\dfrac{2}{\pi}}$.

(2) 当 $x_1>\mu,\ x_2>\mu,\ \cdots,\ x_n>\mu$ 时，似然函数为

$$L(\sigma^2)=f(x_1,x_2,\cdots,x_n)=\prod_{i=1}^{n}f(x_i;\sigma^2)=\prod_{i=1}^{n}\frac{A}{\sigma}\mathrm{e}^{-\frac{(x_i-\mu)^2}{2\sigma^2}}=\frac{A^n}{\sigma^n}\mathrm{e}^{-\frac{1}{2\sigma^2}\sum\limits_{i=1}^{n}(x_i-\mu)^2},$$

取对数得

$$\ln L(\sigma^2)=n\ln A-\frac{n}{2}\ln\sigma^2-\frac{1}{2\sigma^2}\sum_{i=1}^{n}(x_i-\mu)^2.$$

令

$$\frac{\mathrm{d}[\ln L(\mu,\sigma^2)]}{\mathrm{d}\sigma^2}=-\frac{n}{2}\cdot\frac{1}{\sigma^2}+\frac{\sum\limits_{i=1}^{n}(x_i-\mu)^2}{2(\sigma^2)^2}=0,$$

得 $\hat{\sigma}^2=\dfrac{1}{n}\sum\limits_{i=1}^{n}(x_i-\bar{x})^2$，故 σ^2 的极大似然估计量 $\hat{\sigma}^2=\dfrac{1}{n}\sum\limits_{i=1}^{n}(X_i-\bar{X})^2$.

6. (1) 根据题意得

$$f_X(x)=\begin{cases}\dfrac{1}{\theta}\mathrm{e}^{-\frac{1}{\theta}x}, & x>0,\\ 0, & x\leqslant 0,\end{cases}\qquad f_Y(y)=\begin{cases}\dfrac{1}{2\theta}\mathrm{e}^{-\frac{1}{2\theta}y}, & y>0,\\ 0, & y\leqslant 0,\end{cases}$$

又 X_i 与 Y_j 相互独立，所以似然函数为

$$L(\theta)=\prod_{i=1}^{n}f_{X_i}(x_i;\theta)\cdot\prod_{j=1}^{m}f_{Y_j}(y_j;\theta)=\frac{1}{\theta^n}e^{-\frac{1}{\theta}\sum_{i=1}^{n}x_i}\cdot\frac{1}{(2\theta)^m}e^{-\frac{1}{2\theta}\sum_{j=1}^{m}y_j}=\frac{1}{2^m\theta^{m+n}}e^{-\frac{1}{\theta}(\sum_{i=1}^{n}x_i+\frac{1}{2}\sum_{j=1}^{m}y_j)},$$

取对数得

$$\ln L(\theta)=-m\ln2-(m+n)\ln\theta-\frac{1}{\theta}(\sum_{i=1}^{n}x_i+\frac{1}{2}\sum_{j=1}^{m}y_j).$$

令

$$\frac{d\ln L(\theta)}{d\theta}=-\frac{m+n}{\theta}+\frac{1}{\theta^2}(\sum_{i=1}^{n}x_i+\frac{1}{2}\sum_{j=1}^{m}y_j)=0,$$

得 $\hat{\theta}=\frac{1}{m+n}\left(\sum_{i=1}^{n}x_i+\frac{1}{2}\sum_{j=1}^{m}y_j\right)$，所以 θ 的极大似然估计量 $\hat{\theta}=\frac{1}{m+n}(\sum_{i=1}^{n}X_i+\frac{1}{2}\sum_{j=1}^{m}Y_j)$.

(2) $D(\hat{\theta})=D\left[\frac{1}{m+n}\left(\sum_{i=1}^{n}X_i+\frac{1}{2}\sum_{j=1}^{m}Y_j\right)\right]=\frac{1}{(m+n)^2}\left[\sum_{i=1}^{n}D(X_i)+\frac{1}{4}D(\sum_{j=1}^{m}Y_j)\right]$

$=\frac{1}{(m+n)^2}\left[nD(X)+\frac{1}{4}mD(Y)\right]=\frac{1}{(m+n)^2}\left(n\theta^2+\frac{1}{4}m\cdot4\theta^2\right)=\frac{\theta^2}{m+n}.$

7. 略.　**8.** 略.　**9.** 略.　**10.** $\hat{\mu}_2$ 更有效.

11. (1) $\sum_{i=1}^{n}c_i=1$；　(2) $c_1=c_2=\cdots=c_n=\frac{1}{n}$.

12. 略.

13. (1) X 的密度函数为 $f(x)=\begin{cases}\frac{1}{\theta}, & 0<x<\theta,\\ 0, & \text{其他};\end{cases}$

X 的分布函数为 $F(x)=\begin{cases}0, & x<0,\\ \frac{1}{\theta}x, & 0\leqslant x<\theta,\\ 1, & x\geqslant\theta;\end{cases}$

$X(n)$ 的分布函数为

$F_{X(n)}(x)=P\{\max\{X_1,X_2,\cdots,X_n\}\leqslant x\}=P\{X_1\leqslant x,X_2\leqslant x,\cdots,X_n\leqslant x\}$
$=P\{X_1\leqslant x\}P\{X_2\leqslant x\}\cdots P\{X_n\leqslant x\}=F^n(x)$；

$X(n)$ 的密度函数为

$$f_{X(n)}(x)=[F_{X(n)}(x)]'=nF^{n-1}(x)f(x)=\begin{cases}\frac{n}{\theta^n}x^{n-1}, & 0<x<\theta,\\ 0, & \text{其他}.\end{cases}$$

$$E(T_c)=cE(X(n))=c\int_0^\theta x\cdot\frac{n}{\theta^n}x^{n-1}dx=\frac{cn}{n+1}\theta.$$

因为 T_c 是 θ 的无偏估计量，所以 $E(T_c)=\frac{cn}{n+1}\theta=\theta$，得 $c=\frac{n+1}{n}$.

(2) 由于

$$E(T_c^2)=c^2E(X^2(n))=c\int_0^\theta x^2\ \frac{n}{\theta^n}x^{n-1}dx=\frac{c^2n}{n+2}\theta^2,$$

所以

$$h(c)=E(T_c-\theta)^2=E(T_c^2-2\theta T_c+\theta^2)=E(T_c^2)-2\theta E(T_c)+\theta^2$$
$$=\frac{c^2 n}{n+2}\theta^2-\frac{2cn}{n+1}\theta^2+\theta^2.$$

令 $h'(c)=\frac{2cn}{n+2}\theta^2-\frac{2n}{n+1}\theta^2=0$，得 $c=\frac{n+2}{n+1}$，又因为 $h''(c)=\frac{2n}{n+2}\theta^2>0$，所以当 $c=\frac{n+2}{n+1}$ 时，$h(c)$ 最小.

14. 大班幼儿园身高均值 μ 的置信水平为 95%的置信区间为 (110.43，119.53).

15. 游客平均消费额的 95%的置信区间为 (112.007，127.993).

16. 炮弹发射的速度 σ^2 的置信度为 90% 的置信区间为 (5.674 9，32.199).

第 8 章

习题 8.1

一. 选择题

1. C. **2.** C. **3.** A. **4.** C. **5.** A. **6.** B.

二、简答题

略.

习题 8.2

1. A. **2.** A. **3.** C.

4. 可认为每包平均重量为 50 kg.

5. 该机器工作正常.

6. 在显著性水平 $\alpha=0.01$ 下确定这批元件不合格.

7. 在显著性水平 $\alpha=0.05$ 下确定该日找包机工作正常.

8. 在显著性水平 $\alpha=0.05$ 下，新机床加工零件椭圆度与以前有显著差别.

9. 在显著性水平 $\alpha=0.05$ 下，该制造商的声称是可信的.

10. (1) 略；(2) 在显著性水平 $\alpha=0.01$ 下，干部的平均年龄有明显的下降.

11. 在显著性水平 $\alpha=0.05$ 下，调查结果支持该调查人的看法.

12. 在显著性水平 $\alpha=0.05$ 下，这些数据还不能证实该会长的看法.

习题 8.3

1. (1) 无明显差异；(2) 甲种冶炼方法所生产产品杂质含量大于乙种方法.

2. 在显著性水平 $\alpha=0.05$ 下，认为两厂生产的灯泡寿命有显著差异.

3. H_0 的拒绝域为 $W=\left\{\frac{\bar{x}-2\bar{y}}{\sqrt{\frac{\sigma_1^2}{n_1}+\frac{4\sigma_2^2}{n_2}}}<-u_\alpha\right\}$.

4. 在显著性水平 $\alpha=0.05$ 下，认为这一地区男、女生的物理考试成绩不相上下.

5. 在显著性水平 $\alpha=0.05$ 下，可认为有否增施磷肥对玉米产量的改变有统计意义.

6. 在 $\alpha=0.01$ 下，认为两机床加工的产品尺寸有显著差异.

7. 在 $\alpha=0.01$ 下，认为两车床加工精度无差异.

8. 在 $\alpha = 0.10$ 下，认为两厂生产的电阻值的方差不同.

9. 先在 μ_1，μ_2 未知条件下接受原假设 H_0，因此在 $\alpha = 0.05$ 下认为 $\sigma_1^2 = \sigma_2^2$. 其次，在 $\sigma_1^2 = \sigma_2^2$ 但其均值未知的条件下接受原假设 H'_0，因此在显著性水平 $\alpha = 0.05$ 下可认为 $\mu_1 = \mu_2$.

总习题 8

一、选择题

1. D. **2.** B. **3.** C. **4.** C. **5.** B. **6.** A. **7.** A.

二、填空题

1. $\mu = 10$. **2.** 1.176.

3. $w_1 = \left\{\frac{1}{\sigma_0^2}\sum_{i=1}^{n}(x_i - u)^2 > \chi^2_{0.025}(n-1) \cup \frac{1}{\sigma_0^2}\sum_{i=1}^{n}(x_i - u)^2 < \chi^2_{0.975}(n)\right\}$;

$w_2 = \left\{\frac{(n-1)s^2}{\sigma_0^2} > \chi^2_{0.025}(n-1) \cup \frac{(n-1)s^2}{\sigma_0^2} < \chi^2_{0.975}(n-1)\right\}$.

4. $\alpha = P\{$接受 $H_1 \mid H_0$ 成立$\}$，$\beta = P\{$接受 $H_0 \mid H_1$ 成立$\}$.

三、计算题

1. 在显著性水平 $\alpha = 0.01$ 与 $\alpha = 0.05$ 下，都可以认为这批产品的平均质量是 800 g.

2. 在显著性水平 $\alpha = 0.01$ 下，认为该彩电无故障时间有显著增加.

3. 在显著性水平 $\alpha = 0.05$ 下，认为新生儿体重在这两年中有显著的变化.

4. 在显著性水平 $\alpha = 0.01$ 下，不能认为这批产品的平均拉力强度低于 1 200 kg.

5. 在 $\alpha = 0.05$ 的显著性水平下，抽样没有表明报纸的订阅率显著下降.

6. (1) 无明显差异； (2) 甲种冶炼方法所生产产品杂质含量大于乙种方法.

参考文献

[1] 明杰秀,周雪,刘雪.概率论与数理统计[M].上海:同济大学出版社,2017.

[2] 茆诗松,程依明,濮晓龙.概率论与数理统计[M].3版.北京:高等教育出版社,2019.

[3] 茆诗松,程依明,濮晓龙.概率论与数理统计习题与解答[M].3版.北京:高等教育出版社,2020.

[4] 张丽娜,李春兰,陈俊英.概率论与数理统计[M].2版.北京:中国农业出版社,2022.

[5] 张天德,叶宏.概率论与数理统计[M].2版.北京:人民邮电出版社,2024.